LEHRBUCH DER FUNKTIONENTHEORIE

VON

Dr. LUDWIG BIEBERBACH

O. Ö. PROF. AN DER FRIEDRICH-WILHELMS-UNIVERSITÄT
IN BERLIN

BAND I ELEMENTE DER FUNKTIONENTHEORIE

MIT 80 FIGUREN IM TEXT

SPRINGER FACHMEDIEN WIESBADEN GMBH 1921

ISBN 978-3-663-15317-7   ISBN 978-3-663-15885-1 (eBook)
DOI 10.1007/978-3-663-15885-1

Vorwort.

Noch ein Lehrbuch der Funktionentheorie, wird mancher rufen, wenn dies Buch ihm in die Hände kommt. Endlich ein Lehrbuch der Funktionentheorie hoffte ich zu schreiben. Diese Sätze erscheinen anmaßend. Drum muß ich sie erläutern. Sie stehen und fallen mit der Auffassung des Begriffs „Lehrbuch". Was *ist* ein Lehrbuch? Es soll, so meine ich, eine vollständige, faßliche und einheitliche Darstellung eines Wissensgebietes geben. Diese drei Eigenschaften „vollständig, faßlich, einheitlich" bedürfen aber noch der näheren Bestimmung. Vollständig soll ja auch ein Handbuch sein. Aber in anderem Sinne. Das Handbuch soll über jede Einzelheit Auskunft geben. Das Lehrbuch will den Leser instandsetzen, jede ihm außerhalb des Buches selbst begegnende Einzelheit in ihrer Bedeutung für das Ganze zu würdigen. Es soll ihn daher vollständig über die wesentlichen Züge der Theorie aufklären und sie ihn verstehen lehren. In diesem Sinne soll es nach Ergebnissen und Methoden vollständig sein. Dabei soll es faßlich sein, also möglichst wenig Vorkenntnisse voraussetzen. Darunter verstehe ich sowohl spezifische Kenntnisse an Sätzen und Methoden als auch allgemeine Geisteseinstellung, oder Übung im mathematisch-wissenschaftlichen Denken. Vielmehr sehe ich die Aufgabe eines Lehrbuches darin, auch in dieser allgemeinen Weise über den speziellen Stoff hinaus den Leser zu bilden. Wissenschaftlich denken lernt man erst durch Beschäftigung mit der Wissenschaft. Endlich war Einheitlichkeit der Darstellung *verlangt*. Widerspricht diese Forderung aber nicht gerade in der Funktionentheorie der Vollständigkeit? Wer einmal von dem alten Schlachtruf: Hie Riemann, hie Weißerstraß und gar hie Cauchy gehört hat, wird da seine Zweifel haben. Aber in der Wissenschaft hat man in dem Ausgleich der Gegensätze einen Fortschritt zu erblicken. Und mitten in einer solchen Periode des Fortschrittes stehen wir eben. So will denn auch dies Buch an seinem Teil zum Ausgleich der Gegensätze, zur Vereinheitlichung der Funktionentheorie beitragen. Der erste Band behandelt die Elemente der Theorie, d. h. die allgemeinen Begriffsbildungen und die einfachen Sätze aus der Funktionentheorie, die bei dem heutigen Stand dieser Wissenschaft allenthalben auf Schritt und Tritt gebraucht werden. Der zweite Band, welcher in Bälde folgen soll, will aufweisen, wieviel herrliche Wohnungen das hier in diesem ersten Band im Grundriß vorgeführte Gebäude in sich zu bergen vermag. Es wäre peinlich für mich, näher als es hier geschehen ist, die in den Eingangssätzen enthaltene Hoffnung rechtfertigen zu müssen. Ich glaube aber, daß der sachkundige Leser mich von dieser Aufgabe entbinden wird, ohne mich der mangelnden Objektivität und Anmaßung zu zeihen. Ob ich allerdings selbst das Ziel, dem ich nachstrebte, erreicht habe, muß ich billigerweise dem Urteil des geneigten Lesers überlassen. Doch darf ich hoffen, daß redliches Bemühen nicht ganz erfolglos gewesen ist. Der Leserkreis, an den ich mich wende, und den ich durch dies Buch fördern möchte, ist derselbe, vor dem ich schon so oft über dies schöne Gebiet vorgetragen habe: der deutsche Student vom dritten Semester an. Ich setze also lediglich die Elemente der analytischen Geometrie voraus in dem Ausmaß, in dem sie die Schule vermittelt, und einige Kenntnisse aus der Differential- und Integralrechnung. Dabei ist aber nicht einmal so viel nötig, als mein wohl heute schon ziemlich bekannter Leitfaden bietet. Was Geisteseinstellung anlangt, so nehme ich nur an, daß der Leser sich mit williger Freude an das Buch heranmache, und hoffe, daß ihm diese im Laufe der Arbeit nicht abhanden kommt, sondern daß sie wächst und zunimmt.

Inhaltsverzeichnis.

		Seite
Einleitung		1
Erster Abschnitt. Komplexe Zahlen		4
§ 1.	Arithmetische Theorie der komplexen Zahlen	4
§ 2.	Geometrische Deutung der komplexen Zahlen	9
Zweiter Abschnitt. Grenzwerte und Reihen		13
§ 1.	Einige Grundbegriffe	13
§ 2.	Grenzwerte und Reihen	15
Dritter Abschnitt. Funktionen einer komplexen Veränderlichen		21
§ 1.	Der Bereichbegriff	21
§ 2.	Stetige Funktionen	22
§ 3.	Reihen von Funktionen	24
§ 4.	Differenzierbare Funktionen	32
§ 5.	Konforme Abbildung	40
Vierter Abschnitt. Studium einiger spezieller Funktionen		45
§ 1.	Ganze lineare Funktionen	45
§ 2.	$w = \dfrac{1}{z}$	46
§ 3.	Die allgemeine lineare Funktion	53
§ 4.	Potenzen und Wurzeln	63
§ 5.	Der Begriff des funktionentheoretischen Bereiches	68
§ 6.	Nähere Betrachtung der durch $w = z^2$ vermittelten Abbildung	71
§ 7.	Exponentialfunktion und Logarithmus	73
§ 8.	Hilfssätze über Bereiche und Kontinua	82
§ 9.	Nochmals der Logarithmus und seine Abbildung	90
§ 10.	Der Tangens	91
§ 11.	$w = \dfrac{1}{2}\left(z + \dfrac{1}{z}\right)$	94
§ 12.	Die trigonometrischen Funktionen	98
Fünfter Abschnitt. Integralrechnung im komplexen Gebiet		100
§ 1.	Unbestimmte Integrale	100
§ 2.	Rektifizierbare Kurven	101
§ 3.	Kurvenintegrale	104
§ 4.	Die Substitutionsmethode bei Kurvenintegralen	108
§ 5.	Der Weierstraßsche Mittelwertsatz	113
§ 6.	Der Hauptsatz der Funktionentheorie	113
§ 7.	Anwendung des Hauptsatzes auf die Berechnung bestimmter Integrale	121
Sechster Abschnitt. Die Cauchysche Integralformel		123
§ 1.	Ein Spezialfall der Integralformel	123
§ 2.	Der allgemeine Fall der Integralformel	127
§ 3.	Verallgemeinerung der Cauchyschen Integralformel	128
§ 4.	Bemerkungen zur Integralformel	131
§ 5.	Umkehrung des Hauptsatzes	133
§ 6.	Eine Anwendung der Integralformel	133
§ 7.	Die Entwickelbarkeit der analytischen Funktionen in Potenzreihen	135
§ 8.	Laurentsche Reihen	139
§ 9.	Der Cauchysche Koeffizientensatz	142
§ 10.	Isolierte Singularitäten eindeutiger analytischer Funktionen	145
§ 11.	Der Weierstraßsche Doppelreihensatz	153
§ 12.	Technik der Potenzreihenentwicklung	156
§ 13.	Der Vitalische Doppelreihensatz	165

	Seite
Siebenter Abschnitt. Das Residuum	171
§ 1. Funktionen mit isolierten Singularitäten	171
§ 2. Einige Anwendungen der Residuen	174
§ 3. Partialbruchreihen	177
§ 4. Das logarithmische Residuum	183
§ 5. Der Satz von der Gebietstreue	187
§ 6. Die Umkehrungsfunktion	190
§ 7. Implizite Funktionen	192
Achter Abschnitt. Analytische Fortsetzung	199
§ 1. Begriff der analytischen Fortsetzung	199
§ 2. Die Permanenz der Funktionalgleichungen	204
§ 3. Riemannsche Felder	207
§ 4. Singuläre Stellen	209
§ 5. Die Singularitäten der eindeutigen analytischen Funktionen	213
§ 6. Die Singularitäten der mehrdeutigen analytischen Funktionen	215
§ 7. Der Monodromiesatz	217
§ 8. Das Spiegelungsprinzip	219
Neunter Abschnitt. Einiges über algebraische Funktionen	222
§ 1. Allgemeine Sätze	222
§ 2. Die Gleichung $z = w^3 + 3w^2 + 6w + 1$	227
§ 3. Beliebige rationale Funktionen	230
§ 4. Die Gleichung $w^2 = a_0 z^4 + a_1 z^3 + a_2 z^2 + a_3 z + a_4$	231
Zehnter Abschnitt. Einiges über Integrale algebraischer Funktionen	234
§ 1. Die Integrale rationaler Funktionen	234
§ 2. Quadratwurzeln aus Polynomen zweiten Grades	234
§ 3. Elliptische Integrale erster Gattung	238
§ 4. Über die Perioden eindeutiger analytischer Funktionen	240
§ 5. Nähere Untersuchung der elliptischen Integrale erster Gattung	246
§ 6. Die Probleme der Uniformisierung	251
Elfter Abschnitt. Abriß einer Theorie der elliptischen Funktionen	256
§ 1. Allgemeine Sätze über doppelperiodische Funktionen	256
§ 2. Analytische Darstellung der doppelperiodischen Funktionen	260
§ 3. Das Umkehrproblem	263
§ 4. Die ζ-Funktion und das Normalintegral zweiter Gattung	268
§ 5. Darstellung der doppelperiodischen Funktionen durch $p(u)$ und $p'(u)$	270
§ 6. Das Additionstheorem der elliptischen Funktionen	273
§ 7. Die elliptischen Integrale	276
§ 8. Die σ-Funktion	277
Zwölfter Abschnitt. Einfachperiodische Funktionen	279
§ 1. Allgemeine Sätze	279
§ 2. Analytische Darstellung der periodischen Funktionen	281
Dreizehnter Abschnitt. Allgemeine Sätze über die Darstellung der analytischen Funktionen durch Reihen und Produkte	284
§ 1. Die Partialbruchdarstellung der meromorphen Funktionen	284
§ 2. Der Mittag-Lefflersche Satz	286
§ 3. Die Produktdarstellung der ganzen transzendenten Funktionen	287
§ 4. Einige Anwendungen	290
§ 5. Der Satz von Runge	292
Vierzehnter Abschnitt. Die Gammafunktion	297
§ 1. Die Eulersche Summenformel	297
§ 2. Definition der Gammafunktion	303
§ 3. Haupteigenschaften der Funktion $\Gamma(z)$	305
§ 4. Die Stirlingsche Formel	306
§ 5. Darstellung der Gammafunktion durch ein bestimmtes Integral	308
§ 6. Integraldarstellung der Funktion $\dfrac{1}{\Gamma(z)}$	310
Register	313

Einleitung.

Dieses Buch beschäftigt sich mit den Funktionen einer komplexen Variablen $z = x + iy$. Unter i ist dabei wie üblich die $\sqrt{-1}$ verstanden. x und y sind reelle Veränderliche. Wie kommt es, so wird sich mancher Leser fragen, daß man sich mit den Funktionen eines komplexen Argumentes näher befaßt, ja, besonderes Gewicht auf sie legt? Das ist in der Bedeutung dieser Dinge für viele Anwendungsgebiete, wie die theoretische Physik, insbesondere die Hydrodynamik, ferner darin begründet, daß man solchen Funktionen auf Schritt und Tritt in fast allen Zweigen der reinen Mathematik begegnet. Wollten wir hier gleich die Bedeutung für die Anwendungen im einzelnen darlegen und so unserer Beschäftigung mit der Funktionentheorie noch einen besonderen Grund geben, so müßten wir schon ein gewisses Maß von Kenntnissen aus diesem Gebiete voraussetzen. Auch möchte ich den Leser nicht glauben machen, daß ich den Wert eines mathematischen Wissensgebietes in seiner Anwendbarkeit suchte. Wir wollen daher jetzt lieber an einigen einfachen Beispielen aus der reinen Mathematik Nutzen und Notwendigkeit des Komplexen aufweisen. Der Leser soll dabei gleichzeitig eine Vorstellung von der seltenen Schönheit bekommen, die der Funktionentheorie innewohnt, und die sie schon für sich wertvoll macht.

Jeder, der sich nicht nur ganz oberflächlich mit Algebra oder Analysis befaßt hat, ist auf die *komplexen Zahlen* gestoßen. Jedem Leser sind sie bei der Auflösung der quadratischen Gleichungen, bei der Partialbruchzerlegung und bei der Integration der rationalen Funktionen begegnet. Jeder Leser hat wohl schon von der *Eulerschen Formel*

$$e^{i x} = \cos x + i \sin x$$

gehört und die Leichtigkeit schätzen gelernt, mit der sie erlaubt, $\cos nx$ und $\sin nx$ durch die Potenzen von $\cos x$ und $\sin x$ auszudrücken.[1]

---

1) Nach der Eulerschen Formel wird nämlich

$$\cos nx + i \sin n\,x = e^{i n x} = (\cos x + i \sin x)^n.$$

Da nun z. B. $\cos nx$ dem Realteil von $(\cos x + i \sin x)^n$ gleich sein muß, so findet man für ganzes positives n nach dem binomischen Lehrsatz

$$\cos nx = \cos^n x - \binom{n}{2}\cos^{n-2}x \sin^2 x + \binom{n}{4}\cos^{n-4}x \sin^4 x - + \cdots.$$

Jedem Leser wird sich dabei der Eindruck aufgedrängt haben, daß man den komplexen Zahlen nur schwer aus dem Wege gehen kann, ja, daß ihre Verwendung häufig von besonderem Nutzen ist. Aber nicht jeder wird an dies Buch mit der fertigen Überzeugung herantreten, *daß ohne komplexe Zahlen manche Erscheinung unerklärlich ist,* daß vielerorts erst die Heranziehung des Komplexen zur Klarheit führt, daß erst im Komplexen ein geschlossenes Gebiet gewonnen ist, aus welchem die geläufigen Rechenoperationen nicht wieder herausführen, daß die komplexen Zahlen dem menschlichen Schönheitstrieb viele Befriedigung gewähren. Von solchen Überzeugungen ist dies Buch getragen und sein erstes Ziel ist es, solche Überzeugungen im Leser zu wecken, damit er frohen Mutes an die Arbeit herangehe.

Die Ansicht, daß die komplexen Zahlen unvermeidlich seien, wird jedem Leser nahe liegen, welcher von dem sogenannten *casus irreducibilis bei den Gleichungen dritten Grades* gehört hat. Das ist jenes eigentümliche Vorkommnis bei der Auflösung der Gleichungen dritten Grades durch die cardanische oder ähnliche Formeln. Das Vorkommnis tritt gerade bei den Gleichungen ein, welche nur reelle Wurzeln besitzen, und äußert sich darin, daß bei den Auflösungsformeln Quadratwurzeln aus negativen Zahlen schlechterdings unvermeidlich sind. In der Algebra wird dies des näheren bewiesen.[1])

An zweiter Stelle sei der Leser an die folgenden Tatsachen erinnert. Will man den Satz aussprechen können, daß alle linearen Gleichungen mit natürlichen, d. i. ganzzahligen Zahlenkoeffizienten lösbar sind, so ist man genötigt, neben diesen natürlichen Zahlen die negativen Zahlen und die Brüche heranzuziehen. Man ist also zu zwei Erweiterungen des Bereiches der natürlichen Zahlen genötigt. Steigt man dann zur Lösung der qua-

---

Ebenso findet man durch Gleichsetzen der Imaginärteile

$$\sin nx = \binom{n}{1}\cos^{n-1}x \sin x - \binom{n}{3}\cos^{n-3}x \sin^3 x + - \cdots .$$

Aus der Eulerschen Formel findet man ferner leicht, daß $\cos x = \dfrac{e^{ix}+e^{-ix}}{2}$ und daß $\sin x = \dfrac{e^{ix}-e^{-ix}}{2i}$ ist. So findet man z. B. $\cos^n x = \left(\dfrac{e^{ix}+e^{-ix}}{2}\right)^n$. Für ganzes positives n kann man hieraus die Entwicklung von $\cos^n x$ in eine Fouriersche Reihe entnehmen. Der binomische Satz liefert nämlich

$$\cos^n x = \frac{e^{nix}+e^{-nix}}{2^n} + \binom{n}{1}\frac{e^{(n-2)ix}+e^{-(n-2)ix}}{2^n} + \cdots$$

$$= \frac{1}{2^{n-1}}\left(\cos nx + \binom{n}{1}\cos(n-2)x + \cdots\right).$$

1) Vgl. z. B. Weber-Wellstein: Encyklopädie der Elementarmathematik Bd. I, 3. Aufl., Leipzig 1909, S. 364.

dratischen Gleichungen auf, so wird man wieder zur Einführung zweier
neuer Zahlensorten geführt. Man muß die irrationalen und die komplexen
Zahlen heranziehen. Hat man dies aber restlos getan, so werden alle
Gleichungen von beliebig hohem Grade lösbar, ohne daß irgendwann die
Einführung weiterer Zahlgebilde nötig wird. Dann gilt ganz von selbst
der *Fundamentalsatz der Algebra*, daß jede Gleichung Lösungen besitzt.
Wir brachten das schon vorhin zum Ausdruck, indem wir sagten, daß die
auszuführenden Rechnungen aus dem mit den komplexen Zahlen gewonne-
nen Zahlkörper nicht wieder herausführen. Mit ihrer Einführung ist also
Abschluß und Abrundung erzielt.

Lehrreich ist endlich die Betrachtung der *Logarithmen negativer Zahlen*.
Eigentümlich muten uns die Widersprüche an, welche so berühmte Mathematiker wie Johann Bernoulli, der Vater der Variationsrechnung, und so
universelle Gelehrte wie Leibniz, einer der Erfinder der Differential- und
Integralrechnung und der Vater vieler noch heute üblichen Bezeichnungen,
bei der Betrachtung der Logarithmen negativer Zahlen zu finden meinten.
Von der Bedeutung des Komplexen legt um so beredteres Zeugnis die Auf-
klärung dieser Paradoxien durch Euler ab. Der Leser kennt die Formel

$$\operatorname{arctg} x = \int_0^x \frac{dx}{1+x^2} = \frac{1}{2i}\log\frac{i-x}{i+x}.$$

Daraus folgt $\dfrac{\pi}{4} = \operatorname{arctg} 1 = \dfrac{1}{2i}\log\dfrac{i-1}{i+1} = \dfrac{1}{4i}\log\left(\dfrac{i-1}{i+1}\right)^2 = \dfrac{1}{4i}\log(-1)$.

Andererseits aber ist $\log(-1) = \dfrac{1}{2}\log(-1)^2 = \dfrac{1}{2}\log 1 = 0$.

Also wäre auch $\dfrac{\pi}{4} = 0$. Diesen Widerspruch klärte Euler[1]) durch die kon-
sequente Auffassung des Logarithmus als Umkehrungsfunktion der Exponentialfunktion auf. Damit wird der Logarithmus im komplexen Gebiet
ganz von selbst eine unendlich vieldeutige Funktion, und das klärt das
Rätsel auf. Denn man meint oben bald diesen und bald jenen der Werte,
welche der Logarithmus annehmen kann. Aber ohne Konsequenz in der
Verwendung der komplexen Zahlen ist das Paradoxon schlechterdings unerklärlich.[2])

---

1) Histoire de l'Académie de Berlin Bd. V (1749).

2) Die vorhin schon erwähnte Eulersche Formel lehrt ja, daß
$$e^z = \cos(-iz) + i\sin(-iz) = \cos iz - i\sin iz \text{ ist.}$$
Daher wird
$$e^{z+2i\pi} = \cos(iz-2\pi) - i\sin(iz-2\pi)$$
$$= \cos iz - i\sin iz = e^z.$$
Ebenso wird für jedes *ganze* h $\qquad e^{z+2hi\pi} = e^z$,
eine Funktionalgleichung, welche der bekannten Formel
$$\cos(z+2h\pi) = \cos z$$

Die vorläufigen Bemerkungen, die wir damit abbrechen, erwecken hoffentlich im Leser schon den Eindruck von Notwendigkeit, Nützlichkeit und Schönheit des Komplexen. Durch Beispiele aus Anwendungsgebieten wie Hydrodynamik, Optik, Himmelsmechanik, Geometrie, Zahlentheorie könnte dieser Eindruck noch beliebig vertieft werden. Doch wollen wir uns mit dem Wenigen begnügen.

Historisch ist es noch ein weiter Weg von diesen ersten Einsichten bis zu einer Funktionentheorie in unserem heutigen Sinne als einem selbständigen Lehrgebäude. Wir werden diesen Weg jetzt nicht in seinen einzelnen Etappen verfolgen. Wir wollen lieber gleich mitten in die Sache hineingehen und nach einer knappen Erörterung der komplexen Zahlen selbst zunächst versuchen, die Lehren der reellen Analysis auf unser neues Gebiet zu übertragen. Wir werden so von Reihenlehre, von Grenzwerten, von Differentialquotienten, von Integralen hören und damit Schritt für Schritt diesen ersten Gesichtspunkt einer Analogie zum Reellen verlassen, um allmählich zu den charakteristischen und neuen Lehren der Theorie zu gelangen.

Erster Abschnitt.

Komplexe Zahlen.

§ 1. Arithmetische Theorie der komplexen Zahlen.[1])

Wer auf der Schule mit komplexen Zahlen rechnen lernt, befolgt den Weg, den auch die Wissenschaft ging. Er gewöhnt sich allmählich an das Neue und Unbehagliche, das zunächst den komplexen Zahlen anhaftet. Er steht unter dem allmächtigen Trägheitsgesetz des menschlichen Geistes, das ihn die formalen Rechenregeln auf diese Gebilde anzuwenden treibt, obwohl ihnen bei etwas näherem Zusehen eine reale Bedeutung abzugehen scheint, obwohl sie in den Anwendungen die Rolle unmöglicher Lösungen oftmals spielen, und obwohl er nicht einsieht, wieso man mit Unmöglichem soll

---

ganz analog ist. Ähnlich wie diese bringt also jene zum Ausdruck, daß e^z eine periodische Funktion mit der Periode $2i\pi$ ist. Ähnlich wie daher die Umkehrungsfunktionen $\arcsin z$ und $\arccos z$ unendlich vieldeutige Funktionen werden, so ist auch die Umkehrungsfunktion von $w = e^z$, die wir mit Euler $\log w$ nennen wollen, unendlich vieldeutig, und die zu gegebenem Werte von w gehörigen Logarithmen unterscheiden sich, wie wir S. 77 noch näher sehen werden, um Vielfache von $2i\pi$ voneinander. Einer dieser Werte ist für reelle positive w reell, und an den denkt man wohl gewöhnlich zuerst. Zur Auflösung der erwähnten Paradoxie muß man aber konsequent auch die anderen Werte bedenken.

1) Leser, welche diesen § 1 zu schwer finden, mögen bei § 2 beginnen.

rechnen können. Gerade das ist es, was nachdenkliche Mathematiker vor Gauß und rückständige Köpfe nach Gauß immer wieder gegen die komplexen Zahlen geltend machten. Und doch ging nebenher die steigende Einsicht, daß man sie doch nötig habe, ging nebenher die Erfahrung, daß die über den Umweg durchs Imaginäre gewonnenen reellen Resultate sich stets nachträglich bestätigen ließen. Der Weg durchs Imaginäre machte überdies einen besonders eleganten Eindruck. Aber woher kam dem Unmöglichen diese geheimnisvolle Kraft?

Daß man die Antwort auf diese Frage erst so spät fand, daß man vor Gauß so sehr im Dunkeln tappte, hat seinen inneren Grund in dem Charakter der Mathematik in den vorausgehenden Jahrhunderten. In dieser Zeit war begriffliches Denken den meisten Mathematikern sehr fremd. Versuchte doch noch Euler zu beweisen, daß man alle unmöglichen Zahlen auf die Form $x + iy$[1]) bringen könne.[2]) Daß man dazu aber vorher aus der Vorstellung „unmögliche Zahl" einen Begriff machen müsse, daß man anders zu logischen Schlüssen weder eine Unterlage noch ein Recht besitzt, war Euler und seiner Zeit fremd. Grob ausgedrückt ist doch für uns heute die Sache so, daß das, was Euler beweisen wollte, gerade erst die Begriffsbestimmung seines Vorstellungsinhaltes „unmögliche Zahl" abgibt.

Das Wesen der Sache hat erst Gauß erfaßt. Gleich allen großen Genies wurzelt er zwar durchaus in der Vergangenheit[3]), hat sich aber über dieselbe erhoben. Wenn man nun doch heute meist der gleich darzulegenden, auf Hamilton (ca. 1830) zurückgehenden englischen Theorie den Vorzug gibt, so hat dies seinen Grund darin, daß in dieser rein arithmetischen Darstellung die leitenden Gedanken noch klarer hervortreten als in der Gaußschen geometrischen Einkleidung. Ich beginne daher mit dieser arithmetischen Theorie.

An der Spitze steht der Satz: *Das Rechnen mit komplexen Zahlen ist ein Rechnen mit Zahlenpaaren. Unter einer „komplexen Zahl" versteht man ein Paar (a, b) reeller Zahlen*[4]), wofern gewisse Operationen erklärt sind, welche mit diesen Zahlenpaaren vorgenommen werden sollen. Wir wollen

---

1) Die Bezeichnung $i = \sqrt{-1}$ hat Euler als erster 1777 gebraucht. Indessen scheint sie sich erst seit Gauß (von 1801 an) eingebürgert zu haben.

2) Mémoire de l'Académie de Berlin V année 1749. S. 222—288.

3) Noch in seiner Dissertation von 1799 finden sich Anklänge daran, daß er noch nicht voll mit der Tradition gebrochen hat. Erst 1831 ist volle Klarheit nachweisbar. Eine sehr gute Darstellung dieser historischen Sachverhalte findet der Leser in der französischen Ausgabe der math. Enzyklopädie im Bd. I, 1 S. 337. Hier geben wir nur so viel, als für das Verständnis der Fragestellung zweckdienlich erscheint.

4) Es wird gewöhnlich in der Form $a + ib$ geschrieben, eine Schreibweise, auf die uns auch unsere weiteren Betrachtungen hinführen werden.

ein derartiges Operieren mit den komplexen Zahlen „Rechnen" nennen. An sich ist es völlig willkürlich und ganz unserem Entschluß anheimgegeben, wie wir diese Operationen erklären, und wie wir sie benennen wollen. Indessen werden wir den Wunsch haben, unsere Wahl durch den Zweck zu bestimmen, welchen wir mit der Einführung der komplexen Zahlen verfolgen. Wir wollen ja mit den neuen, den komplexen Zahlen eine *Erweiterung* des Zahlbegriffes vornehmen. Wir haben nämlich bei der Auflösung der quadratischen Gleichungen, z. B. schon bei $x^2 + 1 = 0$, die Erfahrung gemacht, daß wir nicht mit den reellen Zahlen auskommen. Unsere Zahlenpaare sollen also als speziellen Fall die gewöhnlichen reellen Zahlen, in nur etwas anderer Bezeichnung, unter sich begreifen. Die Rechenoperationen sollen demnach weiter so formuliert werden, daß sie in Anwendung auf die gewöhnlichen Zahlen, die wir weiter als die reellen Zahlen bezeichnen, zu denselben Resultaten führen, wie die dort üblichen, Addition und Multiplikation genannten Operationen. Weiter werden wir den Wunsch haben, daß für Addieren und Multiplizieren nicht nur in diesem Spezialfall, sondern überhaupt soweit als möglich unsere gewohnten Rechenregeln, Axiome der Arithmetik genannt, bestehen bleiben. Wir werden beweisen, daß die folgenden Festsetzungen diese „Permanenz der formalen Regeln" gewährleisten.

Das Zahlenpaar $(a, 0)$ lassen wir der gewöhnlichen Zahl a entsprechen und verabreden, statt $(a, 0)$ auch kurz a zu schreiben: $(a, 0) = a$.

Unter der Summe $(a, b) + (c, d)$ der beiden komplexen Zahlen (a, b) und (c, d) verstehen wir die Zahl $(a + c, b + d)$. Also wird unserem Wunsche entsprechend insbesondere

$$(a, 0) + (c, 0) = (a + c, 0) = a + c.$$

Unter dem Produkt $(a, b) \cdot (c, d)$ verstehen wir die komplexe Zahl $(ac - bd, ad + bc)$. Dann ist insbesondere, wie es sein sollte, $(a, 0) \cdot (c, 0) = (ac, 0) = ac$.

Man sieht ohne weiteres, daß für diese Erklärungen das kommutative, assoziative und distributive Gesetz bestehen bleiben, daß also für die Zahlenpaare $\alpha = (a, b)$, $\beta = (c, d)$, $\gamma = (e, f)$ die Gesetze

$$\begin{aligned}
\alpha + \beta &= \beta + \alpha && \text{kommutatives Gesetz der Addition}\\
\alpha \cdot \beta &= \beta \cdot \alpha && \text{kommutatives Gesetz der Multiplikation}\\
(\alpha + \beta) + \gamma &= \alpha + (\beta + \gamma) && \text{assoziatives Gesetz der Addition}\\
(\alpha \cdot \beta) \cdot \gamma &= \alpha \cdot (\beta \cdot \gamma) && \text{assoziatives Gesetz der Multiplikation}\\
\alpha \cdot (\beta + \gamma) &= \alpha \cdot \beta + \alpha \cdot \gamma && \text{distributives Gesetz}
\end{aligned}$$

in Geltung bleiben. Wir überlassen dem Leser die Aufgabe, die zur Prüfung nötige kleine Rechnung auszuführen.

Wir verabreden weiter, die häufig vorkommende komplexe Zahl $(0, 1)$ kurz mit i zu bezeichnen. Dann wird also

$$(a, b) = (a, 0) + (0, b) = a + b \cdot (0, 1) = a + ib.$$

Ferner aber wird $\quad i^2 = (0, 1) \cdot (0, 1) = (-1, 0) = -1.$

Wir können also auch $i = \sqrt{-1}$ schreiben, und damit haben wir den Anschluß an die übliche Schreibweise $a + ib$ der komplexen Zahlen erreicht.

Wir haben nämlich dargelegt, woher man das Recht nimmt, so zu schreiben.

a heißt der Realteil, b der Imaginärteil der komplexen Zahl $\alpha = a + ib$. Man schreibt $a = \Re(\alpha)$ und $b = \Im(\alpha)$.

Zwei komplexe Zahlen sollen nur dann gleich heißen, wenn sie identisch sind. Sie stimmen also stets in Realteil und in Imaginärteil überein.

Die Zahl $\bar{\alpha} = a - ib$ heißt zu $\alpha = a + ib$ *konjugiert*. Stets werden wir die konjugierten Zahlen durch *Überstreichen* bezeichnen. Eine Zahl heißt *reell*, wenn ihr Imaginärteil verschwindet. Sie heißt *rein imaginär*, wenn ihr Realteil Null ist. Für reelle Zahlen und nur für sie ist also $\alpha = \bar{\alpha}$; rein imaginäre Zahlen dagegen sind durch $\alpha = -\bar{\alpha}$ gekennzeichnet. Stets ist also $\alpha + \bar{\alpha} = 2\Re(\alpha)$ reell und $\alpha - \bar{\alpha} = 2i\Im(\alpha)$ rein imaginär.

Es gibt eine einzige komplexe Zahl Null, die der Gleichung

$$\alpha + \xi = \alpha$$

genügt. Das ist natürlich die reelle Zahl Null. Um das einzusehen, hat man nur auf beiden Seiten der Gleichung $-\alpha$ zu addieren $(-\alpha = -1 \cdot \alpha)$.

Ebenso ist die reelle Zahl Eins die einzige Lösung der Gleichung $\alpha\xi = \alpha$, wenn $\alpha \neq 0$ ist.

Man hat, um das einzusehen, nur beide Seiten mit

$$\beta = \frac{\bar{\alpha}}{a^2 + b^2}$$

zu multiplizieren. Wir wollen diese Zahl fortan mit $\frac{1}{\alpha}$ bezeichnen, weil ja $\beta \cdot \alpha = 1$ ist. Denn es ist ja $a^2 + b^2 = \alpha \cdot \bar{\alpha}$. Dabei ist vorausgesetzt, daß $\alpha \neq 0$ ist, d. h. daß nicht a und b gleichzeitig verschwinden, d. h. daß $a^2 + b^2 \neq 0$ ist. Denn sonst genügt ja jede Zahl unserer Gleichung $\alpha\xi = \alpha$.

Ein Produkt kann nur dann verschwinden, wenn ein Faktor verschwindet. Denn wenn $\alpha \neq 0$ ist, aber doch $\alpha\xi = 0$ ist, so muß $\xi = 0 \cdot \frac{1}{\alpha} = 0$ sein, wie man durch Multiplikation beider Seiten der Gleichung mit $\frac{1}{\alpha}$ erkennt.

Damit sind alle Axiome, deren Aufzählung der Leser etwa in meinem Leitfaden der Differentialrechnung auf S. 12/13 nachlesen möge, als gültig erkannt. Nur die Monotoniegesetze sind noch nicht besprochen. Es soll nicht näher davon die Rede sein, daß sie tatsächlich nicht mehr gelten, oder besser gesagt, daß die Relationen größer und kleiner im Gebiete der komplexen Zahlen nicht erklärt werden, da man ihrer nicht bedarf. Wollte man sie doch einführen, so hätten sie sicher nicht mehr in der vom Reellen gewohnten Art mit den Rechenregeln verknüpft.

Bemerkungen: 1. Wir haben also eingesehen, daß unseren ursprünglichen Forderungen durch unsere Festsetzungen genügt wird. Manchem Leser wird es aber nicht recht erklärlich sein, wie man auf diese Festsetzungen kommt, und er wird sich fragen, ob es nicht noch andere Festsetzungen gibt, welche dem gleichen Zweck genügen. Daß man es gerade erst einmal mit unseren Festsetzungen versucht, hat seinen Grund darin, daß es ja gerade die Festsetzungen sind, auf die man stößt, wenn man ganz naiv z. B. auf der Schule mit $i^2 = -1$ und den anderen Regeln an die komplexen Zahlen herantritt. Ob es aber die einzigen Festsetzungen sind, die den Bedingungen genügen, das ist eine Frage, die noch nicht restlos geklärt ist. Bisher hat nur gezeigt werden können, daß unter gewissen Voraussetzungen keine weiteren wesentlich anderen Festsetzungen mehr möglich sind. Diese Voraussetzungen halten daran fest, daß Summe und Produkt eindeutige und stetige Funktionen der Summanden bzw. Faktoren sein sollen. Damit ist folgendes gemeint: Real- und Imaginärteil von Summe und Produkt sollen eindeutig und stetig durch Real- und Imaginärteil der Summanden bzw. Faktoren bestimmt sein.[1]

2. Das Zahlensystem kann nicht dadurch aufs neue erweitert werden, daß man etwa Zahlentripel usw. heranzieht. Denn man kann beweisen[2]), daß man auf keine Weise für derartige Gebilde die Rechenprozesse so erklären kann, daß alle Rechenregeln bestehen bleiben.

3. Die hohe Bedeutung der komplexen Zahlen kommt so recht im Fundamentalsatz der Algebra zum Ausdruck. Zwar werden wir erst später einen Beweis dafür kennen lernen, doch wollen wir jetzt schon den Satz formulieren und ihn in einfachen Fällen bestätigen. Nach diesem Satz hat jede algebraische Gleichung mit komplexen Koeffizienten mindestens eine (komplexe) Wurzel. Namentlich also haben die Gleichungen $z + \alpha = \beta$ und $z\alpha = \beta$ mit $\alpha \neq 0$ genau eine Wurzel.[3]) So sind nun auch Subtraktion und Division eindeutig erklärt. Wir wollen die Lösungen mit $\beta - \alpha$ und $\dfrac{\beta}{\alpha}$ bezeichnen. Sei etwa $\cdot \alpha = a + ib$ und $\beta = c + id$, so sind die Lösungen

$$\beta - \alpha = a - c + i\,(b - d) \quad \text{und} \quad \frac{\beta}{\alpha} = \frac{1}{a^2 + b^2} \cdot (c + id) \cdot (a - ib).$$

---

1) Vgl. meine Arbeit in Mathematische Zeitschrift Bd. 2 (1918) S. 171—179.

2) Frobenius: Crelles Journal Bd. 84 (1878).

3) Daß keine Gleichung mehr Wurzeln haben kann, als ihr Grad angibt, sieht man genau wie im Reellen ein. Siehe z. B. meinen Leitfaden der Differential- und Integralrechnung I S. 7.

Das bekommt man im ersten Fall dadurch heraus, daß man rechts und links α addiert. Damit ist auch gezeigt, daß die angegebene die einzige Lösung ist. Im Falle der Gleichung $z\alpha = \beta$ multipliziert man rechts und links mit der zu α konjugiert imaginären Zahl $\bar{\alpha}$. Dann wird $z\alpha\bar{\alpha} = \beta\bar{\alpha}$. Nun multipliziert man rechts und links mit $\frac{1}{\alpha\bar{\alpha}} = \frac{1}{a^2+b^2}$. So erhält man dann rechts die Zahl $\frac{1}{\alpha\bar{\alpha}} \cdot \beta \cdot \bar{\alpha} = \beta \cdot \frac{1}{\alpha}$, die wir mit $\frac{\beta}{\alpha}$ bezeichnen. Daß für das Rechnen mit solchen Brüchen die gewohnten Regeln gelten, sieht man leicht ein.

Leicht erkennt man nun auch, daß alle quadratischen Gleichungen mit reellen oder komplexen Koeffizienten lösbar werden. Wenn man an den Herleitungsprozeß für die Auflösungsformel der Gleichung zweiten Grades denkt, so erkennt man leicht, daß man nur zu zeigen hat, daß man nun *aus jeder komplexen Zahl die Quadratwurzel ziehen kann.* Soll aber etwa
$$(x + i \cdot y)^2 = a + ib$$
sein, so findet man daraus sofort
$$x^2 - y^2 = a$$
$$2xy = b.$$
Also wird
$$x = \pm \sqrt{\frac{a + \sqrt{a^2 + b^2}}{2}}, \qquad y = \pm \sqrt{\frac{\sqrt{a^2 + b^2} - a}{2}}.$$
Die Wahl der Vorzeichen ist durch die Bedingung $2xy = b$ festgelegt.

§ 2. Geometrische Deutung der komplexen Zahlen.

Die komplexen Zahlen $z = x + iy$ bilden eine zweiparametrige Schar: (x, y). Will man sie also *geometrisch deuten*, so wird man dazu nicht wie bei den reellen Zahlen eine Zahlengerade benutzen. Man wird vielmehr eine *Zahlenebene* heranziehen. Das hat zuerst Gauß getan. Sie heißt daher auch die Gaußsche Zahlenebene. Die komplexe Zahl $\alpha = a + ib = (a, b)$ bestimmt den Punkt P mit den rechtwinkligen Koordinaten $x = a$ und $y = b$ und den Vektor OP (O Koordinatenanfang). Auf der x-Achse werden dabei die reellen, auf der y-Achse die rein imaginären Zahlen aufgetragen. Daher heißt die x-Achse auch *reelle Achse*, die y-Achse aber *imaginäre Achse*. Der Realteil einer komplexen Zahl erscheint wieder als x-Komponente, der Imaginärteil als y-Komponente des zur komplexen Zahl gehörigen Vektors. Es ist reizvoll, sich die Rechenprozesse geometrisch zu veranschaulichen. Seien z_1 und z_2 die Koordinaten zweier Punkte, die wir kurz mit z_1 und z_2 bezeichnen wollen. Man erhält dann den Punkt $z_3 = z_1 + z_2$ nach der Konstruktion des Parallelogramms der Kräfte. Man legt nämlich durch z_1 als Anfangspunkt einen Vektor, der mit dem Vektor z_2 in Richtung und Länge übereinstimmt. Er endigt im Punkte z_3. Daß man dabei auch z_1 und z_2 ihre Rollen vertauschen lassen kann, leuchtet geometrisch ein und bringt das kommutative Gesetz der Addition zur Anschauung. Alles weitere entnimmt der Leser der Fig. 1, wo die drei Vektoren Oz_1, $z_1 z_3$, Oz_3 ein Dreieck bilden.

Die Zahl $-z$ bestimmt einen Vektor, der die entgegengesetzte Richtung, aber die gleiche Länge wie der Vektor z besitzt. Danach wird der

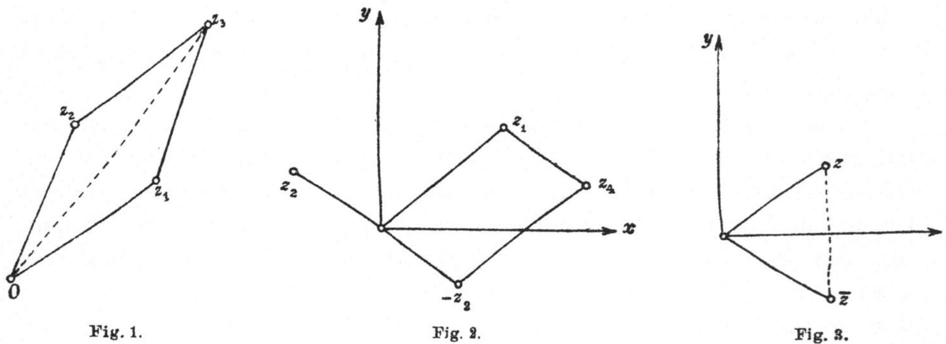

Fig. 1.   Fig. 2.   Fig. 3.

Leser die geometrische Bedeutung der Subtraktion aus Fig. 2 ablesen. $z_4 = z_1 - z_2 = z_1 + (-z_2)$.

Die Zahl $\bar{z}$ geht durch Spiegelung an der reellen Achse aus der Zahl z hervor. Fig. 3 bringt das zur Anschauung.

Um sich nun in ähnlicher Weise die Multiplikation zu verdeutlichen, tut man gut, Polarkoordinaten einzuführen. Die Länge des Vektors z wird $r = + \sqrt{x^2 + y^2} = + \sqrt{z \bar{z}}$. Diese Zahl heißt *absoluter Betrag* von z und wird nach Weierstraß wie im Reellen mit $|z|$ bezeichnet. Für reelles z fällt nämlich diese Erklärung des absoluten Betrages mit der üblichen zusammen. Wir führen weiter in der komplexen Ebene einen positiven Drehsinn ein. Wir legen ihn durch die Forderung fest, daß durch Drehung um den Winkel $\pi/2$ im positiven Sinn die positive x-Richtung in die positive y-Richtung übergeführt werde. Dann sei φ der Winkel, um welchen man in positiver Richtung die positive x-Richtung zu drehen hat, um sie in die Richtung des Vektors z überzuführen. Wichtig ist die Bemerkung, daß dieser Winkel nur bis auf Vielfache von 2π bestimmt ist. Da also jedem Wert von z Werte von φ zugehören, so ist φ eine Funktion der komplexen Veränderlichen z, die wir mit $\arg z$ (lies *Argument von z*) bezeichnen wollen, und zwar ist $\varphi = \arg z$ eine unendlich vieldeutige Funktion von z, insofern als zu jedem Wert z unendlich viele Winkel φ gehören, die sich voneinander um Vielfache von 2π unterscheiden. Diese Funktion, die uns hier zum ersten Male entgegentritt, spielt eine besonders wichtige Rolle in der ganzen Funktionentheorie. Mit Hilfe von $|z| = r$ und

φ läßt sich nun $z = x + iy$ so darstellen: $x = r \cos \varphi$, $\quad y = r \sin \varphi$, $z = |z| (\cos \varphi + i \sin \varphi).$[1])

Hat man nun zwei komplexe Zahlen z_1 und z_2 zu *multiplizieren*, so erhält man

$$z_1 z_2 = |z_1| |z_2| (\cos \varphi_1 \cos \varphi_2 - \sin \varphi_1 \sin \varphi_2 + i [\cos \varphi_1 \sin \varphi_2 + \cos \varphi_2 \sin \varphi_1])$$
$$= |z_1| |z_2| (\cos (\varphi_1 + \varphi_2) + i \sin (\varphi_1 + \varphi_2)).$$

Man sieht also, *daß der absolute Betrag des Produktes dem Produkt der absoluten Beträge der Faktoren gleich ist:* $|z_1 \cdot z_2| = |z_1| \cdot |z_2|$ *und daß das Argument des Produktes der Summe der Argumente der Faktoren gleich ist:* $\arg (z_1 \cdot z_2) = \arg z_1 + \arg z_2.$

Wir kommen zur *Division*, und beginnen da mit $\dfrac{1}{z}$. Man hat $\dfrac{1}{z} = \dfrac{\bar{z}}{z \bar{z}}$ $= \dfrac{\bar{z}}{|z|^2}$. Da aber $|z| = |\bar{z}|$ und $\arg z = - \arg \bar{z}$ ist, so wird $\left| \dfrac{1}{z} \right| = \dfrac{1}{|z|}$ und $\arg \left(\dfrac{1}{z} \right) = - \arg z$. Daher wird nun $\left| \dfrac{z_1}{z_2} \right| = \dfrac{|z_1|}{|z_2|}$ und $\arg \left(\dfrac{z_1}{z_2} \right) = \arg z_1 - \arg z_2$. Denn man hat ja $\dfrac{z_1}{z_2} = \dfrac{z_1 \bar{z}_2}{|z_2|^2}$. *Man erhält also den absoluten Betrag eines Quotienten als Quotient der absoluten Beträge und das Argument des Quotienten als Differenz der Argumente von Zähler und Nenner.*

Die gegenseitige Lage der Punkte z und $\dfrac{1}{z}$ kann man sich an Hand der folgenden Konstruktion klarmachen. Man konstruiere (Fig. 4) zunächst den Punkt z', der aus z durch Transformation nach reziproken Radien am Kreis vom Radius Eins um $z = 0$ hervorgeht.[2]) Diesen Kreis nennen wir fortan *Einheitskreis*. Da in Fig. 4 das Dreieck $0 z' T$ bzw. $0 z T$ bei T rechtwinklig ist, so entnimmt man sofort dem Kathetensatz, daß tatsächlich $|z| |z'| = 1$, daß also $|z'| = \dfrac{1}{|z|}$. Dabei ist aber noch $\arg z' = \arg z$. Spiegelt man also noch z' an der reellen

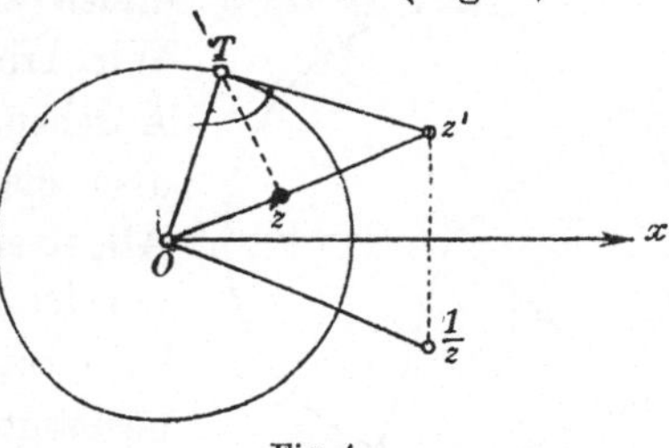

Fig. 4.

Achse, so erhält man $\dfrac{1}{z} = \bar{z}'$. Nebenbei bemerkt ist also $z' = \dfrac{1}{\bar{z}}$. (Siehe auch S. 47.)

Wir wenden die gefundenen Ergebnisse noch auf Potenzen und Wurzeln an. Sei n eine ganze positive Zahl. Dann hat man $(\cos \varphi + i \sin \varphi)^n$

---

1) Häufig ist es bequemer, statt des $\arg z$ den Faktor $\cos \varphi + i \sin \varphi$ heranzuziehen. Er spielt bei den komplexen Zahlen offenbar dieselbe Rolle wie das Vorzeichen bei den reellen Zahlen und wird daher auch mit $\operatorname{sign} z$ bezeichnet (lies signum von z). Also setzen wir $\operatorname{sign} z = \cos \varphi + i \sin \varphi = \dfrac{z}{|z|}$. $\operatorname{sign} z$ ist im Gegensatz zu $\arg z$ eine eindeutige Funktion von z.

2) Die Winkel $0 z T$ und $0 T z'$ sollen also rechte Winkel sein.

$= \cos n\varphi + i \sin n\varphi$. Denn $\cos \varphi + i \sin \varphi$ hat den absoluten Betrag Eins. Wendet man nun auf $(\cos \varphi + i \sin \varphi)^n$ den binomischen Lehrsatz an und trennt dann Real- und Imaginärteil, so findet man die bekannten Darstellungen von $\cos n\varphi$ und $\sin n\varphi$ durch $\cos \varphi$ und $\sin \varphi$.

Betrachten wir nun $\sqrt[n]{a}$, so wird der absolute Betrag von $\sqrt[n]{a}$ die positiv genommene n-te Wurzel aus dem absoluten Betrag von a. Das Argument von $\sqrt[n]{a}$ hingegen wird der n-te Teil des Argumentes von a. Dabei kommt aber nun wesentlich zur Geltung, daß $\arg z$ eine unendlich vieldeutige Funktion von z ist. Die verschiedenen Werte von $\arg a$ unterscheiden sich voneinander um Vielfache von 2π. Teilt man sie alle durch n, so erhält man also Werte, die sich voneinander um Vielfache von $\dfrac{2\pi}{n}$ unterscheiden. Seien etwa $\varphi + 2h\pi$ die Werte von $\arg a$, so werden $\dfrac{\varphi}{n} + h\dfrac{2\pi}{n}$ die Werte von $\arg \left(\sqrt[n]{a}\right)$. Diesen Winkeln entsprechen im ganzen n verschiedene Richtungen in der z-Ebene. Denn von den n Winkeln $\dfrac{\varphi}{n}$, $\dfrac{\varphi}{n} + \dfrac{2\pi}{n}$, $\dfrac{\varphi}{n} + 2\dfrac{2\pi}{n}$, $\cdots$, $\dfrac{\varphi}{n} + (n-1)\dfrac{2\pi}{n}$ unterscheiden sich alle anderen $\dfrac{2h\pi}{n}$ nur um Vielfache von 2π. Demnach gibt es also n verschiedene Zahlen, deren n-te Potenz a ist. Sie liegen sämtlich auf einem Kreis vom Radius $\left|\sqrt[n]{|a|}\right|$ um den Punkt $z = 0$ und bilden auf ihm die Ecken eines regulären n-Ecks. Wir bringen in Fig 5 den Fall $a = 1$, $n = 5$ zur Anschauung. Die fünf dort angegebenen Zahlen sind also die fünf Wurzeln der Gleichung $z^5 - 1 = 0$. Allgemein hat so die Gleichung $z^n - a = 0$ genau n voneinander verschiedene Wurzeln. Wir finden also bei dieser Gleichung den Fundamentalsatz der Algebra bestätigt.

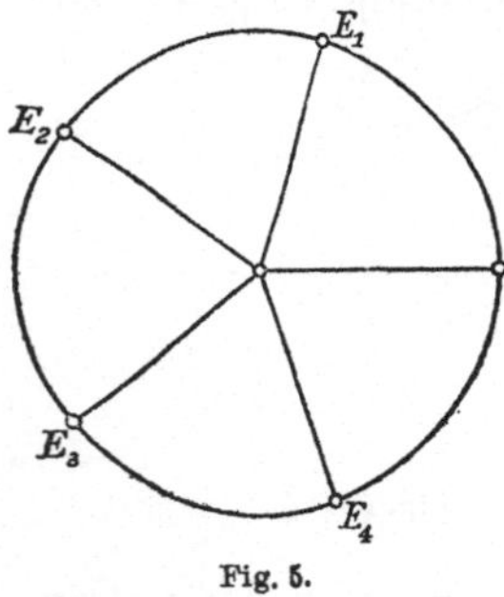

Fig. 5.

Die Betrachtung der absoluten Beträge bei Summe und Differenz führt zu einigen wichtigen Ungleichungen. Aus dem Dreieck $0z_1z_3$ der Fig. 1 liest man sofort ab, daß

$$|z_3| \leq |z_1| + |z_2|$$

und daß

$$|z_3| \geq |z_1| - |z_2|$$

ist. *Der absolute Betrag einer Summe ist also höchstens der Summe der absoluten Beträge und mindestens der Differenz der absoluten Beträge der Summanden gleich.* Dies ergibt sich sofort, wenn man beachtet, daß die absoluten Beträge einfach die Längen der Dreiecksseiten sind, und daß also unsere Ungleichungen bekannte Beziehungen zwischen den Dreiecksseiten zum Ausdruck bringen. Wenn aber die drei Vektoren alle auf eine Gerade fallen, so kommen in den Ungleichungen bekannte Längenbeziehungen zum Ausdruck, die ja schon die geometrische Bedeutung der entsprechenden Ungleichungen ausmachen. Man erkennt auch, daß in der ersten Ungleichung das Gleichheitszeichen nur stehen kann, wenn alle drei Vektoren gleich gerichtet sind, und daß es in der zweiten nur dann eintritt, wenn z_1 und z_2 verschiedene Richtung haben, aber auf derselben Geraden liegen, und wenn gleichzeitig z_1 keinen kleineren Betrag hat als z_2.

Will man diese Abschätzungen rein rechnerisch ohne Bezugnahme auf eine geometrische Deutung beweisen, so kann man etwa so vorgehen. Es ist $|a+b| = |a|\left|1+\dfrac{b}{a}\right| \cdot{}^1)$

Setzt man daher $\dfrac{b}{a} = \lambda + i\mu$, so hat man z. B. zu zeigen, daß

$$(1+\lambda)^2 + \mu^2 \leqq (1 + \sqrt{\lambda^2 + \mu^2})^2.$$

Dies ist richtig, weil $\qquad 2\lambda \leqq 2\sqrt{\lambda^2 + \mu^2}$

und dies trifft für $\lambda \leqq 0$ zu, weil die Wurzel positiv ist, für $\lambda \geqq 0$ aber, weil $\qquad \lambda^2 \leqq \lambda^2 + \mu^2;$

gleich gilt dabei offenbar nur dann, wenn $\lambda \geqq 0$ und $\mu = 0$ ist, d. h wenn die beiden Zahlen a und b gleiches Argument haben. Ganz ähnlich beweist man, daß auch $\qquad |a+b| \geqq |a| - |b|$

ist. Die Durchführung sei dem Leser als Aufgabe gestellt.

Zweiter Abschnitt.

Grenzwerte und Reihen.

§ 1. Einige Grundbegriffe.

Wie im Reellen, so ist auch im Komplexen das Prinzip der Intervallschachtelung die Grundlage für alle Betrachtungen über Grenzwerte und Reihen.${}^2)$

Das *Prinzip der Intervallschachtelung* besagt folgendes: *Auf einer Zahlengeraden sei eine unendliche Folge ineinanderliegender Intervalle i_1, $i_2 \cdots i_n \cdots$ gegeben, also derart, daß jedes alle anderen mit größerer Nummer enthält. Die Längen der Intervalle sollen gegen Null konvergieren. Dann gibt es genau einen Punkt, der dem Inneren oder dem Rand aller dieser Intervalle angehört. Wir sagen dafür auch kurz: Die Intervalle ziehen sich auf einen Punkt zusammen und nennen diesen Punkt den innersten Punkt der Intervalle.*

---

1) Für den hierbei ausgeschlossenen Fall $a = 0$ ist ja die zu beweisende Formel evident.

2) Vgl. z. B. meinen Leitfaden der Differentialrechnung.

2*

Von diesem Satz machen wir zunächst die folgende Anwendung. *In der komplexen Ebene sei eine Folge ineinanderliegender Rechtecke gegeben, deren Seiten durchweg der reellen und der imaginären Achse parallel sein mögen. Die Längen der Rechtecksdiagonalen mögen gegen Null konvergieren. Dann gibt es genau einen Punkt, der dem Inneren oder dem Rand aller dieser Rechtecke angehört. Wir sagen dafür auch kurz: Die Rechtecke ziehen sich auf einen Punkt zusammen und nennen diesen Punkt den innersten Punkt der Rechtecke.*

Dieser Satz kann unmittelbar aus dem an die Spitze gestellten Prinzip erschlossen werden.   Man hat dazu nur die Abszissen und die Ordinaten der Rechteckspunkte zu betrachten. So erhält man sowohl auf der reellen wie auf der imaginären Achse eine Intervallschachtelung. Die Punkte, auf welche sich die Intervalle zusammenziehen, bestimmen die Koordinaten des innersten Punktes der Rechteckschachtelung.

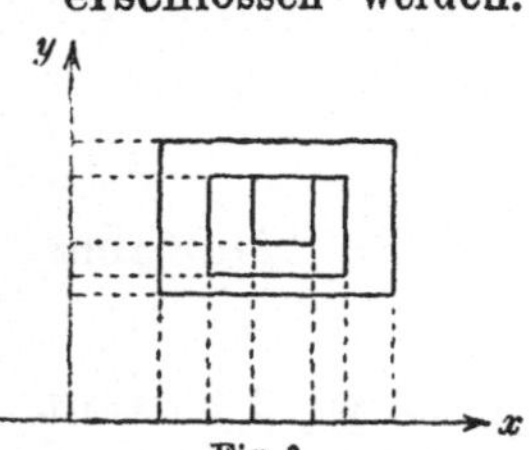
Fig. 6.

Eine unmittelbare Folge dieses Prinzips ist der Satz über die *Existenz der Häufungswerte.* Es sei eine unendliche Folge von komplexen Zahlen gegeben: $z_1, z_2 \cdots$. *Unter einem Häufungswert dieser Folge verstehen wir eine Zahl z derart, daß für jedes $\varepsilon > 0$ die Ungleichung $|z - z_n| < \varepsilon$ für unendlichviele Nummern n erfüllt ist.* Geometrisch bedeutet dies folgendes.   Die Ungleichung $|z - z_n| < \varepsilon$ drückt aus, daß z_n einem um den Punkt z mit dem Radius ε geschlagenen Kreis angehört (oder was dasselbe ist, daß z in einem um z_n mit dem gleichen Radius geschlagenen Kreis liegt). Wenn also in jedem um z geschlagenen Kreis unendlichviele z_n liegen, dann heißt z ein Häufungspunkt der Punktfolge oder die Zahl z ein Häufungswert der Zahlenfolge z_n.

Dann gilt der folgende Satz:

Eine beschränkte Zahlenfolge besitzt mindestens einen Häufungswert. Beschränkt aber heißt eine Folge von komplexen Zahlen dann, wenn die Folge der absoluten Beträge ihrer Zahlen beschränkt ist. Geometrisch ausgedrückt heißt das, daß ihre Punkte[1] alle dem Inneren eines Kreises oder, was dasselbe[2] ist, dem Inneren eines Rechteckes oder eines anderen endlichen Bereiches angehören. Der Beweis verläuft so. Ich teile das Rechteck, dem alle Punkte angehören und dessen Seiten zu den Koordinatenachsen parallel angenommen werden können, durch Parallele zu seinen Seiten

---

1) Wir werden weiterhin bald von Punkten, bald von Zahlen reden, je nach Bequemlichkeit.

2) Denn gehören sie alle einem Kreis an, so gehören sie auch alle einem dem Kreis umbeschriebenen Quadrat an.

in vier kongruente Rechtecke. Mindestens einem derselben müssen dann unendlich viele Punkte der Folge angehören, wenn anders die Folge wirklich unendlich viele Punkte enthalten soll. Ein solches Teilrechteck also, welches unendlich viele Punkte enthält, teilen wir wieder in vier gleiche Teile. Und wieder muß eines der neuen Teilrechtecke unendlich viele Punkte enthalten. Dieses teilen wir wieder. So fortfahrend erhalten wir eine Rechteckschachtelung. Der innerste Punkt derselben ist ein Häufungspunkt der Zahlenfolge, weil jedem Rechteck der Schachtelung unendlich viele Punkte der Folge angehören. Also gehören auch jedem um den innersten Punkt geschlagenen Kreis unendlich viele Punkte der Folge an. Denn von einem gewissen an liegen alle Rechtecke der Folge in einem bestimmt gegebenen derartigen Kreis.

§ 2. Grenzwerte und Reihen.

Die Definitionen, Sätze und Beweise sind auch hier fast durchweg so genau dem reellen Gebiet nachgebildet, daß wir uns meist recht kurz fassen können.

Man sagt, eine beschränkte Zahlenfolge $z_1, z_2 \cdots$ besitze einen *Grenzwert*, wenn sie nur einen einzigen Häufungspunkt besitzt.[1] Das ist dann und nur dann der Fall, wenn es eine Zahl z gibt derart[2]), daß $\lim\limits_{n \to \infty} |z_n - z| = 0$. Wir schreiben dann auch $\lim\limits_{n \to \infty} (z_n - z) = 0$ und $\lim\limits_{n \to \infty} z_n = z$. z heißt der Grenzwert der Zahlenfolge, welche selbst „*konvergent*" genannt wird. Die Sätze vom Grenzwert einer Summe, eines Produktes, eines Quotienten übertragen sich so unmittelbar, daß wir uns mit dieser Feststellung begnügen können.

Das *allgemeine Konvergenzprinzip* läßt sich ohne weiteres ins Komplexe übertragen. Eine Zahlenfolge $z_1, z_2 \cdots$ besitzt danach dann und nur dann einen endlichen Grenzwert, wenn zu jedem ε ein $N(\varepsilon)$ gehört, derart, daß $|z_{n+m} - z_n| < \varepsilon$ wird für $n > N(\varepsilon)$ und beliebiges $m \geq 0$. Geometrisch besagt diese Bedingung, daß von der Nummer n an alle Zahlen der Folge einem Kreise vom Radius ε um den Punkt z_n angehören. Da nämlich außerhalb dieses Kreises nur endlich viele Zahlen der Folge liegen, so ist jede Folge, die der Bedingung des Konvergenzprinzips genügt, beschränkt. Sie besitzt also mindestens einen Häufungspunkt. Sie kann aber, wie weiter

---

1) Man überträgt diesen Begriff manchmal auf nicht beschränkte Zahlenfolgen und sagt, ∞ sei der Grenzwert einer solchen Zahlenfolge, wenn sie keinen endlichen Häufungspunkt besitzt, wenn also ihre Zahlen von einer gewissen Nummer an alle außerhalb eines beliebig vorgegebenen Kreises liegen.

2) Wenn diese Bedingung für eine Zahlenfolge erfüllt ist, ist dieselbe natürlich auch beschränkt.

aus der Bedingung des Prinzips folgt, nicht mehr als einen Häufungspunkt besitzen. Denn weil alle Zahlen der Folge, bis auf endlich viele in einem Kreise von Radius ε Platz haben, kann außerhalb dieses Kreises kein Häufungspunkt der Folge liegen. Denn in beliebiger Nähe desselben müßten sich ja unendlich viele Zahlen der Folge befinden. Also würden auch unendlich viele außerhalb des Kreises anzutreffen sein. Gäbe es also etwa zwei Häufungspunkte der Folge, so könnte ihr Abstand nicht mehr als 2ε betragen. ε ist aber eine positive Zahl, über die wir frei verfügen können. Daher kann es nicht mehr als einen Häufungspunkt geben.

Wenn umgekehrt die Zahlenfolge einen endlichen Grenzwert z besitzt, so gibt es eine Nummer $N(\varepsilon)$, von der an $|z_n - z| < \dfrac{\varepsilon}{2}$. Also ist von dieser Nummer an

$$|z_{n+m} - z_n| = |z_{n+m} - z + z - z_n| \leqq |z_{n+m} - z| + |z_n - z| < \frac{\varepsilon}{2} + \frac{\varepsilon}{2} = \varepsilon.$$

Die Lehre von den Zahlenfolgen ist gleichwertig mit der Lehre von den *unendlichen Reihen*. Denn man kann jede Zahlenfolge als Folge der Teilsummen einer anderen Zahlenfolge, also einer unendlichen Reihe auffassen. Ist etwa $s_1, s_2, \cdots$ die Zahlenfolge, so sind die s_n die Teilsummen der unendlichen Reihe

$$s_0 + (s_1 - s_0) + \cdots (s_n - s_{n-1}) + \cdots,$$

deren n-tes Glied also $s_n - s_{n-1}$ ist. Die Differenz zweier aufeinanderfolgender Teilsummen ist ja stets ein Reihenglied.

Eine Reihe heißt *konvergent*, wenn ihre Teilsummen einen endlichen Grenzwert besitzen. Ist kein endlicher Grenzwert vorhanden, so heißt die Reihe *divergent*. Dahin gehört namentlich der Fall, daß die Teilsummen einen unendlichen Grenzwert besitzen. Eine solche Reihe nennt man *eigentlich divergent*, während man die anderen auch *oszillierend* nennt. In diesen anderen Fällen besitzen also die Teilsummen stets mehr als einen Häufungswert.

Wie im Reellen ergibt sich aus dem allgemeinen Konvergenzprinzip als unmittelbare Folgerung die, daß der Grenzwert der Glieder einer konvergenten Reihe Null ist.

Als wichtige Folge ergibt sich weiter aus diesem Prinzip der Satz, daß *eine Reihe konvergiert, wenn die Reihe der absoluten Beträge ihrer Glieder konvergiert.* Man beweist das genau wie im Reellen folgendermaßen: Sei $u_0 + u_1 + \cdots$ die Reihe, s_n ihre Teilsummen, sei $|u_0| + |u_1| + \cdots$ die Reihe der absoluten Beträge, σ_n ihre Teilsummen. Dann wird $|s_{n+m} - s_n|$ $= |u_{n+1} + \cdots + u_{n+m}| \leqq |u_{n+1}| + |u_{n+2}| + \cdots |u_{n+m}| = \sigma_{n+m} - \sigma_n < \varepsilon$ von einem gewissen von m unabhängigen n an.

Anwendung auf Potenzreihen: 1. Unter einer Potenzreihe versteht man eine Reihe der Art

$$a_0 + a_1 z + a_2 z^2 + \cdots a_n z^n + \cdots.$$

Es gilt der Satz: Wenn $a_0 + a_1 z_0 + \cdots + a_n z_0^n + \cdots$

konvergiert, so konvergiert auch

$$|a_0| + |a_1 z| + \cdots + |a_n z^n| + \cdots \text{ sobald } |z| < |z_0|.$$

Oder in Worten: *Wenn eine Potenzreihe an einer Stelle z_0 konvergiert, so konvergiert sie an allen Stellen von kleinerem absoluten Betrag absolut.* Es ist nämlich

$$\sum a_n z^n = \sum a_n z_0^n \left(\frac{z}{z_0}\right)^n.$$

Nun sind aber die Glieder einer konvergenten Reihe beschränkt. Denn ihr Grenzwert ist Null. Es gibt also nur endlich viele, deren Betrag ε übertrifft. Es gibt somit eine Zahl M derart, daß für alle n stets $|a_n z_0^n| < M$ ist. Daher konvergiert auch $\sum |a_n z^n|$. Denn es ist ja $\left|\frac{z}{z_0}\right| < 1$.

2. Mit dem vorhin bewiesenen Satze, daß jede absolut konvergente Reihe selbst konvergiert, werden auch alle auf Reihen mit nicht negativen Gliedern sich beziehenden Konvergenzkriterien im komplexen Gebiet verwendbar. Dahin gehört namentlich das *Kriterium von Cauchy*, wonach $\sum |a_n z^n|$ konvergiert, sobald von einem gewissen n an für ein festes $L < 1$ die Bedingung $\sqrt[n]{|a_n z^n|} \leq L < 1$ erfüllt ist, und daß die Reihe divergiert, sobald unendlich oft $\sqrt[n]{|a_n z^n|} > 1$ bleibt.

Wir sprechen die Konvergenzbedingung in einer für unsere Zwecke geeigneteren Form aus. Wenn von einem gewissen n an $\sqrt[n]{|a_n z^n|} \leq L$ bleibt, so ist der größte Häufungspunkt der Zahlenfolge $\sqrt[n]{|a_n z^n|}$ kleiner als Eins. Ist umgekehrt der größte Häufungspunkt der Zahlenfolge kleiner als Eins, so gibt es eine Zahl L unter Eins von der Art, daß von einem gewissen n an $\sqrt[n]{|a_n z^n|} \leq L$ bleibt. Denn es gibt ja nur endlich viele Zahlen der Folge, welche den größten Häufungspunkt der Folge um mehr als ε übertreffen. Also ist jede zwischen dem größten Häufungspunkt und Eins gelegene Zahl als Zahl L brauchbar. Man bezeichnet den größten Häufungspunkt mit lim sup (limes superior) oder mit $\overline{\lim}$. Ähnlich nennt man den kleinsten Häufungspunkt lim inf (limes inferior) und schreibt auch $\underline{\lim}$. Dann kann man die Cauchysche Konvergenzbedingung dahin formulieren, daß die Potenzreihe stets dann absolut konvergiert, wenn $\lim\limits_{n \to \infty} \sup \sqrt[n]{|a_n z^n|} < 1$.

Wir können das auch so aussprechen: Die Potenzreihe $\sum a_n z^n$ konvergiert für alle $|z| < \dfrac{1}{\limsup\limits_{n \to \infty} \sqrt[n]{|a_n|}} = r$ absolut.[1]) Ist nun aber weiter $|z| = R > r$,

so kann die Potenzreihe nicht konvergieren. Denn wäre dies der Fall, so würde sie für jedes z, dessen Betrag zwischen r und R liegt, absolut konvergieren, während man doch den obigen Darlegungen entnehmen kann, daß für $|z| > r$ die Potenzreihe nicht mehr absolut konvergieren kann. Denn dann ist auch $\limsup \sqrt[n]{|a_n z^n|} > 1$, und es gibt unendlich viele Reihenglieder, für welche $\sqrt[n]{|a_n z^n|} > 1$, also auch $|a_n z^n| > 1$ bleibt.

Durch diese Überlegungen ist nun der folgende Satz bewiesen.

Jede Potenzreihe $\qquad \mathfrak{P}(z) = a_0 + a_1 z + \cdots$

besitzt einen Konvergenzkreis von der folgenden Eigenschaft. Für jedes z, das dem Inneren dieses Konvergenzkreises angehört, konvergiert die Reihe absolut, für jedes z außerhalb divergiert sie. Der Mittelpunkt des Kreises liegt bei $z = 0$. Sein Radius ist $r = \dfrac{1}{\limsup\limits_{n \to \infty} \sqrt[n]{|a_n|}}$. *Diese Zahl nennt man auch den Konvergenzradius.*

Das gilt auch für den Fall, daß der größte Häufungspunkt der Zahlenfolge $\sqrt[n]{|a_n|}$ bei Null oder bei Unendlich liegt. Denn dann ist eben auch für alle z der größte Häufungspunkt von $\sqrt[n]{|a_n|}\,|z|^n$ bei Null oder bei Unendlich gelegen, und das bedeutet im ersten Falle, daß die Potenzreihe für alle z konvergiert, also den Konvergenzradius Unendlich hat, und es bedeutet im anderen Falle, daß die Potenzreihe für von Null verschiedene z stets divergiert. Dann ist·also der Konvergenzradius Null. Wir werden gleich sehen, daß alle diese Fälle wirklich vorkommen.

Es gibt Potenzreihen, die nur bei $z = 0$ konvergieren. Dahin gehört die Reihe $\qquad\qquad\qquad \sum n^n z^n.$

Denn es ist ja $\lim\limits_{n \to \infty} \sqrt[n]{n^n} = \infty$. Der Konvergenzradius ist also Null. Für $\sum n z^n$ dagegen ist der Konvergenzradius Eins. Denn aus dem Reellen ist bekannt, daß diese Reihe, welche die Funktion $\dfrac{1}{(1-z)}$ darstellt, nur für alle z zwischen -1 und $+1$ konvergiert. Daher ist der Konvergenzkreis der Einheitskreis, nach den oben unter 1. festgestellten Eigenschaften der Potenzreihen. Denn um zu sehen, daß sie für ein gegebenes z vom Betrag kleiner als Eins konvergiert, nehme man ein reelles z von einem etwas größeren Betrag, der aber auch noch kleiner als Eins sei. Für dies reelle z haben wir Konvergenz. Also auch für das zu untersuchende komplexe z vom Betrag kleiner als Eins. Konvergierte aber weiter die

---

[1]) Es sei also zunächst $\limsup\limits_{n \to \infty} \sqrt[n]{|a_n|}$ von Null und Unendlich verschieden.

Reihe für irgendein komplexes z von einem Betrag größer als Eins, so müßte sie auch für reelle z von einem Betrag größer als Eins konvergieren, was nicht der Fall ist. Ebenso steht es bei der Reihe $\sum \frac{z^n}{n}$, auch ihr Konvergenzkreis ist der Einheitskreis. Dagegen konvergiert die Reihe

$$\sum \frac{1}{n^n} z^n$$

überall in der ganzen Ebene; ihr Konvergenzradius ist also unendlich. Denn es ist

$$\lim_{n \to \infty} \frac{1}{\sqrt[n]{n^n}} = 0.$$

Ebenso konvergiert die Reihe $\qquad \sum \frac{z^n}{n!}$

in der ganzen Ebene Es ist ja im Reellen die Reihe der Funktion e^z. Und zur Erklärung dieser Funktion im Komplexen werden wir sie bald verwenden. Da sie aber im Reellen überall konvergiert, muß dies nach der schon vorhin verwendeten Schlußweise auch im Komplexen der Fall sein. Daher ist also

$$\lim_{n \to \infty} \sqrt[n]{\frac{1}{n!}} = 0.$$

Also konvergiert auch die Reihe $\qquad \sum n! z^n$
nur bei $z = 0$. Die im Reellen für $\cos z$ und $\sin z$ auftretenden Reihen konvergieren natürlich auch in der ganzen komplexen Ebene.

Ein Leser, welcher nun noch ein Beispiel dafür vermißt, daß der Konvergenzradius den beliebigen endlichen Wert ϱ annehmen kann, sei auf folgende allgemeine Überlegung verwiesen. Macht man in einer Potenzreihe vom Konvergenzradius r die Substitution $z = \frac{z}{\varrho}$, so erhält man eine nach Potenzen von z fortschreitende Potenzreihe, deren Konvergenzradius $r\varrho$ ist. Denn aus dem Glied $a_n z^n$ wird $\frac{a_n}{\varrho^n} z^n$. Also wird

$$\limsup_{n \to \infty} \sqrt[n]{\frac{a_n}{\varrho^n}} = \frac{1}{r\varrho}.$$

Also hat namentlich die Reihe $\qquad \sum \frac{1}{\varrho^n} z^n.$
den Konvergenzradius ϱ.

Dem Leser ist noch ein anderes Cauchysches Konvergenzkriterium bekannt, welches an den Quotienten zweier aufeinanderfolgender Glieder anknüpft. Hieran lassen sich indessen keine allgemeinen Betrachtungen über den Konvergenzradius anknüpfen, wie der Leser schon einsehen wird, wenn er nur an eine Reihe wie die für $\sin z$ denkt, wo ja ein über der andere Koeffizient verschwindet, der Quotient also abwechselnd null und unendlich wird. Allerdings kann man beweisen, daß aus $\lim\limits_{n\to\infty}\left|\dfrac{a_{n+1}}{a_n}\right| = A$ auch $\lim \sqrt[n]{|a_n|} = A$ folgt, aber nur in seltenen Fällen wird jener Limes existieren, immerhin liegen der lim sup und der lim inf von $\sqrt[n]{|a_n|}$ stets zwischen lim sup und lim inf von $\left|\dfrac{a_{n+1}}{a_n}\right|$.

Die im Reellen bekannten Sätze über Addition und Multiplikation zweier Reihen lassen sich ohne weiteres ins Komplexe übertragen. Ein Leser, welcher dies nicht sofort übersieht, sei auf die Darstellung verwiesen, welche ich fürs Reelle in meinem Leitfaden der Differentialrechnung gegeben habe. Beim Durchlesen wird er merken, daß die Beweise und die Sätze sich leicht ins Komplexe übertragen lassen. Die nähere Durchführung ist eine nützliche Aufgabe für den Leser.

Hiermit ist man nun also etwa in der Lage, zu erkennen, daß auch für ein komplexes z von einem Betrage kleiner als Eins $\dfrac{1}{1-z} = 1 + z + z^2 + \cdots$ ist. Das sieht man wie im Reellen, wenn man die Reihe mit z multipliziert und von der eben aufgeschriebenen abzieht. Multipliziert man weiter die Reihe mit sich selbst, so sieht man, daß auch für Komplexe z vom Betrage kleiner als Eins

$$\frac{1}{(1-z)^2} = 1 + 2z + 3z^2 + \cdots + (n+1)z^n + \cdots$$

ist. Die Darstellung anderer Funktionen durch Potenzreihen läßt sich nun allerdings nicht mehr mit derselben Einfachheit ins Komplexe übertragen. Denn meistens sind die Funktionen im Komplexen noch gar nicht erklärt, oder aber es versagen die im Reellen aus der Taylorschen Formel fließenden Beweise. Diese Fragen werden uns noch sehr eingehend später beschäftigen.

Genau wie im Reellen beweist man auch, daß jede absolut konvergente Reihe unbedingt konvergiert, daß man also ihre Glieder beliebig umordnen kann, ohne an Konvergenz oder Summe etwas zu ändern. Umgekehrt konvergiert auch jede unbedingt konvergente Reihe absolut.

Was aber die Resultate über bedingt konvergente reelle Reihen und die durch Umstellen der Reihenglieder erreichbaren Änderungen der Summe betrifft, so liegen hier die Verhältnisse schwieriger. Erst Steinitz hat hier Klarheit geschaffen. Er hat in einer großen Arbeit im 143. Bande des Crelleschen Journals 1913 gezeigt, daß bei einer konvergenten Reihe komplexer Glieder stets einer der drei folgenden Fälle eintritt: Die durch Umstellen der Reihenglieder erreichbaren Summen machen entweder einen einzigen Punkt aus, oder sie erfüllen lückenlos eine Gerade oder sie erfüllen lückenlos die ganze Ebene. Der dritte Fall tritt also im Komplexen neu hinzu. So einfach und schön dies Ergebnis klingt, so schön ist der Beweis. Wir beschränken uns aber hier auf die bloße Erwähnung.

Dritter Abschnitt.
Funktionen einer komplexen Veränderlichen.

§ 1. Der Bereichbegriff.

Unter einem *Bereich* oder einem *Gebiet*[1]) verstehen wir eine Punktmenge in der komplexen Ebene von folgender Art: 1. *Um jeden Punkt der Menge gibt es einen Kreis, welcher nur Punkte der Menge enthält.* 2. *Irgend zwei Punkte der Menge lassen sich durch einen aus endlich vielen gradlinigen Stücken bestehenden Linienzug miteinander verbinden,* und zwar so, daß die sämtlichen Punkte dieses Polygonzuges der Menge angehören. Im Sinne der ersten Bedingung liegt es, daß z. B. ein Kreisbereich nur aus den inneren Punkten des Kreises besteht, während Peripheriepunkte nicht zum Bereich hinzugerechnet werden. Die zweite Forderung besagt, daß der Bereich aus einem Stück besteht. (Fig. 7.)

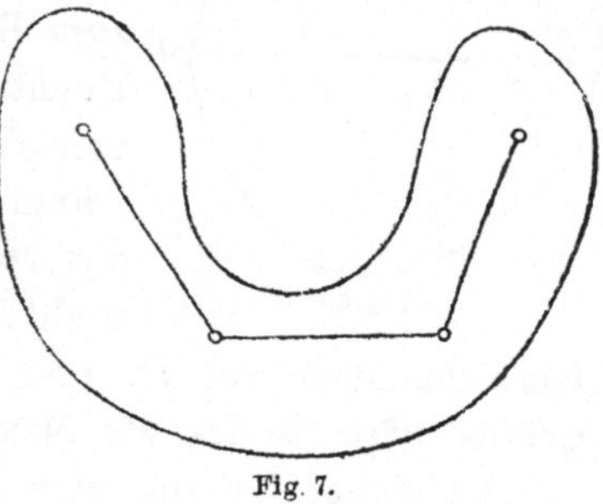
Fig. 7.

Die Vorstellung des *Randpunktes* wird so begrifflich gefaßt: Ein Punkt heißt Randpunkt eines Bereiches, wenn er *Häufungspunkt von Punkten des Bereiches ist, ohne doch selbst dem Bereich anzugehören,* d. h. ohne daß man um ihn einen Kreis schlagen kann, welcher nur Punkte des Bereiches enthält. Jedem um den Randpunkt geschlagenen Kreis gehören also auch Punkte an, welche nicht zum Bereich gehören. Nimmt man zu einem Bereich die Randpunkte hinzu, so erhält man eine neue Punktmenge, welche man als *abgeschlossenen Bereich*[2]) bezeichnen kann.

Ein Bereich heißt *endlich* oder im Endlichen gelegen, wenn es einen Kreis gibt, der den Bereich umschließt. Jedem endlichen Bereich kann durch folgende Betrachtung eine endliche· von Null verschiedene positive Zahl zugeordnet werden, welche sein *Durchmesser* heißt. Ich fasse irgend zwei Punkte des Bereiches ins Auge und bestimme ihren Abstand. Jedes Punktepaar besitzt so einen Abstand, der nicht größer sein kann als der Durchmesser eines um den Bereich geschlagenen Kreises. Diese Abstände

---

1) Wir wollen also beide Wörter im gleichen Sinne verwenden, obwohl man manchmal das Wort Gebiet für das verwendet, was wir hernach abgeschlossenen Bereich nennen werden.

2) Eine Menge von Punkten heißt ja abgeschlossen, wenn sie ihre Häufungspunkte enthält. Die Menge der Randpunkte eines *endlichen* Bereiches ist also z. B. eine abgeschlossene Menge. Ebenso ist die aus den Bereichpunkten und den Randpunkten bestehende Menge abgeschlossen.

besitzen also eine obere Grenze.[1]) Diese obere Grenze heißt Durchmesser des Bereiches.[2]) Es gibt kein Punktepaar im Bereich, dessen Abstand dieser oberen Grenze gleich wäre, oder mit anderen Worten, man darf den Durchmesser nicht als Maximum der Abstände erklären, denn ein solches Maximum existiert nicht, weil der Bereich keine abgeschlossene Menge ist. Man kann aber den Bereich durch Hinzunahme der Randpunkte abschließen und dann das Maximum der Abstände bestimmen. Das führt zur gleichen Zahl, weil ja doch in beliebiger Nähe eines jeden Randpunktes Bereichpunkte liegen, denn es sind ja zum Bereich nur Randpunkte hinzugekommen. Das Punktepaar aber, für das das Maximum der Abstände erreicht wird, liegt am Rande des Gebietes. Denn wären etwa P und Q die beiden Punkte, für welche das Maximum eintritt, und läge etwa P im Inneren, nicht am Rande, so gäbe es einen Kreis von Bereichpunkten um P, und man sieht klar, daß z. B. der Abstand $P'Q$ größer wäre als der als Maximum angenommene Abstand PQ (Fig. 8).

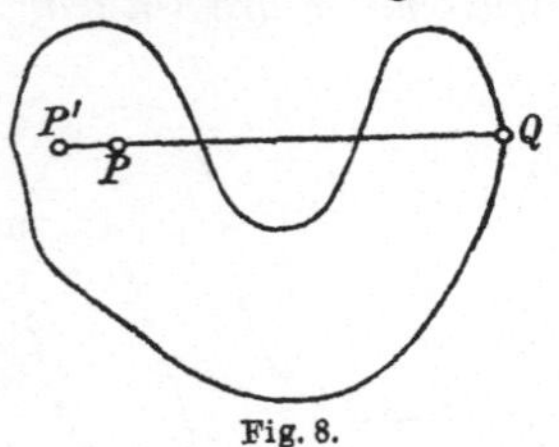

Fig. 8.

Aufgabe: Es sei eine Folge ineinanderliegender Bereiche mit gegen Null konvergierendem Durchmesser gegeben. Es gibt einen einzigen Punkt, der dem Inneren oder dem Rand aller dieser Bereiche angehört.

§ 2. Stetige Funktionen.

Die komplexe Veränderliche w ($w = u + iv$) heißt eine Funktion $f(z)$ der komplexen Veränderlichen z ($z = x + iy$), wenn gegebenen Werten von z Werte von w zugeordnet sind. Uns interessiert namentlich der Fall, wo die gegebenen Werte von z einen Bereich — *den Definitionsbereich der Funktion* — erfüllen. Die Funktion $w = f(z)$ ist dann also in einem Bereich erklärt.

Wir schreiben (wie im Reellen)

$$\lim_{z \to a} f(z) = A,$$

wenn zu jedem positiven ε ein $\delta(\varepsilon)$ gehört derart, daß

$$|f(z) - A| < \varepsilon \text{ ist, sobald } |z - a| < \delta(\varepsilon) \text{ und } z \neq a.$$

Sobald also z einem Kreise vom Radius $\delta(\varepsilon)$ um a angehört und von a verschieden ist, gehört der Funktionswert $w = f(z)$ einem Kreise vom

---

1) Die Menge der Abstände ist beschränkt (jeder Abstand ist kleiner als der Kreisdurchmesser). Jede beschränkte Menge besitzt aber eine obere Grenze (vgl. meinen Leitfaden der Differentialrechnung S. 56/57).

2) Ebenso wird der Begriff „Durchmesser" für eine beliebige Punktmenge erklärt.

Radius ε um $w = A$ an. Ist gleichzeitig auch noch $A = f(a)$, gilt also die Beziehung

$$\lim_{z \to a} f(z) = f(a),$$

so heißt die Funktion *stetig* bei $z = a$. Sie heißt in einem Bereiche stetig, wenn sie an jeder Stelle des Bereiches stetig ist. Das sind alles so unmittelbare Übertragungen aus dem reellen Gebiet, daß es nicht nötig ist, länger dabei zu verweilen. Ebenso erwähnen wir nur kurz, daß Summe, Produkt und Quotient stetiger Funktionen wieder stetig sind an allen Stellen, wo der Nenner nicht verschwindet.

Alle Funktionen der komplexen Veränderlichen z lassen sich als Funktionen der beiden reellen Veränderlichen x und y ($z = x + iy$) auffassen. Nimmt $f(z)$ dazu noch nur reelle Werte an, so liegt eine reelle Funktion der beiden reellen Veränderlichen vor. Über sie möge man sich z. B. in meinem Leitfaden der Differentialrechnung näher orientieren. Hier kommen *nun aber noch die Funktionen* hinzu, welche auch komplexe Werte annehmen können. Gerade sie werden uns in diesem Buche vornehmlich beschäftigen. Insonderheit wird es eine besondere Art derartiger Funktionen sein, der wir unsere Aufmerksamkeit schenken werden, nämlich die differenzierbaren Funktionen.

Hier fügen wir noch ein Wort über zwei reelle Funktionen von z an, die für unsere Zwecke als Hilfsmittel von Wichtigkeit sind.[1]) Das sind die Funktionen

$$w = |z| = +\sqrt{z \cdot \bar{z}} = +\sqrt{x^2 + y^2}$$

und

$$w = \arg z = \operatorname{arctg} \frac{y}{x}.$$

Die erste ist eindeutig, weil jede Zahl nur einen absoluten Betrag besitzt, die zweite unendlich vieldeutig, weil jeder Vektor z unendlich viele verschiedene Richtungswinkel besitzt, die sich voneinander um Vielfache von 2π unterscheiden. Beide Funktionen sind stetig, die erste durchweg, die zweite an allen Stellen außer bei $z = 0$. Denn bei Annäherung an $z = 0$ besitzt $\arg z$ keinen Grenzwert. Wohl aber existiert ein Grenzwert, wenn sich z in einer wohlbestimmten Richtung dem Punkte $z = 0$ nähert. Der Grenzwert wechselt aber mit dieser Richtung und ist jeweils ihrem Argument gleich. Wenn man z einen Kreis mit dem Mittelpunkt $z = 0$ durchlaufen läßt, so nimmt bei einmaligem vollen Umlauf im positiven Sinn $\arg z$ um 2π zu, bei n-maliger Durchlaufung um $n \cdot 2\pi$. Durchläuft aber z einen Kreis, welcher $z = 0$ ausschließt und auch die Unstetigkeitsstelle $z = 0$ nicht trifft, so kehrt bei Vollendung des Umlaufs $\arg z$ zum Ausgangswert zurück. Denn im Ausgangspunkt kann $\arg z$ nach dem Umlauf nur einen Wert erreichen, der mit dem Ausgangswert bis auf ein

---

1) Auch $\Re(z)$, $\Im(z)$, $\bar{z}$ sind stetige Funktionen von z.

Vielfaches von 2π übereinstimmt. Da aber nun der Vektor z immer in dem Winkelraum bleibt, welchen die beiden von $z = 0$ an den Kreis gezogenen Tangenten einschließen, so kann $\arg z$ keinen Wert erreichen, der vom Ausgangswert um mehr als den Winkel der beiden Tangenten abwiche. Der ist aber sogar kleiner als π. Bei Durchlaufung eines derartigen Kreises komme ich also stets zur alten Bestimmung des $\arg z$ zurück, während man bei Durchlaufung des ersten Kreises um $z = 0$ von einer Bestimmung des $\arg z$ zu jeder anderen gelangen kann. Man kann sich von diesen Dingen eine klare Vorstellung machen, wenn man sich die Fläche $w = \arg z$ in drei rechtwinkligen Raumkoordinaten w, x, y vorstellt. Es wird eine Schraubenfläche mit der Ganghöhe 2π, die sich um die w-Achse herumschlingt. Nur bei Umlaufung dieser Achse, also von $z = 0$, gelangt man aus einem Stockwerk der Fläche in ein anderes.

Bei Funktionen einer reellen Veränderlichen bemerkt man bald, daß mit w als Funktion von z auch z als Funktion von w erklärt ist. Man kommt so zum Begriff der **Umkehrungsfunktion**. Sie kann eindeutig oder mehrdeutig sein. Doch kennt man den schönen Satz, daß monotone Funktionen eindeutige, gleichfalls monotone Umkehrungsfunktionen besitzen. Im Komplexen liegt die Sache im allgemeinen wesentlich anders. Unsere reellen Funktionen komplexen Argumentes nehmen längs ganzen **Kurven** denselben Wert an, z. B. $|z|$ längs Kreisen, $\arg z$ längs Geraden durch $z = 0$. Betrachtet man also die Umkehrungsfunktion, so gehören im allgemeinen zu jedem Wert von w unendlich viele Werte von z, die eine ganze Kurve erfüllen. Diese etwas unliebsame Erscheinung wird bei der Funktionsklasse, welcher dies Buch gewidmet ist, den differenzierbaren Funktionen, nicht vorkommen. Überhaupt werden wir erkennen, daß die Differenzierbarkeit allein viel tiefer in das Wesen einer Funktion eingreift, als wir das vom Reellen her erwarten möchten.

§ 3. Reihen von Funktionen.

Es ist bekannt, daß eine in einem Intervall durchweg konvergente Reihe stetiger Funktionen nicht immer eine stetige Summe besitzt. In meinem Leitfaden der Integralrechnung z. B. sind derartige Beispiele im Gebiete der Funktionen einer reellen Veränderlichen betrachtet. Es sei z. B. im Intervalle $0 \leq x \leq 1$ die n-te Teilsumme

$$s_n(x) = x^n,$$

die Reihe also $\displaystyle\sum_{0}^{\infty} u_n(x)$ mit $u_n(x) = x^n - x^{n-1}$.

Dann ist
$$\lim_{n \to \infty} s_n(x) = 0, \text{ falls } 0 \leq x < 1$$

und
$$\lim_{n \to \infty} s_n(x) = 1, \text{ falls } x = 1.$$

Die Reihe konvergiert also überall, die Glieder sind stetige Funktionen, die Summe aber ist unstetig bei $x = 1$. Im Gebiete einer komplexen Variablen kann man leicht ähnliche Beispiele bilden. So sei z. B. für $0 \leq |z| \leq 1$ die n-te Teilsumme $s_n(z) = |z|^n$. Dann gilt die gleiche Schlußweise wie bei $s_n(x) = x^n$. Aber auch dies Beispiel selbst ist ja zugleich auch eines im komplexen Gebiet; denn es ist ja $x = \Re(z)$ eine stetige Funktion der komplexen Variablen z, also $s_n(z) = \{\Re(z)\}^n$. Auch wenn $s_n(z)$ eine nicht reelle Funktion der komplexen Variablen z ist, lassen sich analoge Beispiele bilden. Dahin gehört schon $s_n(z) = z^n$. Denn für $|z| < 1$ ist $\lim_{n \to \infty} z^n = 0$. Für $z = 1$ aber ist $s_n(1) = 1$. Für andere Werte von z auf dem Einheitskreis existiert kein Grenzwert. Aber es reicht schon aus, daß die Reihe in der aus den Punkten $|z| < 1$ und $z = 1$ bestehenden Konvergenzmenge keine stetige Summe hat.

Somit leuchtet ein, daß noch besondere Bedingungen erfüllt sein müssen, wenn die Summe einer konvergenten Reihe stetiger Funktionen selbst eine stetige Funktion sein soll. Das wichtigste, fast stets ausreichende Kennzeichen enthält der nun folgende Satz:

Eine gleichmäßig konvergente Reihe stetiger Funktionen besitzt eine stetige Summe.

Dabei heißt die Reihe $u_0(z) + \cdots + u_n(z) + \cdots$
in der Punktmenge *B gleichmäßig konvergent*, wenn sie an allen Stellen desselben konvergiert und wenn außerdem zu jedem vorgegebenen $\varepsilon > 0$ *eine von z unabhängige* Zahl $N(\varepsilon)$ existiert, so daß

$$|s(z) - s_n(z)| < \varepsilon \text{ ist für } n > N(\varepsilon) \text{ und beliebige } z.$$

Dabei bedeutet wieder $s_n(z)$ die n-te Teilsumme, $s(z)$ die Summe der Reihe. Diese Bedingung besagt also, daß für alle Stellen der Menge eine bestimmte Gliederzahl $N(\varepsilon)$ ausreicht, um die Summe der Reihe bis auf einen Maximalfehler ε zu approximieren. Dabei ist natürlich nicht ausgeschlossen, daß man an einzelnen Stellen schon mit einer geringeren Gliederzahl auskommt, jedenfalls aber braucht man an keiner Stelle mehr als $N(\varepsilon)$ Glieder. Das ist das Wesentliche an der Begriffsbildung.

Diese Bedingung war z. B. bei den obigen Beispielen von Reihen mit nicht stetiger Summe nicht erfüllt. Denn nehmen wir als Punktmenge die aus $|z| < 1$ und $z = 1$ bestehende und als $s_n(z)$ wieder z^n und betrachten namentlich auf der positiven reellen Achse den Verlauf der Annäherungen. Je näher nun der Punkt z an der Stelle 1 liegt, eine um so größere

Potenz n hat man nötig, um z^n unter ε herunterzubringen. **Also reicht sicher nicht mehr dasselbe n aus**, um für alle $|z| < 1$ das z^n unter ε herunterzubringen. **Also ist die Konvergenz nicht gleichmäßig.** Ist sie dies aber, so gilt unser oben aufgestellter Satz, wonach die Reihensumme auch stetig ist.

Seien nämlich $z_0 + h$ und z_0 zwei beliebige Stellen aus der Menge gleichmäßiger Konvergenz, und sei $N\left(\dfrac{\varepsilon}{3}\right) = N$ eine Gliederzahl, welche ausreicht, um überall die Reihensumme bis auf den Maximalfehler $\dfrac{\varepsilon}{3}$ zu approximieren. Dann haben wir für $n \geq N$

$$|s(z_0 + h) - s(z_0)| = |s(z_0+h) - s_N(z_0+h) + s_N(z_0+h) - s_N(z_0) + s_N(z_0) - s(z_0)|$$
$$\leq |s(z_0+h) - s_N(z_0+h)| + |s_N(z_0+h) - s_N(z_0)| + |s_N(z_0) - s(z_0)|$$
$$< \frac{\varepsilon}{3} + |s_N(z_0 + h) - s_N(z_0)| + \frac{\varepsilon}{3}.$$

Nun ist aber die endliche, aus einer bestimmten Zahl $N\left(\dfrac{\varepsilon}{3}\right)$ von Gliedern bestehende Summe s_N eine stetige Funktion; also kann man eine Funktion $\delta(\varepsilon)$ so bestimmen, daß

$$|s_N(z_0 + h) - s_N(z_0)| < \frac{\varepsilon}{3} \text{ wird für } |h| < \delta\left(\frac{\varepsilon}{3}\right).$$

Also wird nun tatsächlich

$$|s(z_0 + h) - s(z_0)| < \varepsilon \text{ für } |h| < \delta\left(\frac{\varepsilon}{3}\right).$$

Die Reihensumme ist also an der Stelle z_0 stetig, wie wir beweisen wollten.

Anwendung auf Potenzreihen. Unter allen Reihenarten spielen in der Funktionentheorie die Potenzreihen die wichtigste Rolle. Für sie gilt der Satz: *In jedem mit ihrem Konvergenzkreis konzentrischen Kreis von kleinerem Radius konvergiert die Potenzreihe $\Sigma a_n z^n$ gleichmäßig.*

Bevor wir den Satz beweisen, bemerken wir, daß man ganz und gar nicht behaupten darf, daß die Potenzreihe in ihrem ganzen Konvergenzkreis gleichmäßig konvergiert. Daß dies ein verhängnisvoller Irrtum wäre, zeigt schon die geometrische Reihe. Man kann nämlich sicher nicht mit einer festen Gliederzahl $N(\varepsilon)$ auskommen, um für alle $|z| < 1$ die Reihensumme

$$\Sigma z^n = \frac{1}{1 - z}$$

bis auf ε zu approximieren. Denn die Teilsumme

$$1 + z + \cdots + z^{N(\varepsilon)}$$

hat einen Betrag, der $N(\varepsilon) + 1$ nicht übertrifft, für alle $|z| \leq 1$. Die Reihensumme selbst aber nimmt in hinreichender Nähe von $z = 1$ Werte an, die $N(\varepsilon)$ um so viel übertreffen, als man nur irgend wünscht.

Um so bemerkenswerter ist es, daß der vorhin angegebene Satz richtig ist. Sei nämlich R der Konvergenzradius der Reihe, r aber der Radius desjenigen kleineren Kreises, für den wir die **gleichmäßige** Konvergenz nachweisen wollen. Dann wähle ich irgendeine Stelle z_0 im Inneren des von den beiden Kreisen gebildeten Ringes (Fig. 9).

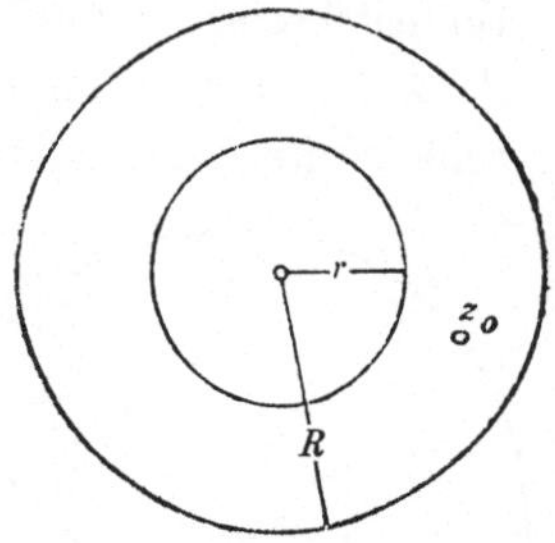

Nun wird in $\Sigma a_n z^n$ das n-te Glied

$$|a_n z^n| = |a_n z_0^n| \left|\frac{z}{z_0}\right|^n \leqq |a_n z_0^n| \left|\frac{r}{z_0}\right|^n \text{ sobald } |z| \leqq r.$$

Bezeichnen wir nun mit $\mathfrak{P}_n(z)$ die n-te Teilsumme der Potenzreihe $\mathfrak{P}(z)$, so wird

$$|\mathfrak{P}(z) - \mathfrak{P}_n(z)| \leqq \sum_{n+1}^{\infty} |a_\varkappa z^\varkappa|.$$

Fig. 9.

Wegen der Konvergenz von $\mathfrak{P}(z_0)$ gibt es nun aber eine Zahl M, so daß für alle n stets

$$|a_\varkappa z_0^\varkappa| \leqq M$$

wird. Also wird nun

$$|\mathfrak{P}(z) - \mathfrak{P}_n(z)| \leqq M \left|\frac{r}{z_0}\right|^{n+1} \frac{1}{1 - \left|\frac{r}{z_0}\right|}.$$

Daher kann man jetzt zu gegebenem ε eine Nummer $N(\varepsilon)$ so bestimmen, daß für $n > N(\varepsilon)$ dieser Ausdruck kleiner als ε wird. Da also diese Gliederzahl $N(\varepsilon)$ für alle $|z| \leqq r$ ausreicht, um die Reihensumme $\mathfrak{P}(z)$ bis auf ε zu approximieren, so ist damit die gleichmäßige Konvergenz der Reihe erkannt.

Hieraus folgt nun, daß *Potenzreihen Funktionen darstellen, welche an jeder Stelle im Inneren des Konvergenzkreises stetig sind.* Denn man kann stets einen konzentrischen Kreis von kleinerem Radius als der Konvergenzkreis angeben, welcher eine solche gegebene Stelle enthält.

Dies Resultat über die Stetigkeit der Potenzreihen im Inneren des Konvergenzkreises läßt sich auf diejenigen Stellen am *Rande* desselben übertragen, an welchen die Reihe noch konvergiert. Dies geschieht durch den *Abelschen Grenzwertsatz.* Er lautet:

Wenn die Potenzreihe
$$\mathfrak{P}(z) = \sum_0^{\infty} a_n z^n$$

in dem Punkte z_0 auf der Konvergenzgrenze konvergiert, so stellt sie eine Funktion dar, welche in jedem abgeschlossenen Dreieck stetig ist, dessen drei Ecken von diesem Punkte z_0 und zwei weiteren im Inneren des Konvergenzkreises gelegenen Punkten gebildet werden. (Mit Stetigkeit im abgeschlossenen Dreieck ist gemeint, daß die Funktion im Inneren und auf dem Rande des Dreiecks stetig ist, und zwar so, daß $\lim_{z \to a} \mathfrak{P}(z) = \mathfrak{P}(a)$ ist, wenn z und a nur Punkte aus dem Dreieck oder auf seiner Grenze bedeuten.)

Zum Beweise setze ich $z = z_0\,\zeta$ in die Reihe ein. Dadurch entsteht aus der Potenzreihe $\mathfrak{P}(z)$ eine Potenzreihe $\mathfrak{P}_1(\zeta)$. Ihr Konvergenzkreis ist der Einheitskreis. Denn damit $|z| < |z_0|$ werde, muß $|\zeta| < 1$ sein.[1]) Dem Punkte $z = z_0$ entspricht der Punkt $\zeta = 1$. In ihm konvergiert also die neue Reihe. Dem Dreieck der Fig. 10 entspricht das Dreieck der Fig. 11.

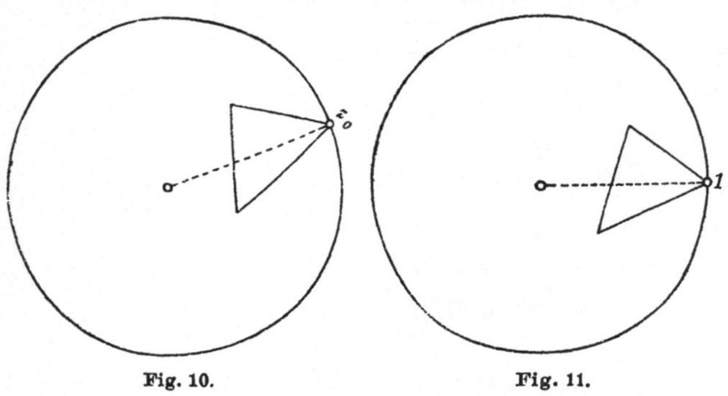

Fig. 10.   Fig. 11.

Es entsteht aus dem Dreieck der Fig. 10 dadurch, daß man die ganze Figur um den Kreismittelpunkt so lange dreht, bis z_0 auf die reelle Achse gelangt ist, und dann noch so lange ähnlich vergrößert bzw. verkleinert, bis der Punkt z_0 nach 1 gelangt ist. Denn es ist ja $|\zeta| = \dfrac{|z|}{|z_0|}$ und $\arg \zeta = \arg z - \arg z_0$. Es genügt also für den Beweis des Abelschen Grenzwertsatzes, anzunehmen, daß der Konvergenzkreis der Potenzreihe der Einheitskreis sei und daß sie im Punkte Eins konvergiere. Wir dürfen aber weiter noch annehmen, daß das Dreieck symmetrisch zur reellen Achse liegt. Denn das Dreieck der Fig. 11 kann stets in ein solches eingebettet werden[2]) (Fig. 12). Wir dürfen weiter annehmen, daß $\mathfrak{P}(1) = 0$ sei. Denn wäre

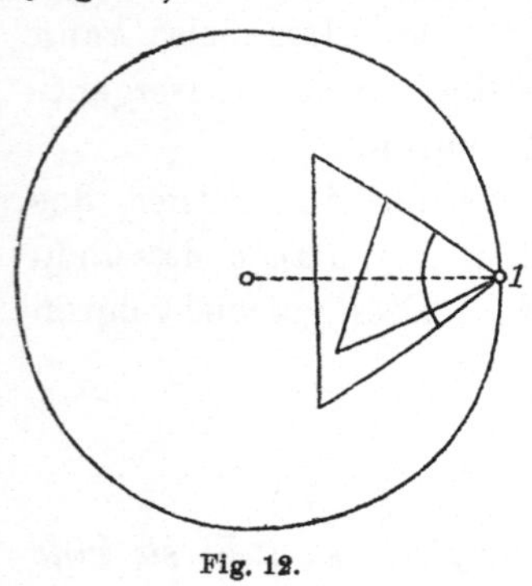

Fig. 12.

dies nicht schon der Fall, so betrachten wir einfach statt $\mathfrak{P}(z)$ die Reihe $\mathfrak{P}(z) - \mathfrak{P}(1)$, die sich von der gegebenen nur im konstanten Glied unterscheidet. Beide Funktionen sind gleichzeitig stetig. Es ist aber für den Beweisgang etwas bequemer, anzunehmen, daß $\mathfrak{P}(1) = 0$ sei. Nun kommen wir zum eigentlichen Beweis. Um ihn zu erbringen, multipliziere ich die Reihe mit

$$\frac{1}{1-z} = 1 + z + z^2 + \cdots.$$

Das kann ich dadurch bewerkstelligen, daß ich nach den Regeln der

---

1) Vgl. auch S. 45.

2) Wir nehmen also an, daß die Ecken des Dreieckes in nicht zu weiter Entfernung von $z = 1$ liegen. Wegen der im Inneren des Konvergenzkreises schon bewiesenen Stetigkeit von $\mathfrak{P}(z)$ ist dies für den Beweis unseres Satzes durchaus ausreichend.

Reihenmultiplikation mit der geometrischen Reihe $\Sigma\, z^n$ multipliziere. So erhält man

$$\frac{1}{1-z}\,\mathfrak{P}(z) = \frac{1}{1-z}\,\Sigma\, a_n\, z^n = \Sigma\, s_n\, z^n, \quad \text{wo}\quad s_n = a_0 + a_1 + \cdots + a_n.$$

Also ist $\mathfrak{P}(z) = (1-z)\,\Sigma\, s_n\, z^n$. Der Konvergenzkreis der neuen Reihe ist immer noch der Einheitskreis. Denn in seinem Inneren konvergieren $\mathfrak{P}(z)$ und die geometrische Reihe absolut. Also ist der Konvergenzkreis mindestens so groß wie der Einheitskreis. Er kann aber auch nicht **größer** sein, denn da ja auch $1-z$ eine (abbrechende) Potenzreihe (mit unendlich großem Konvergenzkreis) ist, so müßte dann

$$(1-z)\sum s_n\, z^n = \mathfrak{P}(z),$$

also die ursprüngliche Reihe, auch einen größeren Konvergenzkreis haben. Ich führe nun eine Hilfsnummer m ein und zerlege mit ihr die Reihe in zwei Teile, indem ich

$$(1-z)\sum_0^\infty s_n\, z^n = (1-z)\sum_0^m s_n\, z^n + (1-z)\sum_{m+1}^\infty s_n\, z^n$$

schreibe. Ich wähle diese Hilfsnummer so groß, daß für $n > m$ stets $|s_n| < \frac{\varepsilon}{2}$ bleibt. Das geht an, denn die Summe der Reihenkoeffizienten, also der Grenzwert der s_n ist ja dem Wert $\mathfrak{P}(1)$ gleich und verschwindet also. Dann finde ich

$$|\,\mathfrak{P}(z)\,| \leqq |\,1-z\,|\;\left|\sum_0^m s_n\, z^n\right| + \frac{\varepsilon}{2}\,\frac{|1-z|}{1-|z|}\,|z|^{m+1}$$

Es kommt nun nur darauf an zu zeigen, daß sich der in *Fig. 12* angedeutete Kreissektor, dessen Scheitel bei 1 liegt, so klein wählen läßt, daß in ihm $|\mathfrak{P}(z)| < \varepsilon$ wird. Denn in den anderen von 1 verschiedenen Punkten des Dreieckes ist ja die Stetigkeit der Reihensumme schon durch den vorigen Satz erwiesen.

Zunächst springt unmittelbar in die Augen, daß man den Kreissektor so klein wählen kann, daß auf dem ihm angehörigen Stück der positiven reellen Achse die gewünschte Abschätzung gilt. Denn hier ist ja $z = |z|$. Also wird da $|z|^{m+1} < 1$. Ferner liegt für $|z| < 1$ die Summe

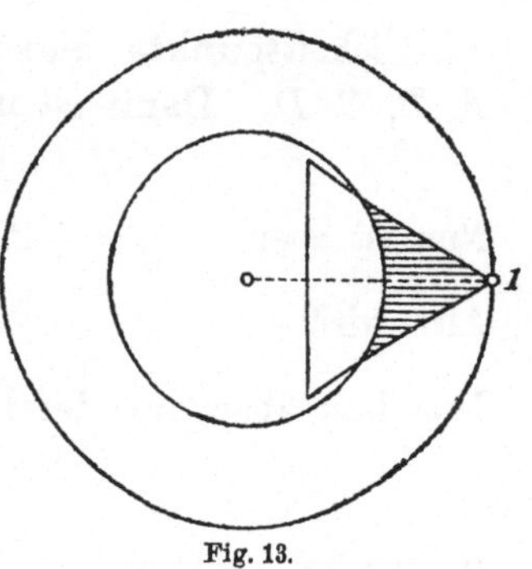

Fig. 13.

$\dfrac{|1-z|}{1-|z|} = 1$ und es ist

$$\left|\sum_0^m s_n\, z^n\right|$$

unterhalb einer festen Grenze M. Denn sie besteht aus einer von z unabhängigen Zahl von Gliedern. Daher kann man den Radius des Sektors und damit $1 - |z|$ so klein wählen, daß im ganzen Sektor, also auch auf dem ihm angehörigen Stück der reellen Achse

$$|1 - z|\ \left|\sum_0^m s_n\, z^n\right| < \frac{\varepsilon}{2}$$

wird. Also ist nun tatsächlich bei *Annäherung längs der reellen Achse* $\lim_{s \to 1} \mathfrak{P}(z) = 0$.

Um aber das gleiche auch für beliebige Annäherung im Dreieck einzusehen, muß nun auch für die anderen Punkte des hinreichend klein gewählten Sektors der Quotient $\dfrac{|1 - z|}{1 - |z|}$ abgeschätzt werden. Das gelingt auf Grund des Sekantensatzes der Planimetrie ohne weiteres. Ich beschränke z auf den Zipfel, den ein beliebig gewählter Kreis um 0 von dem Dreieck abschneidet. Dieser Kreis unterliegt also nur der Bedingung, daß er die beiden von 1 ausgehenden Dreieckseiten schneidet. In Fig. 13 ist der Zipfel schraffiert. Alsdann sei z ein beliebiger Punkt des Zipfels. Ich lege durch ihn den Kreis mit $z = 0$ als Mittelpunkt (Fig. 14). Ferner lege ich durch z und 1 eine Gerade und ziehe noch die reelle Achse heran. Die

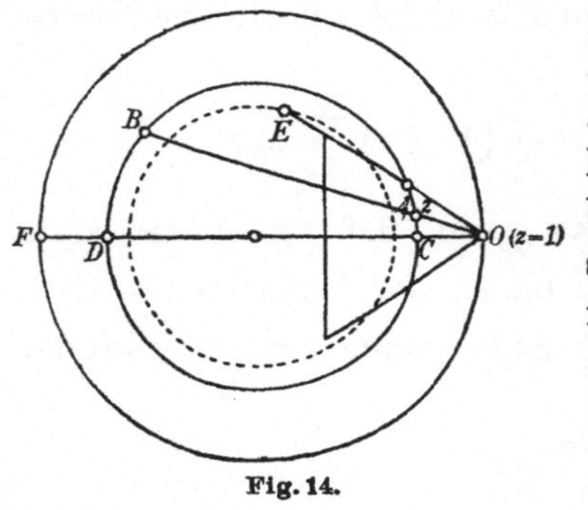

Fig. 14.

vier Schnittpunkte dieser beiden Geraden mit dem Kreis durch z seien A, B, C, D. Dann ist nach dem Sekantensatz

$$OA \cdot OB = OC \cdot OD.$$

Nun ist aber $\qquad OA = |1 - z|$ und $OC = 1 - |z|$.

Also wird $\qquad\qquad \dfrac{|1 - z|}{1 - |z|} = \dfrac{OD}{OB}.$

Man liest aber aus der Fig. 14 ab, daß weiter

$$\frac{OD}{OB} < \frac{OF}{OE}.$$

Bezeichnet man diese von z unabhängige Zahl mit α, so ist also für alle z des Zipfels $\dfrac{|1 - z|}{1 - |z|} < \alpha$. Von hier an schließt man dann ganz wie oben weiter, daß in einem genügend kleinen Sektor mit Mittelpunkt 1 tatsächlich $|\mathfrak{P}(z)| < \varepsilon$ wird.[1]

---

[1] Wie man sieht, enthält der Abelsche Grenzwertsatz eine Aussage über das Verhalten der Potenzreihen an der Konvergenzgrenze. Damit haben wir ein Gebiet angeschnitten, das in der modernen Forschung einen hervorragenden Platz einnimmt. Der zweite Band wird sich auch mit solchen Fragen ausführlich zu beschäftigen haben.

Wir schließen diesen Paragraphen mit einigen *Beispielen zum Abelschen Grenzwertsatz.* Für reelle $|z| < 1$ gilt die Darstellung:

$$\log(1 + z) = z - \frac{z^2}{2} + \cdots.$$

Diese Reihe konvergiert aber auch noch bei $z = 1$. Nun ist aber

$$\lim_{z \to 1} \log(1 + z) = \log 2.$$

Daher wird
$$\log 2 = 1 - \frac{1}{2} + \frac{1}{3} - + \cdots.$$

Ebenso findet man aus der Potenzreihe

$$\operatorname{arctg} z = z - \frac{z^3}{3} + \frac{z^5}{5} - + \cdots,$$

daß
$$\frac{\pi}{4} = 1 - \frac{1}{3} + \frac{1}{5} - + \cdots.$$

Diese Beispiele ließen sich beliebig vermehren.

Ich ziehe es vor, noch eine mehr theoretische Anwendung auf die Reihenlehre anzugeben. Es handelt sich um eine Verallgemeinerung des oben (S. 20) erwähnten Cauchyschen Satzes über Reihenmultiplikation. Danach war für zwei absolut konvergente Reihen $\sum\limits_0^\infty u_n$ und $\sum\limits_0^\infty v_n$

$$\sum_0^\infty u_n \cdot \sum_0^\infty v_n = \sum_0^\infty w_n, \quad \text{wo} \quad w_n = u_0 v_n + u_1 v_{n-1} + \cdots + u_{n-1} v_1 + u_n v_0.$$

Nun zeigt sich aber, daß *stets*

$$\Sigma u_n \cdot \Sigma v_n = \Sigma w_n$$

ist, wofern nur die drei hier vorkommenden Reihen konvergieren. Das ergibt sich so: Wenn diese drei Reihen konvergieren, so konvergieren die drei Potenzreihen $\Sigma u_n z^n$, $\Sigma v_n z^n$, $\Sigma w_n z^n$ für $|z| < 1$ absolut nach S. 17, denn sie konvergieren ja bei $z = 1$. Daher kann man für $|z| < 1$ auf das Produkt $\Sigma u_n z^n \cdot \Sigma v_n z^n$ den Cauchyschen Multiplikationssatz anwenden. Man findet so $\Sigma w_n z^n$. Nun wenden wir den Abelschen Grenzwertsatz an und gehen zur Grenze $z \longrightarrow 1$ über. Dann wird

$$\Sigma w_n = \lim_{z \to 1} \Sigma w_n z^n = \lim_{z \to 1} \Sigma u_n z^n \cdot \lim_{z \to 1} \Sigma v_n z^n = \Sigma u_n \cdot \Sigma v_n.$$

Also ist tatsächlich $\Sigma u_n \cdot \Sigma v_n = \Sigma w_n$, wenn nur alle drei Reihen konvergieren.

Aufgabe: I. Man beweise folgenden Satz: In $\mathfrak{P}(z) = a_0 + a_1 z + \cdots$ seien die Koeffizienten positiv und Σa_ν sei divergent, dann gilt 1. bei radialer Annäherung $\lim\limits_{z \to 1} \mathfrak{P}(z) = \infty$. Der Satz gilt auch unter der allgemeineren Voraussetzung, daß die Reihe Σa_ν nur eigentlich divergent ist, d. h. daß diese

Reihe nicht oszilliert. Daraus folgt 2.: Wenn die $a_\nu \geq 0$ sind und wenn $\lim\limits_{z \to 1} \mathfrak{P}(z) = 0$ gilt bei radialer Annäherung $z \longrightarrow 1$, so ist $a_0 + a_1 + a_2' + \cdots = 0$.

II. Eine geringe Änderung des Beweisganges lehrt auch die gleichmäßige Konvergenz von $\mathfrak{P}(z)$ in dem Dreieck des Grenzwertsatzes. Bei der Durchführung möge der Leser beachten, daß-sich die Partialsummen von $\mathfrak{P}(z)$ nicht nur durch den Faktor $(1 - z)$ von den Partialsummen von $\Sigma s_n z^n$ unterscheiden.

§ 4. Differenzierbare Funktionen.

Unter genauer Übertragung der im Reellen üblichen Erklärung nennen wir eine eindeutige Funktion $f(z)$ an der Stelle z_0 *differenzierbar*, wenn der Grenzwert

$$\lim_{h \to 0} \frac{f(z_0 + h) - f(z_0)}{h}$$

existiert. Er heißt dann Differentialquotient und wird mit $\dfrac{df}{dz}$ oder $f'(z)$ bezeichnet.

Der Umstand, daß diese Erklärung mit der im Reellen üblichen völlig gleichlautend ist, bringt es mit sich, daß sich eine Reihe von Differentiationsregeln aus dem reellen Gebiete ohne weiteres übertragen lassen. Dahin gehören die Regeln über die Ableitung einer Summe, einer Differenz, eines Produktes, eines Quotienten. So sind also z. B. die rationalen Funktionen differenzierbare Funktionen und es gelten genau die aus dem Reellen bekannten Regeln. Mit der Differentiation von trigonometrischen Funktionen und dergl. muß man allerdings noch vorsichtig sein, denn wir haben von der Erklärung dieser Funktionen im komplexen *Gebiete* noch nicht geredet. Sie wird durch Potenzreihen geschehen. Aber die können wir noch nicht differenzieren. Wir werden es aber bald lernen. Durch die im Reellen übliche Schlußweise erkennt man auch hier, *daß eine an der Stelle z_0 differenzierbare Funktion daselbst auch stetig ist.* Denn wenn der obige Grenzwert existieren soll, so muß notwendig der Zähler $f(z_0 + h) - f(z_0)$ mit h gegen Null streben, und das bringt die Stetigkeit zum Ausdruck. Aus

(A) $$\frac{f(z_0 + h) - f(z_0)}{h} - f'(z_0) = \eta$$

mit $|\eta| < \varepsilon$ folgt nämlich

$$|f(z_0 + h) - f(z_0)| = |hf'(z_0) + \eta h| \leq |h| \, |f'(z_0)| + \varepsilon \, |h|,$$

was mit $|h|$ zusammen gegen Null strebt.

Die Gleichung (A) setzt uns auch instand, ähnlich wie im Reellen die *Kettenregel* für die Differentiation mittelbarer Funktionen zu beweisen. Es möge nämlich $\varphi(w)$ in der Umgebung von $w = w_0$ eindeutig und stetig sein. Außerdem sei $\varphi(w)$ an der Stelle w_0 differenzierbar. Ferner sei $w = f(z)$ in der Umgebung von $z = z_0$ eindeutig und stetig. Es sei außerdem $f(z)$ bei z_0 differenzierbar und es sei $f(z_0) = w_0$. *Dann ist* $F(z) = \varphi\{f(z)\}$ *bei* z_0 *differenzierbar und es ist* $F'(z_0) = \varphi'(w_0)f'(z_0)$. Wegen der Differenzierbarkeit von $\varphi(w)$ hat man nämlich

$$\lim_{\Delta w \to 0} \frac{\varphi(w_0 + \Delta w) - \varphi(w_0)}{\Delta w} = \varphi'(w_0)$$

d. h. es ist
$$\frac{\varphi(w_0 + \Delta w) - \varphi(w_0)}{\Delta w} = \varphi'(w_0) + \varepsilon(\Delta w),$$

wo $\lim_{\Delta w \to 0} \varepsilon(\Delta w) = 0$ gilt. Multipliziert man diese Gleichung mit Δw, so wird sie

(B) $$\varphi(w_0 + \Delta w) - \varphi(w_0) = \Delta w \cdot \varphi'(w_0) + \Delta w \cdot \varepsilon(\Delta w)$$

und diese Gleichung ist offenbar auch für $\Delta w = 0$ sinnvoll und richtig. Nach dieser Vorbereitung betrachten wir den Differenzenquotienten

$$\frac{F(z_0 + \Delta z) - F(z_0)}{\Delta z} = \frac{\varphi[f(z_0 + \Delta z)] - \varphi[f(z_0)]}{\Delta z}.$$

Trägt man $$f(z_0) = w_0, \quad f(z_0 + \Delta z) = w_0 + \Delta w$$

ein, so wird er $$\frac{\varphi(w_0 + \Delta w) - \varphi(w_0)}{\Delta z}.$$

Nach Gleichung (B) kann man hierfür schreiben

$$\frac{\Delta w}{\Delta z} \varphi'(w_0) + \frac{\Delta w}{\Delta z} \varepsilon(\Delta w).$$

Da nun $$\lim_{\Delta z \to 0} \frac{\Delta w}{\Delta z} = f'(z_0) \quad \text{und} \quad \lim_{\Delta w \to 0} \varepsilon(\Delta w) = 0$$

ist, so existiert auch der

$$\lim_{\Delta z \to 0} \frac{\varphi(w_0 + \Delta w) - \varphi(w_0)}{\Delta z} = \varphi'(w_0)f'(z_0),$$

und damit ist die Kettenregel bewiesen.

Bemerkung: Ganz ebenso beweist man folgenden Satz: $\varphi(w)$ genüge denselben Voraussetzungen wie eben. Ferner sei jetzt $w = f(t)$ eine Funktion der *reellen* Variablen t, die in der Umgebung von $t = t_0$ eindeutig und stetig erklärt sei. Ferner sei $w_0 = f(t_0)$ und es sei $f(t)$ bei $t = t_0$ differenzierbar. Dann ist auch $F(t) = \varphi\{f(t)\}$ bei $t = t_0$ differenzierbar, und man hat $F'(t_0) = \varphi'(w_0)f'(t_0)$.

Ganz ähnlich beweist man die folgende Übertragung eines allgemeineren Satzes der Differentialrechnung: $f(w_1, w_2)$ sei für $|w_1 - b_1| < r_1$, $|w_2 - b_2| < r_2$ eine eindeutige stetige Funktion der beiden Veränderlichen w_1 und w_2. Außerdem sollen die partiellen Ableitungen $\frac{\partial f}{\partial w_1}$ und $\frac{\partial f}{\partial w_2}$ für die genannten Werte von w_1 und w_2 existieren und stetig sein. Des weiteren seien $\varphi_1(z)$ und $\varphi_2(z)$ zwei für $|z - a| < r$ eindeutige stetige

Funktionen, die gleichfalls differenzierbar seien. Weiter sei $\varphi_1(a) = b_1$, $\varphi_2(a) = b_2$ und es sei $|\varphi_1(z) - b_1| < r_1$, $|\varphi_2(z) - b_2| < r_2$ für $|z - a| < r$. Dann ist auch
$$F(z) = f\{\varphi_1(z), \varphi_2(z)\}$$
in $|z - a| < r$ eindeutig, stetig und differenzierbar, und es gilt

$$F'(z) = \frac{\partial f}{\partial w_1}\{\varphi_1(z), \varphi_2(z)\}\,\varphi_1'(z) + \frac{\partial f}{\partial w_2}\{\varphi_1(z), \varphi_2(z)\}\,\varphi_2'(z).$$

Der Beweis wird dem Leser an Hand der vorhergehenden Darlegungen nach dem Muster des entsprechenden Beweises im reellen Gebiet nicht schwer fallen. Die Verallgemeinerung auf mehr als zwei Variable ergibt sich ebenso.

Nun zur Differentiation der Umkehrungsfunktionen. Hier machen wir folgende Annahme. $w = f(z)$ soll in der Umgebung von $z = z_0$ eindeutig und stetig sein. Es sei $f(z)$ in z_0 differenzierbar. Weiter sei $w_0 = f(z_0)$. Für eine gewisse Umgebung von $w = w_0$ besitze die Gleichung

$$w = f(z)$$

nur eine Lösung $z = \varphi(w)$, die der Umgebung von z_0 angehört. $\varphi(w)$ sei also in der Umgebung von $w = w_0$ eine eindeutige und außerdem stetige Funktion. Dann ist $\varphi(w)$ bei w_0 differenzierbar und es ist

$$\varphi'(w_0) = \frac{1}{f'(z_0)}.$$

Der Beweis verläuft genau wie im Reellen. Die weitgehenden Voraussetzungen mußten gemacht werden, weil wir von der Existenz der Umkehrungsfunktion noch nicht geredet haben. Wir werden aber später (S. 190) sehen, daß für Funktionen, die *in der Umgebung* von $z = z_0$ differenzierbar sind, viele der Voraussetzungen ganz von selbst erfüllt sind.

Leichter als im Reellen ist es hier, *nirgends differenzierbare stetige Funktionen* anzugeben. Hier wie dort zieht nämlich die Stetigkeit die Differenzierbarkeit nicht nach sich. Schon die Funktion $w = \Re(z)$ zeigt dies. Denn wenn wir etwa $h = h_1 + ih_2$ setzen, so wird $\dfrac{\Re(z + h) - \Re(z)}{h} = \dfrac{h_1}{h}$. Dieser Quotient besitzt aber für $h \longrightarrow 0$ keinen Grenzwert. Denn es gibt beliebig kleine Werte $|h|$, für die $h_1 = 0$ ist, für die also der Ausdruck verschwindet, und es gibt beliebig kleine Werte von $|h|$, nämlich $h_2 = 0$, für welche der Ausdruck den Wert Eins annimmt. Nirgends also ist diese Funktion differenzierbar. Ebenso ist es bei $w = x + y$.[1] Hier wird der Differenzenquotient

$$\frac{h_1 + h_2}{h_1 + ih_2}.$$

Dies hat aber für $h \longrightarrow 0$ keinen Grenzwert, wie man sieht, wenn man

---

[1] Wie immer, so sei auch hier $z = x + iy$ gesetzt.

einmal $h_1 = 0$ und ein andermal $h_2 = 0$ setzt. Es kann also eine Funktion komplexen Argumentes sehr wohl partielle Ableitungen nach x und nach y besitzen, ohne nach z differenzierbar zu sein.

Wir wollen daher die Bedingungen aufsuchen, die für Real- und Imaginärteil bestehen müssen, wenn $f(z)$ differenzierbar sein soll. Ich setze dazu $w = f(z) = u + iv$, so daß also $u(x,y)$ und $v(x,y)$ stetige Funktionen bedeuten. Diese Funktionen sind, wie wir zunächst zeigen wollen, mit partiellen Ableitungen $\dfrac{\partial u}{\partial x}$, $\dfrac{\partial u}{\partial y}$, $\dfrac{\partial v}{\partial x}$, $\dfrac{\partial v}{\partial y}$ versehen. Zur Abkürzung werde ich dafür gewöhnlich u_x, u_y, v_x, v_y schreiben. Es ist ja $f(z)$ nach x und nach y differenzierbar, weil doch $z = x + iy$ ist und $f(z)$ nach z differenzierbar ist.[1]) Ebenso ist aber die konjugierte Funktion $\overline{f(z)}$ nach x und y differenzierbar. Also auch $u = \dfrac{f + \bar f}{2}$ und $v = \dfrac{f - \bar f}{2i}$. Weiter wird[1])

$$\frac{\partial f}{\partial x} = \frac{df}{dz}\frac{\partial z}{\partial x} = \frac{df}{dz}$$

und

$$\frac{\partial f}{\partial y} = \frac{df}{dz}\frac{\partial z}{\partial y} = i\frac{df}{dz}.$$

Also ergibt sich $\dfrac{\partial f}{\partial x} = -i\,\dfrac{\partial f}{\partial y}$ oder $u_x + iv_x = -iu_y + v_y$

Daraus ergibt sich

(1)
$$\frac{\partial u}{\partial x} = \frac{\partial v}{\partial y}, \quad \frac{\partial u}{\partial y} = -\frac{\partial v}{\partial x}.$$

Diese zwischen Real- und Imaginärteil einer differenzierbaren Funktion bestehenden Relationen sind unter dem Namen *Cauchy-Riemannsche Differentialgleichungen* bekannt. Ferner wird also $f'(z) = u_x + iv_x = -i(u_y + iv_y)$.

Nimmt man an, daß diese Ableitungen selbst wieder stetige nach x und nach y differenzierbare Funktionen sind — wir werden später (S. 133) zeigen, daß dies stets der Fall ist —, so findet man durch Differentiation der ersten Gleichung nach x und der zweiten nach y, daß $u_{xx} = v_{xy}$ und daß $u_{yy} = -v_{xy}$. Daraus findet man durch Addition $u_{xx} + u_{yy} = \Delta u = 0$. Ebenso findet man, daß auch $\Delta v = 0$. *Real- und Imaginärteil sind also Potentialfunktionen.* So nennt man nämlich Funktionen, welche der Gleichung $\Delta u = 0$ genügen.

Wenn der Realteil einer differenzierbaren Funktion gegeben ist, so erlauben es die Cauchy-Riemannschen Differentialgleichungen, den zugehörigen Imaginärteil zu finden. Denn sie geben uns ohne weiteres die Ableitungen des Imaginärteiles an. Soll es wirklich eine Funktion mit gegebenen Ableitungen geben, so muß die Integrabilitätsbedingung erfüllt

---

1) Wie wir feststellten, bleibt ja die Kettenregel über die Differentiation mittelbarer Funktionen auch im komplexen Gebiet bestehen.

sein, welche zum Ausdruck bringt, daß $(v_x)_y = (v_y)_x$. Diese Integrabilitätsbedingung bedeutet aber wieder wegen der Cauchy-Riemannschen Differentialgleichungen nur, daß u eine Potentialfunktion ist. Durch die Angabe des Realteiles ist also auch der Imaginärteil bis auf eine additive Konstante (Integrationskonstante) bestimmt.

Die differenzierbaren Funktionen sind es nun, welchen dies Werk gewidmet ist. Sie tragen noch einen zweiten Namen. Gewöhnlich nennt man sie *analytische Funktionen*.

Beispiele analytischer Funktionen liefern uns, wie schon gesagt, zunächst die rationalen Funktionen.

Ein weiteres wichtigstes Beispiel analytischer Funktionen sind die durch *Potenzreihen* dargestellten Funktionen. Es gilt nämlich der Satz:

In ihrem Konvergenzkreis stellt jede Potenzreihe eine analytische Funktion dar.

Wir beweisen zunächst, daß die durch gliedweises Differenzieren der gegebenen Reihe $\mathfrak{P}(z) = \Sigma a_n z^n$ entstehende Reihe $\mathfrak{P}_1(z) = \Sigma n\, a_n z^{n-1}$ denselben Konvergenzkreis besitzt. Alsdann zeigen wir weiter, daß die Reihe $\mathfrak{P}(z)$ differenzierbar ist, und daß $\mathfrak{P}_1(z)$ ihre Ableitung ist.

Sei also z_0 irgendeine Stelle im Konvergenzkreis von $\mathfrak{P}(z)$ und z_1 eine weitere Stelle aus demselben Kreise von größerem absoluten Betrage. Wir wollen die Konvergenz von $\mathfrak{P}_1(z)$ in z_0 aufweisen. Wegen der Konvergenz von $\mathfrak{P}(z_1)$ gibt es jedenfalls eine Zahl M derart, daß für alle n der Betrag $|a_n z_1^{n-1}| < M$ ist. Nun kann aber das n-te Glied von $\mathfrak{P}_1(z_0)$ in der Form

$$n\, a_n z_1^{n-1} \left(\frac{z_0}{z_1}\right)^{n-1}$$

geschrieben werden. Daher ist sein Betrag kleiner als

$$n\, M \left|\frac{z_0}{z_1}\right|^{n-1}.$$

Die Reihe mit dem absoluten Glied

$$n\, M \left|\frac{z_0}{z_1}\right|^{n-1}$$

konvergiert aber. Denn es ist ja $\left|\dfrac{z_0}{z_1}\right| < 1$ und wir haben auf S. 20 schon gesehen, daß $\Sigma n\, z^{n-1}$ im Einheitskreis konvergiert. Die Summe ist ja $\dfrac{1}{(1-z)^2}$. Daher konvergiert die Reihe $\mathfrak{P}_1(z)$ für alle Stellen des Konvergenzkreises von $\mathfrak{P}(z)$. Wir benutzen $\mathfrak{P}_1(z)$ zugleich zur Bezeichnung ihrer Summe. Der Konvergenzkreis dieser Reihe ist also mindestens so groß wie der von $\mathfrak{P}(z)$. Daß er nicht größer sein kann, leuchtet, nebenbei bemerkt, sehr leicht ein. Denn betrachtet man die im selben Kreise konvergente Reihe $z\, \mathfrak{P}_1(z)$, so sind ihre Glieder ja dem Betrage nach größer als die Glieder von $\mathfrak{P}(z)$. Also konvergiert letztere Reihe überall da, wo die erste konvergiert.

Wir haben nun weiter zu zeigen, daß $\mathfrak{P}(z)$ differenzierbar ist.[1]) Zu dem Zwecke führen wir eine Hilfsnummer m und eine Hilfsfunktion $\Pi_1(z) = \Sigma n \, |a_n| \, z^{n-1}$ ein. Diese letztere ist im selben Kreise konvergent wie die Reihen $\mathfrak{P}(z)$ und $\mathfrak{P}_1(z)$. Denn diese konvergieren ja absolut. Die Hilfsnummer m sei nun so gewählt, daß in einem die Differentiations-stelle z_0 enthaltenden Kreise K um $z = 0$ durchweg

$$|\mathfrak{P}(z) - \mathfrak{P}_m(z)| = |\mathfrak{R}_m(z)| < \frac{\varepsilon}{3}$$

und

$$|\mathfrak{P}_1(z) - \mathfrak{P}_{1,m}(z)| = |\mathfrak{R}_{1,m}(z)| < \frac{\varepsilon}{3}$$

und

$$|\Pi_1(z) - \Pi_{1,m}(z)| = |P_{1,m}(z)| < \frac{\varepsilon}{3}$$

sei. Dabei verstehe ich unter $\mathfrak{P}_m$, $\mathfrak{P}_{1,m}$, $\Pi_{1,m}$ m-te Teilsummen. Nun betrachte ich

$$\frac{\mathfrak{P}(z_0 + h) - \mathfrak{P}(z_0)}{h} = \frac{\mathfrak{P}_m(z_0 + h) - \mathfrak{P}_m(z_0)}{h} + \frac{\mathfrak{R}_m(z_0 + h) - \mathfrak{R}_m(z_0)}{h}$$

und schätze zunächst $\dfrac{\mathfrak{R}_m(z_0 + h) - \mathfrak{R}_m(z_0)}{h}$ ab. Man findet

$$\frac{\mathfrak{R}_m(z_0 + h) - \mathfrak{R}_m(z)}{h} = \sum_{1}^{\infty}{}_k \frac{a_{m+k}}{h} \left\{ (z_0 + h)^{m+k} - z_0{}^{m+k} \right\}.$$

Daher wird $\left| \dfrac{\mathfrak{R}_m(z_0 + h) - \mathfrak{R}_m(z_0)}{h} \right| \leqq \left| \displaystyle\sum_{1}^{\infty}{}_k |a_{m+k}| \, \left| \frac{(z_0 + h)^{m+k} - z_0{}^{m+k}}{h} \right| \right.$

$$< \sum_{1}^{\infty}{}_k |a_{m+k}| \, (m + k) \, (|z_0| + |h|)^{m+k+1} \,)$$

$$= P_{1,m}(|z_0| + |h|)$$

$$< \frac{\varepsilon}{3}.$$

Nun ist also für alle h, für welche $|z_0| + |h|$ dem Kreise angehört, für den wir die Hilfsnummer m einführten,

$$\left| \frac{\mathfrak{P}(z_0 + h) - \mathfrak{P}(z_0)}{h} - \frac{\mathfrak{P}_m(z_0 + h) - \mathfrak{P}_m(z_0)}{h} \right| < \frac{\varepsilon}{3}.$$

---

1) Ich bemerke aber vorab, daß der Leser diesen etwas mühsamen Beweis auch übergehen kann, da sich die Differenzierbarkeit der Potenzreihen später auf anderem Wege ganz mühelos ergeben wird.

2) Man beweist nämlich leicht, daß
$$|(a + b)^n - a^n| \leqq |b| \, n \, (|a| + |b|)^{n-1},$$
denn es ist $\dbinom{n}{\varkappa} \leqq n \dbinom{n-1}{\varkappa-1}$, wenn $n > 1$, $\varkappa \geqq 1$.

Weiter aber gibt es eine Funktion $\delta(\varepsilon)$, so daß für $|h| < \delta(\varepsilon)$

$$\left| \frac{\mathfrak{P}_m(z_0 + h) - \mathfrak{P}_m(z_0)}{h} - \mathfrak{P}_m'(z_0) \right| = \left| \frac{\mathfrak{P}_m(z_0 + h) - \mathfrak{P}_m(z_0)}{h} - \mathfrak{P}_{1,m}(z_0) \right| < \frac{\varepsilon}{3}$$

wird. Dann haben wir nun im ganzen für $|h| < \delta(\varepsilon)$ das Ergebnis, daß

$$\left| \mathfrak{P}_1(z_0) - \frac{\mathfrak{P}(z_0 + h) - \mathfrak{P}(z_0)}{h} \right| < \varepsilon$$

wird. Denn es wird ja

$$\left| \frac{\mathfrak{P}(z_0 + h) - \mathfrak{P}(z_0)}{h} - \mathfrak{P}_1(z_0) \right| \leqq \left| \frac{\mathfrak{P}(z_0 + h) - \mathfrak{P}(z_0)}{h} - \frac{\mathfrak{P}_m(z_0 + h) - \mathfrak{P}_m(z_0)}{h} \right|$$

$$+ \left| \frac{\mathfrak{P}_m(z_0 + h) - \mathfrak{P}_m(z_0)}{h} - \mathfrak{P}_{1,m}(z_0) \right|$$

$$+ \left| \mathfrak{P}_{1,m}(z_0) - \mathfrak{P}_1(z_0) \right| < \frac{\varepsilon}{3} + \frac{\varepsilon}{3} + \frac{\varepsilon}{3} = \varepsilon.$$

Daher haben wir $\qquad \lim\limits_{h \to 0} \dfrac{\mathfrak{P}(z_0 + h) - \mathfrak{P}(z_0)}{h} = \mathfrak{P}_1(z_0).$

Also ist $\mathfrak{P}(z)$ differenzierbar und $\mathfrak{P}_1(z) = \mathfrak{P}'(z)$ ist sein Differentialquotient.

Alle durch Potenzreihen dargestellten Funktionen sind also analytisch. Dies Beispiel analytischer Funktionen ist darum von so besonderer Wichtigkeit, weil wir bald sehen werden, daß man jede analytische Funktion in eine Potenzreihe entwickeln kann. Damit wird dann auch gezeigt sein, daß eine analytische Funktion beliebig oft differenziert werden kann, daß sie Ableitungen aller Ordnungen besitzt. Denn die durch die erste Differentiation erhaltene Potenzreihe kann man ja ein zweites, ein drittes Mal usw. differenzieren. Ist a irgendeine Stelle aus einem Bereich B, in welchem $f(z)$ analytisch ist, so kann man um $z = a$ als Mittelpunkt einen dem Bereich angehörigen Kreis schlagen. In diesem ist, wie wir später zeigen werden, $f(z)$ in Form einer Potenzreihe $\mathfrak{P}(z - a)$ darstellbar. Daß aber diese Entwicklung höchstens auf eine Weise geleistet werden kann, läßt sich jetzt schon einsehen. Wir können nämlich die Koeffizienten von $\Sigma a_n z^n$ durch die Summe $f(z)$ darstellen. Zunächst ist ja sicher $f(0) = a_0$. Weiter aber wird

$$f'(z) = \sum n \, a_n z^{n-1}$$

also $a_1 = f'(0)$. Ebenso wird

$$f''(z) = \sum n(n-1) a_n z^{n-2}$$

also $a_2 = \dfrac{f''(0)}{2!}$. Allgemein findet man $a_n = \dfrac{f^{(n)}(0)}{n!}$. *Alle Potenzreihen sind also Taylorsche Reihen.*

Durch denselben Gedankengang kann man wie im Reellen den binomischen Lehrsatz für ganze positive Exponenten beweisen. Denn man sieht ohne weiteres, wenn man in Gedanken ausmultipliziert, daß sich $(a + z)^n$ in der

Form $a^n + a_1 z + a_2 z^2 + \cdots + a_n z^n$ muß schreiben lassen. Differenziert man hier ein oder mehrere Male nach z und setzt dann $z = 0$, so findet man $a_1 = n\, a^{n-1} \cdots a_\varkappa = \binom{n}{\varkappa} a^{n-\varkappa} \cdots$. So hat man den binomischen Satz für reelle Exponenten ins Komplexe übertragen.

Aufgabe: Man beweise mit Hilfe der Cauchy-Riemannschen Differentialgleichungen, daß eine in einem Bereich differenzierbare nicht durchweg konstante Funktion nicht lediglich reelle Werte annehmen kann.

*[1])Anhang: Wir kehren nochmals zu den Cauchy-Riemannschen Differentialgleichungen zurück. Wir haben oben festgestellt, daß Real- und Imaginärteil einer analytischen Funktion diesen Gleichungen genügen müssen. Nun legen wir uns noch die Frage vor, ob das die einzigen Bedingungen sind, welchen ein Funktionenpaar genügen muß, welches als Realteil und als Imaginärteil einer analytischen Funktion soll aufgefaßt werden können. In dieser Allgemeinheit ist die Frage bisher noch nicht entschieden. Wohl aber ist sie mit Ja zu beantworten, wenn man von vornherein noch voraussetzt, daß die vier partiellen Ableitungen stetig sind.[2]) Dann wird nämlich

$$\frac{f(z+h)-f(z)}{h} = \frac{u(x+h_1,\, y+h_2)-u(x,\,y)}{h} + i\,\frac{v(x+h_1,\, y+h_2)-v(x,\,y)}{h} \quad (h=h_1+ih_2).$$

Wenden wir hier den Mittelwertsatz auf u und auf v an, so wird dies

$$= \frac{u_x(x+\vartheta h_1,\, y+\vartheta h_2)\, h_1 + u_y(x+\vartheta h_1,\, y+\vartheta h_2)\, h_2}{h}$$

$$+ i\,\frac{v_x(x+\vartheta' h_1,\, y+\vartheta' h_2)\, h_1 + v_y(x+\vartheta' h_1,\, y+\vartheta' h_2)\, h_2}{h}.$$

Beachten wir nun die Stetigkeit der Ableitungen und bezeichnen mit $\varepsilon(h)$ und $\varepsilon_1(h)$ zwei Funktionen, die mit h gegen Null streben, so können wir dies so schreiben

$$= \frac{u_x(x,\,y)\, h_1 + u_y(x,\,y)\, h_2}{h} + i\,\frac{v_x(x,\,y)\, h_1 + v_y(x,\,y)\, h_2}{h} + \varepsilon(h)\,\frac{h_1}{h} + \varepsilon_1(h)\,\frac{h_2}{h}.$$

Beachten wir nun die Cauchy-Riemannschen Differentialgleichungen, so wird dies

$$= u_x\,\frac{h_1+ih_2}{h} + iv_x\,\frac{h_1+ih_2}{h} + \varepsilon(h)\,\frac{h_1}{h} + \varepsilon_1(h)\,\frac{h_2}{h}$$

$$= u_x + iv_x + \varepsilon(h)\,\frac{h_1}{h} + \varepsilon_1(h)\,\frac{h_2}{h}.$$

Nun ist also nur noch zu zeigen, daß $\varepsilon(h)\,\dfrac{h_1}{h}$ und $\varepsilon_1(h)\,\dfrac{h_2}{h}$ für $h \longrightarrow 0$ den Grenzwert Null besitzen. Dazu überzeugen wir uns nur noch davon, daß

---

1) Mit einem * bezeichnete Abschnitte kann der Leser bei einer ersten Lektüre übergehen.

2) Daß für Real- und Imaginärteil analytischer Funktionen diese Voraussetzungen erfüllt sind, werden wir bald sehen.

$\left|\dfrac{h_1}{h}\right| \leqq 1$ und daß $\left|\dfrac{h_2}{h}\right| \leqq 1$. Dies ist selbstverständlich, wenn $h_1 = 0$ oder wenn $h_2 = 0$. Anderenfalls zeigen wir, daß $\left|\dfrac{h}{h_1}\right| \geqq 1$ und daß $\left|\dfrac{h}{h_2}\right| \geqq 1$. Es wird ja

$$\left|\frac{h}{h_1}\right| = \left| 1 + i\,\frac{h_2}{h_1} \right| = \sqrt{1 + \left(\frac{h_2}{h_1}\right)^2} \geqq 1$$

und

$$\left|\frac{h}{h_2}\right| = \left| i + \frac{h_1}{h_2} \right| = \sqrt{1 + \left(\frac{h_1}{h_2}\right)^2} \geqq 1.^{1)}$$

§ 5. Konforme Abbildung.

Hier wollen wir einen ersten Einblick in die durch analytische Funktionen vermittelten Abbildungen gewinnen. Sei $w = f(z)$ die Funktion. Läßt man dann z in seiner Ebene irgendeine Punktmenge durchlaufen und markiert jedesmal in der w-Ebene die entsprechenden von der Funktion angenommenen Werte, so erhält man auch da eine Punktmenge, die wir das Bild der Punktmenge in der z-Ebene nennen. Wir sagen, sie gehe aus dieser durch Abbildung vermöge der Abbildungsfunktion $w = f(z)$ hervor. Ich betrachte nun insbesondere zwei Kurven $\mathfrak{C}_1$ und $\mathfrak{C}_2$, welche sich in einem Punkte z_0 schneiden. $z = z_1(t)$ und $z = z_2(t)$ mit $0 \leqq t \leqq 1$ seien ihre Parameterdarstellungen.[2] $t = 0$ etwa möge in beiden Fällen den Punkt $z = z_0$ liefern. Beide Funktionen sollen stetig sein und für $t = 0$ von Null verschiedene Ableitungen besitzen. Es ist leicht, die Winkel selbst zu bestimmen, welche die Kurven gegen die x-Achse bilden. Zu diesem Zwecke orientieren wir beide Kurven, indem wir ihnen einen Durchlaufungssinn in Richtung wachsender Parameter geben. *Legen* wir dann durch den Punkt z_0 vom Parameter $t = 0$ und einen Punkt $z_0 + \Delta z$ vom Parameter $t = \Delta t > 0$ eine Sehne und geben ihr als Richtung die von z_0 nach $z_0 + \Delta z$, so wird ihr Winkel gegen die x-Achse $\arg \Delta z = \arg \dfrac{\Delta z}{\Delta t}$, denn $\arg \Delta t = 0$, weil $\Delta t > 0$ ist. Also werden die Winkel der in die Kurvenrichtung weisenden Tangente $\arg z_1'(0)$ und $\arg z_2'(0)$. Also wird der $\measuredangle (\mathfrak{C}_2\,\mathfrak{C}_1) = \arg z_2' - \arg z_1' = \arg \dfrac{z_2'}{z_1'}$. Die Gleichungen der *Bild*kurven $\mathfrak{C}_2'$, $\mathfrak{C}_1'$ in der w-Ebene werden $w_1 = f(z_1(t))$ und $w_2 = f(z_2(t))$. Also wird ihr

$$\measuredangle (\mathfrak{C}_2',\,\mathfrak{C}_1') = \arg \frac{w_2'(0)}{w_1'(0)} = \arg \frac{df}{dz}\cdot z_2'(0) - \arg \frac{df}{dz}\,z_1'(0) = \arg \frac{z_2'(0)}{z_1'(0)}.$$

---

1) Auch geometrisch leuchtet dies sofort ein, weil die Zahlen $\dfrac{h}{h_1}$ und $\dfrac{h}{h_2}$ auf den Tangenten an den Einheitskreis in den Punkten 1 und i liegen.

2) In dieser Form fassen wir also die beiden Gleichungen $x = x_1(t)$, $y = y_1(t)$ zusammen: $z = x + iy = x_1(t) + iy_1(t) = z_1(t)$. $z(t)$ bedeutet eben eine Funktion des reellen Argumentes t, die auch komplexe Werte annehmen kann.

Dazu ist aber vorauszusetzen, daß $f'(z_0) \neq 0$ ist, denn sonst wäre $w_1'(0) = 0$ und $w_2'(0) = 0$, und dann wären die Argumente wieder unbestimmt. Also haben wir das *Ergebnis, daß die Bildkurven denselben Winkel einschließen wie die ursprünglichen Kurven, und zwar denselben Winkel nicht nur der Größe nach, sondern auch dem Drehsinn nach.* Wenn man also $\mathfrak{C}_1$ um ω in positivem Sinne zu drehen hat, um sie in $\mathfrak{C}_2$ überzuführen, so hat man auch die Bildkurve $\mathfrak{C}_1'$ um ω in positivem Sinne zu drehen, um sie in $\mathfrak{C}_1'$ überzuführen. Wir haben so den Satz:

Die durch analytische Funktionen vermittelten Abbildungen sind winkeltreu an allen Stellen, wo ihre Ableitung nicht verschwindet.[1])

Wir betrachten weiter die Bogenlängen s von $\mathfrak{C}$ und S von $\mathfrak{C}'$. Dann wird

$$\frac{dS}{ds} = \frac{dS}{dt} : \frac{ds}{dt} = \frac{\sqrt{u'^2+v'^2}}{\sqrt{x'^2+y'^2}} = \left|\frac{dw}{dt}\right| : \left|\frac{dz}{dt}\right| = \left|\frac{dw}{dz}\right|.$$

Demnach hängt also der Differentialquotient $\dfrac{dS}{ds}$ nicht von der besonderen durch z_0 gelegten Kurve ab. Er hat für $\mathfrak{C}_1$ und $\mathfrak{C}_2$ denselben Wert $\left|\dfrac{dw}{dz}\right|$. Er hängt nur von der Lage des Punktes z_0 ab. Es werden also gewissermaßen alle Bogenlängen im Punkte z_0 im gleichen Verhältnis verkürzt. Das meinen wir, wenn wir sagen:

Die durch analytische Funktionen vermittelten Abbildungen sind streckentreu.

Winkeltreue und Streckentreue faßt man in die Aussage zusammen, daß unsere Abbildungen konform, das heißt in den kleinsten Teilen ähnlich sind. Denn sie haben mit den Ähnlichkeitstransformationen die Winkeltreue und die Streckentreue gemeinsam, nur daß bei den Ähnlichkeitstransformationen das Streckungsverhältnis vom Ort unabhängig ist, während es hier mit der Lage des Punktes variiert und also nur in einem hinreichend kleinen Flächenstück *annähernd* als konstant angesehen werden kann.

**)* Wir behandeln nun die *umgekehrte Frage*, inwieweit die winkeltreuen Abbildungen und inwieweit die streckentreuen Abbildungen auch umgekehrt alle durch analytische Funktionen vermittelt werden. Es leuchtet zunächst ein, daß bei der Streckentreue die Frage zu verneinen ist. Denn auch die durch $w = \bar{z}$ vermittelte Abbildung ist streckentreu. Das ist nämlich der Übergang von einer *Figur* zu ihrem Spiegelbild an der reellen Achse (Fig. 15). Dabei bleiben alle Längen erhalten, der Drehsinn der Winkel wird aber umgekehrt. Wir werden aber beweisen können, daß eine jede

---

1) **Daß** an Stellen verschwindender Ableitung die Winkeltreue aufhört, lehrt schon das Beispiel $w = z^2$ bei $z = 0$. Denn da ist $\arg w = 2 \arg z$. Genaueres über solche Vorkommnisse bleibt späterer Darlegung vorbehalten.

**)* Die Ausführungen von hier an bis zum Schluß des Paragraphen kann der Leser bei der ersten Lektüre übergehen.

streckentreue Abbildung entweder winkeltreu ist oder doch wenigstens die *Größe* der Winkel erhält, sie also lediglich umlegt. Eine streckentreue Abbildung also, welche auch den Drehsinn unverändert läßt, ist winkeltreu.

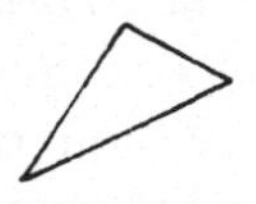

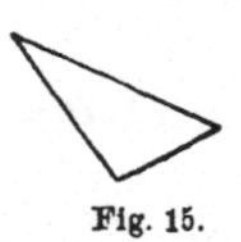

Fig. 15.

Ähnlich wie im Anhang des vorigen Paragraphen wollen wir nun wieder annehmen, daß die partiellen Ableitungen der die Abbildung vermittelnden Funktionen $u = u\,(x,\,y)$ und $v = v\,(x,\,y)$ stetig sind. Sonst verlassen wir den Rahmen der gesicherten Ergebnisse. Unter dieser Annahme wollen wir zunächst zeigen, daß die Funktiónen u und v den Cauchy-Riemannschen Differentialgleichungen genügen, wenn sie eine winkeltreue Abbildung vermitteln. Denn dann sind sie nach dem Anhang zum vorigen Paragraphen Real- und Imaginärteil einer analytischen Funktion. Des weiteren haben wir dann eine entsprechende Untersuchung bei den streckentreuen Abbildungen anzustellen.

Wir behandeln also zunächst die winkeltreuen Abbildungen. Seien also wieder c_1 und c_2 zwei Kurven, c_1' und c_2' ihre Bilder. Dann soll also $\arg \dfrac{z_2'}{z_1'} = \arg \dfrac{w_2'}{w_1'}$ sein. Führen wir Real- und Imaginärteil ein, so wird dies

$$\arg \frac{x_2' + iy_2'}{x_1' + iy_1'} = \arg \frac{u_x x_2' + u_y y_2' + i\,(v_x x_2' + v_y y_2')}{u_x x_1' + u_y y_1' + i\,(v_x x_1' + v_y y_1')}.$$

Daher müssen die beiden unter dem Argument stehenden Ausdrücke bis auf einen reellen positiven Faktor λ einander gleich sein. So finden wir

$$(1)\qquad \frac{u_x x_2' + u_y y_2' + i\,(v_x x_2' + v_y y_2')}{u_x x_1' + u_y y_1' + i\,(v_x x_1' + v_y y_1')} = \lambda\,\frac{x_2' + iy_2'}{x_1' + iy_1'}.$$

Dieser Ansatz setzt voraus, daß weder z_1' noch z_2' und daß weder w_1' noch w_2' verschwinden. Sonst wird ja das Argument unbestimmt. Die Voraussetzung, daß die Ableitungen w_1' oder w_2' nicht verschwinden, bedeutet, daß die Funktionaldeterminante $\begin{vmatrix} u_x & u_y \\ v_x & v_y \end{vmatrix}$

im Schnittpunkt beider Kurven von Null verschieden ist. Denn es ist ja z. B.

$$w_1' = u_x x_1' + u_y y_1' + i\,(v_x x_1' + v_y y_1').$$

Soll das verschwinden, so müssen

$$u_x x_1' + u_y y_1' = 0$$
$$\text{und } v_x x_1' + v_y y_1' = 0$$

sein. Das sind zwei lineare Gleichungen zwischen x_1' und y_1', also zwischen zwei Zahlen, die nicht beide verschwinden. Also muß die Funktionaldeterminante verschwinden, wie angegeben.

Ist aber diese Determinante nicht Null, so ist unser Vorgehen in Ordnung. Man setze nun in der Gleichung (1)

$$x_2' = 1 \quad y_2' = 0$$
$$x_1' = 0 \quad y_1' = 1.$$

Dabei möge λ, das ja noch von x_1', x_2', y_1', y_2' abhängen könnte, den Wert μ erhalten. Dann wird

$$\frac{u_x + i v_x}{u_y + i v_y} = \frac{\mu}{i}.$$

Daraus folgt:

$$u_x = \mu v_y$$
$$\mu u_y = - v_x.$$

Trägt man dies in die Gleichung (1) ein, so wird sie

$$\frac{\mu x_2' + i y_2'}{\mu x_1' + i y_1'} = \lambda \frac{x_2' + i y_2'}{x_1' + i y_1'}.$$

Also muß

$$\frac{\mu x_2' + i y_2'}{\mu x_1' + i y_1'} \cdot \frac{x_1' + i y_1}{x_2' + i y_2'}$$

positiv reell sein. Multipliziert man aus, so sieht man, daß

$$\frac{\mu x_1' x_2' - y_1' y_2' + i (x_1' y_2' + \mu x_2' y_1')}{\mu x_1' x_2' - y_1' y_2' + i (\mu x_1' y_2' + x_2' y_1')}$$

positiv reell sein muß. Das verlangt aber, daß

$$x_1' y_2' + \mu x_2' y_1' = \mu x_1' y_2' + x_2' y_1'$$

ist. Daher ist $\qquad (1 - \mu) (x_1' y_2' - x_2' y_1') = 0.$

Deshalb muß $\mu = 1$ sein. Denn μ ist von den x_1', x_2', y_1', y_2' unabhängig und die zweite Klammer verschwindet nicht für alle x_1', x_2', y_1', y_2'.

Also gelten die Cauchy-Riemannschen Differentialgleichungen

$$u_x = v_y, \quad v_x = - u_y$$

stets dann, wenn die Funktionen $u = u\,(x, y)$ und $v = v\,(x, y)$ eine nicht verschwindende Funktionaldeterminante besitzen und eine winkeltreue Abbildung vermitteln. Setzt man nun weiter die partiellen Ableitungen als stetig voraus, so ergeben die Betrachtungen am Schluß des vorigen Paragraphen, daß u und v Real- und Imaginärteil einer analytischen Funktion $w = u + iv = f(z)$ sein müssen. Da weiter die Cauchy-Riemannschen Differentialgleichungen zeigen, daß die Funktionaldeterminante $u_x v_y - u_y v_x = u_y^2 + v_y^2 = u_x^2 + v_x^2$ wird, dieser Wert aber nach S. 35 mit dem Werte $|f'(z)|^2$ übereinstimmt, so haben wir folgendes Schlußresultat: *Eine jede winkeltreue Abbildung wird durch eine analytische Funktion nicht verschwindender Ableitung vermittelt, wofern man nur voraussetzt, daß die partiellen Ableitungen der Abbildungsfunktionen stetig sind und eine nicht-verschwindende Determinante besitzen.*

Wir kommen nun zu den *streckentreuen* Abbildungen und wollen zeigen, daß sie abgesehen von einer Umlegung der Winkel winkeltreu sind. Wieder soll die Funktionaldeterminante von Null verschieden sein. Wir setzen jetzt voraus, daß $\dfrac{dS}{ds}$ nur von der Stelle z_0, nicht von der besonderen Kurve abhängt, deren Bogenlänge wir betrachten. Nun wird aber

$$\left|\frac{dS}{ds}\right|^2 = \left(\frac{du}{ds}\right)^2 + \left(\frac{dv}{ds}\right)^2 = (u_x^2 + v_x^2)\left(\frac{dx}{ds}\right)^2 + 2(u_x u_y + v_x v_y)\frac{dx}{ds}\frac{dy}{ds} + (u_y^2 + v_y^2)\left(\frac{dy}{ds}\right)^2.$$

Das soll nun von $\dfrac{dx}{ds}$ und $\dfrac{dy}{ds}$ unabhängig sein, während noch die Relation $\left(\dfrac{dx}{ds}\right)^2 + \left(\dfrac{dy}{ds}\right)^2 = 1$ besteht. Nehme ich insbesondere $\dfrac{dx}{ds} = 1$ und $\dfrac{dy}{ds} = 0$, so kommt $u_x^2 + v_x^2$ heraus. Wähle ich aber $\dfrac{dx}{ds} = 0$ und $\dfrac{dy}{ds} = 1$, so erhalte ich $u_y^2 + v_y^2$. Beide müssen einander gleich sein. Also finde ich

$$(2) \qquad\qquad u_x^2 + v_x^2 = u_y^2 + v_y^2.$$

Daher wird nun der ganze Ausdruck

$$u_x^2 + v_x^2 + 2\,(u_x u_y + v_x v_y)\frac{dx}{ds}\frac{dy}{ds}.$$

Soll er also von $\dfrac{dx}{ds}\dfrac{dy}{ds}$ unabhängig sein, so muß noch

$$(3) \qquad\qquad u_x u_y + v_x v_y = 0$$

sein. Multipliziere ich nun (2) mit u_y^2 und entnehme aus (3) $u_x^2 u_y^2 = v_x^2 v_y^2$ und trage dies in (2) ein, so habe ich $v_x^2 (u_y^2 + v_y^2) = u_y^2 (u_y^2 + v_y^2)$. Da aber wegen des Nichtverschwindens der Funktionaldeterminante $u_y^2 + v_y^2$ nicht verschwinden kann, so liefert dies $v_x^2 = u_y^2$. Also ist entweder $u_y = -v_x$ oder $u_y = v_x$. Trage ich das eine oder das andere in die Gleichung

$$u_x u_y + v_x v_y = 0$$

ein, so finde ich, daß entweder

$$u_x = v_y,\; u_y = -v_x$$

oder daß $\qquad\qquad\qquad u_x = -v_y,\; u_y = v_x$

sein muß. Das erste sind die Cauchy-Riemannschen Differentialgleichungen; dann ist also die Abbildung winkeltreu. Das zweite dagegen bedeutet Umlegung der Winkel. Den Winkel der Bildkurven hatten wir ja allgemein auf S. 42 angegeben. Tragen wir hier diese Relationen ein, so finden wir

$$\arg\frac{x_2' - i y_2'}{x_1' - i y_1'} \quad\text{und dies ist}\quad = -\arg\frac{x_2' + i y_2'}{x_1' + i y_1'}.$$

Aber auch diese nur streckentreuen Abbildungen kann man mit analytischen Funktionen in Zusammenhang bringen. Denn wegen der Stetigkeit der Ableitungen, die wir also erst an dieser Stelle benutzen, ist in einem ganzen Bereich, in welchem voraussetzungsgemäß die Funktionaldeterminante nicht verschwindet, entweder durchweg das erste Cauchy-Riemannsche Gleichungspaar erfüllt oder durchweg das zweite.[1]) Da aber auch $w = \bar{z}$ eine Umlegung der Winkel liefert, so kann ich eine jede Abbildung mit Umlegung der Winkel dadurch erhalten, daß ich erst die Spiegelung $w = \bar{z}$ ausführe und dann die gespiegelte Figur winkeltreu abbilde. Eine jede streckentreue Abbildung wird also entweder durch eine analytische Funktion von z: $w = f(z)$ oder durch eine analytische Funktion von $\bar{z}$: $w = f(\bar{z})$ geliefert.

Bemerkung: Wenn wir uns noch einmal vergegenwärtigen, an welcher Stelle wir von der Stetigkeit der Ableitungen Gebrauch machten, so geschah das nicht bei der Ableitung der Differentialgleichungen, sondern erst als wir von Real- und Imaginärteil zu der analytischen Funktion übergehen wollten. Die im Anhang des vorigen Paragraphen und die hier als unerledigt bezeichneten Aufgaben sind also identisch.

Vierter Abschnitt.

Studium einiger spezieller Funktionen.

§ 1. Ganze lineare Funktionen.

Ganze lineare Funktionen werden durch einen Ausdruck der Form $w = az + b$ dargestellt. Dabei bedeuten a und b von z unabhängige Zahlen. Als spezielle Fälle sind darunter die folgenden drei Typen enthalten: $w = Rz$ mit positiv reellem R, ferner $w = \alpha z$ mit $|\alpha| = 1$, endlich $w = z + b$. Die erste führt jeden Punkt in einen anderen vom gleichen Argument in der R-fachen Entfernung vom Nullpunkt über. Deuten wir also w und z in derselben Ebene oder, anders ausgedrückt, legen wir die w-Ebene so auf die z-Ebene, daß Punkte mit gleichen w und z aufeinander zu liegen kommen, so führt diese Abbildung jede Figur in eine ähnliche zu ihr ähnlich gelegene über. Die Winkeltreue dieser Abbildung, die man auch *Streckung* nennt, springt in die Augen.

Die zweite Abbildung bewirkt eine *Drehung* der z-Ebene um den Winkel $\arg \alpha$ im positiven Drehsinn. Sie führt also jede Figur in eine kongruente über. Hier ist ja $|w| = |z|$ und $\arg w = \arg z + \arg \alpha$.

Die letzte Abbildung endlich bedeutet eine *Parallelverschiebung* der Figuren der z-Ebene in Richtung des Vektors b um seinen Betrag. Denn man erhält ja die Werte w, indem man zu den z-Werten die Zahl b addiert.

---

1) Denn ein Wechsel beider Gleichungspaare kann nur da eintreten, wo alle Ableitungen verschwinden.

4*

Die allgemeine Abbildung $w = az + b$ kann auf diese drei Typen zurückgeführt werden. Betrachten wir zunächst $w = R\alpha z$ mit $R > 0$ und $|\alpha| = 1$, so ist dies offenbar eine Kombination der Drehung und der Streckung. Also werden alle Figuren in R-mal so große übergeführt, welche außerdem gegen die Ausgangslage um den Winkel $\arg \alpha$ gedreht erscheinen. Der Punkt $z = 0$ ist dabei Drehpunkt und Ähnlichkeitszentrum. Die Abbildung heißt auch *Drehstreckung*.

Zu den hier betrachteten, durch ganze lineare Funktionen vermittelten Abbildungen gehören auch die Drehstreckungen, deren Zentrum nicht $z = 0$, sondern ein anderer Punkt A der z-Ebene ist. Denn eine solche drückt sich in der Form $w - A = a\,(z - A)$ aus, wird also gleichfalls durch eine ganze lineare Funktion vermittelt. Auf diese Gestalt kann man nun aber jede beliebige ganze lineare Funktion $w = az + b$ bringen, falls $a \neq 1$ ist. Denn man muß nur A so wählen, daß $A - aA = b$ wird. Man muß also $A = \dfrac{b}{1-a}$ setzen. *Demnach ist für $a \neq 1$ die durch $w = az + b$ vermittelte **winkeltreue** Abbildung eine Drehstreckung, welche den Punkt $z = \dfrac{b}{1-a}$ festläßt. $a = 1$ liefert eine Parallelverschiebung.*

Es wird eine nützliche Übung für den Leser sein, die hier gefundenen Ergebnisse mit den Resultaten zu vergleichen, welche ihm von der Koordinatentransformation in der analytischen Geometrie her geläufig sind. Bei Trennung von Real- und Imaginärteil wird man volle Übereinstimmung feststellen. Man hat so hier noch eine bequeme Herleitung jener geläufigen Formeln gewonnen. In der Tat stecken ja in unserer geometrischen Deutung der komplexen Zahlen alle Grundvoraussetzungen der analytischen Geometrie der Ebene.

Schon im nächsten Paragraphen werden wir sehen, daß durch (gebrochene) lineare Funktionen nicht allein die Bewegungen und Streckungen zum Ausdruck kommen, sondern daß auch gewisse Abbildungen und Transformationen, die man in der Geometrie erst bei den quadratischen Verwandtschaften betrachtet, sich nach Einführung komplexer Zahlen durch lineare Funktionen ausdrücken lassen.

$$\S\ 2.\quad w = \frac{1}{z}.$$

$w = \dfrac{1}{z}$ ist die einfachste gebrochene lineare Funktion. Die durch sie vermittelte Abbildung übersieht man am besten, wenn man Polarkoordinaten einführt. Sei also

$$w = \varrho\,(\cos\vartheta + i\sin\vartheta) \quad \text{und} \quad z = r\,(\cos\varphi + i\sin\varphi).$$

Dann wird $\qquad\qquad\qquad \varrho = \dfrac{1}{r},\ \vartheta = -\varphi$

der Ausdruck der Abbildung. Man kann diese Abbildung in zwei Schritten ausführen. Der erste möge den Betrag ungeändert lassen und zu $\vartheta = -\varphi$ führen. Das ist also die Abbildung $w_1 = \bar{z}$. Der zweite möge umgekehrt das Argument ungeändert lassen und zum reziproken Betrag führen. Das ist also die Abbildung $w = \frac{1}{\bar{w}_1}$. Die erste ist weiter nichts als die uns schon (S. 41/42) bekannte Spiegelung an der reellen Achse, die zweite nennt man *Spiegelung am Einheitskreis oder Transformation durch reziproke Radien oder auch Inversion*. Ihr analytischer Ausdruck in Polarkoordinaten ist ja $\varrho = \frac{1}{r}$, $\vartheta = \varphi$. Weil die Ausführung beider nacheinander eine winkeltreue Abbildung liefert und weil die Spiegelung $\vartheta = -\varphi$ die Winkel umlegt, gibt auch die Transformation durch reziproke Radien eine Umlegung der Winkel. Wie man durch geometrische Konstruktion zu jedem Punkt P oder P' den reziproken P' oder P finden kann, veranschaulicht die Fig. 4 auf S 11. Da Dreieck OTz' bei T rechtwinklig ist, so wird ja nach dem Kathetensatz $1 = Oz \cdot Oz'$.

Die Inversion läßt die Punkte der Peripherie des Einheitskreises einzeln fest und vertauscht das Innere des Einheitskreises mit seinem Äußeren. Es ist leicht festzustellen, in welcher Weise ein von zwei Kreisbogen $r = r_1$ und $r = r_2$ und zwei Geraden $\varphi = \varphi_1$ und $\varphi = \varphi_2$ begrenztes Kreisbogenviereck in das Kreisbogenviereck, begrenzt von $\varrho = \frac{1}{r_1}$ und $\varrho = \frac{1}{r_2}$ sowie von $\vartheta = \varphi_1$ und $\vartheta = \varphi_2$ übergeht. Daraus entnimmt man allgemein, daß die Inversion und damit auch die Abbildung $w = \frac{1}{z}$ jedes Gebiet wieder in ein Gebiet überführt. Wir nennen diese Eigenschaft der Abbildung *Gebietstreue*. Wir werden diese Eigenschaft später ganz allgemein bei allen analytischen Funktionen nachweisen.

Daß bei der Inversion die Winkel, abgesehen vom Drehsinn, ungeändert bleiben, kann man auch leicht direkt einsehen. Man hat nur zu bemerken, daß ein jeder Kreis, welcher zwei inverse Punkte verbindet, durch die Inversion in sich übergeführt wird. Denn er besteht aus lauter Paaren inverser Punkte. Diejenigen *Punkte* desselben nämlich, welche auf demselben Durchmesser des Einheitskreises liegen, sind nach dem Sekantensatz zueinander invers ($OP \cdot OP' = OQ \cdot OQ' = 1$). Legt man namentlich von O aus die Tangenten an den Kreis, so muß auch das Quadrat ihrer Länge gleich Eins sein. Daraus ergibt sich sofort, daß jeder Kreis, welcher zwei inverse Punkte verbindet, den Einheitskreis senkrecht durchsetzt (Fig. 16).

Umgekehrt sind natürlich auch die beiden Punkte, in welchen ein Durchmesser von K einen zu K orthogonalen Kreis schneidet, in bezug auf K invers. Das folgt sofort aus dem Sekantentangentensatz.

Um nun die Winkeltreue der Inversion zu erkennen, betrachte ich
zwei Kreise durch die beiden inversen Punkte. Sie gehen durch die Inversion einzeln in sich über, und man erkennt leicht, daß die in der

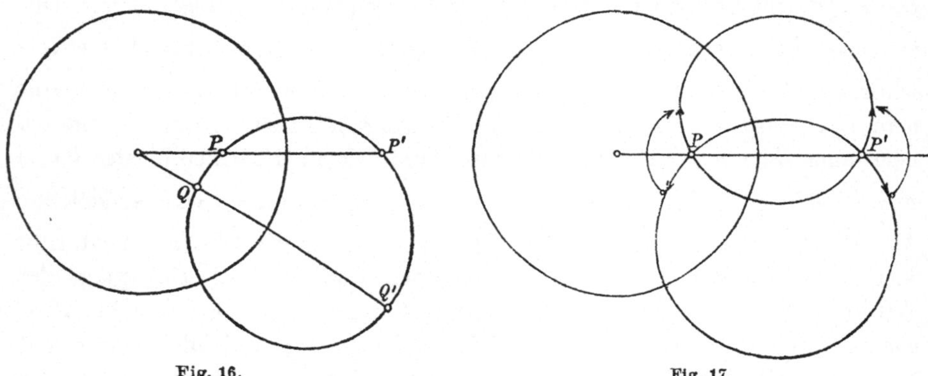

Fig. 16.Fig. 17.

Fig. 17 angegebenen beiden Winkel einander entsprechen. Sie sind aber,
abgesehen vom Drehsinn, einander gleich.

Wir wollen hiermit unsere Betrachtungen über die Inversion abschließen und uns der Funktion $w = \dfrac{1}{z}$ zuwenden. Für die Winkeltreue
ihrer Abbildung enthalten ja nun die voraufgegangenen Zeilen einen
direkten Beweis.

Die Abbildung $w = \dfrac{1}{z}$ vertauscht gleichfalls Inneres und Äußeres des
Einheitskreises, läßt aber seine Punkte nicht einzeln fest. Vielmehr sind
die einzigen festen Punkte auf dem Einheitskreis, wie überhaupt in der
ganzen Ebene, die Punkte $z = \pm 1$. Denn tatsächlich sind dies die einzigen komplexen Zahlen, welche mit ihren reziproken identisch sind.
Denn für jede solche Zahl muß $z^2 = 1$ sein.

Die Abbildung $w = \dfrac{1}{z}$ führt das Innere des Kreises $|z| = \varepsilon$ in das
Äußere des Kreises $|w| = \dfrac{1}{\varepsilon}$ über, und umgekehrt geht durch ihre Ver-
mittlung das Äußere des Kreises $|z| = \dfrac{1}{\varepsilon}$ in das Innere des erst-
genannten $|w| = \varepsilon$ über. Im übrigen ist die Abbildung umkehrbar ein-
deutig. Damit ist gemeint, daß jeder Punkt z einen einzigen Bildpunkt
$w = \dfrac{1}{z}$ hat, und daß jeder Punkt w einen einzigen Originalpunkt $\dfrac{1}{w}$ besitzt.
Eine Ausnahme macht nur der Punkt $z = 0$ bzw. $w = 0$. Er besitzt weder
ein Bild noch ein Original. Das ist ein Schönheitsfehler, dem wir abhelfen
wollen.

Das geschieht durch Einführung eines *uneigentlichen Punktes*. Man
nennt ihn auch den *unendlichfernen Punkt der Ebene* und bezeichnet ihn

mit ∞. Wir haben es nun völlig in der Hand, festzusetzen, welcher Punkt Originalpunkt von $w = 0$ und welcher Bildpunkt von $z = \infty$ sein soll, ja, es steht nichts im Wege, zu diesem Zweck noch weitere uneigentliche Punkte einzuführen. Wollen wir dies aber vermeiden und wollen wir dazu erreichen, daß die Abbildung $w = \frac{1}{z}$ in der durch Hinzunahme von ∞ erweiterten Ebene umkehrbar eindeutig ist, so bleibt nur übrig, festzusetzen, daß ∞ Bildpunkt und Originalpunkt von $z = 0$ zugleich sein soll. Setzen wir aber dies fest, so ist in der Tat $w = \frac{1}{z}$ eine in der ganzen (erweiterten) Ebene umkehrbar eindeutige Abbildung.

Wir setzen weiter fest, daß wir unter einer *Umgebung des Punktes ∞ das durch $w = \frac{1}{z}$ vermittelte Bild einer Umgebung von 0* verstehen wollen. Wir verabreden weiter, zu sagen, eine *Zahlenfolge besitze den Häufungspunkt ∞*, oder ∞ *sei der Grenzwert einer Zahlenfolge, wenn 0 Häufungspunkt oder Grenzwert der Folge der reziproken Zahlen ist. Eine Funktion $f(z)$ nennen wir bei ∞ stetig oder analytisch, wenn die Funktion $f\left(\frac{1}{w}\right)$ bei $w = 0$ stetig oder analytisch ist.* Zwei Kurven schließen bei $z = \infty$ den Winkel α ein, wenn ihre durch $w = \frac{1}{z}$ erhaltenen Bilder sich bei $w = 0$ unter dem Winkel α schneiden. Wir sagen weiter, *eine Funktion $f(z)$ werde an einer Stelle $z = a$ unendlich, oder sie habe dort einen Pol, wenn die reziproke Funktion $\frac{1}{f(z)}$ für $z \longrightarrow a$ den Grenzwert Null hat.*[1])

Der Nutzen, den die Einführung dieses uneigentlichen Punktes für die ganze Funktionentheorie bringt, kann nicht hoch genug veranschlagt werden.

Die hier gegebene rein begriffliche Einführung des unendlichfernen Punktes kann durch *stereographische Projektion* geometrisch veranschaulicht werden. Wir führen zu diesem Zweck noch ein rechtwinkliges Koordinatensystem in einem x, y, ζ Raum ein. Wir denken uns eine Kugel vom Radius 1, welche die komplexe Ebene im Kreis $|z| = 1$ schneidet. Den Punkt $(0, 0, 1)$ nennen wir Nordpol der Kugel und machen ihn zum Zentrum einer Zentralprojektion, durch die wir die komplexe Ebene auf die Kugel abbilden. In der Tat trifft ja jede Gerade durch den Nordpol und einen (endlichen) Punkt der Ebene die Kugel außer im Nordpol noch

---

1) Damit ist es offenbar gleichbedeutend, zu sagen: $f(z)$ wird für $z \longrightarrow a$ unendlich, wenn $\left|\frac{1}{f(z)}\right|$ für $z \longrightarrow a$ gegen Null steht. Liegt es doch auch ganz im Sinne unserer Erklärungen, daß $z \longrightarrow \infty$ gleichbedeutend ist mit $|z| \longrightarrow \infty$. Man wird weiter sagen, $f(z)$ werde für $z \longrightarrow \infty$ selbst ∞, wenn $\dfrac{1}{f\left(\frac{1}{z}\right)} \longrightarrow 0$ strebt für $z \longrightarrow 0$.

in einem bestimmten Punkt, und das soll der Bildpunkt sein. Daß die so erklärte Abbildung eine umkehrbar eindeutige Abbildung der eigentlichen Punkte der Ebene auf die vom Nordpol verschiedenen Kugelpunkte herstellt, leuchtet ein. Es liegt daher nahe, den Nordpol selbst als Bild des uneigentlichen Punktes aufzufassen, so daß dann die ganze Ebene umkehrbar eindeutig auf die volle Kugel abgebildet erscheint.

Wir werden diese sogenannte stereographische Projektion in einem Anhang dieses Paragraphen noch etwas näher studieren. Sie besitzt sehr schöne Eigenschaften. Vorab jedoch wollen wir die Funktion $w = \dfrac{1}{z}$ nun weiter betrachten.

Wir wollen zunächst feststellen, daß diese Abbildung eine *Kreisverwandtschaft* ist, d. h. daß sie das System der Geraden und Kreise der z-Ebene in das System der Geraden und Kreise der w-Ebene überführt. Man sieht nämlich leicht, daß man die Gleichung eines *jeden* Kreises und einer jeden Geraden auf die Form

$$a z \bar{z} + b z + \bar{b} \bar{z} + c = 0 \quad (a,\ c \text{ reell})$$

bringen kann. Eine Gerade liegt dabei dann vor, wenn a verschwindet. In rechtwinkligen Koordinaten x und y ist nämlich $a\,(x^2 + y^2) + 2 b_1 x + 2 b_2 y + c = 0$ die allgemeine Gleichungsform von Geraden und Kreisen. Geraden kommen für $a = 0$ heraus. Trägt man $x^2 + y^2 = z \bar{z}$, $x = \dfrac{z + \bar{z}}{2}$ und $y = \dfrac{z - \bar{z}}{2 i}$ ein,

so hat man
$$a z \bar{z} + b_1 (z + \bar{z}) + b_2 \left(\frac{z - \bar{z}}{i} \right) + c = 0$$

oder
$$a z \bar{z} + z (b_1 - i b_2) + \bar{z} (b_1 + i b_2) + c = 0,$$

und setzt man $b_1 - i b_2 = b$, so wird dies

$$a z \bar{z} + b z + \bar{b} \bar{z} + c = 0.$$

Tragen wir nun hier $z = \dfrac{1}{w}$ ein, so finden wir als Gleichung der Bildkurven $a + b \bar{w} + \bar{b} w + c w \bar{w} = 0$. Das sind aber wieder Geraden und Kreise. Geraden liegen vor, wenn $c = 0$ ist, d. h. wenn der betr. Kreis der z-Ebene durch $z = 0$ hindurchgeht. Also liefern Geraden und Kreise durch $z = 0$ stets Geraden der w-Ebene. Beliebige Geraden der z-Ebene, die $z = 0$ nicht treffen, liefern Kreise durch $w = 0$. Alle Kreise indessen, die $z = 0$ fernbleiben, gehen in Kreise der w-Ebene über. Diese Verhältnisse lassen es gerechtfertigt erscheinen, die Geraden als Kreise durch ∞ aufzufassen.

Zwei Kreise, welche sich im Nullpunkt berühren, gehen durch die Abbildung $w = \dfrac{1}{z}$ in zwei Geraden über, die sich im Endlichen nicht treffen, die also **parallel** sind. Umgekehrt werden parallele Geraden in Kreise übergeführt, die sich nur im Nullpunkt treffen, sich also da berühren. Daraus ergibt sich namentlich, daß der sichelförmige Bereich der Fig. 18a durch die Abbildung $w = \frac{1}{z}$ in den Streifen der Fig. 18b übergeführt wird.

Auf die Bedeutung der Inversion für die Peauceliersche Geradführung und für die sogenannten Mascheronischen Konstruktionen — das sind Konstruktionen mit dem Zirkel allein —, sowie überhaupt auf die Bedeutung der Inversion als geometrisches Über-tragungsprinzip kann hier nur hingewiesen werden. Die nähere Durchführung gehört in die Geometrie.

Anhang: *Näheres über stereographische Projektion.*

In der komplexen Ebene seien zwei inverse Punkte gegeben. Wir wollen die gegenseitige Lage ihrer Bild-punkte auf der Kugel fest-stellen. Dies kann man bequem aus Fig. 19 ablesen.

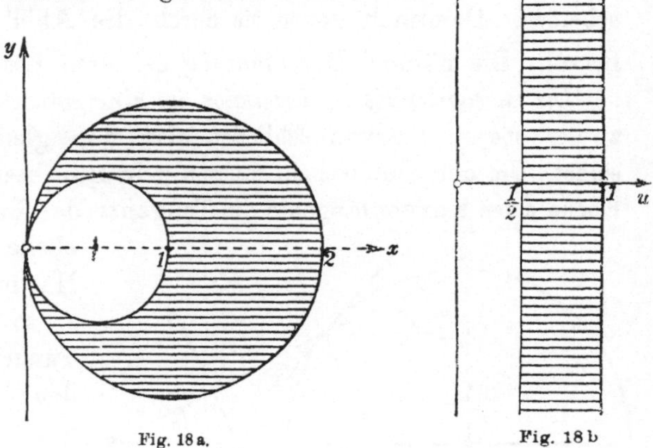

Fig. 18a.   Fig. 18b.

Sie stellt einen Schnitt dar, den wir uns durch die ζ-Achse und die Projektionsstrahlen nach den beiden inversen Punkten P und P_1 gelegt denken. Die Winkel α_1, $\alpha_2 (= \sphericalangle OSP')$ und α_3 sind einander gleich. Denn Dreieck SNP' ist bei P' rechtwinklig, und daher ergänzen α_3 und α_2 denselben Winkel zu $\frac{\pi}{2}$. Ferner sind OP_1N und ONP ähnliche Dreiecke. Denn es ist ja $1 = OP \cdot OP_1$ oder $\frac{1}{OP_1} = \frac{OP}{1}$. Daher ist nun auch $\alpha_1 = \alpha_3$. Da aber ersichtlich auch $\sphericalangle OSP_1 = \sphericalangle ONP_1$ ist, so ist auch $\sphericalangle OSP_1 = \sphericalangle OSP'$. Daher liegen also die Punkte S, P_1 und P' auf einer geraden Linie, die mit der Geraden NP_1P_1' gleichgeneigt ist. *Daher liegen die Bilder inverser Punkte auf einer zur ζ-Achse parallelen Kugelsehne.*

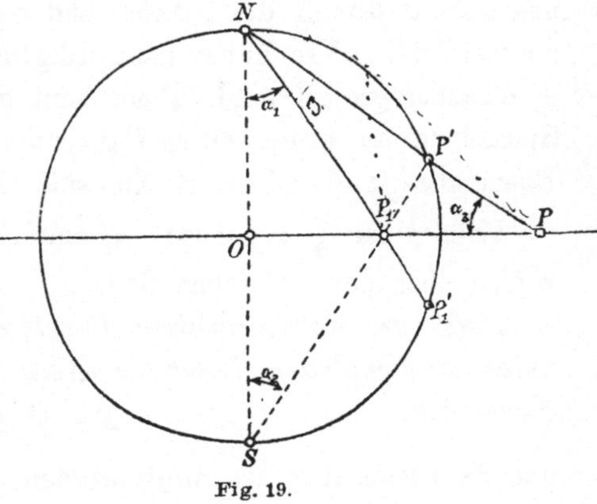

Fig. 19.

Ebenso kann man sich die gegenseitige Lage der Bildpunkte zweier, in der komplexen Ebene reziproken Punkte veranschaulichen. Man hat ja nur eine Spiegelung an der reellen Achse hinzuzunehmen. Der entspricht aber eine Spiegelung an der (x, ζ)-Ebene. Um also aus einem Kugelpunkt P das **Bild** des reziproken zu erhalten, hat man nur von P ein Lot auf die reelle Achse zu fällen und bis zum Schnitt mit der Kugel zu verlängern.

Es ist noch von Interesse, die Originalpunkte diametral gegenüberliegender Kugelpunkte P und Q aufzusuchen. Das sind Punkte von reziprokem, absolutem Betrag und von Argumenten, die sich um π unterscheiden. Demnach gehen sie durch die Abbildung $w = -\dfrac{1}{\bar{z}}$ auseinander hervor. Die nähere Durchführung sei dem Leser als Aufgabe gestellt.

Die stereographische Projektion ist eine winkeltreue Abbildung. Die Bilder zweier ebenen Kurven schließen also den gleichen Winkel ein wie diese selbst. Um das einzusehen, müssen wir nur beachten, daß die projizierende Ebene einer Kurventangente die Tangente der Bildkurve aus der Tangential

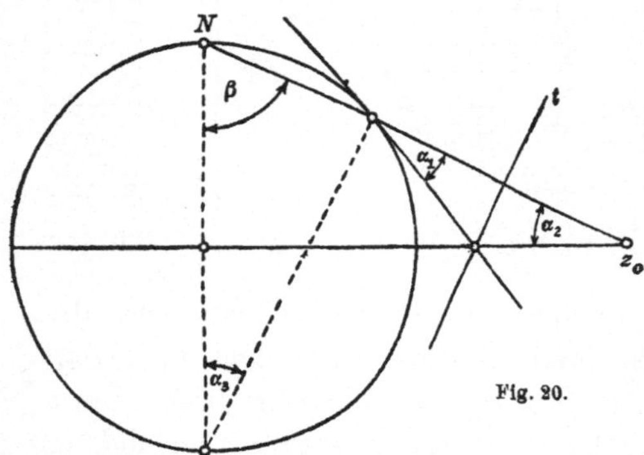

Fig. 20.

ebene der Kugel ausschneidet. Hat man also zwei Kurven durch z_0, so legen wir durch ihre beiden Tangenten in z_0 die projizierenden Ebenen und bringen diese mit der Tangentialebene an die Kugel im Bilde von z_0 zum Schnitt. Um zu erkennen, daß die beiden so erhaltenen Geradenpaare den gleichen Winkel einschließen, haben wir in Fig. 20 den Schnitt durch die ζ-Achse und den projizierenden Strahl nach z_0 veranschaulicht. Wir haben dann lediglich zu zeigen, daß die Winkel α_1 und α_2 einander gleich sind. Denn dann gehen die beiden Geradenpaare durch Spiegelung an einer durch t gehenden, auf der Zeichenebene senkrechten Ebene auseinander hervor. Nun sind aber die Winkel α_2 und α_3 gleich, weil sie beide β zu $\dfrac{\pi}{2}$ ergänzen. α_1 und α_3 dagegen sind gleich als Peripheriewinkel über dem gleichen Bogen.

Durch die stereographische Projektion entsprechen den Kreisen und Geraden der komplexen Ebene die Kreise der Kugel.[1]) Denn die Gleichung der Kugel wird

$$x^2 + y^2 + \zeta^2 = 1$$

und die Gleichung des projizierenden Kegels eines ebenen Kreises wird

$$x^2 + y^2 + 2ax(\zeta - 1) + 2by(\zeta - 1) + c(\zeta - 1)^2 = 0.$$

---

1) Auch geometrisch ist der Beweis leicht zu erbringen. Siehe z. B. M. Großmann: Darstellende Geometrie, Leipzig 1915, S. 47/48.

Daher liegt die Schnittkurve beider in der durch Subtraktion erhaltenen
Fläche $\quad (1 - \zeta^2) + 2ax(\xi - 1) + 2by(\xi - 1) + c(\xi - 1)^2 = 0.$

Diese zerfällt aber in den Nordpol $\zeta = 1$ und eine Ebene

$$1 + \xi - 2ax - 2by + c(1 - \xi) = 0.$$

Daß umgekehrt die Kugelkreise wieder ebene Kreise liefern, erkennt
man daraus, daß in der letzten Gleichung alle Ebenen enthalten sind, die
nicht durch N gehen. Die Kreise durch den Nordpol selbst aber gehen
in die geraden Linien der komplexen Ebene über.

§ 3. Die allgemeine lineare Funktion.

Die Funktion $\qquad\qquad w = \dfrac{az + b}{cz + d}$

hängt nur dann von z wirklich ab, ist also nur dann keine Konstante,
wenn Zähler und Nenner einander nicht proportional sind. Die notwendige
und hinreichende Bedingung dafür ist die, daß die Determinante $ad - bc$
nicht verschwindet. Dies wollen wir weiterhin annehmen. Zähler und
Nenner der linearen Funktion können dann also nicht gleichzeitig verschwinden.

Die Funktion $w = \dfrac{az + b}{cz + d}$ ist eine eindeutige analytische Funktion
überall da, wo der Nenner nicht verschwindet. Eine besondere Betrachtung
ist nur im Unendlichfernen nötig. Nach den Festsetzungen des vorigen
Paragraphen hat man dazu die Funktion

$$w\left(\frac{1}{z}\right) = \frac{a + bz}{c + dz} \text{ bei } z = 0$$

zu betrachten. Wenn also c nicht verschwindet, d. h. wenn keine ganze
lineare Funktion vorgelegt ist, so ist sie auch bei ∞ noch analytisch und
hat da den endlichen Grenzwert $\dfrac{a}{c}$. Ist aber $c = 0$, so wird der Grenzwert ∞. Wir wollen dann sagen, sie habe bei ∞ einen einfachen Pol.
Ein einfacher Pol liegt auch an der Stelle $-\dfrac{d}{a}$ vor, wo der Nenner verschwindet. Wir wollten nämlich (vgl. S. 49) stets sagen, eine Funktion $f(z)$
besitze an einer Stelle α einen Pol, wenn die reziproke Funktion $\dfrac{1}{f(z)}$ an
dieser Stelle den Grenzwert Null hat, während $f(z)$ und $\dfrac{1}{f(z)}$ in der Umgebung der Stelle durchweg eindeutig und analytisch sind. Da nun aber
bei unserer nichtkonstanten linearen Funktion Zähler und Nenner nicht
gleichzeitig verschwinden können, so ist tatsächlich die reziproke Funktion
bei $-\dfrac{d}{a}$ Null. An einer Polstelle besitzt also die Funktion den Grenzwert ∞. Wir wollen sogar sagen, sie nehme da den Wert ∞ an. Diese

Verabredung rechtfertigt sich, wenn wir jetzt die Umkehrungsfunktion betrachten. Eine einfache Rechnung liefert

$$z = \frac{-dw + b}{+cw - a}.$$

Man sieht also, daß die Umkehrungsfunktion wieder eine lineare Funktion ist. Ihr Nenner verschwindet gerade an der Stelle $\frac{a}{c}$, die wir als Wert von $w\,(z)$ bei $z = \infty$ gefunden hatten. Alles in allem erkennen wir so, *daß eine lineare Funktion eine umkehrbar eindeutige winkeltreue Abbildung der vollen z-Ebene auf die volle w-Ebene leistet.* Es ist uns bequemer, wieder w und z als Koordinaten verschiedener Punkte derselben Ebene zu deuten, so daß wir es also mit einer Abbildung der z-Ebene auf sich zu tun haben. Den Verlauf dieser Abbildung wollen wir uns nun etwas näher ansehen. Man kann dazu die Bemerkung verwerten, daß man die allgemeine lineare Abbildung durch mehrere nacheinander ausgeführte Abbildungen der in den vorigen Paragraphen betrachteten Arten gewinnen kann. Doch ist es zweckmäßiger, einen anderen Weg einzuschlagen.

1. *Es gibt höchstens zwei Punkte, welche bei der Abbildung festbleiben.* Denn dazu muß

$$z = \frac{az + b}{cz + d} \quad \text{oder} \quad cz^2 + (d - a)\,z - b = 0$$

sein. Die festbleibenden Punkte, *Fixpunkte* genannt, welche also einer quadratischen Gleichung genügen, will ich mit A und B bezeichnen und

$$A = \frac{a - d + \sqrt{(a-d)^2 + 4\,bc}}{2\,c}, \quad B = \frac{a - d - \sqrt{(a-d)^2 + 4\,bc}}{2\,c}$$

setzen. Das sind im allgemeinen zwei verschiedene Punkte. Sie fallen in einen einzigen zusammen, den ich dann mit A bezeichnen will, wenn $(a - d)^2 + 4\,bc = 0$ ist. Dann sage ich, es liege eine *parabolische* lineare Funktion vor. Die in den vorigen Paragraphen betrachteten Funktionen besaßen alle außer der Parallelverschiebung zwei verschiedene Fixpunkte. Nur diese hatte als einzigen Fixpunkt ∞. Das führt uns zu der Bemerkung, daß man den Punkt Unendlich noch stets darauf zu untersuchen hat, ob er Fixpunkt sein kann oder nicht. Diese Frage beantwortet sich aber leicht dahin, daß dies nur bei ganzen linearen Funktionen, und zwar da stets eintritt. Denn wenn das c des Nenners nicht verschwindet, so nimmt die Funktion bei ∞ einen endlichen Wert $\frac{a}{c}$ an. Ist aber die Funktion ganz, so verwandelt sich die quadratische Gleichung der Fixpunkte in eine lineare, so daß dann also höchstens noch ein einziger endlicher Fixpunkt hinzukommt. Gar kein endlicher Fixpunkt tritt bei der ganzen linearen Funktion $w = az + b$ dann und nur dann auf, wenn $a = 1$ ist, also eine Parallelverschiebung vorliegt.

2. *Das System der Geraden und Kreise der komplexen Ebene geht in sich über.* Genau wie im vorigen Paragraphen geht man zum Nachweis von der gemeinsamen Gleichungsform

$$\alpha z\bar{z} + \beta z + \bar{\beta}\bar{z} + \gamma = 0$$

der Geraden und Kreise aus und trägt hier

$$z = \frac{-dw+b}{cw-a}$$

ein. So findet man wieder Geraden und Kreise. Leicht erkennt man noch insbesondere, daß die z-Geraden in w-Kreise durch $\frac{a}{c}$ übergehen, und daß die z-Kreise durch $-\frac{d}{c}$ die w-Geraden liefern. Man muß sich nur erinnern, daß wir die Geraden als Kreise durch den unendlichfernen Punkt auffassen wollten.

3. *Zwei Kreisbüschel* (Fig. 21) spielen bei jeder linearen Funktion eine besondere Rolle. Wir betrachten zunächst den Fall zweier verschiedener Fixpunkte. Man sieht leicht ein, daß das Büschel der Kreise durch die beiden Fixpunkte in sich übergeführt wird. Ob dabei die Kreise einzeln festbleiben oder sich im Büschel vertauschen, steht dahin. Beide Fälle können eintreten. So führt ja die Streckung $w = Rz$ die Kreise (das sind hier die Geraden) durch Null und Unendlich einzeln in sich über, während die Drehung um den Nullpunkt dieselben vertauscht. Die zu diesem Büschel senkrechten Kreise bilden bekanntlich gleichfalls ein Büschel, das wegen der Winkeltreue der Abbildung nun gleichfalls in sich übergeht. Wieder können die entsprechenden beiden Fälle eintreten. Man denke nur an Drehung und Streckung mit den Fixpunkten 0 und ∞. Wir nehmen nun an, es liege eine lineare Abbildung $w = w(z)$ mit den Fixpunkten A und B vor. Ich nehme eine zweckdienliche Abbildung der beiden Ebenen w und z vor. Ich setze nämlich $w_1 = \frac{w-A}{w-B}$ und $z_1 = \frac{z-A}{z-B}$. So gehe ich zu einer neuen Ebene über, in welcher ich w_1 und z_1 deute. Die beiden Punktreihen w_1 und z_1 gehen wieder durch eine lineare Abbildung

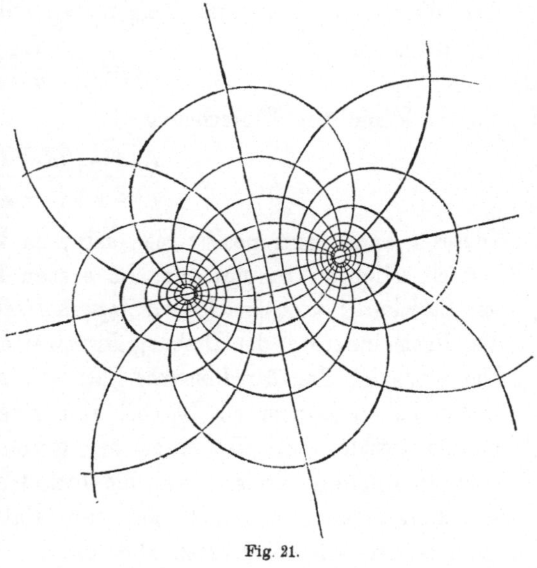

Fig. 21.

auseinander hervor. Ihre Fixpunkte sind Null und Unendlich. Ich erhalte nämlich diese Abbildung, indem ich erst durch $z_1 = \dfrac{z-A}{z-B}$ zur z_1-Ebene übergehe, in dieser dann die Abbildung $w = w(z)$ ausführe und endlich durch $w_1 = \dfrac{w-A}{w-B}$ zur w-Ebene zurückgehe. Beim ersten Schritt gehen Null und Unendlich in A und B über, beim zweiten Schritt bleiben diese Punkte fest, während sie der dritte wieder in 0 und ∞ zurückführt. Da also die Abbildung der z_1-Ebene auf die w_1-Ebene ∞ festläßt, so wird sie durch eine ganze lineare Funktion vermittelt. Da sie dazu noch für $z_1 = 0$ verschwindet, so ist sie von der Form $w_1 = \varrho z_1$. Tragen wir hier wieder die Ausdrücke von w und z ein, so sehen wir, daß man jede lineare Abbildung auf die Form

$$\frac{w-A}{w-B} = \varrho\,\frac{z-A}{z-B}$$

bringen kann. Hier gilt es nun noch, ϱ durch die ursprünglichen Koeffizienten a, b, c, d auszudrücken. Wir wissen, daß der Wert $z = 0$ den Wert $w = \dfrac{b}{d}$ liefert. Tragen wir dies in die gefundene Normalform ein, so haben wir

$$\varrho = \frac{B}{A} \cdot \frac{b-Ad}{b-Bd},$$

also nach leichter Umrechnung

$$\varrho = \frac{a+d-\sqrt{(a-d)^2+4bc}}{a+d+\sqrt{(a-d)^2+4bc}}.$$

Dieses ϱ kann nun positiv reell sein, es kann den Betrag Eins haben oder endlich beliebig komplex sein. Im ersten Falle liegt eine Verallgemeinerung der Streckung vor, welche wir *hyperbolische* Abbildung nennen wollen. Die Verallgemeinerung der Drehung im zweiten Fall heißt *elliptische* Abbildung. Der letzte ist der *loxodromische* Fall. Während es nämlich in den beiden ersten Fällen immer ein Büschel von Kreisen gibt, die bei der Abbildung einzeln festbleiben, gibt es bei der loxodromischen Abbildung nicht einen einzigen solchen Kreis. Denn die loxodromische Abbildung ist eine Drehstreckung, wenn wir z. B. auf den Fall der Fixpunkte Null und Unendlich betrachten. Kurven also, die in sich übergehen sollen, müssen bei einer solchen Drehstreckung in sich verschoben werden. Dies ist aber bei keinem der Kreise der Fall, wohl aber bei gewissen logarithmischen Spiralen, die auch Loxodromen heißen. Es sei eine Aufgabe für den Leser, dies näher durchzuführen.

Eine ähnliche Untersuchung kann man nun auch bei den *parabolischen* Funktionen vornehmen. Man kann auch hier den einzigen Fixpunkt A durch die Abbildung

$$w_1 = \frac{1}{w-A}, \quad z_1 = \frac{1}{z-A}$$

nach Unendlich bringen. Dann wird aus der Abbildung eine Parallelverschiebung. Sie führt diejenigen Geraden einzeln in sich über, welche zur Bewegungsrichtung parallel sind, und vertauscht diejenigen Geraden miteinander, welche zur Bewegungsrichtung senkrecht sind (oder sonst einen bestimmten Winkel gegen dieselbe bilden). Aus diesen beiden Geradenbüscheln werden nun zwei Kreisbüschel durch den einzigen Fixpunkt A. Die Kreise des einzelnen Büschels berühren sich im Fixpunkt. Als Normalform der parabolischen Abbildung ergibt sich dabei

$$\frac{1}{w-A} = \frac{1}{z-A} + C.$$

Die Ausrechnung von C durch die ursprünglichen Koeffizienten a, b, c, d liefert

$$C = \frac{2c}{a+d}.$$

Die Tangentenrichtung des Büschels der einzeln festen Kreise findet man am besten dadurch, daß man auf die Gerade durch 0 und C die Abbildung

$$w = A + \frac{1}{w_1}$$

ausübt. Man erhält ja dabei unmittelbar die jenem Büschel angehörige Gerade, die dann von allen anderen Büschelkreisen in A berührt wird. Die nähere Durchführung ist eine nützliche Aufgabe für den Leser.

4. *Die linearen Funktionen bilden eine Gruppe.* D. h.: Wenn $w = l_1(z)$, $w_1 = l_2(w)$ zwei lineare Funktionen sind, so ist nach einer leichten Rechnung auch $l_2\{l_1(z)\}$ eine lineare Funktion. Wie es in der Gruppentheorie üblich ist, schreiben wir $l_2 \cdot l_1$ kurz als Zeichen für diese Funktion, die also von $l_1 \cdot l_2 \equiv l_1\{l_2(z)\}$ wohl zu unterscheiden ist. Die oben schon eingeführte lineare Umkehrung von $w = l(z)$ wird mit l^{-1} bezeichnet.

5. *Die lineare Funktion $w = \dfrac{az+b}{cz+d}$ ist völlig bestimmt, wenn man die Werte kennt, welche sie für drei verschiedene z-Werte annimmt. Auch können für drei beliebige Werte z die zugehörigen Werte w beliebig vorgegeben werden.*

Zunächst leuchtet nämlich ein, daß die lineare Funktion

$$w = \frac{z-\alpha}{z-\gamma} \cdot \frac{\beta-\gamma}{\beta-\alpha}$$

für $z = \alpha$, β, γ die Werte $w_1 = 0, 1, \infty$ annimmt. Ebenso nimmt

$$w_1 = \frac{w-A}{w-C} \cdot \frac{B-C}{B-A}$$

für $w = A$, B, C die Werte $w_1 = 0, 1, \infty$ an. Löst man daher die Gleichung

$$\frac{w-A}{w-C} \cdot \frac{B-C}{B-A} = \frac{z-\alpha}{z-\gamma} \cdot \frac{\beta-\gamma}{\beta-\alpha}$$

nach w auf, so erhält man eine lineare Funktion, welche für $z = \alpha, \beta, \gamma$ die Werte $w = A, B, C$ annimmt. Die so gefundene Funktion ist die einzige ihrer Art. Denn gäbe es zwei verschiedene

$$w = l(z)$$

und
$$w = l_1(z),$$

so müßte für $z = \alpha, \beta, \gamma$, also für *drei* verschiedene Werte, die Gleichung $z = l_1^{-1}\{l(z)\}$ erfüllt sein. Nun ist aber $L\{l(z)\} = \dfrac{az+b}{cz+d}$ selbst linear. Daher müßte die Gleichung

$$cz^2 + (d-a)\,z - b = 0$$

für die drei verschiedenen Werte $z = \alpha, \beta, \gamma$ erfüllt sein. Daher ist $a = d$, $b = c = 0$. Daher ist $l_1^{-1}(l(z)) \equiv z$. Daher $l(z) = l_1(z)$.

Die oben **angegebene** Gleichung

$$\frac{w-A}{w-C} \cdot \frac{B-C}{B-A} = \frac{z-\alpha}{z-\gamma} \cdot \frac{\beta-\alpha}{\beta-\gamma}$$

lehrt gleichzeitig, daß die vier Punkte z, α, β, γ das gleiche Doppelverhältnis haben wie die **vier Bildpunkte** w, A, B, C. Also:

Das Doppelverhältnis ist eine Invariante der linearen Abbildung.

6. Der Kreis durch α, β, γ geht bei der Abbildung in den Kreis durch A, B, C über. Wegen des umkehrbar eindeutigen und stetigen Verhaltens der Abbildung muß dabei gleichzeitig das Innere des Kreises durch α, β, γ entweder in das Innere oder in das Äußere des Kreises durch A, B, C übergehen. Das Innere oder das Äußere kommt heraus, je nachdem ob der Kreis durch α, β, γ den Pol der Abbildungsfunktion

$$w = \frac{az+b}{cz+d}$$

ausschließt oder umschließt. Bei der Abbildung muß weiter der in der Richtung von α über β nach γ durchlaufene Kreis in den in der Richtung von A über B nach C durchlaufenen Kreis übergehen. Das folgt wieder aus der Eindeutigkeit und Stetigkeit der Abbildung. Liegt dann aber das Innere des Kreises durch α, β, γ links von der Durchlaufungsrichtung, so muß auch das Bild des Inneren links von dem Bild der Durchlaufungsrichtung, also von der Richtung A, B, C liegen. Das folgt aus der Winkeltreue der Abbildung. Dabei muß nämlich der Winkel φ der Fig. 22a entweder in den der Fig. 22b oder den der Fig. 22c übergehen.

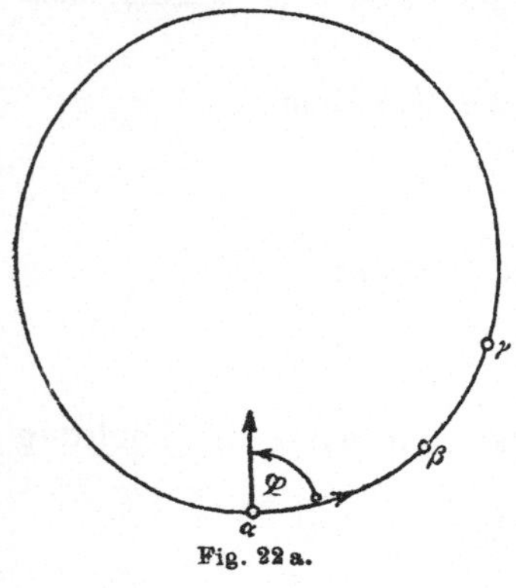

Fig. 22a.

Der Fall der Fig. 22a entspricht der Abbildung auf das Innere. Im Falle der Fig. 22b erfolgt die Abbildung auf das Äußere.

Zu den Kreisen gehören als Spezialfall die Geraden. Daher ist es möglich, das Innere eines Kreises auf eine jede der beiden von einer Geraden bestimmten Halbebenen abzubilden. Z. B. soll der Kreis $|w| < 1$ auf die *obere Halbebene*, d. h. auf $\Im(z) > 0$ abgebildet werden können.

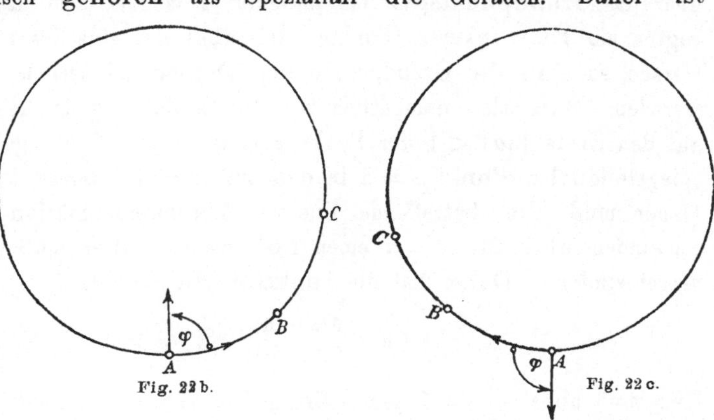

Man hat dazu nur etwa die lineare Funktion so zu wählen, daß sie für $z = 0, 1 \infty$ die Werte $w = -i, 1, i$ annimmt. Daher leistet die Funktion

$$z = \frac{w+i}{w-i} \cdot \frac{1-i}{1+i} = \frac{w+i}{iw+1} \quad \text{also} \quad w = \frac{-z+i}{iz-1} = i\frac{z-i}{z+i}$$

die gewünschte Abbildung. In der Tat wird ja auch $z = i$ für $w = 0$, während die Funktion für reelle z den Betrag Eins erhält.

Für die weitere Behandlung derartiger Abbildungen ist die folgende Bemerkung von Nutzen. *Bei der Abbildung zweier Kreise aufeinander gehen inverse Punkte in inverse Punkte über. Ist aber der eine Kreis insbesondere eine Gerade, so übernehmen die spiegelbildlichen Punkte die Rolle der inversen.*

Wegen dieser Eigenschaft der inversen Punkte nennt man die Inversion auch *Spiegelung am Kreise*. Dabei versteht man bei einem beliebigen Kreise unter inversen Punkten z und z' zwei Punkte, die durch die Konstruktion der Fig. 4 S. 11 auseinander hervorgehen. Ist also R der Radius des Kreises, O sein Mittelpunkt, so gilt für die Entfernungen $|Oz|$ und $|Oz'|$ die Relation

$$|Oz| \cdot |Oz'| = R^2.$$

Die Behauptung über die Invarianz der inversen Beziehung bei linearer Abbildung ist leicht zu beweisen. Man muß nur beachten, daß inverse Punkte die Grundpunkte eines Büschels von Kreisen sind, die den Inversionskreis senkrecht durchsetzen, und daß jeder zu K senkrechte Kreis aus lauter Punktepaaren besteht, die zueinander an diesem Kreis K invers sind (Vgl. S. 47.) Ein Büschel zu K senkrechter Kreise geht aber bei der Ab bildung von K auf K' in ein Büschel von Kreisen über, die K' senkrecht durchsetzen. Aus dem inversen Grundpunktepaar des einen Büschels wird aber das Grundpunktepaar des anderen Büschels, also nach dem eben Gesagten ein Paar inverser Punkte. Ist aber der eine Kreis insbesondere eine Gerade, so sind die Grundpunkte des Orthogonalbüschels symmetrisch zur Geraden. Soll also namentlich bei der Abbildung der Halbebene $\Im(z) > 0$ auf den Kreis $|w| < 1$ der Punkt $z = \alpha$ in $w = 0$ übergehen, so muß der spiegelbildliche Punkt $z = \bar{\alpha}$ in den zu $w = 0$ inversen $w = \infty$ übergehen. Daher muß die betreffende lineare Abbildungsfunktion für $z = \alpha$ verschwinden und für $z = \bar{\alpha}$ einen Pol haben. Hier muß also ihr Nenner verschwinden. Daher hat die Funktion die Gestalt

$$w = \frac{\delta(z - \alpha)}{\varepsilon(z - \bar{\alpha})} \cdot \quad \Im(\alpha) > 0$$

Hier muß aber $\left|\dfrac{\delta}{\varepsilon}\right| = 1$ sein. Denn für reelle $z = x$ soll

$$\left|\frac{\delta(x - \alpha)}{\varepsilon(x - \bar{\alpha})}\right| = 1$$

sein. Da aber schon

$$\left|\frac{x - \alpha}{x - \bar{\alpha}}\right| = 1$$

ist, so muß auch $\left|\dfrac{\delta}{\varepsilon}\right| = 1$ sein. Daher kann man[1]

$$\frac{\delta}{\varepsilon} = \frac{a}{\bar{a}}$$

setzen, und so wird tatsächlich w von der Form

$$w = \frac{az + b}{\bar{a}z + \bar{b}}, \quad \left(\Im\left(\frac{b}{a}\right) < 0\right)$$

und dies ist also die allgemeinste Funktion, welche $\Im(z) > 0$ auf $|w| < 1$ abbildet.

7. Es ist auch leicht die *allgemeine Gestalt einer linearen Abbildung* anzugeben, *welche den Einheitskreis in sich überführt*. Zähler und Nenner müssen nämlich in inversen Punkten verschwinden. Daher muß die Abbildung von der Form

$$w = \beta\,\frac{z - \alpha}{\bar{\alpha}z - 1}$$

___

[1] In der Tat kann man ja jede komplexe Zahl vom Betrag Eins als Quotient zweier konjugiert komplexer Zahlen darstellen. Ist nämlich

$$\frac{\delta}{\varepsilon} = \cos\vartheta + i\sin\vartheta,$$

so genügt es $a = r\left(\cos\dfrac{\vartheta}{2} + i\sin\dfrac{\vartheta}{2}\right)$

zu setzen, wie man leicht nachrechnet.

sein. Hier muß aber noch β den Betrag Eins haben. Denn für $|z| = 1$ muß die Funktion den Betrag Eins erhalten. Nun ist aber

$$|z - \alpha| = |\bar{z} - \bar{\alpha}| = \left|\frac{1}{z}\,\bar{z} - \bar{\alpha}\right| = \left|1 - \bar{\alpha}\,\frac{1}{z}\right| = |1 - \bar{\alpha}z| = |\bar{\alpha}z - 1|.$$

Denn wegen $|z| = 1$ ist $z\bar{z} = 1$, also $z = \frac{1}{\bar{z}}$. Daher muß auch $|\beta| = 1$ sein.

Wir bringen nun wieder β auf die Form $\frac{a}{\bar{a}}$ und sehen somit, daß die allgemeinste lineare Abbildung des Einheitskreises auf sich in der Form

$$w = \frac{az - b}{\bar{b}z - \bar{a}}$$

geschrieben werden kann. Führt diese aber nun auch das Innere in das Innere über? Dazu ist offenbar notwendig und hinreichend, daß die Nullstelle des Zählers dem Inneren des Einheitskreises angehört. Dazu muß aber $\left|\frac{b}{a}\right| < 1$ oder $a\bar{a} - b\bar{b} > 0$ sein.

Also ist $$w = \frac{az - b}{\bar{b}z - \bar{a}}$$

mit $$a\bar{a} - b\bar{b} > 0$$

die allgemeinste lineare Abbildung des Einheitskreises auf sich.

Der Leser möge hieraus erschließen, daß die Drehungen um $z = 0$ die einzigen linearen Abbildungen sind, die $|z| < 1$ in sich überführen, und dabei $z = 0$ festlassen.

8. Noch leichter ist es, die Abbildungen der oberen Halbebene auf sich anzugeben. *Die einzigen Abbildungen der oberen Halbebene auf sich sind in der Form*

$$w = \frac{az + b}{cz + d}$$

mit reellen Koeffizienten und positiver Determinante $ad - bc$ *enthalten.*

Daß man die Koeffizienten stets reell annehmen kann, sieht man, wenn man die Stellen α, β, γ der reellen z-Achse heranzieht, welche in die Punkte $w = 0, 1, \infty$ übergehen sollen. Dann kann man nämlich die Abbildung so schreiben:

$$w = \frac{z - \alpha}{z - \gamma} \cdot \frac{\beta - \gamma}{\beta - \alpha}.$$

Daß die Determinante positiv sein muß, erkennt man, wenn man beachtet, daß $z = i$ in einen Punkt mit positivem Imaginärteil übergehen muß. Man rechnet nämlich leicht aus, daß

$$\Im\left(\frac{ai + b}{ci + d}\right) = \frac{ad - bc}{c^2 + d^2}$$

wird, daß also $$ad - bc > 0$$

sein muß, wenn der Imaginärteil positiv sein soll.

9. Die *Kugeldrehungen* sind winkeltreue Abbildungen der Kugel auf sich. Durch die winkeltreue stereographische Projektion werden aus ihnen winkeltreue Abbildungen der Ebene Dieselben haben diametrale Fixpunkte und führen das Kreisbüschel durch dieselben in sich über, so wie die Kugeldrehungen die Großkreise durch die Endpunkte der Drehachsen ineinander überführen. Sie führen weiter das zu diesem senkrechte Büschel Kreis für Kreis in sich über. Daher liegt die Vermutung nahe, daß den Kugeldrehungen in der Ebene Abbildungen durch elliptische lineare Funktionen entsprechen. Diese haben ja tatsächlich die gewünschte Eigenschaft bei ihrer Übertragung auf die Kugel. Sie führen jeden Großkreis in einen anderen über, der mit ihm einen bestimmten Winkel einschließt, und führen die dazu senkrechten „Breitenkreise" einzeln in sich über. Das sind also tatsächlich Kugeldrehungen. Um ihren analytischen Ausdruck zu finden, beachten wir, daß ja auch Nord- und Südpol der Kugel bei der Drehung aus diametralen Punkten hervorgehen müssen. Daher müssen Zähler und Nenner der linearen Funktion in diametralen Punkten verschwinden. Sie hat also nach S. 52 die Form

$$w = \beta \, \frac{z - \alpha}{\bar{\alpha} z + 1}.$$

Nun muß aber weiter aus jedem diametralen Punktepaar $\left(z, \, -\frac{1}{\bar{z}}\right)$ durch Kugeldrehung wieder ein diametrales Punktepaar werden. Daher muß

$$\beta \, \frac{z - \alpha}{\bar{\alpha} z + 1} = - \, \frac{1}{\bar{\beta}} \, \frac{-\alpha + z}{-1 - \bar{\alpha} z}$$

sein Nun ist aber

$$\frac{z - \alpha}{\bar{\alpha} z + 1} = - \, \frac{-\alpha + z}{-1 - \bar{\alpha} z}.$$

Daher muß auch $\beta \bar{\beta} = 1$ sein. Ich schreibe wieder $\beta = \frac{a}{\bar{a}}$. So sieht man: *Alle Kugeldrehungen sind von der Form*

$$w = \frac{a z - b}{\bar{b} z + \bar{a}}.$$

Bemerkungen. 1. Man kann stets die Abbildung des Einheitskreises auf sich so bestimmen, daß ein gegebener Punkt P des Inneren in einen anderen gegebenen Punkt P' des Inneren übergeht, und daß ein gegebener Peripheriepunkt φ in einen anderen gegebenen Peripheriepunkt φ' übergeführt wird. Denn man kann etwa zunächst durch eine Drehung P auf den Durchmesser von P' bringen. Dann wählt man eine hyperbolische Abbildung, deren Fixpunkte in den Enden dieses Durchmessers liegen derart, daß der eine Innenpunkt in den anderen P' übergeht. Jede solche hyperbolische Abbildung führt ja den Durchmesser und den Einheitskreis in sich über. Das Streckungsverhältnis kann aber stets so gewählt werden, daß unser Wunsch erfüllt wird. Bei diesen beiden Abbildungen ist nun aber der gegebene Peripheriepunkt φ in irgendeine Lage φ'' gelangt. Man führt daher nun endlich noch eine elliptische Abbildung aus, deren Fixpunkt der nun glücklich erreichte Innenpunkt P' ist und der φ'' nach φ' schafft. Damit ist man am Ziele. Die nähere Durchführung dieser Andeutungen sei dem Leser überlassen.

2. Unsere Betrachtungen lehren auch, daß die Abbildungen durch lineare Funktionen *gebietstreu* sind. Sei nämlich irgendein Gebiet gegeben, welches zunächst den Pol der Funktion nicht enthalten möge, so wird aus jeder um einen Gebietspunkt gelegten Kreisfläche eine Kreisfläche um den Bildpunkt und aus jeder stetigen Kurve, welche zwei Gebietspunkte verbindet, eine stetige Verbindungslinie der Bildpunkte. Enthält aber das gegebene Gebiet den Pol, so wird aus einer Kreisfläche um den Pol das Äußere einer gewissen Kreisfläche der Bildebene, also eine Umgebung des Punktes ∞ der Bildebene. Wir können daher auch in diesem Falle die Abbildung gebietstreu nennen, wenn wir verabreden, eine den Punkt ∞ enthaltende Punktmenge ein Gebiet zu nennen, wenn für alle endlichen Punkte die übliche Gebietsdefinition erfüllt ist (S. 21), und wenn sie außerdem das Äußere eines gewissen Kreises voll enthält.

Man sieht daher, daß man unsere Gebietsdefinition auf S. 21 wörtlich aufrechterhalten kann. Man muß nur für den unendlichfernen Punkt die Begriffe stetige Kurve und Umgebung, die in der Gebietsdefinition vorkommen, in der S. 49 angegebenen Weise erklären, so wie dies der Definition des unendlichfernen Punktes entspricht.

Jetzt wird es auch möglich, von einem unendlichfernen Randpunkt zu reden, so daß nun jeder — nicht nur jeder endliche — Bereich Randpunkte besitzt — es sei denn, daß er aus der Vollebene besteht —, und daß stets diese Randpunkte eine abgeschlossene Menge bilden. Man denke nur immer an die entsprechenden Verhältnisse auf der Kugeloberfläche.

§ 4. Potenzen und Wurzeln.

Nach den linearen Funktionen bieten sich als einfachste analytische Funktionen die Potenzen dar. Wir werden die Potenzen mit ganzzahligem positiven Exponenten m und mit gebrochenem Exponenten $\dfrac{1}{n}$, wo n ganzzahlig ist, betrachten. Die Umkehrungsfunktion von $w = z^m$ ist nämlich $z = \sqrt[m]{w}$. Wir beginnen mit der eindeutigen der zwei Funktionen, also mit $w = z^m$, und betrachten sie zunächst für endliche z. Überall ist die Funktion differenzierbar, also analytisch. Überall ist die Ableitung von Null verschieden, außer bei $z = 0$. Überall ist also die durch $w = z^m$ vermittelte Abbildung winkeltreu. Nur die Stelle $z = 0$ macht eine Ausnahme. Den näheren Verlauf der Abbildung übersehen wir am besten, wenn wir wieder, wie bei $w = z^{-1}$, Polarkoordinaten einführen. Wir setzen also

$$| w | = \varrho, \ \arg w = \vartheta, \ | z | = r, \ \arg z = \varphi.$$

Dann wird

$$\varrho = r^m, \ \vartheta = m\varphi$$

der Ausdruck der Abbildung in Polarkoordinaten. Zwei Kurven also, die sich in $z = 0$ unter dem Winkel ψ schneiden, werden auf zwei Kurven abgebildet, die sich in $w = 0$ unter dem Winkel $m\psi$ schneiden. Also nicht winkeltreu ist die Abbildung bei $z = 0$, sondern alle Winkel werden da ver-m-facht. Aus der positiven reellen Achse der z-Ebene wird die positive reelle Achse der w-Ebene. Lassen wir einen Speer von der positiven reellen Achse ausgehend im positiven Sinne sich um den Winkel φ drehen, so beschreibt sein Bildspeer in der w-Ebene den m-fachen Winkel. Hat sich also der Speer in der z-Ebene um $\dfrac{2\pi}{m}$ gedreht, so hat der *Bildspeer* bereits einen ganzen Umlauf vollendet. Also auch der Speer $\varphi = \dfrac{2\pi}{m}$ der z-Ebene erscheint auf die positive reelle Achse der w-Ebene abgebildet. Der von den beiden Speeren $\varphi = 0$ und $\varphi = \dfrac{2\pi}{m}$ begrenzte Winkelraum, welchen der Speer bei seiner Drehung überstrichen hat, erscheint also auf die volle w-Ebene abgebildet. Dreht sich nun der Speer in der z-Ebene noch weiter, so überstreicht der Bildspeer aufs neue die w-Ebene, und zwar so, daß alle Speere, deren Richtungen sich nur um Vielfache von $\dfrac{2\pi}{m}$ unterscheiden, auf denselben Speer der w-Ebene abgebildet erscheinen. Hat so der z-Speer einen zweiten Winkelraum der Öffnung $\dfrac{2\pi}{m}$ bestrichen, so hat der w-Speer gerade seinen zweiten Umlauf vollendet. Lassen wir also den z-Speer einmal die volle z-Ebene überstreichen, so wird die w-Ebene genau m-mal von den Bildspeeren überdeckt. Punkte also von gleichem absoluten Betrag, deren Argumente sich um Vielfache von $\dfrac{2\pi}{m}$ unterscheiden, liefern denselben Bildpunkt in der w-Ebene. Darin liegt ausgesprochen, daß die Umkehrungsfunktion $z = \sqrt[m]{w}$ m-deutig ist; sie nimmt für jedes w m Werte von gleichem absoluten Betrag an, deren Argumente sich um Vielfache von $\dfrac{2\pi}{m}$ unterscheiden. Die entsprechenden Punkte der z-Ebene bilden also gerade die m Ecken eines regulären m-Ecks. Diese m Bestimmungsweisen stehen nun aber nicht unvermittelt nebeneinander wie etwa die beiden Werte der Quadratwurzel im Reellen. Läßt man vielmehr den Punkt w m-mal nacheinander einen Kreis um $w = 0$ beschreiben, läßt man also $\arg w$ stetig um $2\pi m$ wachsen, so kommen ganz von selbst die m Bestimmungsweisen der m-ten Wurzel zum Vorschein. Diese Bestimmungsweisen erscheinen so als m *Zweige* derselben Funktion.

Es ist nun mißlich, daß die m Bilder der m Zweiecke der z-Ebene in derselben w-Ebene gedeutet werden, so daß man zwar begrifflich die m Bilder unterscheiden kann, während sie anschaulich keine Unterscheidung aufweisen. Dem hilft man nach *Riemann* dadurch ab, daß man sich den m Bildern entsprechend die w-Ebene in m Exemplaren vorstellt. In jedem bringt man das Bild eines der m Zweiecke zur Darstellung. Man kann sich nun diese Ebenen den m Zweiecken entsprechend fortlaufend numerieren. Man kann sie sich auch der Reihe nach übereinander legen und so miteinander verbinden, wie die m Zweiecke miteinander verbunden sind. Das kann man sich dann etwa nach Art einer Schraubenfläche vorstellen. Nur ist dann die zuletzt erhaltene positiv reelle Achse des m-ten Blattes an die zuerst erhaltene positiv reelle Achse des ersten Blattes anzuheften. Das mag für die materielle Ausführung in Karton schwierig sein. Leichter geht das schon, wenn man das Modell nach dem Vorschlag des Herrn Hellinger häkeln läßt. Aber ganz abgesehen von dem allem treten in der Flächentheorie und in der darstellenden Geometrie so oft Selbstdurchdringungen auf, daß ein solches Vorkommen kaum der Vorstellung ernstliche Schwierigkeiten machen dürfte. Zudem wird es die Anschaulichkeit der Vorstellung erhöhen, wenn sich der Leser vergegenwärtigt, wie der vorhin herangezogene Speer bei seiner m-maligen Umlaufung des Punktes $w = 0$ gerade eine Fläche bestreicht, welche m-mal die ganze w-Ebene bedeckt.

Wir sind damit zum ersten Male auf einen mehrblättrigen Bereich gestoßen. Diese spielen in der Funktionentheorie eine große Rolle. Gleichzeitig haben wir damit wieder eine Erweiterung der auf S. 21 gegebenen Bereichvorstellung vor uns.[1]) Dort waren ja nur einblättrige Bereiche vorgesehen. Zum Unterschied von den jetzt eingeführten mehrblättrigen Bereichen wollen wir jene einblättrigen fortan *schlicht* nennen. Ein mehrblättriger Bereich muß ganz und gar nicht wie im bisher behandelten Beispiel einen Windungspunkt aufweisen. Es ist möglich, daß die Umgebung eines jeden Bereichpunktes schlicht ist, während man doch um den Punkt $w = 0$ unserer Riemannschen Fläche keine schlichte Umgebung abgrenzen kann. Ein derartiges Beispiel einer zweiblättrigen Fläche ohne Windungspunkt zeigt Fig. 24, während Fig. 23 die Umgebung von $w = 0$ im Beispiel der Funktion $\sqrt{w}$ aufweist. In

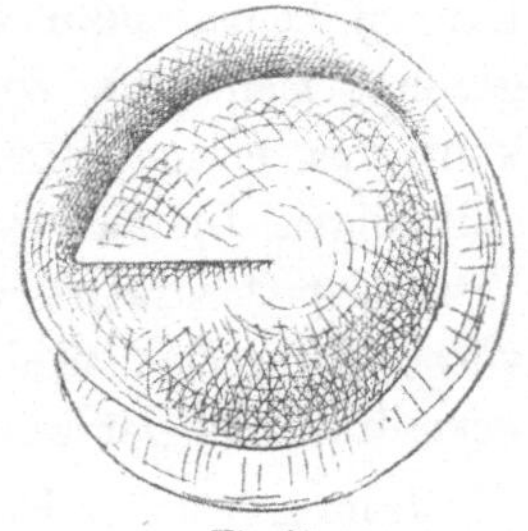

Fig. 23.

Fig. 24 greift also bei B eine „Zunge" des Bereiches über ein anderes Stück desselben Bereiches hinüber. Die (unendliche) Fläche der Fig. 23

---

[1]) Wir werden sie nachher noch bestimmter begrifflich fassen.

heißt *Riemannsche Fläche* der Funktion $t = \sqrt{w}$. Allgemein heißt die in diesem Paragraphen eingeführte Fläche *Riemannsche Fläche* der Funktion $\sqrt[m]{w}$. Auf dieser Fläche ist die Funktion $\sqrt[m]{w}$ eine eindeutige Funktion des Ortes. Denn die m Werte, die $\sqrt[m]{w}$ beim gleichen w annimmt, haben wir in den m Blättern zur Deutung gebracht. Aber wir haben sie nicht willkürlich auf die m Blätter verteilt, sondern nach einem vernünftigen Plan, nämlich so, daß sich z mit w stetig ändert.

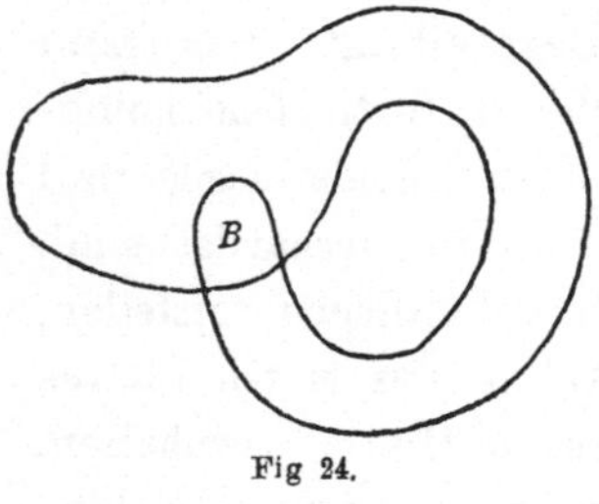

Fig 24.

Betrachten wir die Umgebung irgendeines von $w = 0$ verschiedenen Punktes der Riemannschen Fläche, also irgendeinen Kreis, der $w = 0$ nicht enthält. In ihm ist $\sqrt[m]{w}$ eine eindeutige Funktion. In jedem in den anderen Blättern der Riemannschen Fläche über diesem liegenden Kreis ist gleichfalls die $\sqrt[m]{w}$ eindeutig erklärt. Aber die Werte in den m übereinander liegenden Kreisen sind voneinander verschieden. Bei $\sqrt{w}$ unterscheiden sie sich durchs Vorzeichen, bei $\sqrt[m]{w}$ gehen sie durch Multiplikation mit den m-ten Einheitswurzeln auseinander hervor, das ist mit den m Wurzeln der Gleichung $t^m - 1 = 0$. Diese sind

$$\cos \frac{h\,2\,\pi}{m} + i \sin \frac{h\,2\,\pi}{m} \quad (h = 0,\ 1 \cdots m-1).$$

Bei der Deutung in einer Zahlenebene liefern sie also die m Ecken eines dem Einheitskreis einbeschriebenen regulären m-Ecks.

Ganz anders verhält sich $\sqrt[m]{w}$ in der Umgebung von $w = 0$. Diese Umgebung ist, wie sie auch gewählt werden mag, m-blättrig. Bewegt man sich auf der Fläche fort, indem man immer über demselben $w = 0$ umschließenden Kreise bleibt, so erhält man bei einmaligem, bei zweimaligem Umlauf keine auf der Fläche geschlossene Kurve. Erst nach m-maligem Umlauf kommt man zum Ausgangspunkt zurück. Bei einmaligem Umlauf gelangt man also von dem einen Wert, den die m-te Wurzel annehmen kann, zu einem folgenden und so fort. Bei $\sqrt{w}$ also erhält man nach einmaligem Umlauf gerade den durchs Vorzeichen unterschiedenen anderen Wert der Quadratwurzel, so daß also im Komplexen durch diesen Umlauf vereinigt scheint und in Zusammenhang gebracht, was im Reellen unvermittelt und getrennt nebeneinander stand.

Jeder Zweig der Funktion $\sqrt[m]{w}$ ist überall außer bei $w = 0$ differenzierbar. Denn legen wir um die betreffende Stelle der Riemannschen Fläche einen $w = 0$ nicht enthaltenden Kreis, so sondern wir damit einen eindeutigen stetigen Zweig der Funktion aus. Ich betrachte nun das Kreisbogenviereck, welches diesen Kreis umschließt. Es ist begrenzt von zwei Kreisbogen $\varrho_1 = r_1^m$ und

$\varrho_2 = r_2^m$ und von zwei Speerstücken $\vartheta_1 = m\varphi_1$ und $\vartheta_2 = m\varphi_2$. Dieses Viereck geht durch Abbildung hervor aus dem Viereck der z-Ebene, welches von $r = r_1$, $r = r_2$, $\varphi = \varphi_1$, $\varphi = \varphi_2$ begrenzt ist. Darin liegt beiläufig wieder, daß die vermittelten Abbildungen gebietstreu sind. Sei nun $w = a'''$ die Stelle, an der wir $z = \sqrt[m]{w}$ differenzieren wollen, und $a \neq 0$ der Wert, den wir da der m-ten Wurzel beilegen wollen, dann sei a die entsprechende Stelle der z-Ebene. $w = z^m$ aber vermittelt, wie wir wissen, eine schlichte gebietstreue Abbildung einer genügend kleinen Umgebung dieser Stelle. Somit sind die S. 34 bei der Differentiation der Umkehrungsfunktion gemachten Voraussetzungen alle erfüllt. Die Umkehrungsfunktion

$$z = \sqrt[m]{w}$$

ist differenzierbar, und man findet

$$\frac{dz}{dw}\bigg|_{w=a^m} = \frac{1}{\dfrac{dw}{dz}\bigg|_{z=a}} = \frac{1}{m}\, a^{1-m}$$

und allgemein
$$\frac{d\sqrt[m]{w}}{dw} = \frac{1}{m}\, w^{\frac{1}{m}-1}.$$

Demnach ist $\sqrt[m]{w}$ differenzierbar. Also ist tatsächlich jeder Zweig der Funktion $\sqrt[m]{w}$ in der Umgebung einer jeden von $w = 0$ verschiedenen Stelle der w-Ebene analytisch.

Bemerkung: Bei $w = 0$ würde man analog sehen, daß der Grenzwert von $\dfrac{\Delta z}{\Delta w}$ unendlich wird. Hier ist also die Funktion nicht differenzierbar. Man nennt $w = 0$ eine *singuläre* Stelle der Funktion $\sqrt[m]{w}$, zum Unterschied von den übrigen Stellen, die man *reguläre* nennt. Auch die Pole, die uns bei den linearen Funktionen begegneten, sind solche singulären Stellen. Die hier auftretende hat noch die Besonderheit, daß in der Umgebung derselben die Funktion nicht eindeutig erklärt ist. Man nennt eine solche Stelle einen Verzweigungspunkt m-ter Ordnung, weil dort m Zweige der Funktion in dem Sinne miteinander zusammenhängen, daß man durch Umlaufen der Stelle $w = 0$ von jedem Zweige zu jedem anderen gelangen kann.

Wir erwähnten vorhin schon kurz, daß die durch $w = z^m$ vermittelte Abbildung an allen von $z = 0$ verschiedenen Stellen gebietstreu ist, insofern, als sie jedes um eine solche Stelle gelegte nicht zu große Kreisbogenviereck auf ein schlichtes Kreisbogenviereck abbildet. Umfaßt aber das Kreisbogenviereck Argumente, die um mehr als $\dfrac{2\pi}{m}$ schwanken, so kommt ein nicht schlichtes Kreisbogenviereck zum Vorschein, also ein Bereich von der Art des in Fig. 24 gezeichneten. *Also auch die Betrachtung solcher*

Bereiche ist von zwingender Notwendigkeit für die Funktionentheorie. Zu einer neuen Erweiterung des Bereichbegriffes zwingt uns die Betrachtung der Abbildung in der Umgebung des Punktes $z = 0$. Aus einer schlichten Umgebung des Punktes $z = 0$ wird die m-fach gewundene Umgebung des Punktes $w = 0$. Soll der Satz von der Gebietstreue hier gültig bleiben, so müssen wir nun weiter unter der Umgebung des Punktes $w = 0$ eines Bereiches etwas Allgemeineres verstehen, als S. 21 in Aussicht genommen war. *Wir wollen unter einer Umgebung von $w = 0$ eine ein- oder mehrblättrige Punktmenge verstehen, welche durch eine Funktion $z = \sqrt[m]{w}$ auf die schlichte gewöhnliche Umgebung von $z = 0$ abgebildet werden kann.* Analog werde unter einer Umgebung des Punktes $w = a$ eines Bereiches eine Punktmenge verstanden, welche durch die Funktion $z = \sqrt[m]{w - a}$ bei passend gewähltem ganzzahligen m auf die schlichte Umgebung von $z = 0$ abgebildet werden kann. *Unter einem Bereich versteht man dann nach wie vor eine Punktmenge derart, daß jeder Punkt eine Umgebung aus lauter Bereichpunkten besitzt, und daß man irgend zwei Punkte durch eine stetige Kurve aus Bereichpunkten verbinden kann.* Eine Erweiterung des Begriffes Umgebung war auch schon bei $w = \dfrac{1}{z}$ vorgenommen worden. Hier tritt nun auch bei $z = \infty$ noch eine Erweiterung auf gewundene Flächenstücke hinzu. Da wir nämlich allgemein unter einer Umgebung des Punktes $w = \infty$ das durch $t = \dfrac{1}{w}$ vermittelte Bild einer Umgebung von $t = 0$ verstehen wollten, so führt die Verallgemeinerung des Begriffes Umgebung bei endlichen Punkten ganz natürlich auch zu einer Verallgemeinerung bei $w = \infty$. Eine solche gewundene Umgebung weist ja auch der unendlichferne Punkt der Riemannschen Fläche von $\sqrt[m]{w}$ auf. Um festzustellen, welcher Art die durch $w = z^m$ vermittelte Abbildung der Funktion in der Umgebung von $z = \infty$ ist, hat man im Sinne unserer Definition $z = \dfrac{1}{t}$ und $w = \dfrac{1}{\tau}$ einzuführen. Dann wird $\tau = t^m$. Also ist die Umgebung von $w = \infty$ auf der Riemannschen Fläche von $\sqrt[m]{w}$ genau so gewunden wie die Umgebung von $w = 0$.

§ 5. Der Begriff des funktionentheoretischen Bereiches.[1])

Die voraufgegangenen Erörterungen über die durch Potenzen und Wurzeln vermittelten Abbildungen setzen uns nun instand, den Bereichbegriff in der Allgemeinheit aufzustellen, in der er für die Funktionentheorie nötig ist. Es genügt dazu nämlich nicht, Bereiche in dem gewöhnlichen auf

---

1) Bei der ersten Lektüre mag der Leser diesen Paragraphen überschlagen. Er kann später nach Bedarf darauf zurückkommen.

S. 21 angegebenen Sinne heranzuziehen, selbst dann nicht, wenn man noch den Bereichbegriff in der auf S. 49 erörterten Weise durch Hinzunahme eines uneigentlichen unendlichfernen Punktes erweitert. Vielmehr zeigt die Betrachtung der durch Potenzen vermittelten Abbildungen, daß es zu eng ist, Bereiche zu betrachten, bei welchen jeder Punkt durch seine z-Koordinate schon eindeutig festgelegt worden ist. Man muß statt dessen zulassen, daß jeder oder einzelnen z-Koordinaten mehrere Bereichpunkte zugehören, die man dann etwa durch der Koordinate angehängte Nummern ($z^{(1)}$, $z^{(2)}$, $\cdots$) unterscheiden mag. Unter einem Bereich oder einem Gebiet verstehen wir dann wieder eine Punktmenge aus solchen „kotierten" Punkten, welche aber noch gewissen weiteren jetzt anzugebenden Bedingungen genügen muß, wenn sie wirklich ein Recht auf den Namen Bereich oder Gebiet oder Fläche haben soll. Es sind Bedingungen, die durchaus den auf S. 21 bei schlichten Bereichen angegebenen entsprechen: die Umgebungsbedingung und die Zusammenhangsbedingung.

Jedem Punkt a des Bereiches soll eine ganze positive Zahl m und dann bei endlichem a die Funktion $\sqrt[m]{z - a}$, bei unendlichem a aber die Funktion $\sqrt[m]{\dfrac{1}{z}}$ so zugeordnet werden, daß dieselbe in einer gewissen, den Punkt a enthaltenden Teilmenge des Bereiches eindeutig erklärt ist und darin alle Werte aus einer gewissen (gewöhnlichen) Umgebung von $w = 0$ genau einmal annimmt. Dann heißt diese Punktmenge eine Umgebung von a. Wenn $m = 1$ ist, hat man es also mit einer schlichten Umgebung zu tun, und man hat Anschluß an die Darlegungen von S. 21. Ist aber $m > 1$, so nennt man a eine m-blättrige Windungs- oder Verzweigungsstelle des Bereiches. *Jeder Punkt soll eine solche Umgebung besitzen und je zwei Umgebungen desselben Punktes sollen ihrerseits eine Umgebung desselben gemeinsam haben.* Ohne diesen Zusatz würde es z. B. möglich sein, daß zwei Blätter des Bereiches einen einzigen Punkt gemeinsam hätten, ohne sich doch um ihn zu winden. Aber es liegt nicht in unserer Absicht, solche (zwecklosen) Möglichkeiten zuzulassen. Vielmehr haben wir nur die Absicht, einem bei Betrachtung der Potenzen zutage getretenen Bedürfnis zu entsprechen.

Es kommt noch eine Bedingung hinzu. *Eine so definierte Umgebung soll nämlich zu jedem Punkte b, der ihr angehört, selbst wieder eine (beliebig kleine) Umgebung enthalten, welche durch $\sqrt[m]{z - a}$ auf eine schlichte Umgebung von $\sqrt[m]{b - a}$ abgebildet werden soll.* Diese Festsetzung bringt es mit sich, daß allen Punkten der Umgebung von a mit eventueller Ausnahme von a selbst die Zahl $m = 1$ zugeordnet ist, daß also alle diese Punkte schlichte Umgebungen besitzen. Die Punkte einer in einer Umgebung von a enthaltenen

Umgebung von b werden ja durch $\sqrt[m]{z-a}$ auf eine schlichte Umgebung von $\sqrt[m]{b-a}$ abgebildet. Diese enthält also einen Kreis um $\sqrt[m]{b-a}$, der seinerseits durch die Umkehrungsfunktion $z = a + w^m$ schlicht abgebildet wird. Diese so von ihm erhaltene Bildmenge macht aber selbst eine Umgebung von b aus, falls der Kreis um $\sqrt[m]{b-a}$ hinreichend klein gewählt ist. Denn nehmen wir zunächst irgendeinen durch $a + w^m$ schlicht abgebildeten Kreis K um $\sqrt[m]{b-a}$, so gibt es nach unserer Bedingung eine Umgebung U von b, die durch $\sqrt[m]{z-a}$ auf einen Teilbereich von K abgebildet wird. Diese Umgebung U ist somit eine schlichte Umgebung. Denn sie muß eine Teilmenge des schlichten Bildes von K sein. Dementsprechend besitzt tatsächlich b schlichte Umgebungen, und diesem Punkte ist also tatsächlich die Zahl $m = 1$ zugeordnet, wie wir behaupteten.

Bemerkung: Der Leser erkennt hier in allgemeinerer Fassung eine bei der Betrachtung der Potenzen beobachtete Erscheinung wieder: Die Windungspunkte sind isoliert, nicht Häufungspunkte von Windungspunkten.

Ähnlich wie auf S. 49 bei Betrachtung des unendlichfernen Punktes benutzen wir nun die eingeführte Hilfsfunktion, die wir kurz *Ortsparameter* nennen wollen, um festzulegen, was wir unter einer *in dem betreffenden Bereichpunkte stetigen oder analytischen Funktion* verstehen wollen. Wenn eine Funktion auf dem Bereiche in einer gewissen Umgebung von $z = a$ eindeutig erklärt ist, so führe man den Ortsparameter in die Funktion ein. Dann erhält man eine in der Umgebung von $t = 0$ eindeutig erklärte Funktion. Das Verhalten dieser Funktion ist maßgebend für das Verhalten der gegebenen Funktion im Bereiche. Wenn die Funktion als Funktion des Parameters stetig oder analytisch ist, so nennen wir auch die Funktion auf der Fläche stetig oder analytisch. So wird nun auch deutlich, was wir unter einer stetigen Kurve im Bereiche verstehen wollen. Es ist zunächst eine Punktmenge aus Flächenpunkten. Um eine Punktmenge der Fläche in der Umgebung eines ihrer Punkte zu untersuchen, bilden wir durch den Ortsparameter eine Umgebung desselben auf die Umgebung von $t = 0$ ab. Geht dann die Menge in eine stetige Kurve der Parameterebene über, so sagen wir, die Menge mache eine in der Umgebung des betreffenden Bereichpunktes stetige Kurve aus.

Nun können wir auch noch die letzte unserem Bereiche aufzuerlegende Bedingung angeben: *Je zwei seiner Punkte sollen sich durch eine stetige aus Bereichpunkten bestehende Kurve verbinden lassen.*

In dieser Weise kann die im vorigen Paragraphen in anschaulichen Worten eingeführte Vorstellung begrifflich gefaßt werden. Der Leser hat hier zugleich ein instruktives Beispiel dafür vor sich, wie die Mathematik von Vorstellungen zu Begriffen aufsteigt.

§ 6. Nähere Betrachtung der durch $w = z^2$ vermittelten Abbildung.

Es wird zur Belebung der Vorstellungen beitragen, wenn wir nun noch einige durch $w = z^2$ vermittelte Gebietsabbildungen etwas näher betrachten. Trennen wir Real- und Imaginärteil, so wird

$$u = x^2 - y^2, \quad v = 2xy \quad (w = u + iv, \ z = x + iy).$$

Dementsprechend gehen die Hyperbeln $x^2 - y^2 = c$ in die Parallelen $u = c$ zur imaginären w-Achse über. Die dazu senkrechten Hyperbeln $c = 2xy$ gehen, der Winkeltreue der Abbildung entsprechend, in die dazu senk-

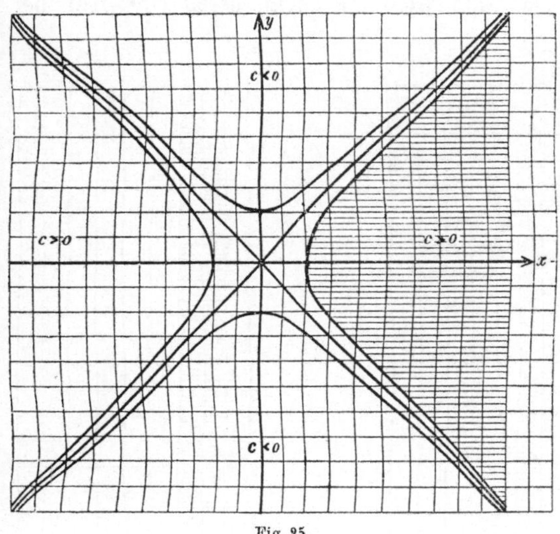

Fig. 25.   Fig. 26.

rechten Geraden $v = c$, parallel der reellen Achse über. Das Asymptotenpaar $x^2 - y^2 = 0$ liefert insbesondere die reelle Achse. Das in Fig. 25 schraffierte, ins Unendliche reichende Gebiet geht also in die von der Geraden $u = c$ begrenzte rechte Halbebene (Fig. 26) über[1]), in die rechte schon aus dem Grunde, weil die andere das Bild von $z = 0$ enthält. Liegen doch in der Tat auch die Hyperbeln mit größerem positiven Parameter c im Inneren des schraffierten Bereiches. Der andere Ast derselben Hyperbel begrenzt ein Gebiet, dessen Punkte sich von den Punkten des schraffierten Bereiches nur durch das Vorzeichen unterscheiden. Also wird dies Gebiet auf dieselbe Halbebene der w-Ebene, aber aufs andere Blatt der Riemannschen Fläche abgebildet. Die in Fig. 25 noch dargestellten Hyperbeln mit negativem Parameter liefern entsprechend linke Halbebenen. Der zwischen

---

1) Ich habe in den Figuren $c = 1$ gewählt.

den beiden Ästen derselben Hyperbel gelegene Bereich geht dagegen nicht in ein schlichtes, sondern ein zweiblättriges Gebiet über. Dasselbe besteht aus zwei bei $w = 0$ gewundenen Halbebenen, die von zwei übereinander liegenden Geraden der Riemannschen Fläche begrenzt sind.

Was wird aber aus den Linien $x = c$ und $y = c$ der z-Ebene? Für $x = c$ ist
$$u = c^2 - y^2, \quad v = 2cy.$$

Eliminiert man y, so hat man $u = c^2 - \dfrac{v^2}{4\,c^2}$

oder
$$v^2 = 4c^2(c^2 - u)$$
als Gleichung der Bildkurve. Das sind also Parabeln, deren Scheitel bei

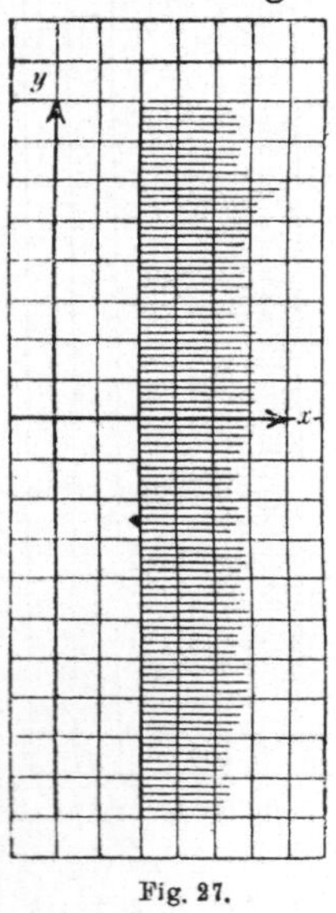
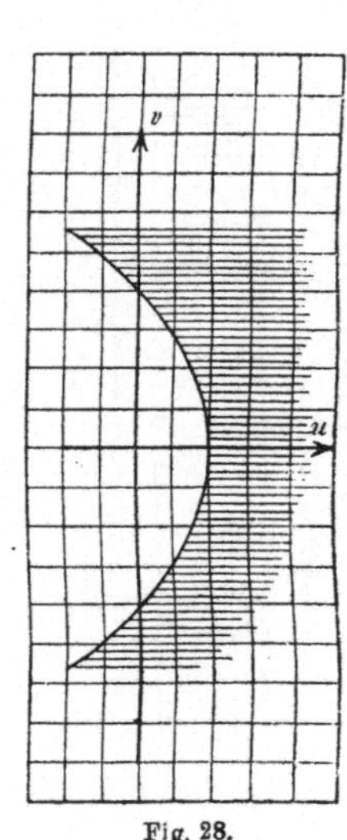
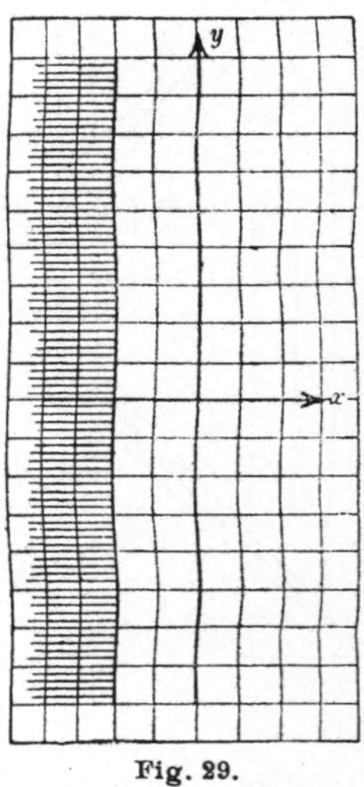

Fig. 27.   Fig. 28.   Fig. 29.

$w = c^2$ liegt, deren Brennpunkt $w = 0$ ist, und die also in Richtung der negativen reellen Achse offen sind. Analog liefern die Geraden $y = c$ die dazu senkrechten konfokalen Parabeln
$$v^2 = 4c^2(u + c^2).$$

Weiter gehen die in den beiden Fig. 27 und 28 schraffierten Gebiete bei der Abbildung auseinander hervor.[1] Die linke Halbebene liefert keinen schlichten Bereich, wohl aber liefert auch die Halbebene der Fig. 29 den Bereich der Fig. 28. (Auf der Riemannschen Fläche im anderen Blatt.) Der Streifen zwischen den beiden parallelen Geraden (Fig. 30) geht also in den Rest der Fläche über. Die reelle Achse der z-Ebene liefert die

---

1) Es wurde wieder $c = 1$ gewählt.

positiv reelle Achse der w-Ebene, die imaginäre z-Achse die negativ reelle Achse der w-Ebene. Diese beiden Geraden zerlegen den Streifen der Fig. 30 in vier Halbstreifen, deren einen wir dort schraffiert haben. Er geht durch die Abbildung in die Halbparabel der Fig. 31 über.

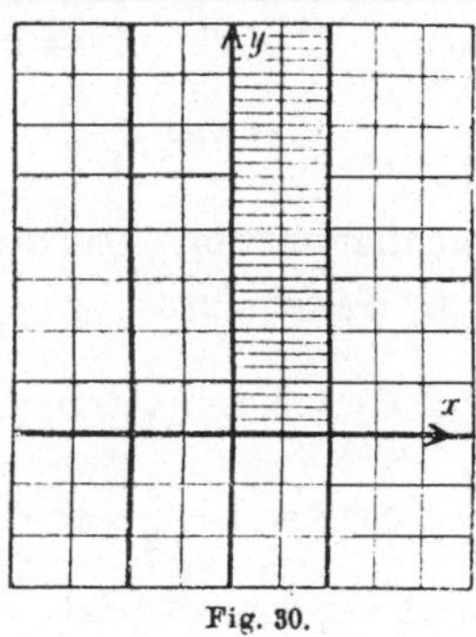

Fig. 30.

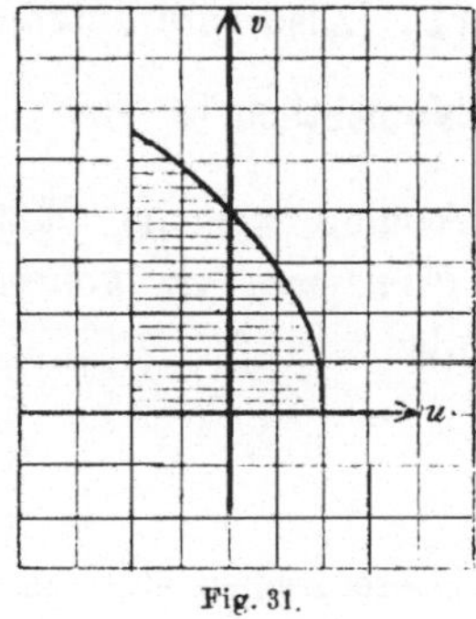

Fig. 31.

§ 7. Exponentialfunktion und Logarithmus.

Die Potenzreihe $$\sum_0^\infty \frac{z^n}{n!} = 1 + z + \frac{z^2}{2!} + \frac{z^3}{3!} + \cdots$$

konvergiert nach S. 19 in der ganzen Ebene und stellt nach S. 36 eine durchweg analytische eindeutige Funktion von z dar. Für reelle z ist diese Funktion als Exponentialfunktion bekannt. Auch im Komplexen wollen wir sie Exponentialfunktion nennen und durch e^z bezeichnen. *Da also im Komplexen die Exponentialfunktion durch eine Reihe definiert wird,* so bedarf es der näheren Untersuchung, ob und in welchem Sinne die Schreibweise e^z zum Ausdruck bringt, daß man es mit einer z-ten Potenz von e zu tun hat. Auch im Reellen war ja dies nur mit gewissen Einschränkungen der Fall, insofern nämlich, als mit $e^{1/m}$ nur der eine (positive) Wert von $\sqrt[m]{e}$ gemeint war. e^z ist ja eine eindeutige Funktion.

Wir wollen nun vermittelst des Multiplikationssatzes der Reihenlehre beweisen, daß auch im Komplexen

$$e^{z_1} \cdot e^{z_2} = e^{(z_1 + z_2)},$$

daß also tatsächlich e^z eine der Haupteigenschaften der Potenzen besitzt. Multiplizieren wir aber die Reihen $\sum \frac{z_1^n}{n!}$ und $\sum \frac{z_2^n}{n!}$ miteinander, so kommt eine Reihe heraus, deren allgemeines Glied so aussieht:

$$\frac{1}{n!}\left(z_1^n + \frac{n!}{(n-1)!} z_1^{n-1} z_2 + \frac{n!}{(n-2)!\,2} z_1^{n-2} z_2^2 + \cdots + \frac{n!}{(n-h)!\,h!} z_1^{n-h} z_2^h + \cdots + z_2^n \right).$$

Das ist aber gleich

$$\frac{1}{n!}\left(z_1^n + \binom{n}{1} z_1^{n-1} z_2 + \binom{n}{2} z_1^{n-2} z_2^2 + \cdots + z_2^n \right)$$

und also gleich $$\frac{1}{n!}(z_1 + z_2)^n.$$

(1)   **Also wird tatsächlich** $e^{z_1} \cdot e^{z_2} = e^{z_1 + z_2}.$

Namentlich ist also $e^{-z} = \dfrac{1}{e^z}.$

Analog wie die Exponentialfunktion *werden auch die trigonometrischen Funktionen im komplexen Gebiet durch Potenzreihen erklärt.* Wir setzen also:

$$\sin z = z - \frac{z^3}{3!} + \cdots$$

$$\cos z = 1 - \frac{z^2}{2!} + \cdots$$

Diese Reihen sind ja durchweg konvergent, so daß also diese Funktionen überall im Endlichen analytisch sind. Aus dieser Erklärung folgt sofort die wichtige *Eulersche Gleichung*

(2) $e^{iz} = \cos z + i \sin z.$

Daraus kann man entnehmen, daß

(3) $\cos z = \dfrac{e^{iz} + e^{-iz}}{2}$

(4)   **und daß** $\sin z = \dfrac{e^{iz} - e^{-iz}}{2i}.$

Der Gleichung (2) entnimmt man sofort, daß

(5) $e^{2h\pi i} = 1$ (*h* ganzzahlig).

     Nach (1) und (5) ist daher weiter

(6) $e^{z + 2h\pi i} = e^z \cdot e^{2h\pi i} = e^z$ (*h* ganzzahlig).

Die Exponentialfunktion ist also eine periodische Funktion der Periode $2\pi i$, *ebenso wie die trigonometrischen Funktionen auch im Komplexen periodische Funktionen mit der Periode* 2π *sind.* Das letztere entnimmt man sofort aus der Darstellung (3), (4) der trigonometrischen Funktionen durch die Exponentialfunktion, wenn man an die Periodizität der Exponentialfunktion denkt.

     Aus der Eulerschen Gleichung (2) liest man weiter ab, daß

$$e^{\pi i} = -1$$

ist. Daher ist auch im Komplexen

$$\cos (z + \pi) = -\cos z$$

und $\sin (z + \pi) = -\sin z,$

wie wieder die Darstellung dieser Funktionen durch die Exponentialfunktion lehrt.

     Ferner folgt aus der Eulerschen Gleichung (2), daß

$$e^{\frac{\pi i}{2}} = i.$$

Also gilt wieder $\qquad\qquad \sin\left(\dfrac{\pi}{2} - z\right) = \cos z$

und $\qquad\qquad\qquad\qquad \cos\left(\dfrac{\pi}{2} - z\right) = \sin z.$

Wir werden nun oft die Eulersche Formel benutzen, um die komplexe Zahl z in der Form
$$z = |z|\, e^{i\,\arg z}$$
zu schreiben. Bequem kommt ja in dieser Schreibweise der Multiplikationssatz zum Ausdruck: $\quad z_1 z_2 = |z_1| \cdot |z_2|\, e^{i(\arg z_1 + \arg z_2)}.$

Auch die Formel $\quad e^{izn} = \cos n\,z + i \sin n\,z = (\cos z + i \sin z)^n$

ergibt sich von neuem. Folgerungen aus derselben zogen wir schon S. 1. Die Darstellung der trigonometrischen Funktionen durch die Exponentialfunktion zeigt so recht die Bedeutung des Komplexen für das Studium selbst der Funktionen im Reellen insofern, als sonst ganz verschieden aussehende Funktionen auf einmal unter einem allgemeinen Gesichtspunkt zusammengehören. Aus dieser Darstellung ergibt sich auch sofort die also auch im Komplexen gültige Funktionalgleichung der trigonometrischen Funktionen $\qquad \sin(z_1 + z_2) = \sin z_1 \cos z_2 + \cos z_1 \sin z_2$

und $\qquad\qquad \cos(z_1 + z_2) = \cos z_1 \cos z_2 - \sin z_1 \sin z_2.$

Es ist ja
$$\cos(z_1 + z_2) + i\sin(z_1 + z_2) = e^{i(z_1 + z_2)} = e^{iz_1} \cdot e^{iz_2} = (\cos z_1 + i\sin z_1)(\cos z_2 + i\sin z_2)$$
$$= \cos z_1 \cos z_2 - \sin z_1 \sin z_2 + i\,(\cos z_1 \sin z_2 + \cos z_2 \sin z_1).$$

Analog wird:
$$\cos(z_1 + z_2) - i\sin(z_1 + z_2) = \cos z_1 \cos z_2 - \sin z_1 \sin z_2 - i\,(\cos z_1 \sin z_2 + \cos z_2 \sin z_1).$$
Durch Addition beider bzw. Subtraktion findet man dann die Additionstheoreme. *Auch das Differenzieren führt zu den aus dem Reellen bekannten Ergebnissen, wie man sofort aus den Reihen erkennt.*

Wir gehen nun zu der durch die Exponentialfunktion vermittelten Abbildung über. Dazu ist es bequem, $z = x + iy$ und $w = \varrho e^{i\vartheta}$ zu setzen. Dann wird $\qquad\qquad \varrho = e^x,\ \vartheta = y.$

Daraus entnimmt man sofort, *daß die Geraden $x = c$ auf die Kreise $\varrho = e$, die Geraden $y = c$ auf die Speere $\vartheta = c$ abgebildet werden.* Lassen wir namentlich die Gerade $y = c$, ausgehend von der reellen Achse, die obere Halbebene beschreiben. Der ganzen von $-\infty$ nach $+\infty$ durchlaufenen reellen Achse entspricht der Speer $\vartheta = 0$, also die positive reelle Achse der w-Ebene. Rückt die Gerade in die obere Halbebene ein, so dreht sich der Bildspeer im positiven Sinn um den Nullpunkt der w-Ebene. Hat aber die Parallele zur reellen Achse der z-Ebene einen Streifen der Breite 2π überstrichen, so hat der

Bildspeer eine volle Umdrehung vollendet. Jedem Viertelstreifen entspricht
ein Quadrant (Fig. 32 und 33). Lassen wir die Gerade der z-Ebene weiter in
die obere Halbebene rücken, so beginnt der Bildspeer, ein neues Exemplar
der w-Ebene zu überstreichen. Wir heften
es gleich an das ersterhaltene an, so wie der
zweite Streifen am ersten hängt. Fahren wir

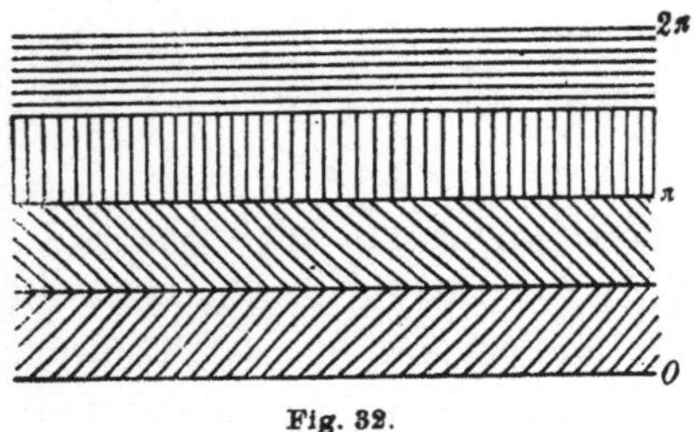

Fig. 32.

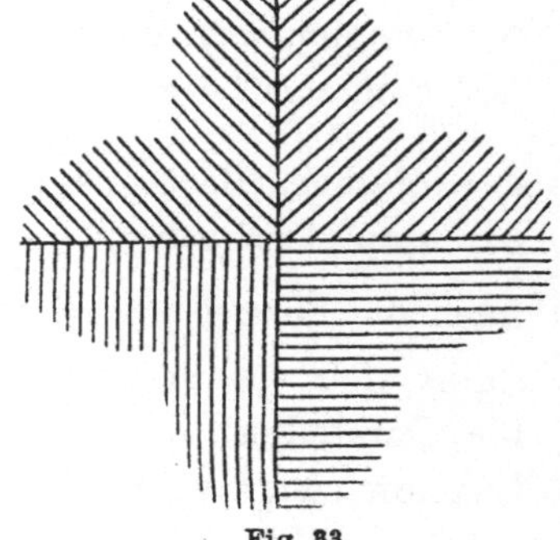

Fig. 33.

so weiter und berücksichtigen auch die untere Halbebene, so erhalten wir
als Bild der z-Ebene eine unendlichvielblättrige Riemannsche Fläche, deren
Windungspunkte von unendlicher Ordnung sind und bei $w = 0$ und bei
$w = \infty$ liegen. Die Werte Null und Unendlich selbst nimmt die Exponentialfunktion $w = e^z$ an keiner endlichen Stelle der z-Ebene an. Denn wäre
$e^z = 0$ für endliches z, so wäre auch der Betrag e^x für endliches reelles x
Null, was nicht angeht. Ebenso schließt man, daß der Wert ∞ nirgends
angenommen wird.

In der Umgebung von $z = \infty$ zeigt die Exponentialfunktion ein besonders merkwürdiges Verhalten. Sie nimmt nämlich in jeder Umgebung
von ∞, also außerhalb eines jeden Kreises, jeden endlichen Wert außer
Null an unendlich vielen Stellen an. Sie nimmt als periodische Funktion
namentlich in jedem unserer Streifen außerhalb eines solchen Kreises jeden
Wert genau einmal an. In den unendlich vielen Streifen, die noch außerhalb dieses Kreises liegen, wird also tatsächlich jeder Wert unendlich oft
angenommen. Die Funktion besitzt also namentlich bei Annäherung an
$z = \infty$ keinen Grenzwert, sie besitzt also da eine singuläre Stelle; aber
das ist kein Pol; denn sonst müßte ja die Funktion $\dfrac{1}{e^z} = e^{-z}$ einen
Grenzwert besitzen (S. 49). Eine solche *Singularität* nennt man eine
wesentliche zum Unterschied von den *außerwesentlichen*, den Polen, die
uns seither begegneten. Ebenso haben sin z und cos z bei ∞ wesentlich
singuläre Stellen. Das folgt genau wie bei der Exponentialfunktion aus
ihrer Periodizität.

Die durch $w = e^z$ vermittelte Abbildung ist durchweg *gebietstreu*. Das
leuchtet sofort ein, wenn man sich überlegt, wie die von Parallelen zu den

Koordinatenachsen begrenzten Quadrate der z-Ebene in Kreisbogenvierecke der w-Ebene übergehen (Fig. 34, 35).

Die Umkehrungsfunktion der Exponentialfunktion heißt *Logarithmus*. Sie löst also die Aufgabe, zu jedem Punkte der Riemannschen Fläche denjenigen Punkt der z-Ebene zu finden, aus dem er durch die Abbildung $w = e^z$ hervorging. Der $\log w$ ist somit *auf der Riemannschen Fläche eindeutig* erklärt, wäh-

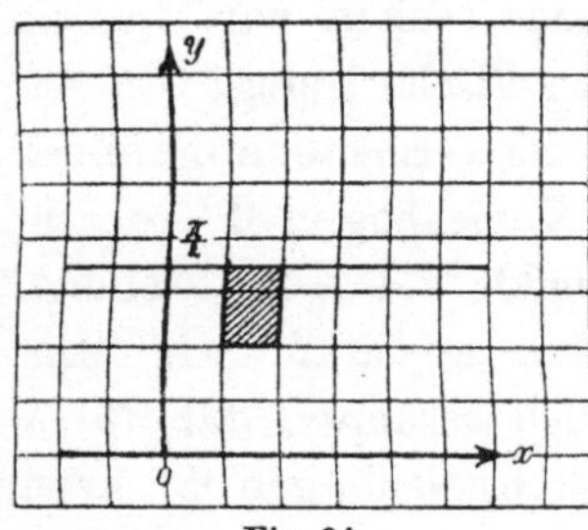

Fig. 34.

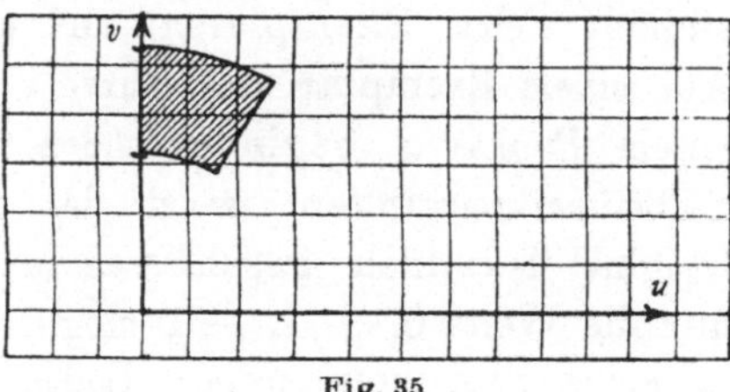

Fig. 35.

rend er *in der w-Ebene* selbst *unendlich vieldeutig* ist. Die verschiedenen in einem Punkte der w-Ebene angenommenen Werte unterscheiden sich um Vielfache von $2\pi i$, weil in solchen um Vielfache von $2\pi i$ verschiedenen Punkten der z-Ebene die Exponentialfunktion denselben Wert annimmt. *Jede Zahl besitzt also unendlich viele Logarithmen, die sich um Vielfache von $2\pi i$ unterscheiden.* Die verschiedenen Zweige des Logarithmus erscheinen auf die verschiedenen Blätter der Fläche so verteilt, daß die Funktion in jedem Punkte derselben nur einen Wert annimmt. Indessen ist diese Werteverteilung auf die Blätter nicht willkürlich vorgenommen, sondern so, wie es der Abbildung der z-Ebene auf die Fläche entspricht. Das hat namentlich zur Folge, daß der Logarithmus eine stetige Funktion der Fläche ist. Ein Kreisbogenviereck (Fig. 35) nämlich wird durch $\log w = z$ auf das Rechteck der Fig. 34 abgebildet. Einer Verkleinerung des Vierecks entspricht eine Verkleinerung des Rechtecks. Daher vermittelt der Logarithmus eine stetige gebietstreue Abbildung. In jedem Kreise der w-Ebene, welcher den Punkt $w = 0$ nicht enthält, sind sämtliche Zweige des Logarithmus eindeutig erklärt. Denn über einem jeden solchen Kreise liegt in einem jeden Blatt ein Teilkreis der Fläche, in welchem je ein Zweig des Logarithmus eindeutig erklärt ist. Jeder dieser Zweige hängt nicht nur stetig von w ab, sondern ist sogar eine differenzierbare Funktion (S. 34). Es ist ja

$$\lim_{\Delta w \to 0} \frac{\Delta z}{\Delta w} = \frac{1}{\displaystyle\lim_{\Delta z \to 0} \frac{\Delta w}{\Delta z}} = \frac{1}{e^z} = \frac{1}{w}.$$

Daher wird

$$\frac{d \log w}{d w} = \frac{1}{w},$$

und also ist jeder Zweig des Logarithmus eine in jedem Kreise eindeutig und analytisch erklärte Funktion, solange der Punkt $w = 0$ dem Kreis nicht angehört.

Wir wollen nun noch feststellen, welche Wertänderung der Logarithmus $z = \log w$ erfahren kann, wenn sein Argument eine einfach geschlossene[1]) stetige Kurve seiner Ebene durchläuft. Zu dem Ende denken wir uns die Kurve $\mathfrak{C}$ auf die einzelnen Blätter der Riemannschen Fläche gelegt (in unendlich vielen Exemplaren) und samt dieser auf die z-Ebene abgebildet. Aus einem Exemplar der Kurve $\mathfrak{C}$ wird dann ein Kurvenbogen $\mathfrak{C}'$, der in einem Punkte a beginnen möge und in einem Punkte $a + h\, 2\, \pi\, i$ endigt. Selbstüberkreuzungen weist der Bogen nicht auf, er muß wie sein Original $\mathfrak{C}$ einfach geschlossen und stetig sein. Ich behaupte, daß für h nur die Werte $0, +1, -1$ möglich sind. Denn der Kurvenbogen $\mathfrak{C}'$ kann ja keine zwei von seinen Enden verschiedene Punkte passieren, die sich um $2\,\pi i$ unterscheiden. Denn ihnen würde in der w-Ebene derselbe Punkt entsprechen. Das wäre eine Selbstüberkreuzung. Ein solches um $2\,\pi i$ verschiedenes Punktepaar müßte aber sicher auftreten, wenn h einen anderen als einen der drei angegebenen Werte hätte. Denn wenn man die Kurve $\mathfrak{C}'$ mit Parallelen zur y-Achse schneidet, so kämen dann für die Abstände der Schnittpunkte wegen der Stetigkeit von $\mathfrak{C}'$ alle Werte zwischen $h \mid 2\,\pi$ und Null vor.

Wenn weiter eine *beliebige* (also nicht notwendig einfach) geschlossene orientierte, d. h. mit einer Durchlaufungsrichtung versehene stetige Kurve $\mathfrak{C}$:
$$w = w\,(t)\ (t_0 \leq t \leq t_1;\ w\,(t)\ \text{stetig}),$$
welche $w = 0$ und $w = \alpha$ nicht trifft, gegeben ist, so markiere man auf ihr irgendeinen Punkt a, lege dort $\log a$ einen seiner Werte bei und verfolge die stetige Änderung, die von a und dem Werte $\log a$ ausgehend $\log w$ bei Durchlaufung der Kurve in der vorgeschriebenen Richtung erfährt. Wenn w nach a zurückgelangt ist, so hat $\log w$ um ein Vielfaches von $2\pi i$ zugenommen. Dieses Vielfache ist von dem Werte des Logarithmus, für den man sich im Punkte a entschieden hat, unabhängig. Denn wäre man von einem Werte $\log a$ ausgegangen, der um ein Vielfaches von $2\pi i$ anders gewesen wäre, so wären alle Werte des Logarithmus, welchem man bei Durchlaufung der Kurve begegnet, um *dasselbe* Vielfache von $2\pi i$ anders gewesen. Auch von der Wahl des Punktes a ist der Zuwachs des Logarithmus unabhängig. Denn verschiebt man a längs der Kurve, so muß sich die Wertänderung stetig mit a ändern, während sie doch ein *ganzes* Vielfaches von $2\pi i$ ist.

---

1) D. h. doppelpunktfreie. Eine genaue allgemeine Begriffsbestimmung wird auf S. 88 gegeben. Hier mag die landläufige Vorstellung genügen.

Diese Betrachtungen führen zu der folgenden, weiterhin sehr wichtigen *Definition. Man sagt, eine stetige geschlossene orientierte Kurve umlaufe* $w = \zeta$ *h mal, wenn* $\log (w - \zeta)$ *bei Durchlaufung der Kurve in der vorgeschriebenen Richtung um* $h\, 2\pi i$ *wächst. Namentlich sagt man, die Kurve umlaufe* ζ *im positiven Sinne, wenn h positiv ist. Sie umläuft* ζ *im negativen Sinne, wenn h negativ ist. Sie umschließt* ζ *gar nicht, wenn* $h = 0$ *ist.*

Durch diese Definition soll also weiterhin festgelegt sein, in welchem Sinne die hier eingeführten Umlaufungsbegriffe gebraucht werden sollen. Sie decken sich natürlich nur bei einfach geschlossenen Kurven mit der landläufigen Vorstellung, die man mit den eben definierten Begriffen verbindet.

Wenn in der w-Ebene eine zusammenhängende[1]) Punktmenge gegeben ist, welche $\mathfrak{C}$ *nicht trifft, so umschließt entweder* $\mathfrak{C}$ *keinen ihrer Punkte oder* $\mathfrak{C}$ *umschließt alle in demselben Sinne.* Sei nämlich ζ ein Punkt der Menge, so kommt es auf die Wertänderung an, welche $\log (w - \zeta)$ bei Durchlaufung von $\mathfrak{C}$ erfährt. Diese Wertänderung hängt aber stetig von ζ ab, solange ζ nicht auf der Kurve liegt. Da aber für die Wertänderung nur Vielfache von $2\pi i$ in Frage kommen, so ist diese stetige Funktion konstant.

Im Rahmen dieser Betrachtungen ist es nun auch leicht möglich, zu beweisen, daß ein *jedes einfach* (d. h. ohne Selbstüberkreuzung) *geschlossene Polygon die Ebene in zwei Bereiche*, das Innere und das Äußere des Polygones, *zerlegt*. Wir versehen dazu das Polygon mit einem Durchlaufungssinn. Ist dann ζ irgendein nicht auf dem Polygon gelegener Punkt, so erfährt $\log (w - \zeta)$ bei Durchlaufung des Polygones P einen Zuwachs $\varepsilon (P, \zeta)\, 2\pi i$. Dabei kann $\varepsilon (P, \zeta)$ eine der Zahlen 0 oder 1 oder -1 bedeuten. Denkt man sich nun ζ variabel, so bleibt, wie vorhin dargelegt wurde, $\varepsilon (P, \zeta)$ ungeändert, solange ζ nicht auf das Polygon selbst zu liegen kommt. Wenn man aber nun ζ eine der das Polygon bildenden Strecken AB überschreiten läßt, so ändert sich, wie wir jetzt sehen wollen, ε um eine Einheit. In Fig. 36 seien ζ_1 und ζ_2 zwei Lagen des Punktes ζ aus der Nähe der Polygonseite AB. Ich betrachte das Dreieck ABC, das keinen Punkt der Polygonkurve enthalten möge. Neben dem Polygon P betrachte ich noch

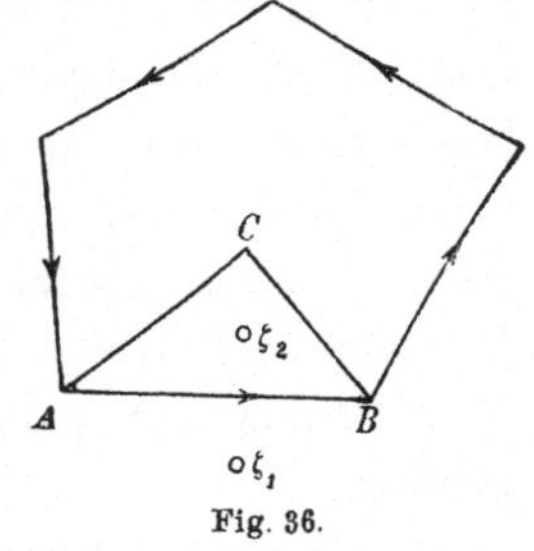

Fig. 36.

das Polygon P_1, das aus ihm dadurch hervorgeht, daß ich die Seite AB durch den Linienzug ACB ersetze. Dann ist $\varepsilon (P, \zeta) = \varepsilon (P_1, \zeta_1)$; weil

---

1) Eine genaue Begriffsbestimmung folgt auf S. 82. Hier kann die landläufige Vorstellung genügen, die man mit diesen Worten verbindet.

bei Durchlaufung des Dreieckes ACB der log $(z - \zeta)$ ungeändert bleibt. Ich kann nämlich die Durchlaufung des Polygones P ersetzen durch die des Polygones P_1, wenn ich nur *dann* noch das Dreieck $BCAB$ in der Richtung $BCAB$ durchlaufe. Denn dann ist im ganzen der Zug BCA zweimal nacheinander in verschiedener Richtung durchlaufen. Und das bedeutet eine Wertänderung Null für den Logarithmus (s. die Fig. 36). Weiter ist aber $\varepsilon\,(P_1,\, \zeta_1) = \varepsilon\,(P_1,\, \zeta_2)$. Denn die Strecke $\zeta_1\,\zeta_2$ trifft ja das Polygon nicht. Weiter aber erfährt log $(w - \zeta_2)$ bei Durchlaufung des Dreieckes $BCAB$ in dem durch die Reihenfolge der Ecken bezeichneten Sinn eine Änderung von der Größe $\pm\, 2\pi i$ je nach dem Umlaufssinn des Dreieckes. Daher ist nun

$$\varepsilon\,(P,\, \zeta_2) = \varepsilon\,(P_1,\, \zeta_2) + \varepsilon\,(\Delta,\, \zeta_2) = \varepsilon\,(P_1,\, \zeta_1) \pm 1 = \varepsilon\,(P,\, \zeta_1) \pm 1.$$

Wenn also $\varepsilon\,(P,\, \zeta_1) = 0$ oder $= 1$ oder $= -1$ ist, so wird im ersten Fall $\varepsilon\,(P,\, \zeta_2) = 1$ oder $= -1$, im zweiten gleich 2 oder 0, im dritten gleich 0 oder -2. Da aber ε nur die Werte 0, 1, -1 annehmen kann, bleiben nur zwei Möglichkeiten übrig. Der eine der beiden Werte, die $\varepsilon\,(P,\, \zeta)$ annehmen kann, ist also stets Null, und der andere ist je nach der Durchlaufungsrichtung des Polygones ± 1. Die Punkte, für welche Null herauskommt, machen das Äußere, die anderen das Innere des Polygones aus. Diese Benennung rechtfertigt sich dadurch, daß zur ersten Sorte jedenfalls alle Punkte gehören, welche außerhalb eines das Polygon umschließenden Kreises liegen. Denn sei ζ ein solcher Punkt, so ist jeder Zweig des log $(w - \zeta)$ im Inneren eines solchen Kreises eindeutig.

Die Punkte einer jeden Sorte machen auch tatsächlich einen einzigen Bereich aus. Wenn nämlich eine Polygonseite an der Grenze eines Bereiches beteiligt ist, so trifft dies auch für die benachbarten Seiten zu. Denn man kann um eine Ecke, in der zwei solcher Seiten aneinanderstoßen, einen Kreis schlagen, in den nur diese beiden Polygonseiten eindringen. Sie zerlegen ihn in zwei Sektoren, von denen der eine ganz dem in Rede stehenden Bereich angehört. Da gleichzeitig in jeder Polygonseite nur zwei Bereiche aneinanderstoßen können, so kann das Polygon nicht mehr als zwei Bereiche bestimmen. Diese beiden aber haben wir eben schon festgestellt, denn Punkte mit verschiedenem ε können ja nicht demselben Bereich angehören.

Unsere Betrachtung lehrt weiter, *daß ein Polygon einen inneren Punkt dann in positivem Sinne umschließt, wenn man seinen Rand so durchläuft, daß das Innere zur Linken bleibt.*

Die Richtigkeit dieser Behauptung kann man bei Dreiecken ohne weiteres bestätigen. An Hand der Fig. 36 kann man aber daraus auf beliebige

Polygone schließen. Denn dort lernten wir, daß eine Überschreitung der Seite AB eine Änderung von ε um ± 1 zur Folge hat. Man kann nun mehrere Fälle unterscheiden, je nachdem, ob das wandernde ζ in das Dreieck eintritt oder es verläßt, je nachdem das Dreieck positiv oder negativ umlaufen ist. Das sind im ganzen vier Fälle. Nehmen wir nun z. B an, ζ wandere aus dem Polygonäußeren in das Polygoninnere und rücke etwa gleichzeitig vom Dreiecksäußeren in das Dreiecksinnere. Dabei geht somit ε vom Werte Null entweder in den Wert $+1$ oder in den Wert -1 über. Im ersten Fall muß somit gemäß dem gerade über Dreiecke Gesagten das Dreieck positiv, im anderen Falle negativ umlaufen sein. Dann liegt also im ersten Falle das Schluß-ζ links von der Richtung AB, im anderen Falle rechts. Und damit ist bewiesen, daß es dem positiven Umlaufssinn, d. h. dem $\varepsilon = +1$ entspricht, daß das Polygoninnere links von jeder orientierten Polygonseite liegt. Ebenso schließt man in den drei anderen Fällen. Das Kriterium überträgt sich ohne weiteres auf solche einfach geschlossene Kurven, welche die Ebene in ein Inneres und ein Äußeres zerlegen. (Man vgl. den S. 88 erwähnten Jordanschen Kurvensatz.)

Durchläuft man den vollen Rand eines *beliebigen* polygonalen Bereiches so, daß dabei das Innere zur Linken bleibt, einmal, so hat man dabei jeden inneren Punkt a genau einmal positiv umlaufen. $\log (z - a)$ nimmt nämlich bei Durchlaufung des äußeren Randpolygones[1]) gerade um $2\pi i$ zu und bleibt bei Durchlaufung des inneren Randpolygones ungeändert.

Bemerkungen: 1. Ganz ähnlich zeigt man, daß ein nicht geschlossener Polygonzug ohne Selbstüberkreuzung die Ebene nicht zerlegen kann. Denn wieder muß der ganze Zug an jeder Bereichgrenze teilhaben. Aber um die Polygonenden kann man jetzt etwa durch einen Kreisbogen herumkommen.

2. Der Satz nebst Beweis, d. h. unsere ganzen Betrachtungen können unverändert auf einfach geschlossene Kreisbogenpolygone übertragen werden. Das sind Polygone, deren Seiten statt aus Geraden aus Kreisbogen bestehen.

---

1) Unter den Rändern eines (endlichen) polygonalen Bereiches gibt es genau einen, der alle anderen im Inneren enthält. Denn gäbe es *keinen* solchen, so enthielte der Bereich nur Außenpunkte eines jeden seiner Ränder, bestünde also aus der vollen Ebene mit Ausschluß der Innenpunkte gewisser Polygone, wäre also nicht endlich. Ferner aber kann der Bereich auch nicht dem Inneren *mehrerer* seiner Randpolygone angehören. Denn träfe dies für zwei Randpolygone zu, so müßte jedes derselben dem Inneren des anderen angehören. Wenn aber das Polygon π_1 in π_2 liegt, so gehören dem Inneren von π_2 auch Außenpunkte von π_1 ein. Wenn aber π_2 in π_1 läge, so könnte man diese Außenpunkte mit dem Unendlichfernen verbinden, ohne π_2 zu treffen. Da aber das Unendlichferne sicher außerhalb π_2 liegt, so hätte man damit einen Innenpunkt von π_2 mit einem Außenpunkt von π_2 verbunden, ohne π_2 zu treffen, was widersinnig ist.

3. Vermittelst der Transformation $w = \dfrac{1}{z}$ erkennt man, daß alle Ergebnisse auch gelten, wenn die Polygone sich ins Unendliche erstrecken. Denn durch $w = \dfrac{1}{z}$ kann man solche Polygone, die ∞ auf einer ihrer Seiten haben, sofort in endliche Kreisbogenpolygone transformieren.

4. Beachtet man noch, daß $\log w = \log |w| + i \arg w$ und daß der reelle $\log |w|$ eindeutig ist, so kann man unsere Überlegungen und Erklärungen auch auf die Werteänderung aufbauen, welche $\arg w$ bei Durchlaufung einer Kurve erfährt. Das pflegt man zu tun, wenn man die Lehre von den Bereichen losgelöst von der Funktionentheorie entwickelt.

§ 8. Hilfssätze über Bereiche und Kontinua.[1])

Einer gleich noch auf den Logarithmus zu machenden Anwendung zuliebe wollen wir jetzt schon einige naheliegende, aber sehr wichtige und grundlegende Sätze über Bereiche und Kontinua herleiten, die wir noch sehr oft brauchen werden.

Was man unter einer abgeschlossenen Menge versteht, wurde schon auf S. 21 erklärt. *Wenn nun eine abgeschlossene Menge von komplexen Zahlen oder von Punkten der Gaußschen Ebene*[2]) *außerdem noch zusammenhängt, so nennen wir sie ein Kontinuum.* Den *Begriff der zusammenhängenden Menge* aber kann man noch auf zwei verschiedene Weisen erklären. Man kann *erstens* so definieren: *Eine abgeschlossene Menge heißt zusammenhängend, wenn man sie nicht in zwei abgeschlossene punktfremde Teilmengen*[3]) *zerlegen kann.* Das Intervall $J: a \leq x \leq b$ ist also z. B. eine zusammenhängende Menge. Denn seien etwa M_1 und M_2 die beiden abgeschlossenen Teilmengen, in die wir uns für den Fall, daß die Behauptung unrichtig wäre, das Intervall zerlegt denken wollen, dann gäbe es sicher in der Teilmenge M_1 einen Punkt P, der nicht samt allen ihm in J benachbarten Punkten der Menge M_1 angehörte.[4]) Dann gäbe es also in beliebiger Nähe desselben Punkte der Strecke, welche der zweiten Teilmenge M_2 angehörten. Daher wäre P ein Häufungspunkt von Punkten aus M_2 und gehörte daher auch M_2 an, weil diese Menge abgeschlossen sein soll. Daher wären M_1 und M_2 nicht punktfremd. Aus dieser Darlegung folgt, daß ein jeder Polygon-

---

1) Bei der ersten Lektüre kann auch § 8 überschlagen werden. In diesem § 8 ist nur von schlichten, d. h. einblättrigen Bereichen die Rede.

2) Wir nehmen fortan stets an, daß sie durch den Punkt $z = \infty$ erweitert ist.

3) D. h. Teilmengen ohne gemeinsamen Punkt.

4) Denn seien Q_1 und Q_2 zwei Punkte der Strecke, deren einer zu M_1, deren anderer zu M_2 gehört. Dann betrachte ich die zu M_1 gehörigen Punkte der Strecke $Q_1 Q_2$. Unter diesen gibt es einen, P, dessen Entfernung von Q_2 ein Minimum ist. Somit können nicht alle ihm in J benachbarten Punkte zu M_1 gehören.

zug eine zusammenhängende Menge ist. Ebenso ist jede stetige Kurve $z = z(t)$ $(a \leq t \leq b)$ eine zusammenhängende Menge, wie man ja aus ihrer Abbildung auf die Strecke $a \leq t \leq b$, wie sie $z = z(t)$ vermittelt, sofort erkennt. Denn einer Zerlegung der Kurve in zwei abgeschlossene punktfremde Mengen entspräche eine ebensolche Zerlegung der Strecke.

Die *zweite Erklärung* des Begriffes zusammenhängende Menge erstreckt sich im Gegensatz zu der eben angeführten auf beliebige (nicht nur auf abgeschlossene) Mengen, stimmt aber für abgeschlossene Mengen mit der eben gegebenen überein. Die zweite Erklärung beruht nämlich auf dem Begriff „ε-zusammenhängend", dieser auf dem Begriff „ε-Kette". $z_1, \cdots z_n$ sei eine endliche Menge von komplexen Zahlen, derart, daß die Differenz irgend zweier aufeinanderfolgender $|z_{k+1} - z_k| \leq \varepsilon$ $(k = 1, 2 \cdots n - 1)$ ist. Dann sagt man, $z_1 \cdots z_n$ bildeten eine *ε-Kette*, welche z_1 und z_n verbindet. Eine Menge nun, in der man irgend zwei Punkte durch eine der Menge angehörige ε-Kette verbinden kann, heißt *ε-zusammenhängend*. Wenn eine Menge weiter für alle ε „ε-zusammenhängend" ist, so heißt sie *zusammenhängend* schlechthin.

Uns interessiert hier diese Begriffsbildung nur für abgeschlossene Mengen. Es zeigt sich, daß *eine abgeschlossene Menge, die nach der einen Definition zusammenhängend ist, auch nach der anderen zusammenhängend ist.* Denn wenn man z. B. eine abgeschlossene Menge in zwei punktfremde abgeschlossene Teilmengen M_1 und M_2 zerlegen kann, so besitzen diese beiden einen von Null verschiedenen Abstand.[1]) Denn das Minimum der Abstände: „Punkt aus M_1 gegen Punkt aus M_2" kann nicht Null sein, weil die beiden Mengen punktfremd sein sollen. Sei dann a der Abstand der beiden Teilmengen, so kann man keinen Punkt aus M_1 mit einem Punkt aus M_2 durch eine ε-Kette verbinden, in der $\varepsilon < a$ ist. Denn in dieser Kette müßte es zwei aufeinanderfolgende Punkte geben, den einen aus M_1, den anderen aus M_2, deren Abstand höchstens ε, also kleiner als a wäre. Wenn umgekehrt zwei Punkte P und Q durch keine ε-Kette verbunden werden können, so muß der Abstand irgend zweier ε-zusammenhängenden Mengen, welchen P und Q angehören sollen, dieses ε übertreffen. Wenn also eine abgeschlossene Menge für ein ε nicht „ε-zusammenhängend" ist, so kann sie in zwei abgeschlossene Teilmengen zerlegt werden. Man hat nur etwa als Menge M_1 alle die Punkte zu nehmen, die mit P durch eine ε-Kette verbunden werden können, als Menge M_2 alle anderen Punkte.

Nach diesen Begriffsbestimmungen gehen wir zu einigen Sätzen über.

---

1) Unter dem Abstand zweier Mengen M_1 und M_2 versteht man die untere Grenze (bei abgeschlossenen Mengen das Minimum) der Abstände PQ für irgendein Punktepaar (P aus M_1, Q aus M_2). Vgl. auch S. 21, wo wir schon einmal in einem speziellen Fall den Begriff des Abstandes verwendet haben.

Satz I. *Wenn ein Kontinuum K sowohl Punkte aus dem Inneren als Punkte aus dem Äußeren eines Polygones[1]) Π enthält, so kommen in ihm auch Punkte von Π selbst vor.*

Denn sonst würde durch das Polygon Π das Kontinuum in zwei abgeschlossene punktfremde Mengen zerlegt. Die Punkte des Kontinuums nämlich, welche dem Inneren des Polygones angehören, müssen eine abgeschlossene Menge ausmachen, wenn wirklich kein Punkt von K auf Π liegen soll. Denn alle Häufungspunkte von Punkten des K aus dem Inneren von Π müssen dann selbst dem Inneren angehören. Ebenso ist es mit der Menge der Außenpunkte von K. Beide Mengen sind punktfremd, weil ein gemeinsamer Punkt nur auf Π liegen könnte. Das alles widerspricht aber dem Begriff des Kontinuums.

Satz II. *Der Rand eines Bereiches trennt den Bereich von der Komplementärmenge, d. h. von der Menge derjenigen Punkte, welche weder dem Bereich noch seinem Rande angehören.* Der Satz ist dem eben bewiesenen ganz analog und fast mit denselben Worten wie dieser beweisbar.

Satz III. *Es sei eine abgeschlossene Menge K_1 und ein zu ihr punktfremdes Kontinuum K_2 gegeben. Man kann stets einen polygonalen (d. h. von Polygonen begrenzten) Bereich konstruieren, der das Kontinuum K_2 enthält, und der die Menge K_1 ausschließt.*

Zum Beweise ziehen wir den Abstand a der beiden Mengen heran. Alsdann konstruiere ich in der Ebene ein Quadratnetz, dessen Maschenweite (d. h. Länge der Quadratseiten) kleiner als $\frac{a}{2}$ ist. Ich greife dann diejenigen dieser Quadrate heraus, welche keinen Punkt von K_1 im Inneren oder auf dem Rande besitzen. Diese Quadrate machen dann eine gewisse Punktmenge aus, zu welcher ich noch die inneren Punkte derjenigen Quadratseiten hinzunehme, in welchen zwei der Quadrate aneinanderstoßen, und zu welcher ich diejenigen Eckpunkte hinzunehme, in welchen vier der Quadrate zusammenstoßen. Die so erhaltene Punktmenge besteht aus einigen Gebieten. Einem derselben muß das Kontinuum K_2 ganz angehören. Denn kein Randpunkt der Gebiete kann K_2 angehören. Denn anderenfalls gehört auch noch das an die betreffende Quadratseite anstoßende andere Quadrat zum Gebiet, da es seiner geringen Größe entsprechend auch noch von K_1 frei ist und die gemeinsame Quadratseite mit zur Menge gerechnet wird. Daher muß wirklich K_2 einem der von den ausgesuchten Quadraten gebildeten Gebiete angehören. Dieser Bereich ist es, dessen Existenz der Satz behauptet. Ist insbesondere auch K_1 ein Kontinuum, so muß *eines* seiner Randpolygone K_1 und K_2 trennen. So gewinnen wir das *Corrolar*: *Man kann stets ein einfaches Polygon angeben, das zwei punktfremde Kontinua voneinander trennt.*

---

1) Alle fortan vorkommenden Polygone und Streckenzüge sollen *einfach* sein, d. h. frei von Doppelpunkten.

Nun müssen wir wieder einige neue Begriffe einführen. *Ein Bereich heißt einfach zusammenhängend, wenn die Menge seiner Randpunkte ein Kontinuum ist*[1]), *zweifach zusammenhängend, wenn sie aus zwei Kontinuen besteht usw.*

Satz IV. *Wenn B ein einfach zusammenhängender Bereich und K eine ihm angehörige abgeschlossene Menge ist, so kann man stets in B ein Polygon Π konstruieren, das K vom Rand R des Bereiches B trennt.*

Der Satz kann natürlich nur für abgeschlossene K gelten, weil sonst K Punkte von R zu ihren Häufungspunkten zählen könnte. Dann könnte man nicht zwischen K und R mit einem Polygon durchkommen. Unter unseren Voraussetzungen aber ist der Abstand zwischen K und R von Null verschieden.

Der Beweis ergibt sich aus dem vorhin bewiesenen allgemeinen Satz III, wenn man bemerkt, daß R ein Kontinuum ist. Daß aber das hiernach konstruierte Polygon dem Bereich angehört, folgt so: Da die Vereinigungsmenge von B und R, also der abgeschlossene Bereich, ein Kontinuum ist, das sowohl im Inneren wie im Äußeren von Π Punkte besitzt, so liegen auch auf Π Bereichpunkte (Randpunkte können ja da nicht liegen). Daher liegt Π ganz in B, da sonst nach Satz II Π auch Punkte von R enthalten müßte.

Satz V. *Wenn in einem zweifach zusammenhängenden Bereich B mit den Rändern R_1 und R_2 eine abgeschlossene Menge K liegt, so gibt es stets einen von zwei B angehörigen Polygonen Π_1 und Π_2 begrenzten zweifach zusammenhängenden Polygonring, der K enthält, R_1 und R_2 aber ausschließt.*

Zum Beweise trenne ich zunächst die abgeschlossene Vereinigungsmenge $R_1 + K$ durch ein Polygon[2]) Π_1 vom Kontinuum R_2. Dies Polygon liegt in B. Alsdann trenne ich ebenso $K + R_2 + \Pi_1$ von R_1. Beide Polygone trennen dann R_1 von R_2. Das eine trennt K von R_1, das andere K von R_2. K muß daher dem von beiden Polygonen begrenzten zweifach zusammenhängenden Ring angehören.

Satz VI. *Ein Querschnitt, d. i. ein Polygonzug ohne Selbstüberkreuzung, welcher zwei Randpunkte eines einfach zusammenhängenden Bereiches im Bereiche miteinander verbindet, zerlegt den Bereich in zwei einfach zusammenhängende Teilbereiche.*

Jedenfalls kann er ihn nicht in mehr als zwei Teilbereiche zerlegen, weil an der Grenze eines jeden nach einer schon S. 80 angestellten Überlegung der volle Polygonzug (Querschnitt) teilnimmt und an jede Polygonseite höchstens zwei Bereiche angrenzen. Querschnitt und seitherige Bereich-

---

1) Der Rand soll also Punkte enthalten. Anderenfalls liegt die Vollebene vor, die man nullfach zusammenhängend nennen könnte.

2) $R_1 + K$ verhält sich wie ein Kontinuum, weil man R_1 und K in B (ohne R_2 zu treffen) miteinander verbinden kann.

grenze bilden ein Kontinuum. Ich nehme an, der Satz sei falsch und greife eine Strecke des Querschnittes heraus derart, daß der über ihr als Durchmesser errichtete Kreis nur Bereichpunkte enthält.

Wenn man nun im Mittelpunkt des Kreisdurchmessers nach beiden Seiten Lote auf dem Durchmesser errichtet, die kürzer als der Kreisradius sind, so zerfällt bekanntlich keiner der Halbkreise. Vielmehr geht jeder in einen neuen Bereich über, dessen Grenze nun von dem alten Halbkreis, dem Durchmesser und dieser Lotstrecke gebildet wird. Nun lassen wir den Kreis wieder weg und ziehen den Schluß, daß durch Anbringung jener Lote auch der von altem Polygon und Querschnitt begrenzte Bereich nicht zerfallen kann. Denn seien etwa P_1 und P_2 zwei Punkte eines von altem Rand und vom Querschnitt bestimmten Bereiches und Π ein Polygonzug, der beide in diesem Bereiche verbindet, der also namentlich den Querschnitt nicht trifft. Die einem Halbkreis angehörigen Teile desselben kann man aber nach dem eben Gesagten durch Streckenzüge des Halbkreises ersetzen, die das Lot nicht treffen. Wenn daher der Querschnitt das Polygon nicht zerlegte, so würde auch durch Anbringung der Lote keine Zerlegung bewirkt. Man könnte daher die Lotenden durch einen Polygonzug des Bereiches verbinden, welcher also das aus Querschnitt, Rand und Loten bestehende Kontinuum nicht trifft. Denn dies Kontinuum ist die neue Bereichgrenze. Dieser Polygonzug macht zusammen mit den beiden Loten ein einfach geschlossenes Polygon Φ aus. Sowohl seinem Inneren wie seinem Äußeren gehören Punkte des Querschnittes an, weil der Kreisdurchmesser vom Äußeren ins Innere übergeht. Läßt man diesen Durchmesser also vom Querschnitt weg, so zerfällt er in zwei Teilzüge, deren einer dem Inneren, deren anderer dem Äußeren von Φ angehört. Daher zerlegt das Polygon das Kontinuum, bestehend aus altem Rand und den zwei noch übriggebliebenen Streckenzügen des Querschnittes, in zwei abgeschlossene Teilmengen. Das widerspricht aber der Natur eines Kontinuums.

Erweiterung. *Der eben bewiesene Satz läßt sich auf zweifach zusammenhängende Bereiche übertragen, wenn man Querschnitte betrachtet, welche wie eben zwei Punkte derselben Randkurve verbinden.*

Satz VII. *Wenn aber der Querschnitt zwei verschiedene Randkurven[1]) R_1 und R_2 eines mehrfach zusammenhängenden Bereiches verbindet, so zerlegt er den Bereich nicht.*

Zum Beweise nehme ich wieder eine Teilstrecke des Polygonzuges weg. Dann bildet der Rand R_1 zusammen mit dem einen noch verbleibenden

---

1) Darunter verstehe ich zwei je in sich zusammenhängende Mengen von Randpunkten, die aber nicht ein und derselben zusammenhängenden Menge von Randpunkten angehören.

Stück des Querschnittes ein Kontinuum, ebenso bildet R_2 mit dem anderen noch verbleibenden Stück des Querschnittes und den übrigen Randpunkten eine abgeschlossene Menge. Ich zeichne nun nach Satz III einen Polygonzug, der die beiden Mengen trennt. Das vorhin weggelassene Stück des Querschnittes verbindet daher das Polygoninnere mit dem Polygonäußeren, trifft also das Polygon und hat eine ungerade Anzahl von Kontinua (Punkte und Strecken) mit demselben gemeinsam. Ich durchlaufe das Polygon und markiere mir den ersten und den letzten Treffpunkt mit dem Querschnitt. Diese zerlegen das Polygon in zwei Streckenzüge, deren jeder die beiden Seiten des Querschnittes miteinander verbindet[1]), und deren einer den Querschnitt nicht trifft. Derselbe zerlegt daher den Bereich nicht. War vielmehr der gegebene Bereich zweifach zusammenhängend, so ist der vom alten Rand und dem Querschnitt begrenzte Bereich einfach zusammenhängend, denn dieser Rand und der Querschnitt machen ein Kontinuum aus. Aus einem dreifach zusammenhängenden Bereich aber macht der Querschnitt einen zweifach zusammenhängenden.

Zusatz. Wenn man unter einem *Einschnitt* eines Bereiches einen Polygonzug aus dem Bereich versteht, der einen Bereichpunkt mit dem Rande verbindet, so zerlegt ein Einschnitt keinen Bereich, ändert nicht einmal seinen Zusammenhang. Wenn man nämlich etwa aus einem einfach zusammenhängenden Bereich einen seiner Punkte wegläßt, so wird aus ihm ein zweifach zusammenhängender Bereich. Verbindet man dann diesen Punkt mit dem Rande, so ist dieser Einschnitt des alten Bereiches ein Querschnitt des neu entstandenen zweifach zusammenhängenden, verwandelt diesen also wieder in einen einfach zusammenhängenden Bereich.

Satz VIII. *Ein dreifach zusammenhängender Bereich möge aus einem Polygon dadurch entstanden sein, daß zwei getrennte, dem Inneren des Polygones angehörige zusammenhängende abgeschlossene Mengen entfernt werden. Man kann alsdann einen Querschnitt angeben, welcher das Polygoninnere in zwei Polygone zerlegt, deren eines die eine, deren anderes die andere der beiden eben genannten Mengen in seinem Inneren enthält.*

Zum Beweise verbinde man die beiden genannten Mengen M_1 und M_2 durch zwei einander nicht treffende Einschnitte mit dem Polygonrande. Der so entstehende einfach zusammenhängende Bereich sei B. Ihre Mündungspunkte auf dem Polygon seien P_1 und P_2. Diese Punkte zerlegen das Polygon in zwei Teilbogen. Auf jedem derselben markiere man einen Punkt: Q_1 und Q_2. Diese bestimmen zwei Bogen Π_1 und Π_2 des Poly-

---

1) Der eine trifft das Querschnittstück in einer ungeraden Zahl von Kontinua und besitzt daher die angegebene Eigenschaft. Daher liegen auch Anfang und Ende des anderen Streckenzuges auf verschiedenen Querschnittseiten.

gones, deren einem P_1, deren anderem P_2 angehört. Die beiden Punkte Q_1 und Q_2 verbinde man nun durch einen dem Bereich B angehörigen Streckenzug Π miteinander. Dieser Querschnitt bewirkt die gewünschte Zerlegung. Denn Π und Π_1 begrenzen ein Polygon, dessen Innerem M_1 angehört. P_1 gehört nämlich seinem Rande an, und von P_1 aus gelangt man längs des vorhin eingeführten Einschnittes in das Polygoninnere zu M_1. Ebenso bestimmen Π und Π_2 ein Polygon, dessen Innerem M_2 angehört.

Ergänzung: Wenn aus dem Polygon n zusammenhängende Mengen entfernt sind, so kann man das Polygon durch $n-1$ Querschnitte in n Teilpolygone zerlegen, deren jedes genau eine der n Mengen enthält. Man beweist dies, indem man etwa erst $n-1$ der n Mengen zu einer verbindet und dann Satz VIII verwendet. Mit dem Polygon, das dann die $n-1$ verbundenen Mengen enthält, verfährt man aufs neue ebenso.

Die im Anhang zum vorigen Paragraphen und die eben jetzt bewiesenen Sätze sind einer weitgehenden Verallgemeinerung fähig. Zunächst wird der Leser bemerken, daß man unsere Beweise ganz mühelos auf den Fall übertragen kann, daß man statt geradlinig begrenzter Polygone etwa Kreisbogenpolygone oder noch allgemeiner begrenzter Vielecke heranzieht. Ja, man kann als Grenze die in gewissem Sinne allgemeinste stetige Kurve, die sogenannte Jordankurve heranziehen. Unter einem *Jordanschen oder einem einfachen stetigen Kurvenbogen* versteht man den Kurvenbogen $z = z(t)$, $a \leqq t \leqq b$, wenn $z(t)$ stetig ist und wenn nur für $t_1 = t_2 : z(t_1) = z(t_2)$ sein kann. Das ist also ein Kurvenbogen, der jeden seiner Punkte nur einmal passiert. Ein aus solchen Kurvenbogen als Seiten aufgebautes doppelpunktfreies Polygon — keine zwei Seiten sollen sich also schneiden — heißt eine *Jordankurve* oder *eine einfach geschlossene stetige Kurve*. Man kann dieselbe hiernach offenbar auch als das umkehrbar eindeutige und stetige Bild einer Kreisperipherie erklären. Alle seither für Polygone und Polygonzüge bewiesenen Sätze gelten auch für Jordankurven. Insbesondere gilt also der sogenannte *Jordansche Kurvensatz:*

Satz IX. *Eine jede geschlossene Jordankurve zerlegt die Ebene in genau zwei Gebiete.*

Auf den Beweis dieses Satzes, den der französische Mathematiker C. Jordan zuerst versuchte, wollen wir hier nicht mehr eingehen. Den bequemst lesbaren Beweis, der keine anderen als die hier besprochenen Hilfssätze erfordert, findet der Leser in einer Arbeit von Winternitz im ersten Bande der Mathematischen Zeitschrift. Er ist dem knapper dargestellten Brouwerschen Beweis in Mathematische Annalen Bd. 69 nachgebildet.

Wenn wir gelegentlich von diesem Satze Gebrauch machen, so wird es kaum weiter stören, daß wir hier den Beweis unterdrücken; denn immer wird es genügen, wenn der Leser dabei an die einfachsten ihm geläufigen Kurven denkt. Es ist nur begrifflich bequemer, statt dessen von Jordankurven zu reden, denn es würde schwer halten, die eben genannten einfachen Kurven begrifflich zu charakterisieren.

Ich schließe nun einen kleinen Satz an, der zwar aus dem Rahmen der eben besprochenen etwas herausfällt, der uns aber auch bald gute Dienste leisten wird.

Satz X. *Es sei eine Folge von einfach zusammenhängenden Bereichen B_1, $B_2 \cdots$ gegeben, derart, daß jeder Bereich alle Bereiche mit kleinerer Nummer umfaßt. Die Menge derjenigen Punkte, welche mindestens einem dieser Bereiche angehören, bildet dann selbst einen einfach zusammenhängenden Bereich B, den wir als Grenzbereich der Bereiche B_n auffassen können.*

Wenn nämlich ein Punkt einem der Bereiche angehört, so besitzt er eine gewisse Umgebung, die gleich ihm allen folgenden Bereichen angehört. Ebenso gehört jede Verbindungslinie zweier solcher Punkte auch allen folgenden Bereichen an. Die zu untersuchende Menge ist also ein Bereich. Wenn aber die Menge seiner Randpunkte nicht zusammenhinge, sondern mehrere Kontinua am Rande beteiligt wären, so könnte man nach Satz III ein im Bereich enthaltenes Polygon konstruieren, welches eines der Randkontinua von den übrigen trennt. Von einer gewissen Nummer an muß nun dies Polygon vollständig den Bereichen B_n angehören. Denn wenn es für jede Nummer n auf dem Polygon einen Punkt P_n gäbe, der nicht dem Bereiche dieser Nummer angehörte, so könnte ein Häufungspunkt dieser Punkte P_n auch keinem der Bereiche B_n, also auch nicht dem Bereiche B angehören. Wenn aber nun etwa das Polygon dem Bereich $B_\varkappa$ angehört, so müßte es nach seiner Konstruktion sowohl in seinem Inneren als in seinem Äußeren Punkte besitzen, die nicht zu $B_\varkappa$ gehören[1]), also auch Randpunkte von $B_\varkappa$. Dann wäre aber $B_\varkappa$ nicht einfach zusammenhängend.

Satz XI. *Jeder einfach zusammenhängende Bereich B kann im Sinne von Satz X als Grenze von Polygonen aufgefaßt werden.*

Zum Beweise[2]) betrachte ich die abgeschlossene Menge derjenigen Bereichpunkte, deren Abstand vom Bereichrand $\dfrac{1}{10^n}$ nicht übertrifft. Ich konstruiere nach Satz IV ein Polygon, das diese Menge vom Rande trennt. Dies Polygon sei B_n. Dann ist $B = \lim\limits_{n \to \infty} B_n$.

Satz XII. *Jeder Bereich ist Grenzbereich polygonaler Bereiche.*

---

1) Denn sonst gehörte das Polygoninnere oder das Polygonäußere ganz zu $B_\varkappa$, also auch ganz zu B im Gegensatz zu der Definition des Polygones.

2) Der Einheitlichkeit wegen mögen die dabei vorkommenden Abstände im stereographischen Kugelbild des Bereiches gemessen werden.

Der Beweis ergibt sich nach Satz III auf Grund der eben **angestellten** Überlegungen. Insbesondere gilt noch

Satz XIII. *Jeder zweifach zusammenhängende Bereich kann als Grenze von Polygonringen aufgefaßt werden.* Der Beweis verläuft unter Verwendung von Satz V genau wie bei Satz XI.

Alles in diesem Paragraphen Besprochene ist wohl anschaulich leicht einleuchtend. Eine nähere Analyse zeigt aber, daß diese Anschaulichkeit ein Trugbild ist, denn nicht der allgemeine Satz über die betreffenden Begriffe ist es, der unserer Anschauung einleuchtet, sondern es sind gewisse einfache Spezialfälle, an welchen unsere Anschauung orientiert ist. Bei solchen Verallgemeinerungen anschaulich einleuchtender Sätze auf begriffliche Wahrheiten kann man aber nicht vorsichtig genug sein. Daher haben wir auch hier nicht die Mühe gescheut, unseren weiteren Überlegungen eine solide Grundlage zu geben.

§ 9. Nochmals der Logarithmus und seine Abbildungen.

Wir wollen zunächst einen Teil der Ergebnisse des vorigen Paragraphen verwenden, um einige Sätze über die logarithmische Abbildung, die auch wieder der unmittelbaren Anschauung recht nahe liegen, wirklich zu beweisen. Es handelt sich im wesentlichen um folgenden Satz: *Die endlichen Werte, welche $w = \log z$ in einem den Punkt $z = 0$ enthaltenden einfach zusammenhängenden Bereich annimmt, erfüllen selbst einen einfach zusammenhängenden Bereich, den Bildbereich jenes Bereiches.*

Zunächst ein **paar** Worte zur Erläuterung. Daß ein den Nullpunkt nicht enthaltender endlicher einfach zusammenhängender Bereich wieder in einen schlichten einfach zusammenhängenden Bereich übergeht, leuchtet nach allem, was wir über den Logarithmus wissen, ohne weiteres ein Er vermittelt ja nach S. 77 eine gebietstreue schlichte Abbildung und führt den Rand des abzubildenden Bereiches in den Rand des Bildbereiches über. Bei dem jetzt zu beweisenden Satze aber liegen die Verhältnisse etwas anders. Denn der abzubildende Bereich ist ja zweifach zusammenhängend. Auch im Nullpunkt wird ja der Logarithmus singulär. Trotzdem wird der Bildbereich wieder einfach zusammenhängend. Von einfachen Fällen her ist die Richtigkeit des Satzes dem Leser auch schon geläufig. So ist ja z. B. das Bild des Kreises $0 < |z| < r$ die Halbebene $\Re(w) < \log r$. Jetzt gilt es, den allgemeinen Fall zu erledigen.

Zunächst mache ich einmal die einschränkende Annahme, daß der Bereich von einem einfachen Polygon begrenzt ist. Das geschieht in der Absicht, hernach einen allgemeineren Bereich als Grenze solcher Polygone im Sinne von Satz X (S. 89) aufzufassen. Dieser Polygonzug geht bei der

Abbildung in eine Jordankurve über, welche zwei um $2\pi i$ unterschiedene Punkte miteinander verbindet. Verbinde ich weiter den Punkt $z = 0$ mit dem Polygon durch einen längs der positiven reellen Achse geführten Querschnitt, so wird aus dem Polygon ein einfach zusammenhängender Bereich, der also durch $w = \log z$ auf einen einfach zusammenhängenden schlichten Bereich der w-Ebene abgebildet wird. Derselbe ist von dem eben genannten Jordanbogen und zwei Parallelen zur reellen Achse begrenzt, die um $2\pi i$ gegeneinander verschoben sind, also auf einen abgeschnittenen Streifen. Eine solche Abbildung vermittelt ein jeder Zweig des Logarithmus. Denn alle sind sie ja in dem Polygon, das wir eben abbildeten, eindeutig und unterscheiden sich voneinander um Vielfache von $2\pi i$. Die durch die verschiedenen Zweige erhaltenen Bildstreifen lagern sich also glatt zu einem einfach zusammenhängenden Bereich aneinander, welcher dann von den Bildern des Polygonrandes begrenzt wird. Diese Jordansche Randkurve besteht aus lauter kongruenten, um Vielfache von $2\pi i$ gegeneinander verschobenen Bogen und erstreckt sich also ins Unendliche. Diese Bemerkung wird uns später nützlich sein.

Wenn wir nun den ursprünglich gegebenen Bereich als Grenze von Polygonen auffassen, so wird er selbst auf den Grenzbereich dieser Polygonbilder abgebildet. Also auch sein Bildbereich wird einfach zusammenhängend.

Wir betrachten nun weiter *einen zweifach zusammenhängenden Bereich. Der Punkt $z = 0$ soll ihm nicht angehören. Wenn der Bereich den Punkt $z = 0$ umringt*, d. h. wenn es in ihm ein einfaches Polygon gibt, das diesen Punkt umschließt, so wird *auch dieser Bereich auf einen einfach zusammenhängenden Bereich abgebildet.*

Denn wieder können wir den Bereich als Grenze von Polygonringen auffassen und brauchen den Satz also nur für Polygonringe zu beweisen. Dann ergibt er sich sofort aus dem vorigen. Denn der vom äußeren Polygon begrenzte $z = 0$ enthaltende Bereich hat dann einen einfach zusammenhängenden Bildbereich. Von diesem ist das Bild des inneren Polygones wegzulassen. Der übrigbleibende Bereich ist einfach zusammenhängend denn die Bilder der Polygonperipherien haben den Punkt $z = \infty$ gemeinsam und bilden also eine zusammenhängende Menge.

§ 10. Der Tangens.

Die durch $\sin z$, $\cos z$ vermittelten Abbildungen werden wir erst später näher untersuchen können, weil wir dazu einige Kenntnisse über die Funktion $z + \dfrac{1}{z}$ nötig haben. Wohl aber können wir jetzt schon $\tan z$ übersehen Der Tangens wird wie im Reellen als Quotient $\frac{\sin z}{\cos z}$ erklärt. Führt man die Exponentialfunktion ein, so gewinnt man die Darstellung

$$\operatorname{tang} z = \frac{1}{i}\,\frac{e^{iz}-e^{-iz}}{e^{iz}+e^{-iz}}, \qquad \text{oder auch} \qquad \operatorname{tang} z = \frac{1}{i}\,\frac{e^{2iz}-1}{e^{2iz}+1}.$$

Aus dieser letzten Gestalt kann man bequem den Verlauf der Abbildung entnehmen. Wir wollen zunächst die Abbildung des durch die Geraden $x=0$ und $x=\pi$ begrenzten Streifens betrachten. Der Tangens bleibt ja ungeändert, wenn man sein Argument um Vielfache von π ändert. Daher lassen wir diese Beschränkung auf einen Streifen der Breite π zunächst eintreten. Wir setzen zunächst $2iz = \zeta$ und bilden damit den Streifen auf den von den Geraden $\tau = 0$, $\tau = 2\pi$ ($\zeta = \sigma + i\tau$) begrenzten Streifen ab. Alsdann setzen wir $e^{\zeta} = t$ und erhalten so die Abbildung des Streifens auf die volle t-Ebene. Dabei geht die Grenze des Streifens in die positive reelle Achse über. Endlich haben wir

$$w = \frac{1}{i}\,\frac{t-1}{t+1}.$$

Das ist eine lineare Funktion. Durch sie wird die volle t-Ebene derart auf die volle w-Ebene abgebildet, daß dabei die positive reelle Achse in das endliche geradlinige Verbindungsstück von $-i$ und $+i$ übergeht. Das ist also der Bildbereich unseres Streifens der Breite π in der z-Ebene, welcher aus diesem durch Abbildung vermöge der Funktion $w = \operatorname{tang} z$ erhalten wird. Die Parallelen zur imaginären z-Achse gehen dabei in die Kreise durch $+i$ und $-i$ über, während die Parallelen zur reellen Achse zum dazu senkrechten Kreisbüschel führen. Näheres mag man dem Anblick der Figuren 37a und 37b entnehmen. Zerlegt man nun die z-Ebene in lauter zu dem ersten parallele Streifen der Breite π, so wird ein jeder solcher Streifen in ein gleiches Exemplar der w-Ebene abgebildet, derart, daß z-Punkte, die sich um Vielfache von π unterscheiden, denselben w-Wert liefern. Nun vereinigen wir die verschiedenen Exemplare der w-Ebene zu einer Riemannschen Fläche,

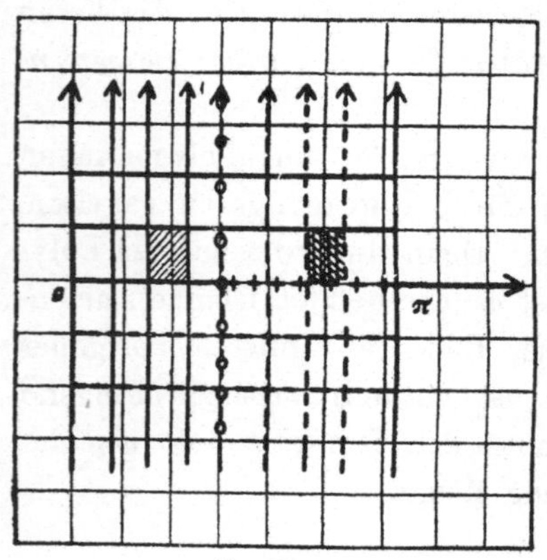

Fig. 37 a.

indem wir sie so aneinanderheften, wie die Streifen der z-Ebene aneinanderhängen. Sie sind also längs der Bilder der Linien, welche die Streifen voneinander trennen, aneinanderzuheften. Das ist aber jedesmal die Verbindungslinie von $-i$ nach $+i$. Denken wir uns alle w-Ebenen längs dieser Linie aufgeschnitten, so können wir da ein rechtes und ein linkes Ufer unterscheiden. Dann ist jedes Blatt in seinem rechten **Ufer** an das linke Ufer des voraufgehenden Blattes anzuheften. Man erhält so eine Riemannsche Fläche, unendlich vielblättrig wie die des Logarithmus, mit Verzweigungspunkten unendlicher Ordnung bei $\pm\,i$, während ja die der Logarithmusfläche bei 0, ∞ lagen. Daß die Beziehung zum Logarithmus eine noch engere ist, als man hiernach schon vermuten kann, werden wir bald sehen. Zunächst aber müssen wir die eben angegebenen Resultate noch etwas näher begründen. Was ist ein voraufgehendes Blatt, und warum müssen wir stets ein rechtes Ufer an ein linkes anheften?

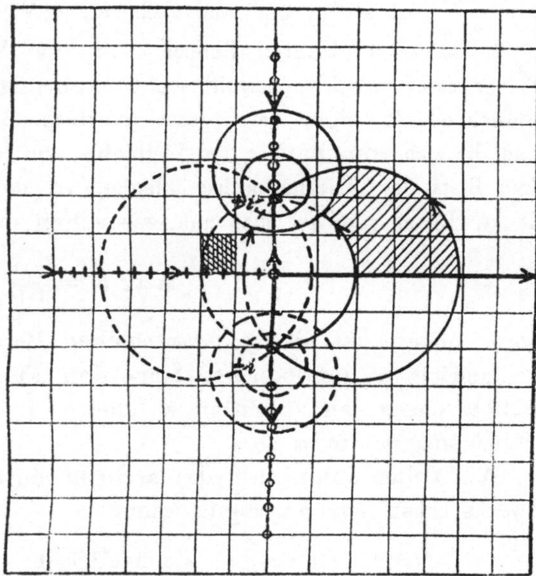

Fig. 37 b.

Wir wollen sagen, ein Blatt gehe einem anderen voraus, wenn sein zugehöriger Streifen kleinere Realteile enthält als der zum folgenden Blatt gehörige Streifen. Wir müssen nun zusehen, in welcher Weise die rein imaginäre Achse der z-Ebene auf die Verbindungslinie $\pm\,i$ abgebildet wird. Die Pfeile in den beiden Figuren bringen das des näheren zur Darstellung. Zur Begründung sei nur bemerkt, daß doch $\tan 0 = 0$ ist, und daß $\tan z$ für $0 \leq z < \dfrac{\pi}{2}$ mit wachsendem z zunimmt. Da nun aber die positive imaginäre z-Achse links von der positiven reellen Achse liegt, so muß ihr Bild links von der positiven reellen w-Achse sich befinden. Rückt man nun von der imaginären Achse aus nach der rechten Seite der von unten nach oben gehenden Durchlaufungsrichtung in den Streifen hinein, so muß die Bildbewegung auch nach der rechten Seite der eben angegebenen Durchlaufungsrichtung erfolgen. Geht man aber nach links in den vorausgehenden Nachbarstreifen, so muß man durch Fortschreiten zur Rechten der Richtung $-\,i \longrightarrow +\,i$ in das vorausgehende Blatt gelangen. Daher sind die Blätter so aneinanderzuheften, wie oben angegeben wurde.

Aus dem Verlauf der Abbildung entnimmt man wieder, daß jedes genügend kleine, von Koordinatenlinien begrenzte **Quadrat** der z-Ebene in

7 *

ein Kreisbogenviereck der w-Ebene übergeht. (Vgl. Fig. 37.) Daher ist die Abbildung durchweg gebietstreu. Eine Ausnahme machen nicht einmal die bei den **Nullstellen** von $\cos z$ gelegenen Pole. Pole sind das deshalb, weil $\frac{\cos z}{\sin z}$ dort stetig und analytisch ist. (Vgl. S. 49.)

In jedem schlichten Bereich, der die Verzweigungspunkte $\pm i$ der Fläche nicht enthält, zerfällt die Umkehrungsfunktion $z = \operatorname{arctg} w$ in unendlichviele Zweige, deren jeder in dem Bereiche eindeutig erklärt ist, und die sich voneinander um Vielfache von π unterscheiden, entsprechend dem Blatt der **Riemann**schen Fläche, in dem man den Bereich gelegen denkt. Daher rechnet man nun, wie schon mehrfach geschehen, nach, daß

$$\frac{d}{dw} \operatorname{arctg} w = \frac{1}{1 + w^2}$$

wird. $\operatorname{arctg} w$ ist also in jedem solchen Bereich analytisch.

Umläuft w im positiven Sinne den Punkt $w = i$ einmal, so nimmt $\operatorname{arctg} w$ um π zu. Umläuft es aber $- i$ einmal im positiven Sinne, so nimmt $\operatorname{arctg} w$ um π ab.

Wir stellen nun noch den $\operatorname{arctg} w$ durch den $\log w$ dar. Zu dem Zwecke haben wir nur die Gleichung

$$w = \frac{1}{i} \frac{e^{2iz} - 1}{e^{2iz} + 1}$$

nach z aufzulösen. Man findet

$$z = \frac{1}{2i} \log \frac{1 + iw}{1 - iw}.$$

Tatsächlich führt ja nun die lineare Funktion

$$\frac{1 + iw}{1 - iw}$$

die **Riemann**sche Fläche des arcustangens in eine bei 0 und ∞ verzweigte Fläche über, die dann durch den **Logarithmus** schlicht abgebildet wird.

$$\S\ 11 \quad w = \frac{1}{2}\left(z + \frac{1}{z}\right).$$

Um die Abbildung dieser Funktion zu übersehen, bemerken wir zunächst, daß sie überall da winkeltreu ist, wo die Ableitung nicht verschwindet. Das ist aber nur für $z = \pm 1$ der Fall. Dort erhält w die Werte $w = \pm 1$. Diese werden voraussichtlich also für den Bildbereich der z-Ebene eine besondere Rolle spielen.

Ich setze nun

$$z = re^{i\varphi}, \quad w = u + iv.$$

Dann wird
$$u = \frac{1}{2}\left(r + \frac{1}{r}\right)\cos\varphi$$
$$v = \frac{1}{2}\left(r - \frac{1}{r}\right)\sin\varphi.$$

Daher gehen die Kreise $r = c$ in die Ellipsen
$$\frac{u^2}{\left(c + \frac{1}{c}\right)^2} + \frac{v^2}{\left(c - \frac{1}{c}\right)^2} = \frac{1}{4}$$
und die Geraden $\varphi = c$ in die Hyperbeln
$$\frac{u^2}{\cos^2 c} - \frac{v^2}{\sin^2 c} = 1$$

über. Die Brennpunkte dieser Kegelschnitte liegen stets bei $\pm\,1$. Wegen der Winkeltreue der Abbildung findet man daher die bekannte Tatsache bestätigt, daß die Ellipsen auf den konfokalen Hyperbeln, d. h. den Hyperbeln gleicher Brennpunkte senkrecht stehen. Der Einheitskreis insbesondere geht in das Stück der reellen Achse von -1 bis $+1$ über. Das liest man entweder aus der Ellipsengleichung ab, oder man gewinnt es direkt, indem man $z = e^{i\varphi}$ in $\frac{1}{2}\left(z + \frac{1}{z}\right)$ einträgt. Dann wird $w = \cos\varphi$. Man sieht so, daß zur reellen Achse spiegelbildliche Punkte des Einheitskreises denselben Punkt der reellen Achse liefern.

Weiter sieht man, daß Kreise von reziproken Radien r und $\frac{1}{r}$ dieselbe Ellipse liefern. Wir deuten daher die Abbildung in zwei Exemplaren der w-Ebene. In der einen tragen wir die Bilder der Punkte des Einheitskreisinneren ein; auf die andere bilden wir das Äußere ab. Lassen wir nun einen Kreis $|z| = r$ etwa das Innere des Einheitskreises überstreichen, so überstreicht die Bildellipse genau einmal die w-Ebene. Daher wird sowohl das Innere wie das Äußere auf ein schlichtes Exemplar der w-Ebene abgebildet. Diese beiden haben wir nun noch zu vereinigen, so wie Inneres und Äußeres des Einheitskreises aneinanderhängen. Das läuft darauf hinaus, daß wir längs der Linie $-1 \longrightarrow +1$ die beiden w-Ebenen kreuzweise aneinanderheften, so etwa wie längs der positiven reellen Achse die beiden Blätter der Riemannschen Fläche von $\sqrt{w}$ zusammenhängen. Man sieht nämlich leicht ein, daß z-Werte, die am Einheitskreis invers sind, konjugiert imaginären w-Werten entsprechen. Denn es ist ja $w\left(\frac{1}{\bar{z}}\right) = \overline{w(z)}$. Denkt man sich daher die beiden Blätter von -1 nach $+1$ aufgeschnitten, so ist immer ein unteres mit einem oberen Ufer des anderen Blattes zu vereinigen. Man kann dies auch daraus folgern, daß ja ein von Koordinatenlinien begrenztes Kreisbogenviereck, welches einen Bogen des Kreises $|z| = 1$ enthält, bei der Abbildung in ein von Kegelschnittbogen begrenztes Viereck übergehen muß, welches einen Teil des Stückes der reellen Achse von -1 bis $+1$ enthält. Überhaupt geht ja ein solches Kreisbogenviereck, welches ± 1 nicht enthält, stets in ein schlichtes Viereck der w-Ebene über, so daß wieder die Abbildung gebietstreu ist. Dies ist auch bei den Punkten $z = \pm 1$ der Fall. Die schlichte Umgebung eines solchen Punktes geht in die zweifach gewundene Umgebung von $w = \pm 1$ über. Um das zu sehen, haben wir im Sinne der Definition, die wir S. 69 für eine zweiblättrige Umgebung gaben, zu zeigen, daß man die Gesamtheit der Punkte unserer Riemannschen Fläche, welche in der Nähe von ± 1 liegen, durch die Funktion $t = \sqrt{w-1}$ bzw. $\sqrt{w+1}$ auf die schlichte Umgebung von $t = 0$ abbilden kann. Der Augenschein läßt ja schon vermuten, daß es so ist. Den allgemeinen Grund werden wir erst später kennen lernen. Vorläufig müssen wir eine besondere Überlegung anstellen. Wir bemerken, daß

$$t = \sqrt{w-1} = \frac{1}{\sqrt{2}}\frac{z-1}{\sqrt{z}} = \frac{1}{\sqrt{2}}\left(\sqrt{z} - \frac{1}{\sqrt{z}}\right).$$

Wir erhalten so je nach dem Vorzeichen der Wurzel zwei Abbildungen. Wir entscheiden uns für diejenige, für die $\sqrt{1} = +1$ ist. Nun leistet jedenfalls $\zeta = \sqrt{z}$ eine schlichte Abbildung der Umgebung von $z = 1$ auf die schlichte Umgebung von $\zeta = 1$. Dann ist also noch die Abbildung anzusehen, welche $t = \zeta - \frac{1}{\zeta}$ von der Umgebung von $\zeta = 1$ vermittelt.

Ich schreibe $$t = \frac{1}{i}\left(i\zeta + \frac{1}{i\zeta}\right)$$

und setze $i\zeta = \tau$; dann geht die schlichte Umgebung von $\zeta = 1$ in die schlichte Umgebung von $\tau = i$ über. Und diese wird, wie schon in den vorigen Betrachtungen liegt, durch

$$t = \frac{1}{i}\left(\tau + \frac{1}{\tau}\right)$$

schlicht abgebildet. Fassen wir zusammen. Die Funktion $t = \sqrt{w-1}$ bildet die Gesamtheit der Punkte, welche auf der Riemannschen Fläche in der Nähe von $+1$ liegen, auf die schlichte Umgebung von $t = 0$ ab. Denn diese Punkte der Fläche sind genau die Bildpunkte der Umgebung von $z = 1$. Und zu diesen gingen wir über, wenn wir in $t = \sqrt{w-1}$ das z einführten, und diese Umgebung haben wir schlicht weiter abgebildet. Genau ebenso schließt man bei $w = -1$.

Bemerkung: 1. In die Abbildung $w = \frac{1}{2}\left(z + \frac{1}{z}\right)$ kann man auch Einblick gewinnen, wenn man schreibt:

$$w = \frac{1 + \left(\frac{z-1}{z+1}\right)^2}{1 - \left(\frac{z-1}{z+1}\right)^2}.$$

2. **Auf der zweiblättrigen Riemannschen Fläche**, welche, wie wir sahen, bei $w = +1$ und bei $w = -1$ verzweigt ist, sind mancherlei Funktionen eindeutig erklärt. Das gilt zunächst für diejenige Funktion von w, welche die Fläche umkehrbar eindeutig auf die schlichte z-Ebene abbildet. Sie ergibt sich natürlich durch **Auflösung der Gleichung**

$$w = \frac{1}{2}\left(z + \frac{1}{z}\right)$$

oder, was dasselbe ist, von $z^2 - 2wz + 1 = 0$
nach w, so daß man also für diese Funktion die **Darstellung**

$$z = w + \sqrt{w^2 - 1} \qquad \text{findet.}$$

So wie aber diese Funktion auf der Fläche eindeutig erklärt ist, so trifft dies auch für die **Funktion**

$$z - w = \sqrt{w^2 - 1}$$

zu. Daher nennt man die Fläche auch **Riemannsche Fläche der Quadratwurzel**

$$\sqrt{w^2 - 1}.$$

Mit $\sqrt{w^2 - 1}$ ist natürlich auch

$$t = \frac{\sqrt{w^2 - 1}}{w + 1} = \sqrt{\frac{w - 1}{w + 1}}$$

eindeutig auf der Fläche erklärt. Auch diese Funktion leistet eine **Abbildung** der Riemannschen Fläche auf eine schlichte Ebene. Denn man kann

$$t = \sqrt{\frac{w - 1}{w + 1}} = \frac{z - 1}{z + 1}$$

schreiben und ersieht daraus, daß sich

$$\sqrt{\frac{w - 1}{w + 1}}$$

linear durch $\qquad w + \sqrt{w^2 - 1}$

ausdrückt. Um also die Abbildung durch

$$t = \sqrt{\frac{w - 1}{w + 1}}$$

zu erhalten, kann man erst die **Abbildung**

$$z = w + \sqrt{w^2 - 1}$$

vornehmen und alsdann die z-Ebene noch der linearen **Abbildung**

$$t = \frac{z - 1}{z + 1}$$

unterziehen, durch welche die schlichte z-Ebene in die schlichte volle t-Ebene übergeht.

3. Die hier besprochene zweiblättrige Fläche ist nur ein spezieller Fall der zweiblättrigen Flächen mit zwei beliebig gelegenen Verzweigungspunkten. Man kann irgend zwei derartige Flächen durch eine lineare Abbildung der w-Ebene ineinander überführen. Man muß diese Abbildung nur so wählen, daß dabei die Verzweigungsstellen der einen Ebene in die Verzweigungsstellen der anderen Ebene übergeführt werden. So wird z. B. durch die Abbildung

$$\zeta = \frac{w-1}{w+1}$$

unsere bei $w = \pm 1$ verzweigte Fläche in die in § 4 betrachtete Riemannsche Fläche von $\sqrt{\zeta}$ übergeführt. Denn die neue Fläche muß ja durch

$$t = \sqrt{\zeta} = \sqrt{\frac{w-1}{w+1}}$$

auf eine schlichte t-Ebene abgebildet werden.

Auf S. 252 werden wir erneut auf diese Dinge zu sprechen kommen.

§ 12. Die trigonometrischen Funktionen.

Wir wenden nun unsere Ergebnisse auf die trigonometrischen Funktionen an. Ich betrachte zunächst $w = \cos z$. z beschränke ich zunächst auf einen Streifen der Breite 2π parallel der imaginären Achse. Er sei etwa von den Geraden $x = 0$ und $x = 2\pi$ begrenzt. Durch die Abbildung $t = e^{iz}$ geht er in ein volles Exemplar der t-Ebene über. Die Begrenzungslinien bilden sich auf die positive reelle Achse ab. Nun ist weiter

$$w = \frac{1}{2}\left(t + \frac{1}{t}\right) = \frac{1}{2}\left(e^{iz} + e^{-iz}\right).$$

Daher wird das volle Exemplar der t-Ebene nun auf die vorhin erhaltene zweiblättrige bei $w = \pm 1$ verzweigte Fläche abgebildet. Die reelle Achse der t-Ebene geht dabei in die Stücke der reellen Achse von $+1$ nach ∞ in beiden Blättern über. Soweit sie im Inneren des Einheitskreises liegt, wird sie eben auf das eine, soweit sie im Äußeren liegt, auf das andere Blatt abgebildet.

Zerlegt man nun die z-Ebene in lauter parallele Streifen der Breite 2π, begrenzt von den Linien $x = 2h\pi$ ($h = 0, 1, 2\cdots$), so wird jeder dieser Streifen auf ein solches zweiblättriges Exemplar abgebildet. Längs der angegebenen Linien sind dieselben zu vereinigen. So erhält man den Bildbereich der z-Ebene.

Bemerkung: Dies Beispiel wird dem Leser schon zeigen, daß die Riemannschen Flächen, welche wir zunächst als anschauliches Mittel einführten, auch recht wenig anschaulich ausfallen können. Darin liegt auch eine Andeutung dafür, daß im Laufe der Zeit · uns die Riemannschen

Flächen mehr und mehr aus einem anschaulichen ein begriffliches Hilfsmittel werden. Dies mögen dem Leser auch schon die Betrachtungen zeigen, welche wir nun weiter anstellen.

Grenzen wir durch Parallele zu den Koordinatenachsen um einen Punkt der z-Ebene eine Umgebung ab, so wird diese durch unsere Abbildung auf ein Gebiet über der w-Ebene abgebildet. Dasselbe ist schlicht, wofern die Abbildung nicht auf die gewundene Umgebung von $w = \pm 1$ erfolgt. Das ist aber nur dann der Fall, wenn $e^{iz} = \pm 1$ ist, d. h. wenn z ein Vielfaches von π ist. Diese Stellen werden aber gerade auf die zweiblättrigen Windungspunkte abgebildet.

Bemerkung: Schon mehrfach war jetzt ein merkwürdiger Parallelismus von Aufhören der Winkeltreue und Aufhören der Gebietstreue im schlichten Sinn zu merken. Das ist kein Zufall. Wir werden bald allgemein sehen, daß die Umgebung eines Punktes nur dann nicht auf die schlichte Umgebung des Bildpunktes abgebildet wird, wenn dort die Ableitung der Funktion verschwindet. Bei dieser Formulierung haben wir natürlich die regulären Stellen der Abbildungsfunktion im Auge.

Aus unserem Nachweis der Gebietstreue folgt nun, daß in jedem Bereich der w-Ebene, welcher keinen Windungspunkt enthält, die Umkehrungsfunktion $z = \arccos w$ in unendlichviele jeweils eindeutig erklärte Zweige zerfällt, deren jeder analytisch ist.

Die verschiedenen Zweige zerfallen in zwei Klassen. In jeder einzelnen Klasse sind die Werte des $\arccos w$ um Vielfache von 2π unterschieden. Die entsprechenden Bereiche gehören also verschiedenen Exemplaren der zweiblättrigen Fläche an. In übereinanderliegenden Punkten desselben zweiblättrigen Exemplares nimmt der $\arccos w$ weiter durchs Vorzeichen unterschiedene Werte an. Denn auch bei Vorzeichenwechsel von z bleibt $\cos z$ ungeändert. Daher können die arccos-Werte der beiden Klassen so in Paare eingeteilt werden, daß die Werte eines einzelnen Paares sich gerade durchs Vorzeichen unterscheiden.

Um noch die Differenzierbarkeit einzusehen, wählen wir einen bestimmten der Zweige aus. Dann wird wieder nach einer schon mehr verwandten Schlußweise

$$\frac{d \arccos w}{d w} = \frac{-1}{\sin z} = \frac{-1}{\sqrt{1 - w^2}}.$$

Ganz ähnliche Überlegungen wie die eben angestellten lassen auch in dem arcussinus eine unendlichvieldeutige analytische Funktion erkennen. Das entnimmt man ja auch daraus, daß

$$\sin z = \cos\left(\frac{\pi}{2} - z\right) = w,$$

daß also auch
$$\arcsin w + \arccos w = \frac{\pi}{2}.$$

Für die Ableitung ergibt sich

$$\frac{d \arcsin w}{dw} = \frac{1}{\cos z} = \frac{1}{\sqrt{1-w^2}}.$$

Man hätte auch von der Darstellung des Arcussinus durch den Logarithmus (vgl. S. 237) ausgehen und darauf die Darlegungen aufbauen können. Einige Andeutungen dazu gebe ich später (S. 237). Die nähere Durchführung sei dem Leser überlassen.

Fünfter Abschnitt.

Integralrechnung im komplexen Gebiet.

§ 1. Unbestimmte Integrale.

Aufgabe der Integralrechnung ist es auch im komplexen Gebiet vor allem, diejenigen Funktionen zu suchen, deren Ableitung einer gegebenen Funktion gleich ist. Jede Formel der Differentialrechnung liefert so unmittelbar eine Formel der Integralrechnung, und man erhält so wie im Reellen einen guten Vorrat an Stammformeln.

Hat man weiter z. B. eine durch eine Potenzreihe dargestellte Funktion $f'(z) = \Sigma a_n z^n$ zu integrieren, so erkennt man ein Integral sofort in $\sum \frac{a_n z^{n+1}}{n+1}$. Diese Reihe hat ja Koeffizienten von kleinerem Betrage als die gegebene. Sie konvergiert also jedenfalls überall da, wo die erste konvergiert, und kann dann gliedweise differenziert werden (S. 37). So findet man als ihre Ableitung die gegebene Funktion.

Ob die so gefundenen aber, von einer additiven Konstanten abgesehen, die einzigen Integrale sind, oder, anders ausgedrückt, ob, wie im Reellen, die Konstante die einzige analytische Funktion ist, deren Ableitung durchweg verschwindet, bleibt hier noch dahingestellt. Im Reellen erbringt man ja den Beweis auf Grund des Mittelwertsatzes. Der steht uns aber hier bisher nicht zur Verfügung.

Besondere Vorsicht ist geboten, wenn man beim Integrieren auf mehrdeutige Funktionen stößt. Daß $\int \frac{dz}{z} = \log z$ ist, sieht ja sehr schön aus. Aber die Schönheit hört sofort auf, wenn man Grenzen eintragen will.

Welchen Wert des Logarithmus soll man unter $\int\limits_1^z \frac{dz}{z}$ verstehen? Auf derartige Fragen kann man mit solch naiven Methoden, wie sie bisher zur Verfügung stehen, keine Antwort geben. Wir müssen dazu unsere Untersuchungen auf viel breiterer Grundlage aufbauen.

§ 2. Rektifizierbare Kurven.

$x(t)$ und $y(t)$ seien zwei für $a < t < b$ stetige eindeutige Funktionen der reellen Variablen t. Wir deuten x, y in einer komplexen z-Ebene. In dieser Ebene erhalten wir durch die Funktion $z = z(t) = x(t) + iy(t)$ ein Bild der Strecke $a \leq t \leq b$, das wir eine stetige Kurve nennen.[1]) $z = z(t)$ heißt ihre Gleichung. Dem Parameterwert $t = a$ möge ihr Anfangspunkt $z = A$, dem Parameterwert $t = b$ ihr Endpunkt B entsprechen. Wir wählen $n + 1$ Parameterwerte $t_0 = a < t_1 < t_2 < \cdots < t_{n-1} < t_n = b$. Ihnen mögen die Kurvenpunkte $A = z_0, z_1 \cdots z_{n-1}, z_n = B$ entsprechen. Wir verbinden sie der Reihe nach durch geradlinige Kurvensehnen und erhalten so ein eingeschriebenes Polygon. Seine Länge ist

$$l_n = |\varDelta z_1| + |\varDelta z_2| + \cdots + |\varDelta z_n|,$$

wenn wir $\varDelta z_k = z_k - z_{k-1}$ setzen.

Alle möglichen Zahlenwerte l_n, die so als Längen von eingeschriebenen Polygonen auftreten können, machen eine gewisse Zahlenmenge aus. Wenn diese *beschränkt* ist, d. h. wenn es feste Schranken M gibt, die alle l_n übertreffen, für die also stets $l_n < M$ gilt, *dann heißt die Kurve rektifizierbar*. Die kleinste dieser Schranken, die sog. *obere Grenze* der l_n nenne ich *Länge der Kurve*.[2])

Einige Eigenschaften der rektifizierbaren Kurven ergeben sich unmittelbar aus dieser Definition.

1. *Der Kurvenbogen ist länger als jedes einbeschriebene Polygon* stets dann, wenn die Kurve kein Polygonzug ist. Nur in diesem Falle gibt es ein einbeschriebenes Polygon gleicher Länge, nämlich den Kurvenzug selbst.

---

1) Auf eine Möglichkeit, die diese Begriffsbildung zuläßt, will ich besonders hinweisen: Die durch $z = z(t)$ dargestellte stetige Kurve kann z. B. eine doppelt durchlaufene Strecke sein. Während der Parameter von a bis c geht, durchläuft etwa $z(t)$ die Strecke voll in der einen Richtung, um sie wieder rückwärts zu durchmessen, während der Parameter von c bis b weiter wächst. Auf den ersten Blick ist dies Vorkommen vielleicht manchem Leser unerwünscht und fremdartig. Der aufmerksame Leser aber wird sich erinnern, daß solche Vorkommnisse auch schon in anderem Zusammenhang vorkamen. So bildet z. B. $w = \frac{1}{2}\left(z + \frac{1}{z}\right)$ den Einheitskreis auf die doppelt durchlaufene Strecke $-1 \leq w \leq +1$ ab. Dem entspricht es, daß $\cos \varphi$ eben diese Strecke zweimal durchläuft, wenn φ von 0 bis 2π wächst. Angesichts solcher Beispiele, die beliebig vermehrt werden können, wäre es ganz pervers in einem funktionentheoretischen Buch künstlich solche Vorkommnisse beiseite zu schieben.

2) Der Leser mache sich den Sinn der Definition z. B. an dem Fall einer aus zwei geradlinigen Strecken bestehenden Kurve klar. Die obere Grenze ist hier zufällig ein echtes Maximum.

2. *Jeder Teilbogen einer rektifizierbaren Kurve ist selbst rektifizierbar.* Denn unter den dem ganzen Bogen einbeschriebenen Polygonen kommen insbesondere solche vor, unter deren Eckpunkten die Endpunkte des Teilbogens vorkommen. Diese Teilpunkte bestimmen einen dem Teilbogen einbeschriebenen Teilzug des Sehnenpolygons. Die so erhaltenen sämtlichen Sehnenpolygone des Teilzuges sind demnach kürzer als die Länge des ganzen Kurvenbogens. Also sind sie beschränkt und der Teilbogen ist somit rektifizierbar.

3. Ähnlich sieht man ein, daß *jede aus zwei rektifizierbaren Bogen zusammengesetzte Kurve selbst rektifizierbar* ist, und daß *ihre Länge gleich der Summe der Längen der Teilbogen* ist. Denn jedes der Gesamtkurve einbeschriebene Polygon ist höchstens so lang als die Summe der Längen zweier passender den Teilbogen einbeschriebenen Polygone. Man erhält solche, indem man den Punkt, wo beide Bogen zusammenstoßen, wenn noch nötig, als neuen Eckpunkt einführt. Er liegt ja dann zwischen zwei aufeinanderfolgenden Polygonecken. Die Verbindungslinie dieser beiden ersetzt man durch die beiden Strecken nach dem neuen Eckpunkt und zerlegt das so entstandene neue längere Polygon mit Hilfe dieser Ecke in zwei den Teilbogen einbeschriebene Polygone. So sieht man also, daß alle Sehnenpolygone der ganzen Kurve nicht länger sind als die Summe der Längen der Teilbogen, aus welchen die Kurve besteht. Weiter aber ist diese Längensumme genau die Länge der Gesamtkurve, weil man ihr durch passend gewählte Sehnenpolygone offenbar beliebig nahekommen kann.

4. Nun müssen wir endlich noch sehen, daß *unser* für manchen Leser etwas sonderbare *Längenbegriff* weiter nichts ist als eine *Verallgemeinerung des üblichen*, der auf die dem Leser geläufige Integraldarstellung der Länge führt. Bei der Herleitung dieser Darstellung setzt man z. B. voraus, daß die Kurve aus endlich vielen Bogen besteht, für deren jeden $z(t)$ eine stetige Ableitung $z'(t)$ besitzt. Ich greife einen solchen Teilbogen heraus: $\alpha \leqq t \leqq \beta$ sei er. Für jedes Sehnenpolygon dieses Bogens gilt

$$\sum |\varDelta z_k| = \sum \left|\frac{\varDelta z_k}{\varDelta t_k}\right| \varDelta t_k = \sum \left| \sqrt{\{x'(\tau_k)\}^2 + \{y'(\tau'_k)\}^2} \right| \varDelta t_k.$$

Dabei bedeuten τ_k und τ'_k im Sinne des Mittelwertsatzes die passenden Stellen aus dem Intervall $t_{k-1} \leqq t \leqq t_k$. Die Integralrechnung lehrt aber nun, daß sich bei genügend dichter Wahl der t_k alle diese Summen beliebig wenig von dem Integral

$$\int_\alpha^\beta \sqrt{\{x'(t)\}^2 + \{y'(t)\}^2}\, dt = \int_\alpha^\beta |z'(t)|\, dt$$

unterscheiden. Dies Integral, „der Grenzwert der Näherungssummen" in dem in der Integralrechnung üblichen Sinn[1]) ist aber zugleich deren obere Grenze. Denn zu jeder Näherungssumme existieren beliebig viele noch größere (wofern die Kurve keine Gerade ist). Man nehme nur in den Näherungssummen die Maxima der $|z'(\tau_k)|$ in den einzelnen Intervallen und konstruiere durch fortgesetztes Unterteilen der Intervalle neue solche Näherungssummen. Diese Summen wachsen, wie man in der Integralrechnung lernt, stets an. Nur bei geradliniger Kurve sind alle gleich. Da ist aber auch die Behauptung trivial. Sonst wachsen die Näherungssummen ständig und streben dem Grenzwert zu. Dieser ist zugleich die obere Grenze derselben. Denn gäbe es nur eine größere, so gäbe es nach dem Gesagten unendlich viele noch größere. Dann wäre das Integral noch nicht einmal der Grenzwert, zu dem sich alle hindrängen. Es gibt hiernach auch keine den Integralwert übertreffenden Sehnenpolygonlängen und andererseits gibt es nach der Herleitung Sehnenpolygone, deren Länge dem Integralwert beliebig nahekommt.

5. Man kann einen beliebigen Punkt der Kurve herausgreifen und ihn zum Nullpunkte der Bogenlängenmessung machen. Diesem Punkte möge etwa der Parameterwert $t = \alpha$ entsprechen. Dann gehört zum Punkt t die Bogenlänge

$$s = \int_{\alpha}^{t} |z'(t)|\, dt.$$

Jeder Punkt bekommt so einen bestimmten Bogenabstand von $z(\alpha)$ und jeder Bogenabstand kommt auch nur einmal vor, weil beim Fortschreiten längs der Kurve die Bogenlänge wächst. Man kann daher die Koordinate z der Kurvenpunkte als eindeutige Funktion $f(s)$ der Bogenlänge s auffassen. Sie ist gleichzeitig eine stetige Funktion von s. Denn wenn man um ein Bogenstück $\varDelta s$ auf der Kurve fortschreitet, so kann sich dabei die Lage des Kurvenpunktes in der z-Ebene auch nicht um mehr als $\varDelta s$ ändern. Ist insbesondere $z(t)$ differenzierbar, so wird auch $f(s)$ differenzierbar.

Denn offenbar ist dann

$$s(t) = \int_{\alpha}^{t} |z'(t)|\, dt$$

eine differenzierbare monotone Funktion. Daher ist auch ihre Umkehrungsfunktion

$$t(s)$$

monoton und differenzierbar. Nun ist aber auch

$$f(s) = z\{t(s)\}$$

differenzierbar. Bekanntlich ist weiter $|f'(s)| = 1$.

---

1) Für jede stetige Kurve (also nicht nur für die stetig differenzierbaren) haben die Längen der Sehnenpolygone einen solchen gemeinsamen Grenzwert, von dem sich also alle zu genügend feinen Einteilungen gehörigen beliebig wenig unterscheiden. Der Leser führe selbst den Beweis für diese Behauptung.

§ 3. Kurvenintegrale.

Wir gehen nun daran, den Begriff des bestimmten Integrales ins Komplexe zu übertragen. Dazu führen wir zunächst das Kurvenintegral $\int_a^b f(z)\,dz$ ein, dessen Wert außer von den Grenzen — zwei komplexen Zahlen a und b — auch noch von dem Integrationsweg $\mathfrak{C}$ einer rektifizierbaren, die Grenzen verbindenden Kurve abhängt.[1]) Daß oft diese Abhängigkeit vom Weg nur scheinbar ist, das ist der Inhalt des Hauptsatzes der Funktionentheorie. Wir werden ihn in einem der nächsten Paragraphen ableiten.

Seien a und b also zwei Punkte, $z = z(s)$ eine stetige rektifizierbare, sie verbindende Kurve und $f(z)$ eine eindeutige stetige Funktion des komplexen Argumentes z in einem die Kurve $\mathfrak{C}$ enthaltenden Bereiche B. Wir erklären nun, was wir unter $\int_a^b f(z)\,dz$ verstehen wollen. Die Kurve $\mathfrak{C}$ sei dabei auf ihre Bogenlänge s als Parameter bezogen, so daß ihre Koordinate z eine stetige Funktion von s ist.[2]) Wir führen nun wieder $n+1$-Teilpunkte ein: $z_0 = a$, $z_1, \cdots, z_n = b$ und bilden (wie im Reellen, wo die Kurve $\mathfrak{C}$ ein Stück der reellen Achse ist) die Summe $s_n = f(\zeta_1)\,\varDelta z_1 + \cdots + f(\zeta_n)\,\varDelta z_n$. Dabei bedeutet $\zeta_\varkappa$ irgendeinen Punkt des Teilbogens $z_{\varkappa-1}$ bis $z_\varkappa$. Wir zeigen nun, daß es eine Zahl S und eine Funktion $\sigma(\varepsilon)$ gibt, so daß $|S - s_n| < \varepsilon$ wird, sobald nur die Längen aller Teilbogen kleiner als $\sigma(\varepsilon)$ sind. Diese Zahl S bezeichnen wir dann mit $\int_a^b f(z)\,dz$, erstreckt über $\mathfrak{C}$.

Um den Beweis zu erbringen, wähle ich vor allem die Längen der Teilbogen so klein, daß auf jedem Bogen die Schwankung der Funktion $f(z)$ kleiner als $\frac{\varepsilon}{2L}$ ausfällt. L ist dabei die Länge der Kurve. Unter Schwankung wird dabei das Maximum verstanden, das die Differenz $f(Z_1) - f(Z_2)|$ für zwei Punkte Z_1 und Z_2 eines Teilbogens annehmen kann. Wegen der Stetigkeit und der daraus folgenden gleichmäßigen Stetigkeit der Funktion $f(z)$ kann dies wie im Reellen stets erreicht werden. Überhaupt wird ja der Leser gleich merken, daß unser Beweis durchaus wie im reellen Gebiet verläuft. Seien nun $\varDelta^{(1)}z_\varkappa$ und $\varDelta^{(2)}z_\varkappa$ die z-Differenzen zweier solcher Einteilungen der Kurven und seien $\varDelta^{(3)}z_\varkappa$ die

---

1) Daher schreibt man auch häufig $\int_{(\mathfrak{C})} f(z)\,dz$, indem man dabei unter $\mathfrak{C}$ einen von a nach b laufenden Kurvenbogen versteht.

2) Der Leser beweise die hierin liegende Behauptung.

z-Differenzen derjenigen Teilung, die entsteht, wenn man die bei beiden auftretenden Teilpunkte alle auf einmal aufträgt. Die Teilungen selbst will ich mit $\varDelta^{(1)}$, $\varDelta^{(2)}$, $\varDelta^{(3)}$ bezeichnen. Es sei z. B.

$$\varDelta^{(1)} z_\varkappa = \varDelta^{(3)} z_\lambda + \varDelta^{(3)} z_{\lambda+1} \cdots + \varDelta^{(3)} z_\mu.$$

Dann wird $\qquad f\!\left(\xi_\varkappa^{(1)}\right)\varDelta^{(1)} z_\varkappa = f\!\left(\xi_\varkappa^{(1)}\right)\varDelta^{(3)} z_\lambda + \cdots + f\!\left(\xi_\varkappa^{(1)}\right)\varDelta^{(3)} z_\mu.$

Die entsprechende Teilsumme von $\varDelta^{(3)}$ wird

$$f\!\left(\xi_\lambda^{(3)}\right)\varDelta^{(3)} z_\lambda + \cdots + f\!\left(\xi_\mu^{(3)}\right)\varDelta^{(3)} z_\mu.$$

Die Differenz beider ist dem Betrage nach kleiner als

$$\left|\varDelta^{(3)} z_\lambda\right|\left|f\!\left(\xi_\varkappa^{(1)}\right) - f\!\left(\xi_\lambda^{(3)}\right)\right| + \cdots + \left|\varDelta^{(3)} z_\mu\right|\left|f\!\left(\xi_\varkappa^{(1)}\right) - f\!\left(\xi_\mu^{(3)}\right)\right|.$$

Nun ist aber $\quad \left|f\!\left(\xi_\varkappa^{(1)}\right) - f\!\left(\xi_m^{(3)}\right)\right| < \dfrac{\varepsilon}{2L}$ für $m = \lambda,\ \lambda + 1,\ \cdots \mu,$

weil ja sowohl die $\xi_m^{(3)}$ wie $\xi_\varkappa^{(1)}$ Punkte desselben Bogens der Teilung $\varDelta^{(1)}$ sind, und weil auf jedem Bogen die Schwankung kleiner als $\dfrac{\varepsilon}{2L}$ ist. Also wird die Differenz kleiner als

$$\frac{\varepsilon}{2L}\left\{\left|\varDelta^{(3)} z_\lambda\right| + \cdots + \left|\varDelta^{(3)} z_\mu\right|\right\}.$$

Führe ich nun diese Überlegung längs der ganzen Kurve aus, so wird der Unterschied der Näherungssumme $S^{(1)}$ und der Näherungssumme $S^{(3)}$ also

$$\left|S^{(1)} - S^{(3)}\right| < \frac{\varepsilon}{2}.$$

Ebenso wird $\qquad\qquad \left|S^{(2)} - S^{(3)}\right| < \dfrac{\varepsilon}{2}.$

Daher wird $\qquad\qquad \left|S^{(1)} - S^{(2)}\right| < \varepsilon.$

Damit ist gezeigt, daß es eine Zahl S von den behaupteten Eigenschaften gibt.

Einige Eigenschaften des Integralbegriffes liegen unmittelbar auf der Hand. *Wenn eine Kurve aus zwei Teilbogen ab und bc besteht, so ist*

$$\int_a^b + \int_b^c = \int_a^c.$$

Ferner ist $\qquad\qquad\qquad \int_a^b = -\int_b^a.$

Denn wenn man für beide Integrale mit den gleichen Teilpunkten Näherungssummen bildet, so sind diese stets bis aufs Vorzeichen einander gleich. Denn bei dem einen sind die $\varDelta z_\varkappa = z_\varkappa - z_{\varkappa-1}$, bei dem anderen aber gleich $z_{\varkappa-1} - z_\varkappa.$

Das Integral einer Summe ist gleich der Summe der Integrale der beiden Summanden. Das Integral der Null verschwindet. Das Integral $\int\limits_{}^{b} c \cdot dz$ der Konstanten c ist stets gleich $c\,(b-a)$. Denn stets ist

$$\varDelta z_1 + \cdots + \varDelta z_n = z_1 - a + z_2 - z_1 + \cdots + b - z_{n-1} = b - a.$$

Ferner ist für die Konstante a das

$$\int a f(z)\,dz = a \int f(z)\,dz.$$

Wenn längs des ganzen Integrationsweges der Länge L der Integrand dem Betrage nach kleiner als M ist, so ist $|\int f(z)dz| < ML$. Das folgt unmittelbar daraus, daß diese Ungleichung für alle Näherungssummen gilt, die bei der Definition des bestimmten Integrales auftraten.

Die gleiche Überlegung ergibt das noch allgemeinere Resultat, daß

$$\left|\int\limits_a^b f(z)\,dz\right| \leq \int\limits_0^L |f(z)|\,ds,$$

wenn man unter s die Bogenlänge der Kurve versteht. Denn die einzelnen Glieder der Näherungssumme genügen den Ungleichungen

$$|f(\xi_\varkappa)\,\varDelta z_\varkappa| \leq \varDelta s_\varkappa,$$

wo unter $\varDelta s_\varkappa$ die Länge der Teilbogen verstanden wird. Eine Anwendung dieser Abschätzung wird beim Beweis der folgenden Aussage gemacht. *Das Integral der Summe einer gleichmäßig konvergenten Reihe stetiger Funktionen kann durch gliedweises Integrieren bestimmt werden.* Denn wenn die Reihe

$$s(z) = f_1(z) + f_2(z) + \cdots$$

längs des Weges $\mathfrak{C}$ gleichmäßig konvergiert, so gibt es eine für $\varepsilon > 0$ erklärte Funktion $N(\varepsilon)$, so daß die Summe

$$s_n(z) = f_1(z) + \cdots + f_n(z)$$

der n ersten Glieder von der Reihensumme $s(z)$ um weniger als ε längs der Kurve abweicht, sobald nur $n > N(\varepsilon)$ ist. Schreibt man also

$$s(z) = s_n(z) + r_n(z),$$

so ist längs $\mathfrak{C}$ stets $|r_n(z)| < \varepsilon$. Ist nun noch L die Länge der Kurve, so hat man

$$\left|\int\limits_a^b \{s(z) - s_n(z)\}\,d(z)\right| = \left|\int\limits_a^b r_n(z)\,dz\right| < \varepsilon L$$

oder $\quad \left|\int\limits_a^b s(z)\,dz - \int\limits_a^b f_1(z)\,dz - \cdots - \int\limits_a^b f_n(z)\,dz\right| < \varepsilon L.$

Daher ist in der Tat

$$\int_a^b s(z)\,dz = \lim_{n\to\infty} \left\{ \int_a^b f_1(z)\,dz + \int_a^b f_2(z)\,dz + \cdots \int_a^b f_n(z)\,dz \right\}$$

oder

$$\int_a^b s(z)\,dz = \int_a^b f_1(z)\,dz + \int_a^b f_2(z)\,dz + \cdots$$

Der bewiesene Satz kann auch so ausgesprochen werden: Wenn längs des Integrationsweges

$$\lim_{n\to\infty} s_n(z)$$

gleichmäßig gegen $s(z)$ konvergiert, so gilt

$$\lim_{n\to\infty} \int_a^b s_n(z)\,dz = \int_a^b \lim_{n\to\infty} s_n(z)\,dz = \int_a^b s(z)\,dz.$$

Erweiterung. Es möge gleichmäßig für alle dem Integrationsweg angehörige z

$$\lim_{t\to\tau} f(z,t) = f(z)$$

gelten[1]), wobei $f(z,t)$ und $f(z)$ auf dem Integrationsweg stetig sein mögen. Dann gilt, wie man genau entsprechend beweist,

$$\lim_{t\to\tau} \int_a^b f(z,t)\,dz = \int_a^b f(z)\,dz.$$

Jetzt wollen wir noch zeigen, *daß man ein jedes über eine rektifizierbare Kurve erstrecktes Integral mit beliebiger Genauigkeit durch ein über ein Polygon erstrecktes Integral approximieren kann.* Dazu verwenden wir natürlich die Polygone, die schon bei der Definition der Kurvenlänge Verwendung fanden. Wir müssen sie nur so wählen, daß sie genügend nahe bei der Kurve verlaufen. Ein wesentlicher Beweisgrund ist wieder die gleichmäßige Stetigkeit. Man kann nämlich eine Zahl $r(\varepsilon)$ so bestimmen, daß in jedem im Bereich B liegenden Kreis vom Radius $r(\varepsilon)$ die Schwankung der Funktion $f(z)$ kleiner als ε ist. Wenn wir also alle Polygonseiten kürzer als den Durchmesser dieses Kreises wählen können, so ist das über ein solches Polygon erstreckte Integral der Funktion $f(z)$ von der Summe $f(z_1)\varDelta z_1 + \cdots + f(z_n)\varDelta z_n$ um weniger als εL verschieden. Denn die Länge des Polygones ist ja kleiner als die Länge L der krummen Kurve. In der Näherungssumme sind also $z_0, z_1, \cdots z_n$ die auf der Kurve gelegenen Ecken des Polygones. Die Summe ist also auch eine Näherungssumme für das Kurvenintegral. Um aber zu wissen, daß sie auch von diesem um weniger

---

1) D. h. es soll für alle $\varepsilon > 0$ ein $\delta(\varepsilon)$ geben, so daß für $|t-\tau| < \delta(\varepsilon)$ und beliebige z auf dem Integrationsweg

$$|f(z,t) - f(z)| < \varepsilon \qquad \text{ist.}$$

als εL abweicht, müssen wir wissen, daß auch auf den zwischen den Teilpunkten $z_\varkappa$ liegenden Kurvenbogen die Schwankung von $f(z)$ kleiner als ε ist. Dazu muß man lediglich die Kurvenbogen alle hinreichend kurz wählen. Denn beziehen wir die Kurve auf ihre Bogenlänge s als Parameter, so gibt es ja eine Funktion $\delta(\varepsilon)$, so daß auf jedem Teilbogen der Länge $\delta(\varepsilon)$ die Schwankung der Funktion $f(z)$ kleiner wird als ε. Tragen wir nämlich in $f(z)$ für z die Funktion $z(s)$ ein, so wird $f(z(s))$ eine stetige Funktion von s. Aus der gleichmäßigen Stetigkeit folgt dann die Existenz der Funktion $\delta(\varepsilon)$. Man hat also nun die Teilpunkte auf der Kurve nicht nur so zu wählen, daß der Abstand zweier aufeinanderfolgender kleiner wird als $r(\varepsilon)$, sondern auch so, daß die zwischen zwei aufeinanderfolgenden liegenden Kurvenbogen kürzer als $\delta(\varepsilon)$ sind. Dann unterscheiden sich Kurvenintegral und Polygonintegral um weniger als $2\varepsilon L$ voneinander, d. h. ihre Differenz besitzt einen absoluten Betrag kleiner als $2\varepsilon L$.

Praktisch ist damit also die Berechnung von Integralen über rektifizierbare Kurven auf die Berechnung von Polygonintegralen, also von Integralen über (abteilungsweise) differenzierbare Kurven zurückgeführt.

§ 4. Die Substitutionsmethode bei Kurvenintegralen.

Wir behandeln zuerst eine Methode, die es erlaubt, bei speziellen, nämlich bei stetig differenzierbaren Integrationswegen, die Berechnung der Kurvenintegrale auf die Berechnung gewöhnlicher reeller bestimmter Integrale zurückzuführen. *Sei nämlich $z = z(t)$ $(\alpha \leq t \leq \beta)$ eine stetige Parameterdarstellung der Kurve derart, daß $z(t)$ eine stetige Ableitung besitze, dann ist*

$$\int\limits_a^b f(z)\,dz = \int\limits_\alpha^\beta f(z)\,z'(t)\,dt = \int\limits_\alpha^\beta \Re\,dt + i\int\limits_\alpha^\beta \Im\,dt,$$

wenn wir unter $\Re$ und $\Im$ Real- und Imaginärteil von $f(z)\,z'(t)$ verstehen.

Da nämlich die Ableitungen als stetig vorausgesetzt sind, so gibt es eine Funktion $\delta(\varepsilon)$, so daß für $|\varDelta t| < \delta(\varepsilon)$ die Differenz $\left|\dfrac{\varDelta z}{\varDelta t} - z'(t)\right| < \varepsilon$ wird, ganz einerlei, wie t zwischen α und β gewählt ist.

Sei dann $\int\limits_a^b f(z)\,dz$ das zu untersuchende bestimmte Integral über $\mathfrak{C}$,
$$f(z_1)\,\varDelta z_1 + \cdots + f(z_n)\,\varDelta z_n$$
eine Näherungssumme.[1]) Dann können wir dieselbe so schreiben:

---

1) Wir machen also hier von einem durch die Definition des bestimmten Integrales verbrieften Recht Gebrauch, indem wir die Werte $\zeta_\varkappa$ aus den einzelnen Kurvenbogen, für welche die $f(\zeta_\varkappa)$ zu bilden sind, stets am Bogenanfang wählen.

$$f(z_1) \frac{\varDelta z_1}{\varDelta t_1} \varDelta t_1 + \cdots + f(z_n) \frac{\varDelta z_n}{\varDelta t_n} \varDelta t_n.$$

Dies ist aber von $\;f(z_1)\, z'(t_1)\, \varDelta t_1 + \cdots + f(z_n)\, z'(t_n)\, \varDelta t_n$
um weniger als $\varepsilon M \varDelta$ verschieden, wenn wir mit M das Maximum von
$|f(z)|$ bezeichnen und $\varDelta = \beta - \alpha = \varDelta t_1 + \cdots + \varDelta t_n$ setzen. Gehen wir
mit den Näherungssummen zur Grenze über, so ist also dann

$$\left| \int_a^b f(z)\, dz - \int_\alpha^\beta f(z)\, z'(t)\, dt \right| < \varepsilon M \varDelta.$$

Da aber ε beliebig gewählt werden kann, so ist

$$\int_a^b f(z)\, dz = \int_\alpha^\beta f(z)\, z'(t)\, dt.$$

Da aber nun das Integral einer Summe gleich der Summe der Integrale über
die Summanden ist, so ist auch die zweite obige Schreibweise gerechtfertigt.

Beispiele: 1. Es sei $\mathfrak{C}$ eine beliebige stetig differenzierbare Kurve,
welche die beiden Punkte a und b verbindet. *Dann ist das Kurvenintegral*

$$\int_a^b z^n\, dz = \frac{1}{n+1} (b^{n+1} - a^{n+1}),$$

wenn n eine positive oder negative von -1 verschiedene ganze Zahl ist. Denn
sei $z = z(t)\;(\alpha \leq t \leq \beta)$ die Parameterdarstellung der Kurve, so wird

$$\int_{a\,(\mathfrak{C})}^b z^n\, dz = \int_\alpha^\beta z^n\, z'(t)\, dt$$

$$= \int_\alpha^\beta \frac{1}{n+1} \frac{d}{dt} [z(t)]^{n+1}\, dt = \frac{1}{n+1} (b^{n+1} - a^{n+1}).$$

Der Wert des Integrales ist also für die analytische Funktion z^n vom Integrationsweg unabhängig.

2. Sei B ein Bereich, in dem ein Zweig des Logarithmus eindeutig
erklärt sei. Dann wird

$$\int_a^b \frac{dz}{z} = \log \frac{b}{a}$$

für jede im Bereich verlaufende Kurve $\mathfrak{C}$.

Die Überlegung gilt auch dann noch, wenn $\mathfrak{C}$ mit der Gleichung

$$z = z(t) \quad (\alpha \leq t \leq \beta)$$

eine die Punkte a und b verbindende Kurve ist, auf welcher $\log z$ als eindeutige Funktion des Parameters t erklärt ist. Auch dann wird

$$\int_a^b \frac{dz}{z} = \log b - \log a.$$

Das Integral wird also dann stets dem Wertezuwachs gleich, welchen der Logarithmus bei Durchlaufung der betreffenden Kurve erfährt. Ist also insonderheit als Integrationsweg ein den Punkt $z = 0$ zentrisch oder exzentrisch umschließender Kreis gewählt, so ergibt sich

$$\oint \frac{dz}{z} = 2\pi i \quad \text{und} \quad \oint \frac{dz}{z} = -2\pi i,$$

also $+2\pi i$ oder $-2\pi i$, je nachdem der Kreis den Punkt Null im positiven oder negativen Sinn umläuft. Ist der Integrationsweg insbesondere ein Kreis $|z| = r$, so sei $z_0 = re^{i\varphi_0}$ einer seiner Punkte. Dann kann das Integral auch so ausgerechnet werden, daß man $z = re^{i\varphi}$ als Parameterdarstellung des Kreises in das Integral einführt. Dann wird

$$\oint \frac{dz}{z} = i \int_{\varphi_0}^{\varphi_0 + 2\pi} d\varphi = 2\pi i.$$

Der Wert ist also von der Wahl des Punktes z_0 unabhängig, und das gibt uns das Recht, hier wie bei allen auf einem geschlossenen Integrationsweg eindeutigen Integranden von einem Integral über eine geschlossene Kurve zu reden. In Wahrheit ist es auch eine ganz und gar nicht immer eintretende Erscheinung, daß der Wert von z_0 nicht abhängt. Hat man z. B. $\frac{\log z}{z}$ über denselben Kreis zu integrieren, so findet man

$$\int_{z_0}^{z_0} \frac{\log z}{z}\, dz = i \int_{\varphi_0}^{\varphi_0 + 2\pi} (\log r + i\varphi)\, d\varphi = i\, 2\pi \log r - \frac{(\varphi_0 + 2\pi)^2 - \varphi_0^2}{2}$$
$$= 2\pi i \log r - 2\pi\varphi_0 - 2\pi^2$$
$$= 2\pi i \log z_0 - 2\pi^2,$$

ein Wert also, der ganz und gar nicht von z_0 unabhängig ist.

3. Sei $\mathfrak{P}(z) = \sum_0^\infty a_n z^n$ eine Potenzreihe, z_1 eine Stelle aus dem Inneren ihres Konvergenzkreises, so ist $\int_0^{z_1} \mathfrak{P}(z)\, dz = \sum_0^\infty \frac{a_n z_1^{n+1}}{n+1}$, wenn das Integral über eine beliebige stetig differenzierbare Kurve erstreckt wird, die z_1 mit dem Koordinatenanfang verbindet und dem Inneren des Konvergenzkreises angehört. Schließen wir nämlich die Stelle z_1 in einen Kreis ein, der außer Null auch noch den Integrationsweg enthalten möge, so ist nach S. 26 in

diesem Kreise die Potenzreihe gleichmäßig konvergent, und daher kann nach S. 107 das Integral durch gliedweises Integrieren bestimmt werden. Das führt aber gerade zu dem angegebenen Resultat.

Man findet also das Integral einer durch eine Potenzreihe dargestellten Funktion durch gliedweises Integrieren. Hier ist also tatsächlich in weitem Umfange schon das Integral als *vom Integrationsweg unabhängig* erkannt, und gleichzeitig zeigt sich hier bei den Potenzreihen und in den anderen Beispielen *unser Integrationsprozeß als Umkehrung des Differentiationsprozesses.* Berücksichtigt man noch die am Schluß des vorigen Paragraphen besprochene Approximation beliebiger Kurvenintegrale durch Polygonintegrale, so kann man sogar in allen in den Beispielen 1., 2. und 3. besprochenen Funktionen die volle Unabhängigkeit der Integrale vom Weg erkennen. Denn erstreckt man in diesen Beispielen das Integral statt über eine differenzierbare Kurve über eine aus endlich vielen differenzierbaren Stücken zusammengesetzte Kurve, so kommt offenbar dasselbe Resultat heraus, weil dann das Integral gleich der Summe der Integrale über die Teilbogen ist. Die Werte an den Teilpunkten heben sich dann gerade heraus, weil sie einmal mit plus, einmal mit minus dastehen. Also namentlich haben auch in den Beispielen alle Polygonintegrale zwischen den gleichen Grenzen den gleichen Wert. Erstreckt man also das Integral über eine beliebige rektifizierbare Kurve zwischen denselben Grenzen, so kann sich dies Integral von dem gemeinsamen Wert der Polygonintegrale nicht unterscheiden, da man ja nach S. 107 für jedes ε abschätzen kann, daß der Unterschied kleiner als ε sein muß.

4. Wir betrachten das Integral einer Ableitung. Sei also $f'(z)$ die stetige Ableitung einer in einem Bereiche B *eindeutigen* Funktion $f(z)$. Dann ist $\int_a^b f'(z)\, dz = f(b) - f(a)$, ganz einerlei, über welche Kurve man das Integral erstrecken mag. Wir brauchen wieder nur über stetig differenzierbare Kurven zu integrieren. Sei $z = z(t)$ $(\alpha \leq t \leq \beta)$ ihre Gleichung. Dann wird

$$\int_a^b f'(z)\, dz = \int_\alpha^\beta f'(z)\, z'(t)\, dt = \int_\alpha^\beta \frac{df}{dt}\, dt = f(b) - f(a).$$ Damit ist die Behauptung schon bewiesen. Ganz allgemein erkennen wir so in der Integration die Umkehrung der Differentiation.

5. Jetzt können wir auch beweisen, daß die einzige Funktion, deren Ableitung verschwindet, die Konstante ist. Denn eine jede müßte ja durch den Integrationsprozeß gewonnen werden können. Der führt aber doch bei gegebenem Integranden stets nur zu einer Funktion hin. Ist also $f'(z)$ 0, so wird $\int_a^z f'(z)\, dz = f(z) - f(a) = 0$, d. h. $f(z) \equiv f(a)$, d. h. $f(z)$ hat

überall denselben Wert, ist also konstant. Demnach ist auch *eine jede analytische Funktion bis auf eine additive Konstante durch ihre Ableitung völlig bestimmt.*

Wir gehen nun zu einem *zweiten Falle der Substitutionsmethode* über. Wir nehmen dazu an, daß der ganze Bereich B_z, in welchem der Integrationsweg $\mathfrak{C}_z$ liegt, durch eine darin samt ihrer Umkehrungsfunktion eindeutige analytische Funktion $z = \varphi(w)$ mit stetiger Ableitung umkehrbar eindeutig auf einen Bereich B_w abgebildet werde. Dabei werde aus dem Integrationsweg $\mathfrak{C}_z$ der Integrationsweg $\mathfrak{C}_w$. Dann wird, wie wir beweisen wollen,

$$\int\limits_{\mathfrak{C}_z} f(z)\,dz = \int\limits_{\mathfrak{C}_w} f(\varphi(w))\,\varphi'(w)\,dw.$$

Dabei sind $\mathfrak{C}_z$ und $\mathfrak{C}_w$ in Richtungen zu durchlaufen, welche einander bei der Abbildung entsprechen. Das läßt sich durch einfache Anwendung der zu Beginn des Paragraphen dargelegten Dinge ohne weiteres erkennen.[1]) Denn wenn $w = w(t)$ eine Parameterdarstellung von $\mathfrak{C}_w$ ist, so wird $z = \varphi(w(t))$ eine Darstellung von $\mathfrak{C}_z$. Daher wird

$$\int\limits_{\mathfrak{C}_z} f(z)\,dz = \int f\left[\varphi(w(t))\right]\varphi'(w(t))\,w'(t)\,dt = \int\limits_{\mathfrak{C}_w} f(\varphi(w))\,\varphi'(w)\,dw.$$

Besonders lehrreich ist es, ein Integral von der folgenden Form
$$\int r\left(z, \sqrt{z^2-1}\right)dz, \text{ wo } r\left(z, \sqrt{z-1}\right)$$
ine rationale Funktion seiner Argumente ist, zu betrachten. Um sich jederzeit über den in den einzelnen Punkten des Integrationsweges zu nehmenden Wert der Wurzel klar zu sein, tut man gut, sich den Integrationsweg auf der auf S. 95 betrachteten Riemannschen Fläche der Quadratwurzel $\sqrt{z^2-1}$ zu denken. Zur Behandlung des Integrales wird es dann zweckmäßig sein, die Fläche auf eine schlichte w-Ebene abzubilden. Das kann nach S. 97 durch die Funktion

$$w = z + \sqrt{z^2-1}$$

geschehen. Dann wird, wie man schon im reellen Gebiet lernt, aus dem Integral das folgende

$$\int r\left(\frac{1}{2}\left(w+\frac{1}{w}\right),\ \frac{1}{2}\left(w-\frac{1}{w}\right)\right)\cdot\frac{1}{2}\left(1-\frac{1}{w^2}\right)dw,$$

also ein Integral einer rationalen Funktion von w.

Tatsächlich ist ja auch unsere Abbildung weiter nichts als eine der aus der reellen Integralrechnung bekannten rationalisierenden Substitutionen.

---

1) Bei nicht differenzierbaren Integrationswegen muß noch vorher durch differenzierbare approximiert werden.

Man würde sich leicht überzeugen können, daß auch eine jede andere solche Substitution auf eine schlichte Abbildung unserer Fläche führt. Auch kann man jede derartige Abbildung, z. B. die andere auf S. 97 erwähnte zum Rationalisieren des Integranden brauchen.[1])

Auch die allgemeineren Integrale, deren Integrand eine rationale Funktion von z und der Quadratwurzel aus irgendeinem Polynom zweiten Grades ist, können in ähnlicher Weise behandelt werden. Tatsächlich haben wir ja auch schon S. 98 gesehen, daß man durch eine lineare Abbildung eine jede zweiblättrige Riemannsche Fläche mit zwei Verzweigungspunkten auf die hier betrachtete abbilden kann.

§ 5. Der Weierstraßsche Mittelwertsatz.

Aus der reellen Integralrechnung ist der folgende Satz bekannt:

Wenn $f(x)$ und $\varphi(x)$ für $a \leq x \leq b$ stetig sind, wenn $\varphi(x)$ außerdem von einerlei Vorzeichen ist, so gibt es eine Stelle ζ des Intervalles $(a < \zeta < b)$, so daß

$$\int\limits_a^b f(x)\, \varphi(x)\, dx = f(\zeta) \int\limits_a^b \varphi(x)\, dx \qquad \text{ist.}$$

Es soll sich hier darum handeln, eine Übertragung dieses Satzes auf das komplexe Gebiet kennen zu lernen. *Es sei also $\mathfrak{C}$ eine rektifizierbare, die Punkte $z = a$ und $z = b$ verbindende Kurve. $z = z(t)$ $(\alpha \leq t \leq \beta)$ sei eine Parameterdarstellung derselben. $f(z)$ sei eine auf der Kurve $\mathfrak{C}$ stetige, $\varphi(z)$ eine auf der Kurve stetige und positive Funktion. Ferner sei Γ die Menge der Werte, welche $f(z)$ auf $\mathfrak{C}$ annimmt. Endlich sei K die kleinste abgeschlossene konvexe Menge[2]), welche Γ enthält. Dann gibt es in K eine Stelle ξ, für die*

$$\int\limits_\alpha^\beta f(z)\, \varphi(z)\, dt = \xi \int\limits_\alpha^\beta \varphi(z)\, dt \qquad \text{gilt.}$$

Zum Beweise zeige ich, daß der Wert

$$\mu = \frac{\displaystyle\int\limits_\alpha^\beta f(z)\varphi(z)\, dt}{\displaystyle\int\limits_\alpha^\beta \varphi(z)\, dt}$$

---

1) Man vgl. auch das Beispiel auf S. 164.

2) Unter einer konvexen Menge versteht man eine Menge, die mit je zweien ihrer Punkte auch deren geradlinige Verbindung enthält, also z. B. einen Kreis, ein Dreieck, ein Polygon ohne einspringende Ecken, eine Strecke u. dgl. Unter der kleinsten, eine gegebene Punktmenge enthaltenden konvexen Menge versteht man den Durchschnitt aller konvexen Polygone, welche die gegebene Menge umschließen, d. h. die allen diesen Polygonen gemeinsame Menge.

einem jeden Γ umschließenden konvexen Polygon angehört. Zu diesem Zwecke reicht es aus, irgendeine Gerade zu betrachten, die Γ nicht trifft, und zu zeigen, daß μ stets derselben durch diese Gerade bestimmten Halbebene angehört wie Γ selbst. Daraus ergibt sich ja dann sofort, daß μ einem jeden Γ umschließenden konvexen Polygon angehört. Daher gehört Γ auch der kleinsten konvexen Menge an. Denn darunter versteht man ja den Durchschnitt aller konvexen Polygone, welche Γ umschließen. Wir wollen also zeigen, daß die Annahme, Γ und μ lägen auf verschiedenen Seiten einer Geraden, nicht zutreffen kann.

Sei also g eine Gerade, die Γ und μ trennt; dann wähle ich eine ganze lineare Funktion $l(\mathfrak{z}) = A\mathfrak{z} + B$ so, daß $l(\mu) = 0$ ist und daß g durch die Abbildung $w = l(\mathfrak{z})$ in eine Parallele zur imaginären Achse der w-Ebene übergeht. Γ möge dabei in eine der Halbebene $\Re(w) > 0$ angehörige Menge übergehen. Dann müßte also

$$A \frac{\int\limits_{\alpha}^{\beta} f(z)\,\varphi(z)\,dt}{\int\limits_{\alpha}^{\beta} \varphi(z)\,dt} + B = \frac{\int\limits_{\alpha}^{\beta} \varphi(z)(Af(z)+B)\,dt}{\int\limits_{\alpha}^{\beta} \varphi(z)\,dt} = 0$$

sein. Nun ist aber $\quad\quad \Re(Af(z) + B) > 0$,
weil ja nach Voraussetzung $\Re(\Gamma) > 0$ ist. Daher kann die angeschriebene Gleichung nicht richtig sein, und daher ist unsere ganze Annahme, μ und Γ lägen auf verschiedenen Seiten von g, die wir im Widerspruch mit dem zu beweisenden Satze machten, falsch. Derselbe ist somit bewiesen.

Aufgabe: Man kann aus dem Mittelwertsatz auch die schon S. 106 gegebene Abschätzung

$$\left| \int\limits_{a}^{b} F(z)\,dz \right| \leqq \int\limits_{o}^{L} |F(z)|\,ds$$

wieder gewinnen, in der s die Bogenlänge, L die Länge der Kurve bedeutet. Dazu hat man nur

$$f(z) = \left[\operatorname{sgn} F(z)\right] \frac{dz}{ds} \quad \text{und} \quad \varphi(z) = |F(z)|$$

zu wählen.[1] Die Menge Γ besteht dann aus lauter Punkten vom Betrage Eins. Weil ja

$$\left|\frac{dz}{ds}\right|^2 = \left(\frac{dx}{ds}\right)^2 + \left(\frac{dy}{ds}\right)^2 = 1$$

ist, denn s sollte doch die Bogenlänge sein.

---

[1] Vgl. die Erklärung von sgn. z auf S. 11.

§ 6. Der Hauptsatz der Funktionentheorie.

Wir haben mehrfach Beispiele von Integralen kennen gelernt, welche vom Integrationsweg unabhängig waren. Freilich begegneten uns beim Logarithmus auch Integrale, die vom Verlauf des Weges abhingen. Wenn wir nämlich $\int \frac{dz}{z}$ über einen geschlossenen Null umschließenden Weg integrieren, so kommt nicht Null heraus, während das Integral Null wird, wenn der Weg ganz in einem Kreise verläuft, der Null ausschließt. Denn darin ist jeder Zweig des Logarithmus eindeutig erklärt. Null kommt also heraus, wenn in dem vom Integrationsweg umschlossenen Bereiche der Integrand stetig ist; ist er unstetig wie $\frac{1}{z}$ bei $z = 0$, so kann ein von Null verschiedener Wert oder auch wie bei $\frac{1}{z^2}$ der Wert Null herauskommen.

Zu zeigen, daß in gewissen Fällen das Integral vom Wege unabhängig ist, läuft immer darauf hinaus, zu zeigen, daß das über eine geschlossene Kurve erstreckte Integral verschwindet. Denn seien $\mathfrak{C}_1$ und $\mathfrak{C}_2$ zwei a und b verbindende Wege, so ist die Gleichung $\int_a^b{}_{(\mathfrak{C}_1)} = \int_a^b{}_{(\mathfrak{C}_2)}$ gleichbedeutend mit $\int_a^b{}_{(\mathfrak{C}_1)} + \int_b^a{}_{(\mathfrak{C}_2)} = 0$ und diese wieder mit $\int_{(\mathfrak{C})} = 0$, wenn wir die bei Durchlaufung der Kurve $\mathfrak{C}_1$ von a bis b und der von $\mathfrak{C}_2$ von b bis a zurück beschriebene Kurve mit $\mathfrak{C}$ bezeichnen.

Wir wollen nun den folgenden auch unter dem Namen *Cauchyscher Integralsatz* bekannten *Hauptsatz der Funktionentheorie* beweisen:

In einem einfach zusammenhängenden[1]) *schlichten Bereich B sei die Funktion f(z) eindeutig und analytisch. In diesem Bereich verlaufe die geschlossene rektifizierbare Kurve $\mathfrak{C}$ (Fig. 38). Dann ist*

$$\int_{(\mathfrak{C})} f(z)\, dz = 0.$$

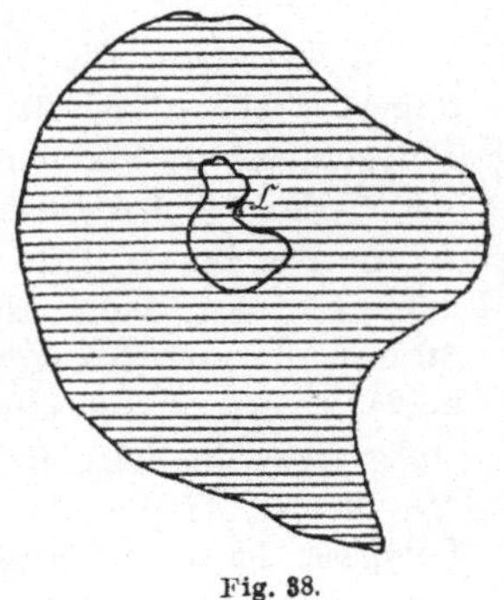

Fig. 38.

Für die Gültigkeit des Satzes und für die Beweismethode ist es wesentlich, daß der Integrationsweg ganz dem Inneren des Bereiches angehört.

Der Beweis wird in mehreren Schritten geführt. Zunächst wird bemerkt, daß es genügt, den Satz für Polygone zu beweisen. Denn man kann ja (nach S. 107) jedes Integral beliebig genau durch ein Polygonintegral

---

1) Wegen des Begriffes „einfach zusammenhängend" siehe S. 85.

approximieren.[1]) Weiter bemerken wir, daß es stets möglich ist, ein solches Polygon zufolge seiner Selbstüberkreuzungen in endlich viele gewöhnliche Polygone ohne Selbstüberkreuzung zu zerlegen. In dem Bei-

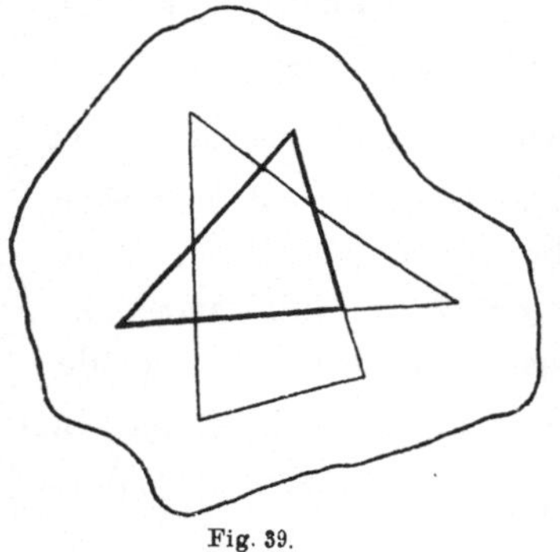
Fig. 39.

spiel der Fig. 39 kommen zwei solche Polygone heraus, deren eines durch stärkeres Ausziehen der Linien kenntlich gemacht wurde. Für diese stets mögliche Zerlegung in einfache, d. h. von Überkreuzungen freie Polygone gilt folgende Regel. Man denke sich das Polygon von irgendeinem seiner Punkte aus durchlaufen. Man achte darauf, wann zum ersten Male eine bereits durchlaufene Stelle nochmals passiert wird. Die Polygonstücke, welche man zwischen dem ersten und dem zweiten Passieren dieses Punktes durchlaufen hat, machen ein einfaches Polygon aus. Denkt man sich dies Polygon herausgehoben, so hat man ein erstes einfaches Polygon abgesondert und kann nun mit den noch verbleibenden Stücken des ursprünglichen Polygons ebenso weiterfahren.

Nach dem Gesagten genügt es also, den Hauptsatz für einfache Polygone zu beweisen. Denn wegen der eben vorgenommenen Zerlegung kann das Integral über ein jedes Polygon als Summe der Integrale über die einzelnen einfachen Polygone dargestellt werden, die bei der Zerlegung herauskommen, und muß daher wie diese verschwinden.

Ein solches einfaches Polygon zerlegt die Ebene[2]) in zwei Bereiche, sein Inneres und sein Äußeres. Das Innere können wir durch Diagonalen in Dreiecke[3]) zerlegen (Fig. 40). Nehmen wir nun den Satz für Dreiecke

1) Wenn man die Polygonecken so wählt, daß der Abstand zweier aufeinanderfolgender kürzer ist als der Abstand der Kurve vom Bereichrand, so verläuft das Polygon ganz im Bereiche. So muß es aber gewählt werden.

2) Man vgl. den Beweis auf S. 79.

3) Der Beweis für diese Zerlegbarkeit beruht auf dem folgenden Hilfssatz: Man kann in jedem mehr als dreieckigen Polygon eine Diagonale ziehen, d. i. also eine Strecke, die zwei Ecken verbindet und ganz im Polygoninneren verläuft. Das Polygon heiße π, und A sei eine seiner Ecken. Zu A gehöre die Seite AB. Zu B gehöre außer dieser die Seite BC. P möge auf BC von B nach C wandern. Dann verläuft die Strecke AP in der Nähe von AB entweder im Inneren oder im Äußeren des Polygons. Im ersten Falle drehen wir AP von AB aus so lange, bis zum ersten Male eine weitere Polygonecke auf AP zu liegen kommt. Dies kann C sein. Dann ist AC die gewünschte Diagonale, es sei denn, daß AC zugleich die andere von A ausgehende Seite ist. Dann wäre aber das Polygon gegen die Annahme ein Dreieck. Die neue Ecke kann aber auch von C verschieden sein. Sie heiße dann Q. Wenn dann AQ nicht die andere zu A gehörige Polygonseite ist, dann ist AQ die ge-

als bewiesen an, dann ist das Integral über das ursprüngliche Polygon
dem Integral über dasjenige Polygon gleich, welches man erhält, wenn
man durch eine Diagonale eine Ecke abschneidet oder, anders ausgedrückt,
wenn man ein Randdrei-
eck wegläßt. Lassen wir
also in Fig. 40 das Drei-
eck ABC weg, so bleibt
das Polygon der Fig. 41
übrig. Es ist

$$\int\limits_{\overrightarrow{ABCDE\cdots\cdots IKA}} = \int\limits_{\overrightarrow{ACD\cdots\cdot IKA}} + \int\limits_{\overrightarrow{ABCA}}$$

oder in Worten: das über
das Polygon der Fig. 40
erstreckte Integral ist

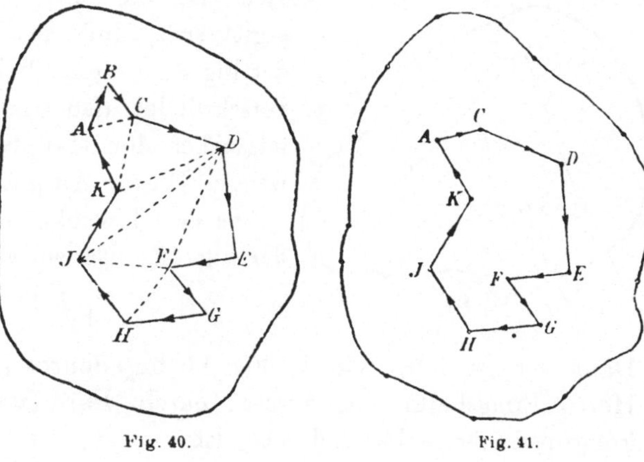

gleich dem Integral erstreckt über das Polygon der Fig. 41, vermehrt um
das Integral über das Dreieck ABC. Dabei müssen aber die Durch-
laufungsrichtungen den Pfeilrichtungen gemäß gewählt sein! Der gemeinsame Teil der beiden Polygone muß also im gleichen Sinne durchlaufen
sein, und das Dreieck muß in dem Sinne durchlaufen werden, den es von
Fig. 40 mitbringt. Dann ist der Erfolg der, daß in Fig. 41 und im Dreieck
die gemeinsame Seite BC in verschiedener Richtung durchlaufen wird.
Zerlegt man nun alle Integrale in die Summe der Integrale über die
einzelnen Seiten, so fällt die Summe

$$\int\limits_{B}^{C} + \int\limits_{C}^{B}$$

aus der in der vorhin angegebenen Formel rechts stehenden Integralsumme

wünschte Diagonale. Wenn aber AQ auch Polygonseite ist, dann hat AP während
seiner Wanderung von AB bis zur Richtung AQ ein volles, dem Polygoninneren an
gehöriges Dreieck bestrichen. Diesem und damit dem Polygon gehört dann aber die
Strecke BQ an, und das ist dann die gewünschte Diagonale. Wenn aber AP nicht
in das Innere von π eintritt, sondern im Äußeren verläuft, so tritt die Verlängerung
von AB über B hinaus zunächst in das Polygoninnere ein. Man verlängere daher
AB über B hinaus bis zu seinem nächsten Schnitt B' mit π und wiederhole nun
mit B' die seitherige Überlegung. So gelangt man stets zu einer Diagonale, wie sie
der Hilfssatz verlangt. Es sei eine Aufgabe für den Leser, die Einzelheiten des Beweises weiter durchzuführen. Diese Diagonale zerlegt dann π in zwei punktfremde
Polygone von geringerer Eckenzahl. Die Fortsetzung der Überlegung führt daher zur
gewünschten Zerlegung in Dreiecke.

heraus. Die Formel erweist sich so tatsächlich als richtig. Wenn man diesen Schluß wiederholt, so muß nach endlichvielen Schritten vom ganzen Polygon nur noch ein Dreieck bleiben, denn es sind ja nur endlichviele da, die wir weglassen können. Daher ergibt sich, daß das Integral über das Polygon der Fig. 40 einem Dreiecksintegral gleich ist. Es verschwindet also wie dieses. Wir brauchen also tatsächlich den Hauptsatz nur für *Dreiecke* zu beweisen. Dieser Aufgabe wenden wir uns jetzt zu.

Zu dem Zwecke betrachte ich das Dreieck $\varDelta$ der Fig. 42. Es sei etwa

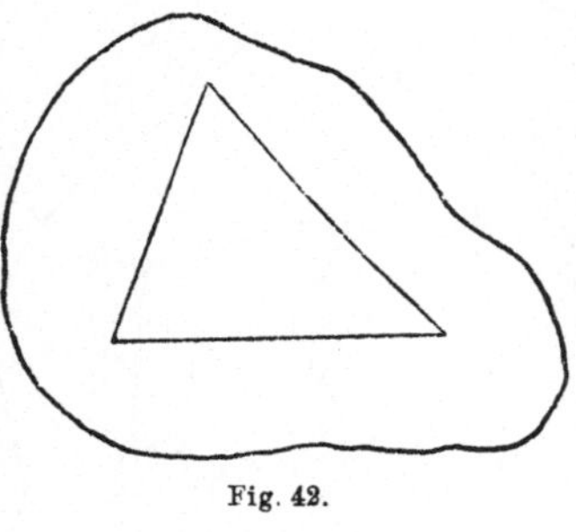

Fig. 42.

$$\left| \int_{\varDelta} f(z)\, dz \right| = M.$$

Dann zerlege ich, wie in Fig. 43 angedeutet ist, nach dem Vorgang des Herrn Pringsheim das Dreieck durch Parallele zu den Seiten in vier kongruente Dreiecke und sehe, daß

$$\int_{\varDelta} = \int_{\varDelta_1} + \int_{\varDelta_2} + \int_{\varDelta_3} + \int_{\varDelta_4}$$

ist, wenn die Dreiecke so durchlaufen werden, wie dies Fig. 43 angibt. Daher muß mindestens eines dieser Integrale dem Betrage nach größer oder gleich $\dfrac{M}{4}$ sein. Dasjenige Dreieck, bei dem dies zutrifft, bezeichne ich weiter mit $\varDelta_1$. Dann verfahren wir mit ihm wie eben mit $\varDelta$ und erhalten ein neues Dreieck $\varDelta_2$, für das

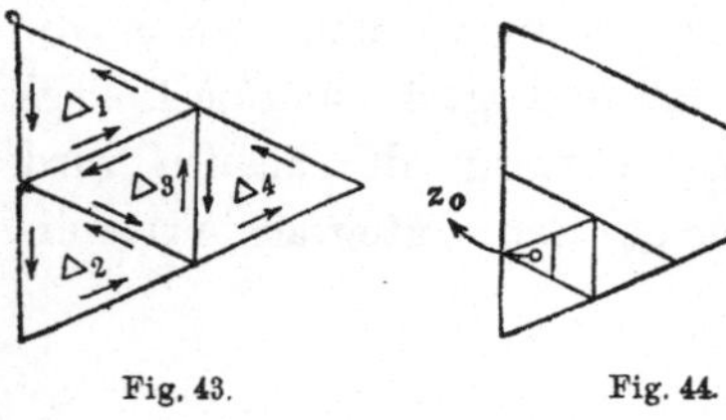

Fig. 43.   Fig. 44.

$$\left| \int_{\varDelta_2} f(z)\, dz \right| \geqq \frac{M}{4^2}$$

ist. Dies Teildreieck von $\varDelta_1$ behandeln wir ebenso. So erhalten wir eine Folge ineinandergeschachtelter Dreiecke (Fig. 44), deren innerster Punkt z_0 sei. Merken wir uns noch an, daß sich bei jedem Schritt der Umfang der Dreiecke auf die Hälfte verkleinert. Sei also U der Umfang von $\varDelta$, U_n der von $\varDelta_n$, so ist $U_n = \dfrac{U}{2^n}$. Für den Wert der Integrale aber gilt

$$\left| \int_{\varDelta_n} f(z)\, dz \right| \geqq \frac{M}{4^n}.$$

Bis jetzt haben wir von der Differenzierbarkeit von $f(z)$ noch keinen Gebrauch gemacht. Das muß nun geschehen. Denn ohne diese Annahme ist der Cauchysche Integralsatz sicher nicht richtig. Man betrachte nur etwa das Integral $\int x\, dz$ erstreckt über die beiden Wege von $(0, 0)$ nach

(a, b), welche aus je zwei zu den Koordinatenachsen parallelen Geraden bestehen. Der eine gibt $\frac{a^2}{2} + iab$, der andere aber $\frac{a^2}{2}$.

Wir setzen also nun voraus, daß $f(z)$ analytisch ist. Sei dann z_0 die Koordinate des innersten Punktes P, so ist wegen der Differenzierbarkeit in z_0:

$$\lim_{z \to z_0} \frac{f(z) - f(z_0)}{z - z_0} = f'(z_0).$$

Es gibt also eine Funktion $\delta(\varepsilon)$, so daß für $|z - z_0| < \delta(\varepsilon)$ stets

$$|f(z) - f(z_0) - f'(z_0)(z - z_0)| < \varepsilon |z - z_0|$$

ist. Von einer gewissen Nummer $N(\varepsilon)$ an aber liegen die Dreiecke Δ_n in einem mit dem Radius $\delta(\varepsilon)$ um z_0 geschlagenen Kreise, so daß man dann die gefundene Abschätzung auf ihren Integranden anwenden kann. Dann wird

$$\left| \int_{\Delta_n} f(z)\,dz - f(z_0) \int_{\Delta_n} dz - f'(z_0) \int_{\Delta_n} (z - z_0)\,dz \right| < \varepsilon \left| \int_{\Delta_n} |z - z_0|\,dz \right|.$$

Betrachten wir nun die einzelnen hier vorkommenden Integrale etwas näher. Die auf der linken Seite der Ungleichheit verschwinden alle bis auf $\int_{\Delta_n} f(z)\,dz$, von dem wir das noch nicht wissen. Das folgt aus den auf S. 109 betrachteten Beispielen.

Im Integral der rechten Seite aber wird $|z - z_0|$ kleiner als der Umfang des Dreiecks Δ_n. Denn z ist ein Punkt auf dem Dreieck, während z_0 im Inneren oder am Rande liegt. Die Entfernung zweier derartiger Punkte ist natürlich kleiner als die längste Dreiecksseite, also erst recht kleiner als der Umfang. Daher wird nach S. 106

$$\left| \int_{\Delta_n} |z - z_0|\,dz \right| < \frac{U^2}{4^n}.$$

Daher ist nun

$$\left| \int_{\Delta_n} f(z)\,dz \right| < \varepsilon \frac{U^2}{4^n}.$$

Da aber andererseits

$$\left| \int_{\Delta_n} f(z)\,dz \right| \geq \frac{M}{4^n}$$

war, so ist nun

$$\frac{M}{4^n} < \varepsilon \frac{U^2}{4^n}.$$

Daraus folgt, daß $M < \varepsilon U^2$ ist. Da aber ε beliebig gewählt werden kann, so ist $M = 0$. Daher ist also $\int_{\Delta} f(z)\,dz = 0$. Denn M war der Betrag dieses Integrales. Damit ist der Integralsatz bewiesen.

Aus dem bewiesenen Satz folgt, *daß jede in einem einfach zusammenhängenden Bereiche eindeutige analytische Funktion $f(z)$ ein Integral besitzt,*

d. h. daß es bis auf eine additive **Konstante** genau eine analytische Funktion $J(z)$ gibt, die gleichfalls im Bereiche B eindeutig ist, und deren Ableitung $f(z)$ ist. **Denn betrachten wir das Integral**

$$J(z) = \int_a f(z)\, dz.$$

Einen Weg, über den es zu erstrecken ist, brauchen wir nun nicht mehr anzugeben, denn, wie schon S. 115 angegeben, folgt aus dem nun bewiesenen Hauptsatz, daß der Wert des Integrales davon unabhängig ist, über welchen in B gelegenen Weg man es erstreckt. Das Integral $J(z)$ stellt also eine in B eindeutige Funktion dar. Wir zeigen, daß sie analytisch ist, und daß $f(z)$ ihre Ableitung ist. Es wird nämlich

$$\frac{J(z) - J(z_0)}{z - z_0} - f(z_0) = \frac{\int_{z_0}^{z} [f(z) - f(z_0)]\, dz}{z - z_0}.$$

Da aber $f(z)$ bei z_0 stetig ist, so gibt es eine Funktion $\delta(\varepsilon)$, so daß $|f(z) - f(z_0)| < \varepsilon$ ist für $|z - z_0| = \delta(\varepsilon)$. Da weiter der Integrationsweg von z_0 bis z geradlinig gewählt werden darf, so ist seine Länge $|z - z_0|$.

Daher wird nun
$$\int_{z_0}^{z} [f(z) - f(z_0)]\, dz < \varepsilon\, |z - z_0|.$$

Daher ist
$$\left| \frac{J(z) - J(z_0)}{z - z_0} - f(z_0) \right| < \varepsilon \ \text{ für } \ |z - z_0| < \delta(\varepsilon).$$

Also ist $J(z)$ analytisch und $f(z)$ ist seine Ableitung. *Also ist nun auch im Differentiationsprozeß die Umkehrung des Integrationsprozesses erkannt.*

Man kann den Cauchyschen Integralsatz leicht auf Funktionen ausdehnen, welche in *nichtschlichten* einfach zusammenhängenden *Bereichen* eindeutig und analytisch erklärt sind. Wir nennen dabei einen mehrblättrigen Bereich einfach zusammenhängend, wenn in ihm eine eindeutige analytische Funktion $w = \varphi(z)$ erklärt ist, welche ihn — alles im Sinne der Festsetzungen von S. 68 ff. — auf einen schlichten einfach zusammenhängenden Bereich abbildet. Wenn dann in dem mehrblättrigen Bereich B einegeschlossene Kurve $\mathfrak{C}$ vorliegt, so geht dieselbe durch die Abbildung in eine geschlossene Kurve $\mathfrak{C}'$ des schlichten Bereiches B' über, die rektifizierbar ist, wenn dies für $\mathfrak{C}$ zutrifft. Dann ist

$$\int_{\mathfrak{C}} f(z)\, dz = 0,$$

wenn $f(z)$ in B eindeutig und analytisch ist. Denn sei $w = \varphi(z)$ die erwähnte Abbildungsfunktion, $z = \psi(w)$ ihre gleichfalls als analytisch angenommene Umkehrungsfunktion[1]), so wird nach S. 112

$$\int_{\mathfrak{C}} f(z)\,dz = \int_{\mathfrak{C}'} f(\psi(w))\,\psi'(w)\,dw.$$

Dies letztere Integral ist aber nach dem Hauptsatz Null. Damit ist die verallgemeinerte Fassung des Integralsatzes bewiesen.

§ 7. Anwendung des Hauptsatzes auf die Berechnung bestimmter Integrale.

Der Hauptsatz leistet oft **gute Dienste** bei der Auswertung bestimmter Integrale. Ich will dies jetzt nur an einem einzigen viel behandelten Beispiel zeigen.

Es sei die Berechnung des bestimmten Integrales $\int_0^\infty \frac{\sin x}{x}\,dx$, erstreckt über die positive reelle Achse als Aufgabe vorgelegt. Auch der Nachweis, daß dies Integral überhaupt konvergiert, wird sich aus unseren Betrachtungen mit ergeben.

Ich gehe von dem Integral $\int \frac{e^{iz}}{z}\,dz$ aus. Es möge über das aus der Fig. 45 ersichtliche Kreisbogenviereck erstreckt werden. Es hat natürlich den Wert Null, weil der Integrand an allen von Null und Unendlich verschiedenen Stellen analytisch ist. Nun zerlege ich das Integral in naheliegender Weise in vier Teilintegrale und fasse die beiden über Stücke der reellen Achse erstreckten Integrale

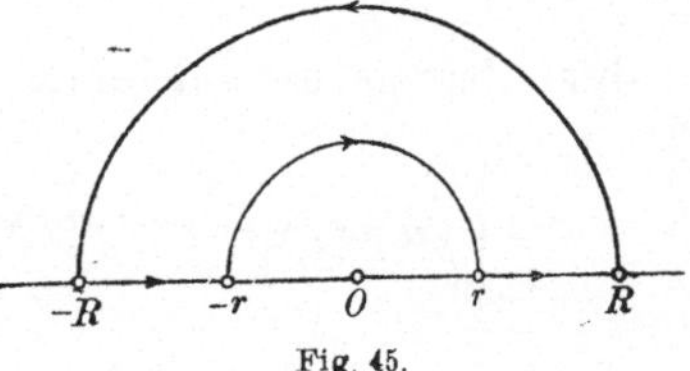

Fig. 45.

$$\int_{-\mathrm{R}}^{-r} \frac{e^{iz}}{z}\,dz + \int_{r}^{\mathrm{R}} \frac{e^{iz}}{z}\,dz$$

in eines zusammen. Es wird ja

$$\int_{-\mathrm{R}}^{-r} \frac{e^{iz}\,dz}{z} = -\int_{r}^{\mathrm{R}} \frac{e^{-iz}\,dz}{z}.$$

Also wird $\qquad \displaystyle\int_{-\mathrm{R}}^{-r} \frac{e^{iz}}{z}\,dz + \int_{r}^{\mathrm{R}} \frac{e^{iz}\,dz}{z} = 2i\int_{r}^{\mathrm{R}} \frac{\sin z}{z}\,dz.$

Daher hat man jetzt $\qquad \displaystyle 2i\int_{r}^{\mathrm{R}} \frac{\sin z}{z}\,dz + \underbrace{\int \frac{e^{iz}}{z}\,dz}_{-r\ +r} + \underbrace{\int \frac{e^{iz}}{z}\,dz}_{-\mathrm{R}+\mathrm{R}} = 0.$

---

1) Wir werden später (S. 190) beweisen, daß $\psi(w)$ stets dann analytisch ist, wenn dies für $\varphi(z)$ zutrifft.

Um das Integral $\int\limits_0^\infty \dfrac{\sin z}{z}\,dz$ zu finden, wird man jetzt $r \to 0$ und $R \to \infty$ streben lassen. Dabei strebt das Integral $\int\limits_{-R}^{R} \dfrac{e^{iz}}{z}\,dz$ selbst gegen Null. Um einzusehen, daß für alle genügend großen R das Integral

$$\int\limits_{-R}^{R} \frac{e^{iz}}{z}\,dz = i\int\limits_0^\pi e^{-R\sin\varphi + iR\cos\varphi}\,d\varphi \quad (z = Re^{i\varphi})$$

dem Betrage nach kleiner als eine beliebig gegebene positive **Zahl** ε wird, zerlege ich dies Integral in drei Teilintegrale:

$$\int\limits_0^\delta + \int\limits_\delta^{\pi-\delta} + \int\limits_{\pi-\delta}^\pi.$$

Hier wähle ich die Zahl δ so klein, daß die beiden Integrale

$$\int\limits_0^\delta \quad \text{und} \quad \int\limits_{\pi-\delta}^\pi$$

dem Betrage nach kleiner als $\dfrac{\varepsilon}{3}$ werden. Es wird ja z. B.

$$\left|\int\limits_0^\delta d\varphi\, e^{-R\sin\varphi + iR\cos\varphi}\right| \leq \int\limits_0^\delta d\varphi\, e^{-R\sin\varphi} \leq \delta, \quad \text{weil } e^{-R\sin\varphi} \leq 1 \text{ ist.}$$

Nachdem so die Zahl $\delta = \dfrac{\varepsilon}{3}$ *festgelegt* ist, betrachte ich das Integral $\int\limits_\delta^{\pi-\delta} d\varphi\, e^{-R\sin\varphi + iR\cos\varphi}$ weiter. Wieder gilt zunächst

$$\left|\int\limits_\delta^{\pi-\delta} e^{-R\sin\varphi} e^{iR\cos\varphi}\,d\varphi\right| < \int\limits_\delta^{\pi-\delta} d\varphi\, e^{-R\sin\varphi}.$$

In diesem Integral gilt aber nun

$$e^{-R\sin\varphi} < e^{-R\sin\delta}.$$

Denn für $\delta \leq \varphi \leq \pi - \delta$ ist ja $\sin\varphi \geq \sin\delta$. Daher wird nun

$$\left|\int\limits_\delta^{\pi-\delta} d\varphi\, e^{-iR\sin\varphi + iR\cos\varphi}\right| \leq (\pi - 2\delta)\, e^{-R\sin\delta}.$$

Für genügend großes R wird dies aber kleiner als $\dfrac{\varepsilon}{3}$. Daher ist in der Tat

$$\lim_{R\to\infty} \int\limits_{-R}^{+R} \frac{e^{iz}}{z}\,dz = 0.$$

Nun bleibt noch das Integral

$$\int_{-r\;+r} \frac{e^{iz}}{z}\,dz = i\int_{\pi}^{0} e^{-r\sin\varphi + ir\cos\varphi}\,d\varphi \quad (z = r\,e^{i\varphi}).$$

Für $r \longrightarrow 0$ kommt das Integral $i\int_{\pi}^{0} d\varphi = -\pi i$ heraus. Denn der Integrand

$$e^{-r\sin\varphi + ir\cos\varphi} = e^{iz}$$

strebt für $r \to 0$ gleichmäßig in φ gegen Eins.[1]) Daher wird wirklich

$$\lim_{r\to 0}\int_{-r\;+r} \frac{e^{iz}}{z}\,dz = -\pi i.$$

Daher wird nun $\displaystyle\int_{0}^{\infty} \frac{\sin z}{z}\,dz = \frac{\pi}{2}$

Sechster Abschnitt.

Die Cauchysche Integralformel.

§ 1. Ein Spezialfall der Cauchyschen Integralformel.

In einem Kreise K sei die Funktion $f(z)$ eindeutig und analytisch. K_1 sei ein konzentrischer Kreis von kleinerem Radius und z ein Punkt aus seinem Inneren. Dann ist $\displaystyle f(z) = \frac{1}{2\pi i}\int_{K_1} \frac{f(\zeta)}{\zeta - z}\,d\zeta.$

Dabei ist also das Integral so über den Kreis K_1 zu erstrecken, daß bei der Durchlaufung das Innere zur Linken bleibt. Das sei immer durch die verwendete Schreibweise angedeutet. Da der Integrand eine bei $\zeta = z$ also in K singuläre Funktion ist, so folgt aus dem Integralsatz unmittelbar nichts.

Wir zeigen zunächst, daß $\displaystyle\int_{(L)} \frac{f(\zeta)}{\zeta - z}\,d\zeta = 0$

---

1) D. h. es gibt eine Zahl $\varrho = \varrho(\varepsilon)$ derart, daß für alle $r < \varrho(\varepsilon)$ und beliebige φ

$$|e^{-r\sin\varphi + ir\cos\varphi} - 1| < \varepsilon$$

gilt. Vgl. dazu S. 107. Die Verhältnisse liegen ja ganz analog wie bei gleichmäßig konvergenten Reihen.

ist, wenn das Integral über den in Fig. 46 angegebenen Weg L erstreckt wird. Er besteht aus einem Kreisbogen K_2 vom Radius ϱ, dessen Mittelpunkt z ist, aus zwei von z ausstrahlenden Strecken und einem Bogen des Kreises K_1. Die Kurve L ist in einem aus Fig. 46 ersichtlichen einfach zusammenhängenden Bereich gelegen, der von K und einer Strecke begrenzt ist, welche z und K verbindet. In diesem einfach zusammenhängenden Bereiche sind aber sowohl $f(\zeta)$ wie $\zeta - z$ analytische Funktionen von ζ und der Nenner $\zeta - z$ verschwindet in diesem Bereiche nicht. Daher kann man auf die Kurve L den Hauptsatz anwenden. Also ist

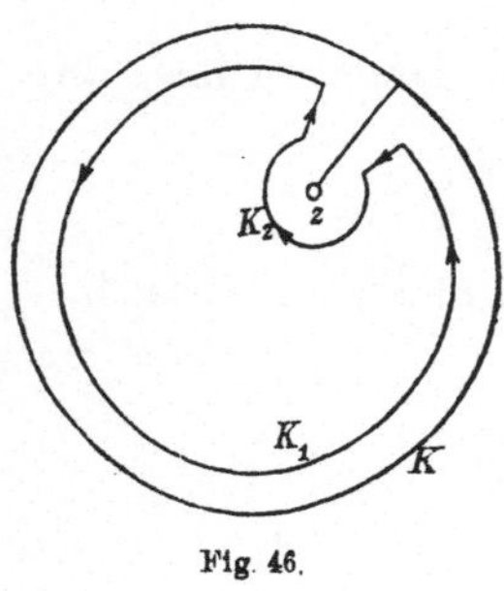

Fig. 46.

$$\int\limits_{(L)} \frac{f(\zeta)}{\zeta - z}\, d\zeta = 0.$$

Wir ändern nun die Kurve L dadurch ab, daß wir die Kreisbogen größer werden lassen. Dabei wird also der von den beiden Strecken eingeschlossene Winkel kleiner. Immer bleibt das Integral Null. Wir vergleichen es nun mit dem Integral über die aus Fig. 47 ersichtliche Kurve $\mathfrak{C}$. Sie besteht aus den beiden vollen Kreisen und dem zweimal durchlaufenen geradlinigen Stück. Ähnlich war die Kurve L zerlegt. Je mehr sich diese der Kurve $\mathfrak{C}$ nähert, um so weniger wird $\int\limits_{L}$ von $\int\limits_{\mathfrak{C}}$ abweichen. Das folgt so unmittelbar aus der Stetigkeit der Funktion $f(\zeta)$, daß wohl keine längere Darlegung erforderlich ist. Daher ist auch

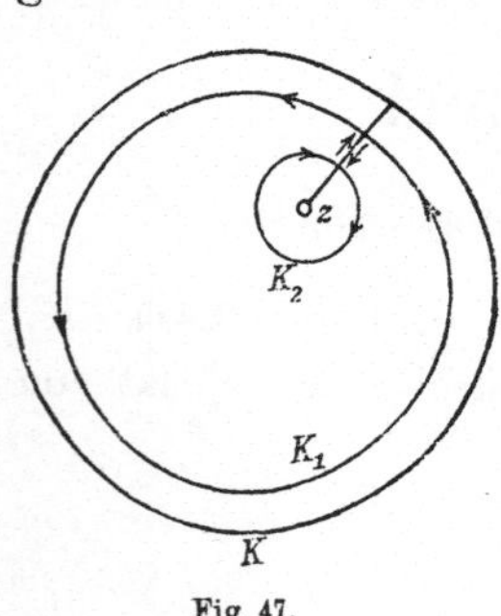

Fig. 47.

$$\int\limits_{\mathfrak{C}} \frac{f(\zeta)}{\zeta - z}\, d\zeta = 0.$$

Nun ist aber in diesem Integral der geradlinige Bestandteil zweimal in verschiedener Richtung durchlaufen. Daher wird

$$\int\limits_{K_1} \frac{f(\zeta)}{\zeta - z}\, d\zeta = \int\limits_{K_2} \frac{f(\zeta)}{\zeta - z}\, d\zeta.$$

Dieses letztere Integral ist nun von der Größe des Kreisradius ϱ von K_2 unabhängig. Denn unsere Betrachtung gilt für jedes ϱ. Zur Auswertung des Integrales führen wir Polarkoordinaten ein. Wir setzen $\zeta - z = \varrho e^{i\vartheta}$.

Dann wird
$$\int \frac{f(\zeta)}{\zeta - z}\, d\zeta = i \int\limits_{0}^{2\pi} f(z + \varrho e^{i\vartheta})\, d\vartheta.$$

Da aber das Integral von ϱ unabhängig ist, so gilt

$$\int\limits_0^{2\pi} f(z + \varrho\,e^{i\vartheta})\,d\vartheta = \lim_{\varrho \to 0} \int\limits_0^{2\pi} f(z + \varrho\,e^{i\vartheta})\,d\vartheta = 2\,\pi\,f(z).$$

Daher ist nun

$$\int\limits_{K_2} \frac{f(\zeta)}{\zeta - z}\,d\zeta = 2\,\pi\,i\,f(z).$$

Also ist

$$f(z) = \frac{1}{2\,\pi\,i} \int\limits_{K_1} \frac{f(\zeta)}{\zeta - z}\,d\zeta.$$

Damit ist also unser Ziel erreicht.

Bemerkung: Man kann nicht auf die Kurve $\mathfrak{C}$ unmittelbar den Integralsatz anwenden, um zu sehen, daß das Integral verschwindet. Denn zwar begrenzt $\mathfrak{C}$ einen einfach zusammenhängenden Bereich, in welchem $\frac{f(\zeta)}{\zeta - z}$ regulär ist, aber $\mathfrak{C}$ liegt nicht in einen solchen Bereich eingebettet. Allerdings kann man sich hier leicht einen einfach zusammenhängenden Bereich beschaffen, in den $\mathfrak{C}$ eingebettet ist. Damit erhalten wir einen *zweiten Beweis* unseres Resultates. Der Bereich, den ich meine, ist mehrblättrig. Wir führen die bei z und bei ∞ verzweigte Riemannsche Fläche der Funktion $\sqrt{\zeta - z} = w$ ein. Auf ihr werde eine analytische Funktion von ζ dadurch erklärt, daß wir festsetzen, sie solle in übereinanderliegenden Punkten der Fläche, d. h. in Punkten mit gleichem ζ, denselben durch $\frac{f(\zeta)}{\zeta - z}$ gegebenen Wert haben. Auf dieser Fläche denken wir uns nun im einen *Blatt* die Kurve $\mathfrak{C}$. Über dem Kreise K denken wir beide Blätter durchschnitten. So sondern wir von der Riemannschen Fläche einen die Kurve $\mathfrak{C}$ enthaltenden Bereich aus, den wir durch $w = \sqrt{\zeta - z}$ auf einen schlichten Bereich der w-Ebene abbilden. Denken wir uns noch im anderen Blatt der Fläche, welches $\mathfrak{C}$ nicht enthält, wieder eine Gerade gezogen, welche z mit K verbindet, so wird diese etwa auf die w-Gerade der Fig. 48 abgebildet. Diese Gerade zusammen mit dem Bilde des Kreises K begrenzt einen einfach zusammenhängenden Bereich (S. 90), dem $\mathfrak{C}'$, das Bild von $\mathfrak{C}$, angehört. Aus dem

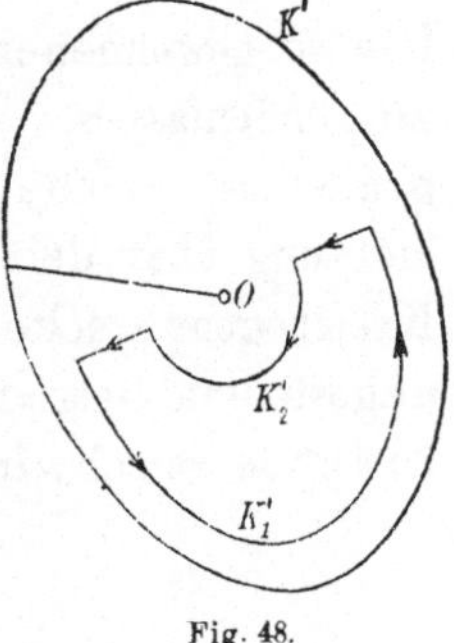

Fig. 48.

$$\int\limits_{\mathfrak{C}} \frac{f(\zeta)}{\zeta - z}\,d\zeta$$

wird

$$2 \int\limits_{\mathfrak{C}'} \frac{f(z + w^2)}{w}\,dw.$$

In dem einfach zusammenhängenden Bereich der Fig. 48 ist aber $\dfrac{f(z+w^2)}{w}$ regulär. Daher ist

$$\int_{\mathfrak{C}} \frac{f(z+w^2)}{w}\, dw = 0.$$

Daher ist auch

$$\int_{\mathfrak{C}} \frac{f(\zeta)}{\zeta - z}\, d\zeta = 0.$$

Das war der zweite Weg, auf dem man beweisen kann, daß

$$f(z) = \frac{1}{2\pi i}\int \frac{f(\zeta)}{\zeta - z}\, d\zeta.$$

Dieser Weg ist es, der sich hernach im allgemeinen Fall der Integralformel als der gangbarste herausstellen wird.

Es gibt noch einen *dritten Beweis*, der die vorhin bezeichnete Schwierigkeit vermeidet. Er knüpft an die beistehende Fig. 49 an. Die Summe der beiden Integrale über K_1 und K_2 ändert sich nämlich nicht, wenn man zu ihr die vier Integrale hinzufügt, welche man erhält, wenn man den Integranden über die beiden aus der Fig. 49 ersichtlichen geradlinigen Stücke in beiden Richtungen integriert. Denn, wie wir schon vorhin bemerkten, ist die Summe dieser Integrale Null. Man kann aber nun die beiden Kreisintegrale noch in je zwei Integrale zerlegen, den beiden Kreisbogen entsprechend, aus welchen nach Fig. 49 jeder der beiden Kreise nun besteht.

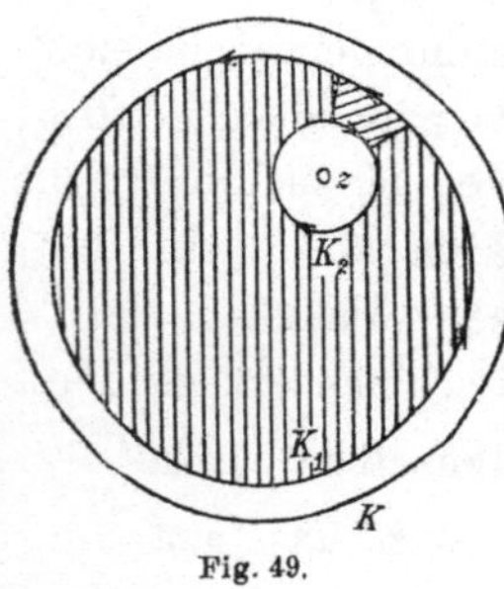

Fig. 49.

Die so gewonnenen acht Integrale kann man aber dann in anderer Weise zusammenfassen. Sie machen nämlich gerade die Summe der beiden Integrale aus, welche man erhält, wenn man den Integranden in der Pfeilrichtung über den Rand der beiden aus Fig. 49 ersichtlichen schraffierten Kreisbogenvierecke integriert. Aus den schon in unserem ersten Beweise angestellten Betrachtungen ergibt sich aber, daß ein jedes dieser beiden Integrale verschwindet. Daher ist also nun wieder

$$\int_{K_1} \frac{f(\zeta)\,d\zeta}{\zeta - z} = \int_{K_2} \frac{f(\zeta)\,d\zeta}{\zeta - z}.$$

Und nun verläuft alles so weiter, wie wir dies schon bei unserem ersten Beweise darlegten. Man findet also erneut die Integralformel

$$f(z) = \frac{1}{2\pi i}\int_{K_1} \frac{f(\zeta)\,d\zeta}{\zeta - z}.$$

Diese Integralformel drückt also die Werte, welche die Funktion $f(z)$ im Inneren des Kreises K_1 annimmt, durch die Werte aus, welche sie am Rande des Kreises besitzt. Der allgemeine Fall der Integralformel wird dies Ergebnis vom Kreise auf allgemeinere Bereiche übertragen. Die Formel zeigt also, daß die Werte, welche eine analytische Funktion im Inneren eines Kreises annimmt, schon durch ihre Werte an seinem Rande eindeutig bestimmt sind. Es ist eine gewiß merkwürdige Tatsache, daß die bloße Voraussetzung der Differenzierbarkeit derartige Folgen nach sich zieht.

Mancher Leser wird versucht sein, die hier gegebenen Beweise ohne weiteres von den Kreisen auf beliebige einfach geschlossene Kurven zu übertragen. In vielen Fällen ist das auch berechtigt. Indessen zeigt ein näheres Nachdenken im allgemeinsten Falle doch einige gestaltliche Schwierigkeiten, die darauf beruhen, daß wir die letzten Reste der Anschauung, die wir eben bei den einfachen Kreiskurven ruhig benutzen durften, bei den allgemeineren Kurven von nicht unmittelbar zu übersehendem Verlauf durch rein begriffliche Schlüsse ersetzen müssen.[1]) Ich will daher im folgenden Paragraphen wenigstens den zweiten der Beweise voll durchführen, da sich bei ihm alles am leichtesten ergibt.

§ 2. Der allgemeine Fall der Integralformel.

In einem zweifach zusammenhängenden Bereich B sei die Funktion φ analytisch. In ihm seien zwei geschlossene rektifizierbare Kurven $\mathfrak{C}_1$ und $\mathfrak{C}_2$ gegeben, welche einen beliebigen Randpunkt z gleich oft[2]) umlaufen mögen. Dann ist

$$\int_{\mathfrak{C}_1} \varphi(\zeta)\,d\zeta = \int_{\mathfrak{C}_2} \varphi(\zeta)\,d\zeta.$$

Zum Beweise wähle ich auf $\mathfrak{C}_1$ einen Punkt P_1 und auf $\mathfrak{C}_2$ einen Punkt P_2 und verbinde beide durch einen dem Bereich B angehörigen z nicht treffenden Polygonzug Π. Durchläuft man dann von P_1 aus $\mathfrak{C}_1$ im vorgeschriebenen Sinne bis P_1, geht dann auf Π zu $\mathfrak{C}_2$ über und durchläuft dies entgegengesetzt zum vorgeschriebenen Sinne und geht dann auf Π nach P_1 zurück, so hat man eine Kurve $\mathfrak{C}$ beschrieben, längs der sich $\log(\zeta - z)$ gar nicht ändert. Bildet man daher den Bereich B durch

$$w = \log(\zeta - z)$$

auf die w-Ebene ab, so erhält man einen schlichten einfach zusammen-

---

1) Man hätte z. B. einen Kreis K nötig, der z im gleichen Sinne wie $\mathfrak{C}$ einmal umläuft. Der begriffliche Inhalt dieser Angaben „in einem gewissen Sinne einmal durchlaufen" wurde aber S. 79 mit Hilfe des Logarithmus festgelegt. So führt jeder Versuch, begrifflich scharf vorzugehen, sofort auf die Methode des § 2.

2) Vgl. die Definition auf S. 79.

hängenden Bereich (S. 90) und die eben genannte Kurve $\mathfrak{C}$ geht in eine geschlossene, diesem Bereiche angehörige Kurve über. Aus unserem Integral wird durch diese Substitution das über diese geschlossene Kurve erstreckte

$$\int \varphi(z + c^w) e^w \, dw,$$

das nach dem Cauchyschen Integralsatz verschwindet. Es hat aber den Wert

$$\int\limits_{\mathfrak{C}_1} \varphi(\zeta)\, d\zeta - \int\limits_{\mathfrak{C}_2} \varphi(\zeta)\, d\zeta + \int\limits_{\Pi} \varphi(\zeta)\, d\zeta + \int\limits_{\Pi} \varphi(\zeta)\, d\zeta.$$

Da aber in den beiden über Π erstreckten Integralen der Durchlaufungssinn verschieden ist, so ergeben diese Null. So hat man tatsächlich

$$\int\limits_{\mathfrak{C}_1} \varphi(\zeta)\, d\zeta = \int\limits_{\mathfrak{C}_2} \varphi(\zeta)\, d\zeta.$$

Dieses allgemeine Résultat erlaubt nun sofort, den allgemeinen Fall der Integralformel zu beweisen.

Satz II. *In einem einfach zusammenhängenden Bereiche B sei die Funktion $f(\zeta)$ eindeutig und analytisch. $\mathfrak{C}$ sei eine geschlossene rektifizierbare Kurve, welche $\zeta = z$ einmal im positiven Sinne umläuft. Dann ist*

$$f(z) = \frac{1}{2\pi i} \int\limits_{\mathfrak{C}} \frac{f(\zeta)}{\zeta - z} \, d\zeta.$$

Aus unserem Satze folgt nämlich, daß

$$\int\limits_{\mathfrak{C}} \frac{(f\,\zeta)}{\zeta - z} \, d\zeta = \int\limits_{K} \frac{f(\zeta)}{\zeta - z} \, d\zeta,$$

wenn unter K ein Kreis vom Radius ϱ verstanden wird, der z im positiven Sinne umläuft und diesen Punkt zum Mittelpunkt hat. Daß das Kreisintegral aber gleich $2\pi i f(z)$ ist, sahen wir schon im vorigen Paragraphen.

Wenn die geschlossene Kurve $\mathfrak{C}$ den Punkt z nach der Definition von S. 79 nicht umschließt, so zeigt die gleiche Betrachtung, daß $\int \frac{f(\zeta)}{\zeta - z} \, d\zeta = 0$. Das ist z. B. dann der Fall, wenn der Punkt z dem Bereiche B nicht angehört, denn dann ist $\frac{f(\zeta)}{\zeta - z}$ im ganzen Bereiche regulär. Dann folgt also das Verschwinden des Integrales schon aus dem Cauchyschen Integralsatz direkt.

§ 3. Verallgemeinerung des Cauchyschen Integralsatzes.

Am Anfang des vorigen Paragraphen wurde als Grundlage zur Herleitung der Integralformel ein allgemeiner Satz ausgesprochen, der als eine Verallgemeinerung des Integralsatzes auf Funktionen angesehen werden kann, die in einem zweifach zusammenhängenden Bereich eindeutig und regulär sind. Nun soll der Integralsatz seine allgemeinste Fassung für mehrfach zusammenhängende Bereiche erhalten.

$f(z)$ sei in dem beliebigen Bereiche B eindeutig und regulär. In demselben mögen zwei geschlossene rektifizierbare Kurven $\mathfrak{C}_1$ und $\mathfrak{C}_2$ gegeben sein, die einen jeden Randpunkt gleichoft umlaufen, d. h. die eine so oft wie die andere Kurve. Dann ist

$$\int_{\mathfrak{C}_1} f(z)\,dz = \int_{\mathfrak{C}_2} f(z)\,dz.$$

Es genügt den Beweis unter der Annahme zu führen, daß $\mathfrak{C}_1$ und $\mathfrak{C}_2$ Polygone seien. Denn wenn man eine Kurve genügend nahe durch ein Sehnenpolygon approximiert hat, so umläuft dasselbe — wegen der *ganz zahligen* Vielfache von $2\pi i$, um die der Logarithmus bei Durchlaufung von Kurve und Polygon wächst und wegen der Güte der Approximation — einen jeden Randpunkt ebensooft wie die Kurve. Und wenn für die Näherungspolygone die Integrale immer einander gleich sind, so muß das auch beim Grenzübergang zu den Kurven der Fall sein.

Seien also $\mathfrak{C}_1$ und $\mathfrak{C}_2$ zwei Polygone, die einen jeden Randpunkt gleich oft umschließen. Da man beide im Bereiche durch einen Streckenzug zu einem Kontinuum verbinden kann, so kann man nach Satz III S. 84 einen von endlichvielen Polygonen $\mathfrak{R}_1$, $\mathfrak{R}_2$, $\cdots$, $\mathfrak{R}_n$ begrenzten polygonalen Bereich konstruieren, der diese beiden Polygone enthält, die Bereichränder aber ausschließt. Dieser polygonale Bereich ist somit ein Teilbereich des Gegebenen. Die beiden Polygone, durch die wir $\mathfrak{C}_1$ und $\mathfrak{C}_2$ ersetzten, umlaufen dann auch einen jeden einzelnen Randpunkt des polygonalen Bereiches beide gleich oft, weil man nämlich einen jeden Randpunkt des polygonalen Bereiches außerhalb desselben durch einen Streckenzug mit Punkten des alten Bereiches verbinden kann. Das lehrt die gerade schon einmal zur Geltung gekommene auch S. 79 verwendete Stetigkeitsbetrachtung.

Ich greife eines der beiden Polygone heraus, um das darüber erstreckte Integral näher zu untersuchen. Zunächst kann ich dies Polygon — ähnlich wie S. 116 — in eine Reihe einfach geschlossener Polygone zerlegen. Ich greife eines derselben heraus: $\mathfrak{C}_1$. Dasselbe möge das $\varkappa$-te innere Randpolygon etwa $\lambda_\varkappa$ mal umlaufen ($\lambda_\varkappa$ hat also nach S. 78 einen der Werte $0, 1, -1$). Nach Satz VIII S. 87 zerlege ich das Polygon durch eine Reihe von Querschnitten in einzelne einfach geschlossene Polygone, von welchen ein jedes nur höchstens eine Randkurve umschließt, und zwar ebensooft wie das zerlegte Polygon. So kann man also das über das Polygon $\mathfrak{C}_1$ erstreckte Integral in eine Summe von Integralen zerlegen. Ein jedes derselben ist über ein einfach geschlossenes Polygon erstreckt, das höchstens eines der Randpolygone umschließt. Wenn nun etwa das Polygon $\mathfrak{C}_1$ das Randpolygon $\mathfrak{R}_\varkappa$ $\lambda_\varkappa$-mal umschloß und jetzt bei der Zerlegung $\mu_\varkappa$ Polygone vorkommen, die $\mathfrak{R}_\varkappa$ einmal positiv, und $\nu_\varkappa$ Polygone auftreten, die $\mathfrak{R}_\varkappa$ einmal negativ umschließen, so muß $\lambda_\varkappa = \mu_\varkappa - \nu_\varkappa$ sein. Die Betrachtungen des vorigen Paragraphen lehren aber, daß zwei Polygone, die $\mathfrak{R}_\varkappa$ einmal im selben Sinne umschließen, denselben Wert von $\int f(z)\,dz$ liefern.[1]) Wenn daher $\Pi_\varkappa$ irgendein einfach geschlossenes Polygon ist, das nur $\mathfrak{R}_\varkappa$ und diese Kurve nur einmal im positiven Sinne umschließt, so wird

$$\int\limits_{\mathfrak{C}_1} f(z)\,dz = \sum{}' \lambda_\varkappa \int\limits_{\mathfrak{R}_\varkappa} f(z)\,dz.$$

Denselben Wert muß aber auch $\int\limits_{\mathfrak{C}_2} f(z)\,dz$ haben. Damit wäre die Gleichheit beider Integrale erkannt und unser Satz bewiesen. Allerdings haben wir noch eines stillschweigend als richtig angesehen, daß nämlich

$$\int f(z)\,dz$$

verschwindet, wenn es über ein einfach geschlossenes Polygon Π aus B erstreckt wird, welches in seinem Inneren keine einzige der Randkurven enthält. Das ergibt sich aber sofort aus dem Integralsatz in der S. 115 gegebenen engeren Fassung, sowie man erkannt hat, daß man dies Polygon in einen einfach zusammenhängenden Teilbereich einbetten kann, in welchem $f(z)$ regulär ist. Man muß dazu ja nur nach S. 84 ein Polygon konstruieren, das in B verläuft und das Polygon Π von den Randkurven des Bereiches trennt. Man kann dieselben nämlich, weil sie alle außerhalb von Π verlaufen, miteinander zu einem Kontinuum verbinden, ohne dabei Π zu treffen.

Ein wichtiger Spezialfall des bewiesenen Satzes ist dieser: Der Bereich sei n-fach zusammenhängend. Eine Kurve $\mathfrak{C}$ möge eine jede der $n-1$ inneren Randkurven genau einmal positiv umlaufen. $\mathfrak{C}_\varkappa$ sei eine Folge von Kurven derart, daß $\mathfrak{C}_\varkappa$ die Randkurve $\mathfrak{R}_\varkappa$ genau einmal im positiven Sinne und die anderen Randkurven nullmal umläuft. Dann wird

$$\int\limits_{\mathfrak{C}} f(z)\,dz = \sum_{\varkappa=1}^{\varkappa=n-1} \int\limits_{\mathfrak{R}_\varkappa} f(z)\,dz.$$

---

1) Da man das umschlossene $\mathfrak{R}_\varkappa$ und sein Inneres mit den beiden Polygonen zu einem, die übrigen Ränder und den Rest der Komplementärmenge des polygonalen Bereiches zu einem zweiten Kontinuum verbinden kann, so gibt es nach dem Corollar zu Satz III von S. 85 ein einfaches Polygon P, das $\mathfrak{R}_\varkappa$ und die beiden Polygone enthält, die übrigen Ränder aber ausschließt. Auf den von P und $\mathfrak{R}_\varkappa$ begrenzten Bereich wende man Satz I des vorigen Paragraphen an.

§ 4. Bemerkungen zur Integralformel.

Das in der Cauchyschen Integralformel vorkommende Integral

$$\int\limits_{\mathfrak{C}} \frac{f(\zeta)\, d\zeta}{\zeta - z} = J(z)$$

stellt unter viel allgemeineren Voraussetzungen, als den bisher angegebenen, in einem $\mathfrak{C}$ nicht enthaltenden Bereich eine analytische Funktion von z dar. Das ist nämlich nicht nur dann der Fall, wenn die Kurve $\mathfrak{C}$ geschlossen ist und einem einfach zusammenhängenden Bereich angehört, in welchem die Funktion $f(z)$ analytisch ist, das ist vielmehr auch dann der Fall, wenn $\mathfrak{C}$ eine beliebige rektifizierbare Kurve ist, auf welcher $f(\zeta)$ stetig ist. Unter z ist dabei eine beliebige nicht auf der Kurve $\mathfrak{C}$ gelegene Stelle zu verstehen. Man findet nämlich dann für den Differenzenquotienten den Ausdruck

$$\frac{J(z+h) - J(z)}{h} = \int \frac{f(\zeta)\, d\zeta}{(\zeta - z)(\zeta - z - h)}.$$

Man wird vermuten, daß dieser Ausdruck für $h \longrightarrow 0$ dem Werte $\int \frac{f(\zeta)\, d\zeta}{(\zeta - z)^2}$ zustrebt, und in der Tat ist ja auch

$$(1) \qquad \frac{J(z+h) - J(z)}{h} - \int \frac{f(\zeta)\, d\zeta}{(\zeta - z)^2} = \int f(\zeta)\, d\zeta \frac{h}{(\zeta - z)^2 (\zeta - z - h)}.$$

$$(2)\ \textbf{Also wird} \qquad \left| \frac{J(z+h) - J(z)}{h} - \int \frac{f(\zeta)\, d\zeta}{(\zeta - z)^2} \right| < \frac{Max\, |f(\zeta)|\, |h|\, L}{d^3},$$

wenn L die Länge der Kurve $\mathfrak{C}$ und d den Abstand zwischen $\mathfrak{C}$ und einem die Punkte z und $z + h$ enthaltenden Kreise bedeutet. Daher ist in der Tat

$$(3) \qquad \lim_{h \to 0} \frac{J(z+h) - J(z)}{h} = \int \frac{f(\zeta)\, d\zeta}{(\zeta - z)^2}$$

und $J(z)$ ist wirklich eine analytische Funktion von z in der Umgebung einer jeden Stelle, die nicht auf der Kurve $\mathfrak{C}$ liegt. Man muß sich indessen sehr wohl vor der unbegründeten Vermutung hüten, daß etwa $f(\zeta)$ die Werte sein müßten, die $J(z)$ auf der Kurve $\mathfrak{C}$ annimmt. Diese Annahme wäre von Grund auf falsch. Es ist ein reiner Zufall, wenn es einmal so ist.

Nehmen wir z. B. als Integrationsweg den Einheitskreis $|z| = 1$ und setzen $f(\zeta) = \dfrac{1}{\zeta}$, dann wird

$$J(z) = \frac{1}{2\pi i} \int \frac{1}{\zeta(\zeta - z)}\, d\zeta = \frac{-1}{2\pi i}\, \frac{1}{z} \int \frac{d\zeta}{\zeta} + \frac{1}{2\pi i}\, \frac{1}{z} \int \frac{d\zeta}{\zeta - z} = -\frac{1}{z} + \frac{1}{z} = 0.$$

Die im Einheitskreis dargestellte Funktion ist also **Null**. Die Randwerte aber sind $e^{-i\varphi}$. **Weiter** bemerke man, daß ja nach dem Cauchyschen Integralsatz

$$J(z) = \frac{1}{2\pi i}\int \frac{f(\zeta)}{\zeta-z}\,d\zeta = 0$$

ist, wenn $f(\zeta)$ in $|z| \leq r\,(r > 1)$ eindeutig und analytisch ist, wenn die Integration über $|z| = 1$ erstreckt wird, und wenn z *außerhalb* des Einheitskreises ist. Denn der Integrand ist ja im Einheitskreis analytisch und eindeutig. Also ist dann $J(z)$ eine Funktion außerhalb des Einheitskreises, die auf demselben durchaus nicht die Werte $f(\zeta)$ annimmt.

Das eben Bewiesene ist ein ganz spezieller Fall eines viel allgemeineren Satzes, den wir hier anfügen wollen. *Ich verstehe unter $\varphi(z, \zeta)$ eine in einem Bereiche B analytische Funktion von z, die außerdem noch von einem Parameter ζ abhängt, welcher auf einer rektifizierbaren Kurve $\mathfrak{C}$ der ζ-Ebene variieren möge. Solange z im Bereiche B und ζ auf der Kurve $\mathfrak{C}$ liegt, möge außerdem $\varphi(z, \zeta)$ eine stetige Funktion der beiden Veränderlichen z und ζ sein.*[1]) *Dann ist $J(z) = \int_{\mathfrak{C}} \varphi(z, \zeta)\,d\zeta$ eine analytische Funktion von z im Bereiche B.*

Es sei eine Aufgabe für den Leser, im Anschluß an den eben besprochenen Spezialfall, den Beweis dieses Satzes zu erbringen. Hier möge der Hinweis genügen, daß wir auf S. 170 einen sehr kurzen Beweis dieses Satzes kennen lernen werden.

Ein ganz spezieller Fall des eben genannten Satzes ist es, wenn wir

$$\varphi(z, \zeta) = \frac{f(\zeta)}{(\zeta-z)^n}$$ annehmen.

Wir kehren damit wieder zur Integralformel zurück. Wir nehmen als Integrationsweg eine einfach geschlossene Kurve $\mathfrak{C}$, und z sei eine Stelle aus ihrem Inneren. Dann wird

$$f(z) = \frac{1}{2\pi i}\int_{\mathfrak{C}} \frac{f(\zeta)\,d\zeta}{\zeta-z},$$

und dieser Ausdruck ist beliebig oft differenzierbar. Denn es wird ja

$$(4)\qquad f'(z) = \frac{1}{2\pi i}\int_{\mathfrak{C}} \frac{f(\zeta)\,d\zeta}{(\zeta-z)^2},$$

und das kann wieder differenziert werden; so wird

$$f''(z) = \frac{2}{2\pi i}\int_{\mathfrak{C}} \frac{f(\zeta)\,d\zeta}{(\zeta-z)^3}.$$

---

1) D. h. es soll zu jedem ε ein $\delta(\varepsilon)$ geben, so daß $|\varphi(z+h_1, \zeta+h_2) - \varphi(z, \zeta)| < \varepsilon$, sobald $|h_1| < \delta(\varepsilon)$ und $|h_2| < \delta(\varepsilon)$. $z+h_1$ und z gehören dabei dem Bereiche B, ζ und $\zeta+h_2$ der Kurve $\mathfrak{C}$ an.

(5) Allgemein wird $\qquad f^{(n)}(z) = \dfrac{n!}{2\pi i}\displaystyle\int\limits_{\mathfrak{C}} \dfrac{f(\zeta)\,d\zeta}{(\zeta - z)^{n+1}}.$

Wir haben so das überraschende Ergebnis:

Eine jede analytische Funktion kann beliebig oft differenziert werden. Die Ableitungen aller Ordnungen sind also wieder analytische Funktionen.

Aus der Differenzierbarkeit einer Funktion komplexen Argumentes folgt also z. B. schon die Stetigkeit der Ableitung. Die Ableitung einer nur im Reellen erklärten Funktion kann bekanntlich unstetig sein. Hier ist sie sogar selbst wieder differenzierbar. Man erkennt, welche tiefen Konsequenzen die Voraussetzung der Differenzierbarkeit im Komplexen nach sich zieht.

§ 5. Umkehrung des Cauchyschen Hauptsatzes.

Eine reife Frucht ist es, die uns nun in den Schoß fällt. Wir wollen beweisen, *daß eine in einem Bereiche B eindeutige und stetige Funktion $f(z)$, für welche das Integral $\int\limits_{\mathfrak{C}} f(z)\,dz$ verschwindet, ganz einerlei, über welche dem Bereich angehörige geschlossene Kurve es auch erstreckt wird, notwendig eine analytische Funktion ist.* Der Satz ist offenbar die Umkehrung des Cauchyschen Integralsatzes. Nach seinem Entdecker heißt er auch *Satz von Morera.*

Das Integral

$$\int\limits_{0}^{z} f(z)\,dz = J(z),$$

stellt eine im Bereiche eindeutige Funktion dar, weil das Integral vom Wege unabhängig ist (vgl. die Bemerkung auf S. 115). Diese Funktion ist aber analytisch. Denn schon S. 120 ist gezeigt, daß $J(z)$ differenzierbar ist. Es wird nach der dort angestellten Überlegung $J'(z) = f(z)$. Vorhin aber haben wir gesehen, daß die Ableitung einer analytischen Funktion selbst analytisch ist. Also ist wirklich $f(z)$ analytisch.

§ 6. Eine Anwendung der Integralformel.

Schon die Integralformel erlaubt es ziemlich unmittelbar, manches bestimmte Integral auszuwerten. Ich gebe jetzt ein ganz einfaches Beispiel, um später in dem Abschnitt über die Residuen die Betrachtung wesentlich weiter zu führen.

Es sei $\displaystyle\int\limits_{-\infty}^{+\infty} \dfrac{dx}{(1+x^2)^{n+1}}$ *erstreckt über die reelle Achse zu berechnen.* Ein bereits von Cauchy vielfach angewendeter Gedanke knüpft daran an, daß das um den Halbkreis der Fig. 50 erstreckte Integral stets den Wert

$$\int \frac{dz}{(1+z^2)^{n+1}} = \frac{\pi}{2^{2n}} \cdot \frac{(2n)!}{(n!)^2} = \pi \frac{1 \cdot 3 \cdot 5 \cdot \ \cdots \ \cdot 2n-1}{2 \cdot 4 \cdot 6 \cdot \ \ \ \ \cdot 2n}$$

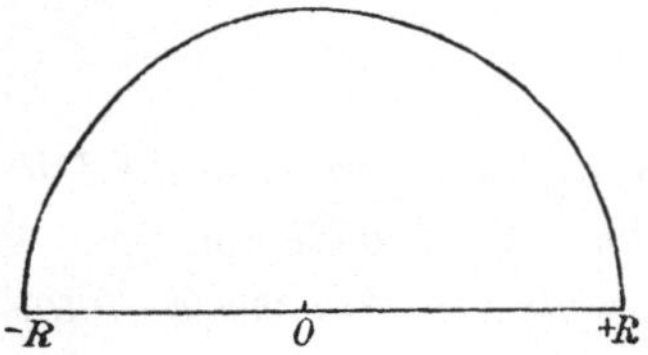

Fig. 50.

hat. Man kann nämlich

$$\frac{1}{2\pi i}\int \frac{dz}{(1+z^2)^{n+1}} = \frac{1}{2\pi i}\int \frac{\dfrac{1}{(z+i)^{n+1}} \, dz}{(z-i)^{n+1}}$$

schreiben. Das ist aber nach Formel (5) weiter nichts als die $\frac{1}{n!}$-fache n-te Ableitung von $\dfrac{1}{(z+i)^{n+1}}$ an der Stelle $z = i$. Diese ist aber $\dfrac{(2n)!}{n!}\dfrac{1}{i}\dfrac{1}{2^{2n+1}}$.
Weiter bemerkt man nun, daß das über den Kreisbogen erstreckte Integral für $R \to \infty$ gegen Null konvergiert. Denn der Integrand genügt auf dem Kreis vom Radius R der Ungleichung $\left|\dfrac{1}{1+z^2}\right| < \dfrac{1}{R^2-1}$. Schreibt man nun aber die Gleichung

$$\int \frac{dz}{(1+z^2)^{n+1}} = \pi \frac{1 \cdot 3 \cdot 5 \cdot \ \cdots \ \cdot 2n-1}{2 \cdot 4 \cdot 6 \cdot \ \ \ \ \cdot 2n}$$

in der Form $\displaystyle\int_{-R}^{+R} \frac{dx}{(1+x^2)^{n+1}} + \int_{-R\ +R} \frac{dz}{(1+z^2)^{n+1}} = \pi \frac{1 \cdot 3 \cdot 5 \cdot \ \cdots \ \cdot 2n-1}{2 \cdot 4 \cdot 6 \cdot \ \ \ \ \cdot 2n}$

und geht hier zu $R \to \infty$ über, so erhält man

$$\int_{-\infty}^{+\infty} \frac{dx}{(1+x^2)^{n+1}} = \pi \frac{1 \cdot 3 \cdot 5 \cdot \ \cdots \ \cdot 2n-1}{2 \cdot 4 \cdot 6 \cdot \ \ \ \ \cdot 2n}.$$

Häufig gelingt es, durch eine einfache Substitution andersartige Integrale so umzuformen, daß man in der eben angegebenen Weise mit Hilfe der Integralformel die Auswertung leisten kann. Das gilt z. B. von dem Integral $\int_0^{2\pi} \cos^{2n} x\, dx$. Macht man nämlich hier die Substitution $e^{ix} = \zeta$, so geht der Integrationsweg, also das Stück der reellen Achse: $0 \leq x \leq 2\pi$ in die einmal durchlaufene Peripherie des Einheitskreises der ζ-Ebene über. Man erhält dann die Beziehung

$$\int_0^{2\pi} \cos^{2n} x\, dx = \int_0^{2\pi} \left(\frac{e^{ix}+e^{-ix}}{2}\right)^{2n} dx = \frac{-i}{2^{2n}}\int \frac{(1+\zeta^2)^{2n}}{\zeta^{2n+1}}\, d\zeta.$$

Die Integralformel lehrt wieder, daß das neue Integral der Gleichung

$$\oint \frac{(1+\zeta^2)^{2n}}{\zeta^{2n+1}}\,d\zeta = \frac{2\pi i}{(2n)!}\,\frac{d^{2n}\,(1+\zeta^2)^{2n}}{d\zeta^{2n}}\Big/\zeta = 0$$

genügt. Erinnert man sich aber an die Maclaurinsche Reihe, die der binomische Satz im reellen Gebiet für $(1+\zeta^2)^{2n}$ liefert, so erkennt man in

$$\frac{1}{(2n)!}\,\frac{d^{2n}(1+\zeta^2)^{2n}}{d\zeta^{2n}}\,\zeta = 0$$

den Koeffizienten von ζ^{2n} in dieser Reihe. Dieser ist aber

$$\frac{2n\cdot(2n-1)\cdots(n+1)}{1\cdot\ 2\cdot\ \ \ \ \ \ n} = \frac{(2n)!}{(n!)^2}.$$

Daher findet man das Schlußergebnis:

$$\int_0^{2\pi}\cos^{2n}x\,dx = 2\pi\,\frac{1\cdot3\cdot5\cdots\cdot(2n-1)}{2\cdot4\cdot6\cdot\ \ \cdot2n}.$$

§ 7. Entwickelbarkeit der analytischen Funktionen in Potenzreihen.

Eine weitere überraschende Eigenschaft der analytischen Funktionen ist die Entwickelbarkeit in Potenzreihen.

Wenn die Funktion $f(z)$ in einem Kreise K um den Punkt a als Mittelpunkt eindeutig und analytisch ist, so gibt es eine Potenzreihe

$$\mathfrak{P}(z-a) = \sum_{n=0,1\ldots} a_n(z-a)^n,$$

für die
$$f(z) = \mathfrak{P}(z-a)$$

im ganzen Kreise gilt. Die Koeffizienten dieser Reihe drücken sich in Taylorscher Weise durch $f(z)$ aus. Es ist also

$$a_n = \frac{f^{(n)}(a)}{n!}.$$

Der Beweis fließt aus der Integralformel, wenn man beachtet, daß $\frac{1}{\zeta-z}$ entwickelbar ist, und wenn man sich erinnert, daß man diese Reihe gliedweise integrieren darf. Zum Beweise erstrecke man das Integral der Cauchyschen Integralformel über einen mit K konzentrischen kleineren Kreis K_1, der die Stelle z, für die man die Entwickelbarkeit zu beweisen wünscht, enthalten muß.

Nun wird $\dfrac{1}{\zeta-z}=\dfrac{1}{\zeta-a-(z-a)}=\dfrac{1}{\zeta-a}\Big(1+\dfrac{z-a}{\zeta-a}+\Big(\dfrac{z-a}{\zeta-a}\Big)^2+\cdots\Big).$

Hält man z fest, so konvergiert diese Reihe in ζ gleichmäßig auf der ganzen Peripherie von K_1. Also gilt das gleiche für die mit $f(\zeta)$ multiplizierte Reihe.

Man kann also ihr Integral durch gliedweises Integrieren bestimmen (s. S. 106). Das liefert

$$f(z) = \frac{1}{2\pi i} \int \frac{f(\zeta)}{\zeta - a}\, d\zeta + (z - a)\frac{1}{2\pi i}\int \frac{f(\zeta)}{(\zeta - a)^2}\, d\zeta + \cdots$$

$$+ (z - a)^n \frac{1}{2\pi i}\int \frac{f(\zeta)}{(\zeta - a)^{n+1}}\, d\zeta + \cdots$$

$$= f(a) + f'(a)(z - a) + \frac{f''(a)}{2!}(z - a)^2 + \cdots + \frac{f^{(n)}(a)}{n!}(z - a)^n + \cdots$$

Das war aber unsere Behauptung.

Korrolar: Wenn $f(z)$ in einem Bereiche B eindeutig und analytisch ist und a eine Stelle des Bereiches bedeutet, so läßt sich $f(z)$ in eine nach Potenzen von $z - a$ fortschreitende Reihe

$$\mathfrak{P}(z - a) = a_0 + a_1(z - a) + a_2(z - a)^2 + \cdots$$

entwickeln. *Sie konvergiert in dem größten um $z = a$ geschlagenen Kreise, welcher in B Platz hat.* Denn in diesem ist $f(z)$ ja regulär und daher folgt aus dem eben bewiesenen Satze die jetzige Behauptung.

Bemerkung. Auch dies neuerliche Ergebnis muß jedem Leser außerordentlich merkwürdig vorkommen, wenn er mit den entsprechenden Verhältnissen bei Funktionen reellen Argumentes vertraut ist. Nicht nur haben hier die differenzierbaren Funktionen gleich Ableitungen aller Ordnungen, sie sind sogar in Potenzreihen entwickelbar. Auch

$$f(x) = \begin{cases} e^{-\frac{1}{x^2}} & \text{für } x \neq 0 \\ 0 & \text{für } x = 0 \end{cases} \quad \text{hat ja — } im\ Reellen\ \text{— bei } x = 0 \text{ Ableitungen}$$

aller Ordnungen. Trotzdem wird die Funktion nicht durch ihre Taylorsche Reihe dargestellt. Denn alle Ableitungen sind Null.[1]) —

Eine in einem Kreise analytische *Funktion* ist *also durch ihren Wert und durch die Werte ihrer Ableitungen im Kreismittelpunkt eindeutig bestimmt.* Zu jeder Wahl dieser Bestimmungsstücke gehört auch eine analytische Funktion, wofern nur die damit gebildete Reihe im Kreise konvergiert.

Jede Potenzreihe ist die Taylorsche Reihe der durch sie dargestellten Funktion. Das folgt schon aus der S. 37 bewiesenen gliedweisen Differenzierbarkeit der Potenzreihen. Aus

$$f(z) = a_0 + a_1 z + a_2 z^2 + \cdots$$

folgt ja allgemein $\;f^{(n)}(z) = n!\, a_n + (n + 1)!\, a_{n+1} z + \frac{(n + 2)!}{2}\, a_{n+2} z^2 + \cdots.$

Also wird für $z = 0$: $\qquad\qquad a_n = \dfrac{f^{(n)}(0)}{n!}$

---

1) Näheres in meinem Leitfaden der Integralrechnung S. 75/76.

Man kann weiter zeigen, *daß eine analytische Funktion eindeutig durch ihre Werte in einer Punktmenge mit a als Häufungspunkt bestimmt ist. Mit anderen Worten: Es kann keine zwei verschiedenen in einem Kreise $|z - a| < r$ analytischen Funktionen geben, deren Werte in einer Punktmenge mit a als Häufungspunkt übereinstimmen.* Denn sind

$$\sum_{n=0,1\ldots} a_n(z - a)^n \quad \text{und} \quad \sum_{n=0,1\ldots} b_n(z - a)^n$$

die Reihendarstellungen zweier solcher Funktionen, so müssen sie wegen der Stetigkeit auch für $z = a$ übereinstimmen. Das liefert $a_0 = b_0$. Also bleibt

$$\sum_{n=1\ldots} a_n(z - a)^n = \sum_{n=1\ldots} b_n(z - a)^n$$

für alle übrigen Punkte der Menge. Da kann man aber rechts und links durch $z - a$ dividieren. In allen Punkten der Menge ist also

$$\sum_{n=1\ldots} a_n(z - a)^{n-1} = \sum_{n=1\ldots} b_n(z - a)^{n-1}.$$

Wegen der Stetigkeit gilt dies auch für $z = a$, also wird $a_1 = b_1$. So schließt man weiter und findet die Übereinstimmung aller Koeffizienten und damit der durch die Reihen dargestellten Funktionen.

Wie man aber die Werte in den Punkten der Menge zu wählen hat, damit es eine analytische Funktion gibt, welche sie annimmt, das ist eine schwer zu beantwortende Frage.

Sei nun eine Funktion $f(z)$ in einem Bereiche B regulär und sei a ein Punkt dieses Bereiches. Dann ist die Funktion in eine Potenzreihe $\mathfrak{P}(z - a)$ entwickelbar, welche in dem größten um $z = a$ geschlagenen, im Bereiche gelegenen Kreise konvergiert. Denn auf jeden ganz im Inneren von B verlaufenden Kreis ist unsere Überlegung anwendbar. Für jeden finden wir eine Potenzreihe. Die so gefundenen Reihen sind aber identisch, weil sie ja in der Umgebung von $z = a$ übereinstimmen müssen.

Wir erkennen nun weiter, daß *zwei in B analytische Funktionen im ganzen Bereiche identisch sind, falls sie in einer Punktmenge übereinstimmen, die im Inneren des Bereiches einen Häufungspunkt a besitzt.* Denn dann stimmen sie zunächst nach den vorhin angestellten Überlegungen in dem größten um a geschlagenen Kreis überein, welcher in B Platz hat. Um dann die Übereinstimmung in irgendeinem weiteren Punkt b einzusehen, verbinden wir ihn mit a durch eine im Bereiche verlaufende stetige Kurve. Er hat vom Rande des Bereiches eine von Null verschiedene Entfernung d. Demnach liegt der um irgendeinen Punkt der Kurve geschlagene Kreis vom Radius d ganz im Bereiche. Schlägt man nun zunächst um a den Kreis vom Radius d, so stimmen in ihm die beiden Funktionen überein. Verschiebt man nun den Mittelpunkt des Kreises auf der Kurve, so stimmen auch in dem verschobenen Kreis die beiden Funktionen überein. Denn solange die Verschiebung nicht zu groß ist, liegen die Mittelpunkte in dem Kreise um a. In ihm stimmen die beiden Funktionen überein, also stimmen sie auch in einer Punktmenge des verschobenen Kreises überein, deren Häufungspunkt der verschobene Mittelpunkt ist. So kann man aber einsehen, daß bei beliebiger Verschiebung längs der Kurve immer nur Kreise herauskommen, in welchen die beiden Funktionen übereinstimmen. Denn die Mittelpunkte der verschobenen Kreise liegen immer wieder in Kreisen, in welchen schon vorher die Übereinstimmung erkannt wurde.

Namentlich also werden auch zwei Potenzreihen identisch sein, wenn die dargestellten Funktionen in einer Punktmenge mit Häufungspunkt im Inneren des Konvergenzkreises übereinstimmen, auch wenn dies nicht wie vorhin sein Mittelpunkt ist. Es ist aber wesentlich für den Schluß, daß stets die Häufungspunkte dem Inneren der Bereiche angehören. So haben ja z. B. die Funktionen $\sin z$ und $e^z \sin z$ die gleichen Nullstellen, ohne identisch zu sein. Der Häufungspunkt der Nullstellen ist eben keine Stelle aus dem Inneren des Konvergenzkreises, sondern hier eben der unendlichferne wesentlich singuläre Punkt.

Wäre ja auch eine Stelle aus dem Inneren des Konvergenzkreises, also eine reguläre Stelle der Funktion, Häufungspunkt von Nullstellen, so müßte die Funktion durchweg verschwinden, weil sie ja dann mit der Null die in unseren Sätzen vorausgesetzte Übereinstimmung zeigte. *Daher liegen die Nullstellen einer jeden analytischen Funktion $f(z)$ in jedem Bereich, in dem $f(z)$ analytisch und eindeutig ist, isoliert,* es sei denn, daß die Funktion identisch verschwindet. Isoliertheit bedeutet ja nichts weiter, als daß keine Nullstelle Häufungspunkt von Nullstellen sein kann. Um jede Nullstelle gibt es also einen Kreis, der von weiteren Nullstellen frei ist.

Die hier gefundenen Resultate lassen wieder so recht die viel tiefere Bedeutung der Differenzierbarkeitsbedingung gegenüber dem Reellen erkennen. Dort folgt aus den Werten einer stetigen differenzierbaren Funktion an unendlichvielen Stellen im allgemeinen nichts über die Werte an den übrigen.

Unser Ausgangspunkt für die Definition der analytischen Funktionen war die Differenzierbarkeit. Daß jede Potenzreihe eine differenzierbare Funktion darstellt, haben wir S. 37 gezeigt. Daß jede differenzierbare Funktion in eine Potenzreihe entwickelt werden kann, sahen wir in diesem Paragraphen. Dieser Umstand ermöglicht es, den Eingang in die Theorie auch von einer anderen Seite zu nehmen. Weierstraß hat tatsächlich die analytischen Funktionen als die Funktionen definiert, welche in Potenzreihen entwickelt werden können, und es ist in der Tat möglich, alle die Sätze, die wir bisher gewannen und die wir weiterhin angeben werden, durch bloße Betrachtung von Potenzreihen abzuleiten. Indessen zeigt die Erfahrung, daß die Beweise dann viel schleppender und mühsamer werden.

S. 133 haben wir weiter erkannt, daß die differenzierbaren Funktionen mit den Funktionen identisch sind, für die der Integralsatz gilt. Osgood hat versucht, auch dies zur Grundlage eines noch anderen Aufbaues zu machen. Doch ist dieser wohl nur als Spielerei interessante Versuch nicht voll durchgeführt.

§ 8. Laurentsche Reihen.

Für Funktionen $f(z)$, welche in einem konzentrischen Kreisring eindeutig und analytisch sind, existiert ein Analogon zur Potenzreihenentwicklung. Es gibt dann eine nach positiven und negativen Potenzen von $(z-a)$ fortschreitende Reihe, welche in dem Kreisring konvergiert und dort $f(z)$ darstellt. Es ist also

$$f(z) = \sum_{-\infty}^{+\infty} a_n (z-a)^n,$$

a ist dabei der Mittelpunkt des Ringes. Eine solche Reihe nennt man eine *Laurentreihe*.

Der Ring möge von den Kreisen R_1 und R_2 begrenzt sein. Wenn dann K_1 und K_2 die beiden Begrenzungskreise eines etwas kleineren Ringes sind — K_1 möge den größeren Radius haben —, und wenn z eine Stelle im Ring ist, so wird nach der Integralformel:[1]

$$f(z) = \frac{1}{2\pi i} \int_{K_1} \frac{f(\zeta)}{\zeta - z} d\zeta + \frac{1}{2\pi i} \int_{K_2} \frac{f(\zeta)}{\zeta - z} d\zeta = f_1(z) + f_2(z).$$

---

[1] Nach § 3 ist nämlich

$$\int_{K_1} \frac{f(\zeta)}{\zeta - z} d\zeta = \int_{K_2} \frac{f(\zeta)}{\zeta - z} d\zeta + \int_{K_3} \frac{f(\zeta)}{\zeta - z} d\zeta.$$

Dabei bedeutet K_3 einen hinreichend kleinen Kreis um den Punkt z (Fig. 51). Daher ist

$$\int_{K_3} \frac{f(\zeta)}{\zeta - z} d\zeta = 2\pi i\, f(z),$$

und daraus ergibt sich die im Text angegebene Formel.

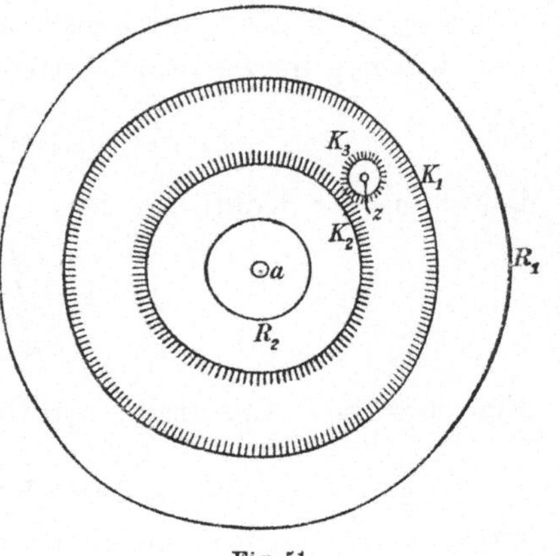
Fig. 51.

Das erste Integral betrachten wir für z-Werte aus dem Inneren des Kreises K_1, das andere für z-Werte aus dem Äußeren von K_2. Beide stellen dort analytische Funktionen dar; daß die zweite auch im Unendlichen analytisch ist, werden wir nachher sehen. Das erste Integral kann somit, wie schon S. 135 gezeigt, in eine im Kreise K_1 konvergente nach positiven Potenzen von $(z-a)$ fortschreitende Reihe entwickelt werden. In Integralform drücken sich die Koeffizienten so durch die Funktion aus:

$$a_n = \frac{1}{2\pi i} \int\limits_{K_1} \frac{f(\zeta)}{(\zeta-a)^{n+1}}\, d\zeta \quad (n > 0)$$

Es ist nun weiter leicht einzusehen, daß die eben gefundene Reihe nicht nur im Kreise K_1, sondern sogar im ganzen von R_1 begrenzten Kreise konvergiert. Denn der Wert des Integrales $f_1(z)$ ist von der Wahl des Kreises K_1 unabhängig. Die Summe der beiden Integrale $f_1(z) + f_2(z)$ ergibt nämlich stets $f(z)$, einerlei wie K_1 und K_2 gewählt sein mögen. Man halte nun K_2 fest und ändere K_1. Von verschiedenen Kreisen K_1 ausgehend erhält man daher auch immer dieselbe Potenzreihe $f_1(z)$. Denn die gefundenen Reihen müssen stets durch $f_2(z)$ zu $f(z)$ ergänzt werden, also in gewissen Gebieten dieselbe Summe liefern. Demnach ist $f_1(z)$ eine im Kreise $R_1 K_1$ analytische Funktion.

Auf ganz ähnliche Weise erkennt man nun weiter, daß $f_2(z)$ eine im ganzen Äußeren von R_2 analytische Funktion ist. Zu dem Zwecke wollen wir $f_2(z)$ in eine nach Potenzen von $\frac{1}{z-a}$ fortschreitende Reihe entwickeln. Es sei also z irgendeine endliche Stelle aus dem Äußeren von K_2.

Dann wird $\dfrac{1}{\zeta-z} = \dfrac{1}{\zeta-a-(z-a)} = \dfrac{-1}{z-a}\left(1 + \dfrac{\zeta-a}{z-a} + \left(\dfrac{\zeta-a}{z-a}\right)^2 + \cdots\right)$,

und das konvergiert bei festgehaltenem z gleichmäßig auf K_2. Also kann man wieder gliedweise integrieren, und man findet so

$$f_2(z) = a_{-1}\frac{1}{z-a} + a_{-2}\frac{1}{(z-a)^2} + \cdots.$$

Dabei sind die Koeffizienten

$$a_{-n} = \frac{1}{2\pi i}\int\limits_{K_2} f(\zeta)(\zeta-a)^{n-1}\, d\zeta.^{1)}$$

Eine derartige, außerhalb eines Kreises konvergente Reihe stellt nun eine

---

1) Der Umlaufssinn ist wegen Berücksichtigung eines Faktors -1 aus der Entwicklung von $\frac{1}{\zeta-z}$ gegen früher geändert.

Funktion dar, welche beim Übergang zu ∞ einen bestimmten Grenzwert hat. Um das zu sehen, muß man nach S. 49 $\frac{1}{z-a} = t$ einsetzen, und $\Sigma a_{-n} t^n$ für $t \longrightarrow 0$ untersuchen. Da besitzt die Funktion einen Grenzwert, und wenn man also die für endliche z durch die Reihe $\Sigma a_{-n} \left(\frac{1}{z-a}\right)^n$ dargestellte Funktion für unendliches z durch diesen Grenzwert erklärt, so ist sie auch in ∞ analytisch, wie wir oben schon angaben. Genau wie oben erkennt man, daß die gefundene Reihe von der Wahl des K_2 nicht abhängt und im ganzen Äußeren von R_2 konvergiert.

Beide so gefundenen Reihen haben also nun im Kreisring einen gemeinsamen Konvergenzbezirk. Dort ist ihre Summe der analytischen Funktion $f(z)$ gleich.

Es ist auch möglich, die sämtlichen Koeffizienten a_n und a_{-n} durch eine gemeinsame Integralformel darzustellen. Zunächst sieht man ja, daß die Formel

$$a_\mu = \frac{1}{2\pi i} \int\limits_{K_2} \frac{f(\zeta)}{(\zeta-a)^{\mu+1}} \, d\zeta$$

für negative μ gerade unsere Koeffizienten a_{-n} liefert. Dies Integral sieht also ganz so aus wie das bei der Darstellung der a_n mit positivem n benutzte. Allerdings ist es noch über einen anderen Kreis als dieses zu erstrecken. Aber es liegt schon im Sinne der obigen Darstellungen, daß es ganz gleichgültig ist, über welchen den Rand R_2 umschließenden Kreis K die Koeffizientenintegrale erstreckt werden. Und es folgt ja aus dem Satz S. 129, daß der Wert des Integrales

$$\frac{1}{2\pi i} \int\limits_{K} \frac{f(\zeta)}{(\zeta-a)^{n+1}} \, d\zeta$$

von der Wahl des Kreises K unabhängig ist, wenn nur für K ein Kreis gewählt wird, der in positivem Sinne R_2 umschließt. Ja, man kann statt K auch eine andere Kurve um R_2 wählen. Das ergibt sich ja unmittelbar aus dem zu Beginn von § 2 S. 127 ausgesprochenen Satze. Denn der Integrand ist ja im Ringe analytisch und eindeutig.

Wir haben somit restlos den folgenden Satz bewiesen:

$f(z)$ sei in einem von zwei konzentrischen Kreisen R_1 und R_2 mit dem Mittelpunkt a begrenzten Ringbereich eindeutig und analytisch erklärt, K sei ein weiterer diesem Ringe angehöriger, sonst beliebiger Kreis mit dem Mittelpunkt a. Es sei

$$a_n = \frac{1}{2\pi i} \int\limits_{K} \frac{f(\zeta)}{(\zeta-a)^{n+1}} \, d\zeta.$$

Dann gilt im ganzen Ring die Darstellung

$$f(z) = \sum_{-\infty}^{+\infty}{}_n a_n (z-a)^n.$$

Ein wichtiger Spezialfall ergibt sich dann, wenn sich der Rand R_2 auf den Punkt a reduziert, wenn also $f(z)$ im Kreis R_1 eindeutig und analytisch ist mit Ausnahme seines Mittelpunktes a. Wenn insbesondere dann in der Laurentreihe nur endlichviele negative Potenzen vorkommen — und wenn dies der Fall ist, dann reduziert sich ja schon von selbst R_2 auf den Punkt a —, dann sagt man, $f(z)$ habe im Punkte a einen Pol, also es liege dort eine singuläre Stelle vor, die man Pol nennt. Insbesondere spricht man von einem Pol n-ter Ordnung, wenn die stärkste vorkommende negative Potenz die n-te ist. Die Glieder negativer Potenz

$$a_{-n}\ \frac{1}{(z-a)^n} + a_{-n+1}\ \frac{1}{(z-a)^{n-1}} + \cdots \frac{a_{-1}}{z-a}$$

machen alle zusammen den *Hauptteil* des Poles aus.

§ 9. Der Cauchysche Koeffizientensatz.

Wenn die Potenzreihe $\quad \mathfrak{P}(z) = \sum_{0}^{\infty}{}_n a_n z^n$

im Kreise $|z| < R$ *konvergiert*[1]*) und dort eine Funktion darstellt, deren Betrag durchweg kleiner als* M *ist, dann gilt*

$$|a_n| \leq \frac{M}{R^n}.$$

Das ergibt sich sofort aus der Integraldarstellung der Koeffizienten

$$a_n = \frac{1}{2\pi i} \int \frac{f(\zeta)}{\zeta^{n+1}}\, d\zeta.$$

Dabei ist das Integral über einen mit $|z| = R$ konzentrischen Kreis von kleinerem Radius r zu erstrecken. Daher wird nach S. 106:

$$|a_n| \leq \frac{M}{r^n}.$$

Da dies aber für alle $r < R$ gilt, so wird durch Grenzübergang $r \longrightarrow R$ gefunden, daß auch $|a_n| \leq \frac{M}{R^n}.$

Besonderes Interesse verdient der Fall $n = 0$, also die Abschätzung des Wertes der Funktion im Kreismittelpunkte, durch die Randwerte. Da ist

---

1) Dieser Kreis kann also ein Teilkreis des Konvergenzkreises sein.

also gefunden, daß $|a_0| < M$. Wir fragen noch, inwieweit da das Gleichheitszeichen stehen kann. Um das zu sehen, knüpfen wir nochmals an die Darstellung $a_0 = \dfrac{1}{2\pi i} \displaystyle\int \dfrac{f(\zeta)\,d\zeta}{\zeta}$ an. Führen wir hier Polarkoordinaten ein, so wird

$$a_0 = \frac{1}{2\pi} \int_0^{2\pi} f(\zeta)\,d\varphi.$$

Das kann man so aussprechen: *Der Wert einer analytischen Funktion im Mittelpunkt eines Kreises ist dem arithmetischen Mittel der Randwerte gleich.* Schon daraus wird man vermuten, daß nur dann in der Abschätzung ein „gleich" wird stehen können, wenn die Randwerte konstant sind. Aber zum sauberen Nachweis der Richtigkeit dieser Vermutung sind noch ein paar Überlegungen nötig. Zunächst sieht man sofort, daß man das Integral über einen beliebigen Kreis $|z| = r < R$ erstrecken darf. Weiter kann nur dann $|a_0| = M$ sein, wenn am Rande durchweg $|f(\zeta)| = M$ ist. Daher muß auf jedem dieser Kreise der Betrag der Randwerte gleich M sein. Also muß im ganzen Kreise die Funktion denselben absoluten Betrag M haben. Daraus folgt, daß sie eine Konstante ist. Denn ihr Logarithmus hat einen konstanten Realteil. Der Realteil des Logarithmus ist nämlich dem Logarithmus des absoluten Betrages gleich. Eine analytische Funktion $\log f(z)$ mit konstantem Realteil ist aber nach den Cauchy-Riemannschen Differentialgleichungen eine Konstante. Hieraus ergibt sich weiter:

Eine in einem abgeschlossenen Bereiche analytische Funktion nimmt das Maximum ihres Betrages nur am Rande an, sofern sie keine Konstante ist.

Wenn nämlich die Funktion $f(z)$ im Bereiche B analytisch ist, wenn außerdem im Bereiche B $|f(z)| \leq M$ gilt, wenn ferner in dem Bereichpunkt z_0 sogar $|f(z)| = M$ gilt, so muß nach den vorausgegangenen Darlegungen auf jedem dem Bereich angehörigen Kreise um den Punkt z_0 auch $|f(z)| = M$ sein. Es gibt daher einen Teilbereich um den Punkt z_0, in dem $|f(z)| = M$, also nach dem vorausgegangenen $f(z)$ konstant ist. Dann ist aber die Funktion $f(z)$ nach der schon S. 137/138 angestellten Überlegung im ganzen Bereiche konstant.

Man kann ähnliche Überlegungen auch bei den übrigen Koeffizienten im Anschluß an die Cauchysche Abschätzung anstellen. Bequemer ist es aber, dabei an eine gewisse einfache Verschärfung des Koeffizientensatzes anzuknüpfen. Sie liefert auch die bisher gefundenen Resultate aufs neue.

Man betrachte dazu das über den Kreis $|z| = r < R$ erstreckte Integral

$$\frac{1}{2\pi} \int_0^{2\pi} |f(z)|^2\,d\varphi.$$

Trägt man die im Kreise $|z| < R$ gültige Darstellung

$$f(z) = a_0 + a_1 z + \cdots + a_n z^n + \cdots$$

ein, so hat man

$$\frac{1}{2\pi} \int_0^{2\pi} |f(z)|^2 \, d\varphi = \int_0^{2\pi} (a_0 + a_1 r e^{i\varphi} + \cdots)(\bar{a}_0 + \bar{a}_1 r e^{-i\varphi} \cdots) \, d\varphi.$$

Denkt man sich die beiden Reihen ausmultipliziert und integriert, so fallen alle die Glieder heraus, in welchen eine von Null verschiedene Potenz von $e^{i\varphi}$ stehen bleibt. Denn es ist ja für ganzzahliges $m \neq 0$

$$\int_0^{2\pi} e^{mi\varphi} \, d\varphi = 0.$$

Wenn man dies beachtet, so findet man leicht

$$\frac{1}{2\pi} \int_0^{2\pi} |f(z)|^2 d\varphi = |a_0|^2 + |a_1|^2 r^2 + \cdots + |a_n|^2 r^{2n} + \cdots.$$

Da aber nun $|f(z)| \leq M$ sein soll, so findet man hieraus

$$|a_0|^2 + |a_1|^2 r^2 + \cdots + |a_n|^2 r^{2n} + \cdots \leq M^2.$$

Da dies für alle $r < R$ gilt, so muß auch

$$|a_0|^2 + |a_1|^2 R^2 + \cdots + |a_n|^2 R^{2n} + \cdots \leq M^2$$

sein. Namentlich muß also für jedes einzelne Reihenglied

$$|a_n| \leq \frac{M}{R^n}$$

sein. Soll aber hier das Gleichheitszeichen stehen, so müssen alle anderen Glieder wegfallen, also alle Koeffizienten mit Ausnahme dieses einen a_n verschwinden. Somit haben wir das Ergebnis:

In der Cauchyschen Abschätzung

$$|a_n| \leq \frac{M}{R^n},$$

wo $|f(z)| \leq M$ ist für $|z| < R$, steht nur dann das Gleichheitszeichen, wenn

$$f(z) = \varepsilon \frac{M}{R^n} z^n$$

ist, und dabei mit ε eine Zahl vom Betrage Eins bezeichnet ist.

Für $n = 0$ finden wir insbesondere das seitherige Ergebnis wieder.

§ 10. Isolierte Singularitäten eindeutiger analytischer Funktionen.

In einem schlichten Bereiche B seien endlichviele Punkte $a_1, a_2 \cdots a_n$ markiert. In allen übrigen Punkten des Bereiches sei $f(z)$ eindeutig und analytisch erklärt. Auch im Bereiche selbst sei $f(z)$ eindeutig. $f(z)$ soll also keine Wertänderung erfahren, wenn z im Bereiche einen geschlossenen Weg beschreibt. Über das Verhalten von $f(z)$ in den Ausnahmepunkten machen wir erst später einzelne besondere Annahmen, um so feststellen zu können, was aus unseren allgemeinen Annahmen über das in diesen Ausnahmepunkten $a_\varkappa$ mögliche Verhalten sich ergibt. Wir betrachten eine einzelne derselben: a und legen einen dem Bereiche B angehörigen Kreis K, der nur diese eine Ausnahmestelle enthalten möge, um dieselbe.

Zunächst werde nun *angenommen, daß die Funktion auch an der Stelle a noch stetig* sei. *Wir werden beweisen, daß sie dann an dieser Stelle auch differenzierbar, also analytisch ist.* Um das einzusehen, legen wir um die Stelle a als Mittelpunkt in K einen Kreisring; den äußeren Begrenzungskreis K_r vom Radius r denken wir

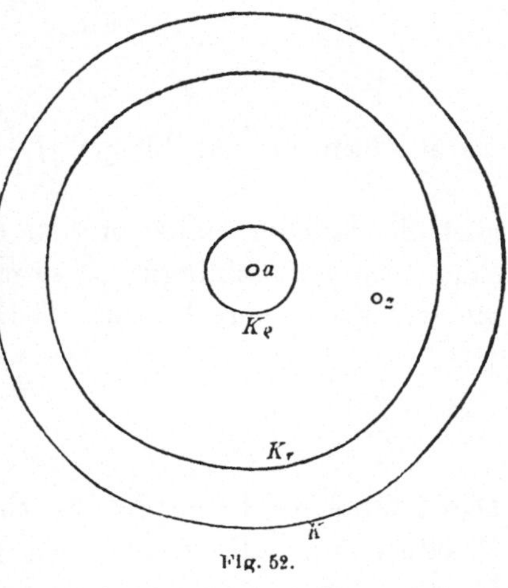

Fig. 52.

fest, den inneren K_ϱ vom Radius ϱ werden wir sich ändern lassen (Fig. 52). Für ein dem Kreisring angehöriges z gilt dann die Darstellung

$$f(z) = \frac{1}{2\pi i} \int\limits_{K_r} \frac{f(\zeta)}{\zeta - z} d\zeta + \frac{1}{2\pi i} \int\limits_{K_\varrho} \frac{f(\zeta)}{\zeta - z} d\zeta.$$

Der Wert des Integrales $\int\limits_{K_\varrho} \frac{f(\zeta)}{\zeta - z} d\zeta$ ist dabei von der Wahl des Kreises K_ϱ und damit von ϱ unabhängig. Denn solange nur z dem von K_r und K_ϱ begrenzten Kreisring angehört, hat die Summe beider Integrale einen unveränderlichen Wert. Daher gilt auch die Gleichung

$$\int\limits_{K_\varrho} \frac{f(\zeta)}{\zeta - z} d\zeta = \lim_{\varrho \to 0} \int\limits_{K_\varrho} \frac{f(\zeta)}{\zeta - z} d\zeta.$$

Dieser Grenzwert kann aber nun leicht wirklich bestimmt werden. Es wird sich zeigen, daß er Null ist. Da nämlich die Funktion $f(z)$ in dem Kreis K_r stetig ist, so gibt es eine positive Zahl M, so daß für alle z des Kreises K_r und namentlich also auch für alle auf der Kurve K_ϱ gelegenen Stellen die Ungleichung $|f(\zeta)| < M$ richtig wird. Dazu wollen wir noch den Kreis K_ϱ, d. h. seinen Radius ϱ so klein wählen, daß $|\zeta - z| \geq \dfrac{|z - a|}{2} = d$ bleibt. z denken wir uns dabei festgehalten und ζ variiert auf dem Kreise K_ϱ. Daher können wir nun abschätzen und finden

$$\left| \frac{1}{2\pi i} \int\limits_{K_\varrho} \frac{f(\zeta)}{\zeta - z} \, d\zeta \right| \leq \frac{M}{d} \cdot \varrho.$$

Da also hiernach das Integral $\int\limits_{K_\varrho} \dfrac{f(\zeta)}{\zeta - z} \, d\zeta$ für genügend kleine ϱ Werte besitzt, die beliebig nahe an Null liegen, und da es andererseits, wie wir sahen, von ϱ unabhängig ist, so muß es verschwinden. Daher gilt nun für alle von $z = a$ verschiedenen Stellen aus dem Kreise K_r die Darstellung

$$f(z) = \frac{1}{2\pi i} \int\limits_{K_1} \frac{f(\zeta)}{\zeta - z} \, d\zeta.$$

Dies Integral stellt aber (S. 131) eine auch noch im Punkt $z = a$ analytische Funktion dar, mit der also die gegebene $f(z)$ an allen anderen Stellen übereinstimmt. Da sie aber beide stetig sind, so stimmen sie auch noch an der Stelle $z = a$ selbst überein, und damit haben wir tatsächlich bewiesen, daß $f(z)$ an der Stelle a noch analytisch ist. *Es gibt somit in isolierten Punkten keine Unterbrechung des analytischen Charakters ohne Unterbrechung der Stetigkeit.* Ja, unsere Betrachtungen lassen sogar erkennen, daß diese Stetigkeit eine recht kräftige Unterbrechung erfahren muß, wenn wirklich der analytische Charakter rettungslos verloren gehen soll. Man könnte sich nämlich denken, daß man aus einer an sich bei $z = a$ stetigen Funktion dadurch eine unstetige herstellt, daß man ihr an dieser Stelle einen von ihrem Grenzwert abweichenden Wert beilegt. Eine solche Unterbrechung des analytischen Charakters — denn auch die Differenzierbarkeit hört dann auf — kann natürlich sofort behoben werden, indem man nur die Funktion dort wieder richtig erklärt. Solche singulären Vorkommnisse können natürlich auftreten, aber man sieht, daß sie leicht zu beheben sind. Daher nennt man solche Unterbrechungen des analytischen Charakters eine *hebbare Singularität.* Unter einem isolierten *singulären Punkt* einer *eindeutigen* Funktion versteht man dabei allgemein eine Stelle, in deren Umgebung die Funktion analytisch ist, während in diesem Punkt selbst dies *reguläre* Verhalten aufhört. Unter einer regulären Stelle versteht man demnach eine Stelle analytischen Charakters.

Über die hebbaren Unstetigkeiten kann man nun aus den zu Beginn des Paragraphen angestellten Überlegungen noch ein interessantes Ergebnis gewinnen. Diese Betrachtungen stützen sich nämlich im wesentlichen nur darauf, daß $f(z)$ in der Umgebung von $z = a$ regulär und beschränkt ist. Die Stetigkeit in diesem Punkte spielte nur zweimal eine Rolle, einmal als wir auf die Beschränktheit schlossen, die wir jetzt vorausgesetzt wollen, und dann gegen Schluß, als wir auf die Übereinstimmung der beiden Funktionen auch im Punkte a schlossen, weil da beide stetig seien. Diese Folgerung fällt jetzt weg. Wohl aber bleibt das Resultat bestehen, daß $f(z)$ an allen von $z = a$ verschiedenen Stellen mit einer auch noch in diesem Punkte analytischen Funktion übereinstimmt. Demnach also besitzt $f(z)$ auch bei Annäherung an diesen Punkt einen Grenzwert, und indem man aus $f(z)$ dadurch eine andere Funktion macht, daß man sie in dem Punkte $z = a$ diesem Grenzwert gleichsetzt, erhält man aus $f(z)$ eine noch in $z = a$ analytische Funktion. Dann liegt also wieder eine hebbare Singularität vor.

Ich fasse zusammen:

Ist $f(z)$ in der Umgebung von $z = a$ eindeutig und regulär erklärt und außerdem beschränkt, so existiert der Grenzwert $\lim\limits_{z \to a} f(z)$. Bezeichne ich ihn mit A und setze außerdem $f(a) = A$, so ist $f(z)$ auch noch im Punkte a regulär analytisch.

Aus diesem schönen Resultat ziehe ich nun einige Folgerungen. Ich nehme an, $f(z)$ sei in der Umgebung der Stelle $z = a$ nicht mehr beschränkt, wohl aber gebe es eine ganze positive Zahl n derart, daß

$$(z - a)^n f(z)$$

in der Umgebung von $z = a$ beschränkt sei. Dann besitzt diese in dieser Umgebung reguläre Funktion für $z \to a$ einen Grenzwert A. Erkläre ich nun die Funktion $\varphi(z)$ in der Umgebung von $z = a$ durch die Gleichung

$$\varphi(z) = (z - a)^n f(z)$$

und setze außerdem $\varphi(a) = A$, so ist $\varphi(z)$ eine auch noch in a analytische Funktion:
$$\varphi(z) = A_0 + A_1(z - a) + \cdots$$
sei ihre Entwicklung nach Potenzen von $z - a$. Daher findet man nun für $f(z)$ in der Umgebung von $z = a$ die Darstellung

$$f(z) = \frac{A_0}{(z - a)^n} + \frac{A_1}{(z - a)^{n-1}} + \cdots A_n + A_{n+1}(z - a) + \cdots.$$

Das ist also eine Laurententwicklung mit nicht mehr als n Gliedern negativer Potenz. Solche sind auch tatsächlich vorhanden, denn sonst wäre, wie ein Blick auf die dann entstehende Reihenentwicklung zeigt, die Funktion selbst gegen unsere Annahme beschränkt. Die höchste vorkommende negative Potenz sei die m-te. Dann ist also m eine Zahl, die n nicht übertrifft, und unsere Funktion hat an der Stelle $z = a$ im Sinne der S. 49 gegebenen Terminologie einen Pol m-ter Ordnung. So haben wir das folgende Ergebnis gefunden:

Wenn es eine ganze natürliche Zahl n gibt derart, daß für die in der Umgebung von $z = a$ eindeutige und reguläre Funktion $f(z)$ der Grenzwert $\lim\limits_{z \to a} (z - a)^n f(z)$ existiert, so gibt es einen kleinsten ganzzahligen Exponenten m, der n nicht übertrifft, und für welchen gleichfalls der Grenzwert existiert, aber von Null verschieden ist. Die Funktion besitzt dann bei $z = a$ einen Pol m-ter Ordnung.

Auf das Vorhandensein eines solchen Poles kann auch noch aus etwas anderen Voraussetzungen geschlossen werden. Wenn nämlich $f(z)$ nicht beschränkt ist, wohl aber $\frac{1}{f(z)}$ in der Umgebung von $z = a$ beschränkt und regulär ist, so besitzt dann $\frac{1}{f(z)}$ einen bestimmten Grenzwert, der Null sein muß, weil ja $f(z)$ in der Umgebung von $z = a$ beliebig große Werte annimmt. Daher gilt eine Entwicklung von der Form

$$\frac{1}{f(z)} = A_m (z - a)^m + A_{m+1}(z - a)^{m+1} + \cdots \quad (m > 0).$$

Daher gilt für $f(z)$ selbst die folgende Darstellung:

$$f(z) = \frac{1}{(z-a)^m} \cdot \frac{1}{A_m + A_{m+1}(z-a) + \cdots}.$$

Da aber hier der zweite Nenner in der Umgebung von $z = a$ nicht verschwindet — für $z = a$ erhält er den von Null verschiedenen Wert A_m und ist außerdem in der Umgebung von $z = a$ stetig —, so gilt für $f(z)$ eine Entwicklung von der Form[1])

$$f(z) = \frac{1}{(z-a)^m} \cdot \left\{ \frac{1}{A_m} + \alpha_1 (z - a) + \cdots \right\}$$

$$= \frac{1}{A_m} \frac{1}{(z-a)^m} + \frac{\alpha_1}{(z-a)^{m-1}} + \cdots.$$

Wieder besitzt also $f(z)$ bei $z = a$ einen Pol.

---

[1]) Ein bequemes Verfahren zur Berechnung der Koeffizienten $\alpha_\varkappa$ werden wir auf S. 156 ff kennen lernen.

Unsere Annahme, daß $\frac{1}{f(z)}$ regulär und beschränkt sei, bedeutete im Grunde nur, daß $f(z)$ in der Umgebung von $z = a$ dem Werte Null nicht nahe kommen sollte, d. h. daß eine von Null verschiedene positive Zahl m existieren sollte derart, daß $|f(z)| \geq m > 0$ ist, in der Umgebung von $z = a$. Vorhin war es die Voraussetzung, daß $f(z)$ beschränkt sein, also dem Wert Unendlich nicht nahe kommen sollte. Statt dieser speziellen Werte kann man nun auch einen beliebigen Wert α nehmen. Man kommt so zu dem Ergebnis, *daß eine Funktion $f(z)$, welche in der Umgebung von $z = a$ eindeutig und regulär ist, und die in dieser Umgebung einem beliebigen Werte α nicht nahe kommt, bei passender Erklärung in $z = a$ entweder bei $z = a$ noch regulär ist oder dort einen Pol besitzt.*

Wenn nämlich $|f(z) - \alpha| \geq m > 0$ bleibt, so ist $\left|\dfrac{1}{f(z) - \alpha}\right| < \dfrac{1}{m}\cdot$ Daher ist $\dfrac{1}{f(z) - \alpha} = a_0 + a_1(z - a) + \cdots$ regulär und daher wird

$$f(z) = \alpha + \frac{1}{a_0 + a_1(z - a) + \cdots},$$

hat also bei $z = a$ entweder $(a_0 = 0)$ einen Pol oder $(a_0 \neq 0)$ ist sogar regulär.

Alle die eben besprochenen Singularitäten faßt man als *außerwesentliche* zusammen. Ihnen stehen die *wesentlich singulären Stellen* gegenüber. In ihrer Umgebung muß also die Funktion $f(z)$ einem jeden Werte beliebig nahe kommen. Dahin gehört z. B. für die Exponentialfunktion, welche ja im Endlichen überall regulär ist, der unendlichferne Punkt. Denn in jedem Periodenstreifen kommt die Exponentialfunktion einem jeden Werte nahe, ja, sie nimmt sogar jeden Wert außer Null und Unendlich wirklich in jedem Streifen an. Derartige Streifen haben aber in jeder Umgebung des unendlichfernen Punktes in unendlicher Anzahl Platz.

Daß in der Umgebung der wesentlich singulären Stellen die analytischen Funktionen nicht nur jedem Werte nahe kommen, sondern sogar jeden Wert mit höchstens einer Annahme wirklich annehmen, ist der Inhalt des *Picardschen Satzes*, den wir erst im zweiten Bande mit den dann zur Verfügung stehenden schärferen Hilfsmitteln behandeln können.

Man kann indessen leicht einsehen, *daß eine analytische Funktion $w = f(z)$ in jeder Umgebung $|z - z_0| < r$ einer wesentlich singulären Stelle $z = z_0$ einzelne Werte unendlichoft annimmt.* Es gibt sogar in beliebiger Nähe einer jeden Zahl a Werte b, die unendlichoft angenommen werden. Sei nämlich b ein von $f(z)$ angenommener Wert, der sich um weniger als das beliebig gegebene ε von a unterscheiden möge. Sei etwa $f(\beta) = b$.

Dann nimmt nach einem S. 187 erst zu beweisenden Satz $f(z)$ in der Umgebung von β alle Werte aus einer gewissen Umgebung von b an. Es mögen etwa alle Werte aus dem Kreise K_1: $|w - b| < \eta$ angenommen werden. Alsdann betrachte ich die Umgebung $|z - z_0| < \dfrac{r}{2}$. In ihr gibt es eine Stelle, an der ein Wert aus K_1 angenommen wird. Daher werden in $|z - z_0| < \dfrac{r}{2}$ alle Werte eines gewissen Teilkreises K_2 von K_1 angenommen. Dann betrachte ich $|z - z_0| < \dfrac{r}{4}$ und erkenne, daß hier wieder die Werte eines gewissen Teilkreises K_3 von K_2 mindestens einmal angenommen werden. So erhält man eine unendliche Folge ineinanderliegender Kreise der w-Ebene. Jeder Punkt, der sämtlichen Kreisen angehört, wird in beliebiger Nähe von $z = z_0$ unendlichoft angenommen.

Daß eine jede analytische Funktion singuläre Stellen — sei es wesentliche oder nur außerwesentliche (Pole) — besitzen muß, ist der Inhalt *des Liouvilleschen Satzes.*

Von hebbaren Singularitäten werde dabei gleich ganz abgesehen; wir wollen die Existenz von Polen oder wesentlich singulären Stellen nachweisen. *Ich nehme also an, eine Funktion $f(z)$ sei in der ganzen Ebene, also auch im Unendlichfernen regulär.*[1]) *Ich werde beweisen, daß sie dann eine Konstante sein muß.* Bevor ich in den Beweis eintrete, erinnere ich daran, daß eine solche Funktion beschränkt ist. Es sei also etwa $|f(z)| \leq M$. Ich werde nun zeigen, daß an jeder endlichen Stelle die Ableitung verschwinden muß. Zu dem Zweck schlage ich um die zu untersuchende Stelle z als Mittelpunkt einen Kreis vom Radius R und wende auf die in ihm reguläre Funktion den Cauchyschen Koeffizientensatz an. Der liefert

$$|f'(z)| \leq \frac{M}{R}.$$

Diese Abschätzung muß aber nun für beliebige R gelten. Daher kann nur $f'(z) = 0$ sein.

Ich will nun weiter annehmen, es sei eine bis auf Pole in der vollen Ebene reguläre eindeutige Funktion vorgelegt. Dann können diese Pole nur in endlicher Anzahl auftreten. Denn ein Häufungspunkt derselben kann weder eine reguläre Stelle noch ein Pol sein. *Denn Pole sind isolierte Singularitäten.* Ihre Laurententwicklung hat nämlich nur endlichviele negative Potenzen, konvergiert also in der Umgebung von $z = a$, so daß dort überall $f(z)$ regulär ist (S. 37). Es seien nun $a_1, a_2 \cdots a_n$ und even-

---

1) Ich erinnere daran, was unter einer im Unendlichfernen analytischen Funktion zu verstehen ist. $f(z)$ heißt für $z = \infty$ analytisch, wenn $f\left(\dfrac{1}{t}\right)$ bei $t = 0$ analytisch ist.

tuell ∞ die Pole. Die Glieder negativer Potenz in den zugehörigen Laurententwicklungen[1]) seien

$$\frac{A_0^{(\varkappa)}}{(z-a_\varkappa)^{n_\varkappa}} + \frac{A_1^{(\varkappa)}}{(z-a_\varkappa)^{n_\varkappa-1}} + \cdots + \frac{A_{n_\varkappa-1}^{(\varkappa)}}{(z-a_\varkappa)} \quad (\varkappa = 1, 2, \cdots n)$$

und
$$A_0 z^n + A_1 z^{n-1} + \cdots + A_{n-1} z.$$

Bildet man nun die Summe aller dieser rationalen Funktionen, so erhält man eine Funktion $\varphi(z)$, die dieselben Pole wie $f(z)$ besitzt. Die Differenz beider ist aber von Polen frei. Denn an jeder Stelle stimmen die Laurententwicklungen beider in den Gliedern negativer Potenzen überein. Die Differenz $f(z) - \varphi(z)$ ist somit durchweg regulär. Daher ist nach dem Liouvilleschen Satze die Differenz eine Konstante. So haben wir den folgenden Satz gefunden:

Die rationalen Funktionen sind die einzigen in der ganzen Ebene bis auf Pole regulären Funktionen.

Daß aber die rationalen Funktionen selbst durchweg bis auf Pole regulär sind, leuchtet leicht ein. Denn an einer Stelle, wo der Nenner von

$$f(z) = \frac{p(z)}{q(z)} = \frac{a_0 + a_1 z + \cdots + a_n z^n}{b_0 + b_1 z + \cdots + b_m z^m}$$

nicht verschwindet, ist der Quotient regulär.[2]) Verschwindet aber der Nenner — wir dürfen natürlich annehmen, daß nicht auch der Zähler verschwindet, weil wir sonst kürzen könnten —, so wird etwa

$$b_0 + b_1 z + \cdots + b_m z^m = \beta_\varkappa (z-a)^\varkappa + \cdots \quad (\beta_\varkappa \neq 0).$$

Also
$$\frac{1}{q(z)} = \frac{1}{(z-a)^\varkappa} \left(\frac{1}{\beta_\varkappa} + \gamma_1(z-a) + \cdots \right).$$

Multipliziert man noch mit $p(z) = \alpha_0 + \alpha_1(z-a) + \cdots + \alpha_n(z-a)^n$, so findet man etwa

$$\frac{p(z)}{q(z)} = \frac{1}{(z-a)^\varkappa} \left\{ \delta_0 + \delta_1(z-a) + \cdots \right\},$$

und führt man nun die Division mit $(z-a)^\varkappa$ aus, so wird

$$\frac{p(z)}{q(z)} = \frac{\delta_0}{(z-a)^\varkappa} + \frac{\delta_1}{(z-a)^{\varkappa-1}} + \cdots.$$

---

1) Bei $z = \infty$ hat man ja alle Funktionen nach Potenzen von $\frac{1}{z}$ zu entwickeln. Negative Potenzen von $\frac{1}{z}$ sind aber positive Potenzen von z.

2) Wie im Reellen ist nach S. 32 der Quotient überall da differenzierbar, wo der Nenner nicht verschwindet.

Also liegt ein Pol vor. Was aber endlich das Unendlichferne anlangt, so hat man ja nur

$$\frac{p\left(\frac{1}{t}\right)}{q\left(\frac{1}{t}\right)} = \frac{t^m}{t^n} \cdot \frac{a_0 t^n + \cdots + a_n}{b_0 t^m + \cdots + b_m}$$

bei $t = 0$ zu betrachten. Das hat dort einen Pol $n - m$-ter Ordnung, wenn $n > m$ ist, und ist sonst regulär. Im Unendlichfernen hat also $f(z)$ einen Pol oder ist dort regulär, je nachdem der Zählergrad den Nennergrad übertrifft oder nicht. Wegen dieser Sachverhalte nennt man die Pole zusammen mit den regulären Stellen auch *Stellen rationalen Charakters*. Die regulären Stellen heißen insbesondere Stellen von ganzem rationalen Charakter.

Eine weitere Anwendung des Liouvilleschen Satzes möge nun folgen. Das ist der Beweis des *Fundamentalsatzes der Algebra*, des Satzes also, daß eine jede nicht konstante, ganze rationale Funktion $g(z)$ Nullstellen besitzt. Anderenfalls nämlich wäre auch $f(z) = \dfrac{1}{g(z)}$ an jeder endlichen Stelle der Ebene analytisch. Dazu wäre diese Funktion aber auch beschränkt. Denn wenn $g(z) = a_0 + a_1 z + \cdots + a_n z^n$ ist, so wird

$$f(z) = \frac{1}{z^n} \frac{1}{a_n + a_{n-1} \dfrac{1}{z} + \cdots + a_0 \dfrac{1}{z^n}}.$$

Daher wird $\lim\limits_{z \to \infty} f(z) = 0$. Außerhalb eines genügend großen Kreises K ist also $|f(z)| < \varepsilon$ und im Inneren ist $|f(z)|$ stetig, also auch beschränkt. Daher ist nach dem Liouvilleschen Satze $f(z)$ eine Konstante. Daher muß $g(z) = a_0$ sein, gegen die Annahme, daß $g(z)$ sich mit z ändern solle.

Aus dem Satze, daß jede eindeutige Funktion von durchweg rationalem Charakter rational ist, möge nun noch diese Folgerung gezogen werden:

Jede durchweg eindeutige schlichte und bis auf endlichviele Ausnahmestellen regulär analytische Abbildung der komplexen Ebene wird durch eine lineare Funktion vermittelt.

Die Funktion darf also jeden Wert nur einmal annehmen, sonst wäre die Abbildung nicht schlicht. Daher hat sie nach S. 149 keine wesentlich singuläre Stelle, ist also nach dem eben erwähnten Satze rational. Da sie aber jeden Wert nur einmal annimmt, so muß sie linear sein.

Aufgabe: Wenn eine Funktion in der Umgebung einer isolierten singulären Stelle eindeutig ist, wenn aber dort weder sie selbst noch ihr Reziprokes beschränkt ist, so liegt eine wesentlich singuläre Stelle vor.

§ 11. Der Weierstraßsche Doppelreihensatz.

Der Satz handelt von den Reihen analytischer Funktionen. *In einem Bereiche B seien die Funktionen $f_1(z)$, $f_2(z) \cdots f_n(z) \cdots$ eindeutig und regulär analytisch erklärt. Die Reihe $f(z) = f_1(z) + f_2(z) + \cdots$ möge in B gleichmäßig konvergieren.* Wir wissen bereits, daß die Summe $f(z)$ eine in B eindeutige und stetige Funktion ist. Jetzt wollen wir überdies beweisen, daß sie analytisch ist. Im Sinne unserer Definition der analytischen Funktionen bedeutet dies, daß $f(z)$ differenzierbar ist. *Wir werden gleichzeitig sehen, daß die Ableitung der Summe der Summe der Ableitungen der Reihenglieder gleich ist und daß diese Reihe selbst wieder gleichmäßig konvergiert.*

Im Reellen hat man bekanntlich diese gleichmäßige Konvergenz der Reihe der Ableitungen oder eine ähnliche Voraussetzung nötig, um auch nur die Differenzierbarkeit der Summe einer Reihe differenzierbarer Funktionen erkennen zu können. Ohne eine solche weitere Voraussetzung braucht dort die Summe gar nicht differenzierbar zu sein. (Siehe z. B. meinen Leitfaden der Integralrechnung S. 74.) Hier dagegen läßt sich das alles ohne weitere Voraussetzung aus der gleichmäßigen Konvergenz der Reihe $\sum\limits_{i=1,2\cdots} f_i(z)$ allein erschließen.

Seinen Namen „Doppelreihensatz" trägt dieser Satz daher, daß für seinen Entdecker Weierstraß, wie wir schon S. 138 darlegten, die analytischen Funktionen durch die Möglichkeit der Potenzreihenentwicklung erklärt waren; so war für Weierstraß jedes Reihenglied $f_i(z)$ selbst eine Potenzreihe, und es handelte sich darum, die Potenzreihenentwicklung der Summe als möglich zu erkennen und sie zu finden. Auch hiervon wird nachher näher die Rede sein.

Für uns ist nun die Cauchysche Integralformel das gebotene Beweismittel des Satzes. Sie läßt ohne weiteres die Differenzierbarkeit der Reihensumme erkennen. Betrachten wir nämlich das Integral

$$\frac{1}{2\pi i} \int \frac{f(\zeta)}{\zeta - z}\, d\zeta.$$

Es werde über eine geschlossene, den Punkt z einmal im positiven Sinn umschließende Kurve $\mathfrak{C}$ aus B erstreckt. Trägt man hier den Wert von $f(z)$ ein, so erhält man

$$\frac{1}{2\pi i} \int \frac{f(\zeta)}{\zeta - z}\, d\zeta = \frac{1}{2\pi i} \int d\zeta \left\{ \frac{f_1(\zeta)}{\zeta - z} + \frac{f_2(\zeta)}{\zeta - z} + \cdots \right\}.$$

Da aber nun die Summe $f_1(\zeta) + f_2(\zeta) \cdots$ für alle der Kurve $\mathfrak{C}$ angehörigen ζ und festes z gleichmäßig konvergiert, so wird weiter

$$\frac{1}{2\pi i} \int \frac{f(\zeta)}{\zeta - z}\, d\zeta = \frac{1}{2\pi i} \int \frac{f_1(\zeta)}{\zeta - z}\, d\zeta + \frac{1}{2\pi i} \int \frac{f_2(\zeta)}{\zeta - z}\, d\zeta + \cdots.$$

Wertet man aber die einzelnen Integrale aus, so findet man

$$\frac{1}{2\pi i} \int \frac{f(\zeta)}{\zeta - z}\, d\zeta = f_1(z) + f_2(z) + \cdots = f(z).$$

Da aber nun nach S. 131 das Integral $\dfrac{1}{2\pi i} \displaystyle\int \dfrac{f(\zeta)}{\zeta - z}\, d\zeta$ eine analytische Funktion von z darstellt, so ist $f(z)$ eine analytische Funktion.

Bemerkung: Statt sich der Integralformel zu bedienen, hätte man auch das Integral $\int f(\zeta)\, d\zeta$ selbst betrachten können, um, gestützt auf den Moreraschen Satz von S. 133 den analytischen Charakter von $f(z)$ zu erkennen.

Unser Gedankengang bietet uns aber noch mehr. Er läßt uns auch erkennen, daß

$$f'(z) = f_1'(z) + f_2'(z) + \cdots$$

und daß diese Reihe im Bereiche B wieder gleichmäßig konvergiert. Es wird nämlich

$$f'(z) = \frac{1}{2\pi i} \int \frac{f(\zeta)}{(\zeta - z)^2}\, d\zeta = \frac{1}{2\pi i} \int d\zeta \left\{ \frac{f_1(\zeta)}{(\zeta - z)^2} + \frac{f_2(\zeta)}{(\zeta - z)^2} + \cdots \right\}$$

$$= f_1'(z) + f_2'(z) + \cdots.$$

Die gleichmäßige Konvergenz der Reihe leuchtet so ein: Sei

$$r_n'(z) = f_n'(z) + f_{n+1}'(z) + \cdots$$

der Rest der Reihe, so kann ich

$$r_n'(z) = \frac{1}{2\pi i} \int \frac{d\zeta}{(\zeta - z)^2} \left\{ f_n(\zeta) + f_{n+1}(\zeta) + \cdots \right\}$$

setzen. Wählt man nun n hinreichend groß, so wird

$$\left| f_n(\zeta) + f_{n+1}(\zeta) + \cdots \right| < \varepsilon$$

wegen der gleichmäßigen Konvergenz der Reihe

$$f_1(z) + f_2(z) + \cdots.$$

Daher erkennt man leicht, daß auch $r_n'(z)$ mit wachsendem n beliebig klein wird. Die Wiederholung des Schlusses liefert $f''(z) = \sum f_\varkappa''(z)$, und auch diese Reihe konvergiert gleichmäßig usw.

Wir können nun auch leicht die Koeffizienten der Potenzreihenentwicklung von $f(z)$ gewinnen. Diese sind nämlich bis auf die Nenner $n!$ die Ableitungen der Funktion $f(z)$ im Mittelpunkt der Entwicklung. Diese Ableitungen aber sind als Summen der entsprechenden Ableitungen der Reihenglieder erkannt. Daher wird nun auch der Koeffizient der n-ten Potenz in der Entwicklung

$$f(z) = \mathfrak{P}(z - a) = \sum a_n (z - a)^n$$

der Summe der Koeffizienten der n-ten Potenzen in den Entwicklungen

$$f_\varkappa(z) = \mathfrak{P}_\varkappa(z - a) = \sum a_n^{(\varkappa)} (z - a)^n$$

gleich. Daher findet man die Summe der Potenzreihen

$$\sum_{\varkappa\,=\,1,\,2\,\cdots} \mathfrak{P}_\varkappa\,(z-a)$$

dadurch, daß man die mit gleicher Potenz von $(z-a)$ behafteten Glieder aller Reihen zusammenzählt und dann die so erhaltenen Summen zu einer Reihe vereinigt. Ich will dies noch als besonderen Satz aussprechen:

Die Reihen
$$f_\varkappa\,(z) = \mathfrak{P}_\varkappa\,(z-a) = \sum_{n\,=\,1,\,2\,\cdots} a_n^{(\varkappa)}(z-a)^n$$

mögen alle in dem Kreise $|z-a| < r$ *konvergieren. Außerdem konvergiere die Reihe*
$$\sum_{\varkappa\,=\,1,\,2\,\cdots} f_\varkappa\,(z) = f\,(z)$$

in diesem Kreise gleichmäßig. Dann ist
$$f\,(z) = \mathfrak{P}\,(z-a) = \sum_{n\,=\,1,\,2\,\cdots} a_n\,(z-a)^n$$

und hier ist
$$a_n = \sum_{\varkappa\,=\,1,\,2\,\cdots} a_n^{(\varkappa)}.$$

Von dem so erhaltenen Satz machen wir nun eine Reihe von nützlichen Anwendungen.

Insbesondere kann aus dem Doppelreihensatz die auch aus der Kettenregel von S. 32 folgende *Gruppeneigenschaft der analytischen Funktionen* erschlossen werden. Darunter versteht man die Tatsache, daß $f\,(w)$ eine analytische Funktion von z ist, wenn $f\,(w)$ in w analytisch ist und w selbst als analytische Funktion $w = \varphi\,(z)$ erklärt ist.

Die präzise Fassung dieser Aussage über mittelbare Funktionen wird durch den folgenden *Satz* gegeben:

$w = \varphi\,(z)$ sei in der Umgebung von $z = a$ eindeutig und analytisch. Ferner sei $\varphi\,(a) = b$, und es sei $f\,(w)$ in der Umgebung von $w = b$ analytisch und eindeutig. Dann ist $f\{w\,(z)\}$ in der Umgebung von $z = a$ analytisch.

Wegen der Stetigkeit von $\varphi\,(z)$ kann man nämlich einen Kreis um $z = a$ abgrenzen, in welchem $\varphi\,(z)$ nur Werte annimmt, die dem Konvergenzkreis von $f\,(w) = \sum \beta_r\,(w-b)^r$ angehören. Setzt man dann
$$f_\varkappa(z) = b_\varkappa\{\varphi\,(z) - b\}^\varkappa,$$

so sind die Voraussetzungen des Doppelreihensatzes erfüllt. Daher folgt aus ihm sofort unser Satz über mittelbare Funktionen.

Aus diesem Satz fließt nun auch sofort wieder die Kettenregel der Differentialrechnung. Denn wir haben ja die Entwicklung
$$f\{w\,(z)\} = \sum \beta_r\{\varphi\,(z) - b\}^r.$$

Da man Potenzreihen gliedweise differenzieren kann, so ergibt sich

$$\frac{df\{w(z)\}}{dz} = \sum \nu \beta_\nu \{\varphi(z) - b_\kappa\}^{\nu-1} \cdot \varphi'(z) = \frac{df}{dw} \cdot \frac{dw}{dz}.$$

Das ist aber die Kettenregel der Differentialrechnung, die wir schon S. 33 auf anderem Wege bewiesen haben. Bei der Herleitung haben wir allerdings ihre Gültigkeit für die Differentiation der Potenz $(\varphi(z) - b)^\nu$ vorausgesetzt. Das konnte auch unbesorgt geschehen, weil sie hier nur eine Folge der Regel über die Differentiation eines Produktes ist.

Anwendung: Es gibt n verschiedene in der Umgebung von $z = 0$ eindeutige und analytische Funktionen $f(z)$, deren n-te Potenz (n positiv ganzzahlig) mit $1 + a_1 z + a_2 z^2 + \cdots$ übereinstimmt. Sie werden mit

$$\sqrt[n]{1 + a_1 z + \cdots}$$

bezeichnet. Der Quotient je zweier derselben ist eine n-te Einheitswurzel. Denn

$$\sqrt[n]{\zeta}$$

erklärt in jedem schlichten Bereich der z-Ebene, welcher $\zeta = 0$ nicht enthält, nach S. 67 n eindeutige analytische Funktionen, die sich um Einheitswurzeln als Faktoren unterscheiden. Da aber

$$\zeta = 1 + a_1 z + \cdots$$

in der Umgebung von $z = 0$ analytisch und von Null verschieden ist, so zerfällt nach dem eben bewiesenen

$$\sqrt[n]{1 + a_1 z + \cdots}$$

in der Umgebung von $z = 0$ in n eindeutige analytische Funktionen.

§ 12. Die Technik der Potenzreihenentwicklung.

Handelt es sich z. B. darum, die Funktion

$$(1) \qquad \frac{1}{(z^2 - 1)(z - 2)}$$

nach Potenzen von z zu entwickeln, so wäre es unbequem, dazu die Koeffizienten durch die Ableitungen der Funktion auszudrücken. Bequemer ist es schon, jeden einzelnen der Faktoren

$$\frac{1}{z-1}, \quad \frac{1}{z+1}, \quad \frac{1}{z-2}$$

zu entwickeln und dann das Produkt der gefundenen Reihen zu bilden. Am allerbesten aber ist es, erst die Funktion in Partialbrüche zu zerlegen und dann die gefundenen Einzelbrüche zu entwickeln. Setzt man an

$$(2) \qquad \frac{1}{(z^2-1)(z-2)} = \frac{A}{z-1} + \frac{B}{z+1} + \frac{C}{z-2},$$

so findet man leicht den Koeffizienten A, indem man mit $(z-1)$ multipliziert und dann $z=1$ setzt. So wird $A = -\frac{1}{2}$. Ebenso findet man $B = \frac{1}{6}$, $C = \frac{1}{3}$. Nun wird weiter

$$(3a) \qquad \frac{1}{1-z} = 1 + z + z^2 + \cdots$$

$$(3b) \qquad \frac{1}{1+z} = 1 - z + z^2 - \cdots$$

$$(3c) \qquad \frac{1}{2-z} = \frac{1}{2}\,\frac{1}{1-\frac{z}{2}} = \frac{1}{2} + \frac{z}{2^2} + \frac{z^2}{2^3} + \cdots.$$

Daher hat man

$$(4) \qquad \frac{1}{(z^2-1)(z-2)} = \frac{1}{2} + \frac{1}{4}\,z + \left(\frac{2}{3} - \frac{1}{3}\,\frac{1}{2^3}\right) z^2 + \left(\frac{1}{3} - \frac{1}{3}\,\frac{1}{2^4}\right) z^3 + \cdots$$

$$= \frac{1}{2} + \frac{1}{4}\,z + \frac{1}{3}\cdot\frac{2^4-1}{2^3}\,z^2 + \frac{1}{3}\,\frac{2^4-1}{2^4}\,z^3 + \cdots.$$

Nach dem Muster dieses Beispiels geht man zweckmäßig bei der Entwicklung rationaler Funktionen vor, falls die Nullstellen des Nenners leicht zugänglich sind. Für kompliziertere Fälle empfiehlt sich die Methode der unbestimmten Koeffizienten, die wir bald kennen lernen werden.

Es können Partialbrüche von der Form $\dfrac{1}{(z-a)^n}$ mit einem Exponenten n vorkommen, welcher die Eins übertrifft. Schreibt man wieder

$$\frac{1}{(z-a)^n} = \frac{1}{(-a)^n}\,\frac{1}{\left(1-\frac{z}{a}\right)^n},$$

so erkennt man leicht, daß es darauf ankommt, die Entwicklung von

$$\frac{1}{(1-z)^n}$$

nach Potenzen von z zu beherrschen. Man kann versuchen, diese dadurch zu gewinnen, daß man $\dfrac{1}{1-z} = 1 + z + z^2 + \cdots$

n-mal mit sich selbst multipliziert. Hat man allgemein eine Potenzreihe

$$a_0 + a_1 z + a_2 z^2 + \cdots$$

mit

$$1 + z + z^2 + \cdots$$

zu multiplizieren, so erkennt man leicht, daß in der Produktreihe der Koeffizient von z^n der n-ten Partialsumme s_n der Koeffizienten $a_\varkappa$ gleich wird: $s_n = a_0 + a_1 + \cdots + a_n$. Wendet man dies auf den vorliegenden Fall an, in dem es sich darum handelt, allgemein gesprochen $\dfrac{1}{(1-z)^{n-1}}$ mit $\dfrac{1}{1-z}$ zu multiplizieren, so findet man zunächst

$$(5) \qquad \frac{1}{(1-z)^2} = 1 + 2z + 3z^2 + \cdots + (n+1)z^n + \cdots$$

$$(6)\ \text{Alsdann} \qquad \frac{1}{(1-z)^3} = 1 + 3z + 6z^2 + \cdots + \frac{(n+1)(n+2)}{2}z^n + \cdots.$$

Um $\dfrac{1}{(1-z)^4}$ zu bekommen, muß man schon die Summe

$$1 + 3 + 6 + \cdots + \frac{(n+1)(n+2)}{2}$$

berechnen können.   Das läuft im wesentlichen darauf hinaus

$$(7) \qquad 1 + 2^2 + 3^2 + \cdots + n^2$$

auszurechnen.   Das sind Aufgaben, welche die Kombinatorik direkt zu lösen lehrt. Es ist aber einfacher, zur Herstellung der gewünschten Reihenentwicklungen den binomischen Lehrsatz zu verwenden. Dann erhält man gleichzeitig eine elegante Lösung der eben berührten Summationsaufgaben.

Was nun den binomischen Satz anlangt, so kann er ohne weiteres aus dem reellen Gebiet übertragen werden.   Denn

$$\frac{1}{(1-z)^n}$$

ist für alle von $z = 1$ verschiedenen Stellen der z-Ebene eine eindeutige reguläre Funktion. Sie kann daher für $|z| < 1$ nach Potenzen von z entwickelt werden. Die Koeffizientenbestimmung der Taylorschen Reihen lehrt sofort, daß in

$$\frac{1}{(1-z)^n} = s_0^{(n)} + s_1^{(n)} z + \cdots + s_\varkappa^{(n)} z^\varkappa + \cdots$$

der Koeffizient $s_\varkappa^{(n)}$ den Wert $\dfrac{1}{\varkappa!}\dfrac{d^\varkappa (1-z)^{-n}}{dz^\varkappa}\bigg/_{z=0}$ hat. Die Ausrechnung liefert

$$(8) \qquad s_\varkappa^{(n)} = \frac{n(n+1)\cdots(n+\varkappa-1)}{1 \cdot 2 \ \cdots \ \varkappa}$$

$$= (-1)^\varkappa \frac{(-n)(-n-1)(-n-2)\cdots(-n-\varkappa+1)}{1 \quad 2 \quad 3 \qquad \varkappa} = (-1)^\varkappa \binom{-n}{\varkappa}.$$

Definiert man für beliebige Exponenten r

$$(9) \qquad (1+z)^r = e^{r \log(1+z)},$$

so erkennt man durch ähnliche Schlüsse, daß der binomische Satz auch auf gebrochene und irrationale Potenzen $(1+z)^r$ ausgedehnt werden kann, und daß alle Entwicklungen den Einheitskreis zum Konvergenzkreis haben. Denn die Darstellung (9) lehrt, daß $(1+z)^r$ auf der Riemannschen Fläche des $\log (1 + z)$ eine eindeutige Funktion ist. Jedenfalls also ist jeder ihrer Zweige im Einheitskreis eindeutig und regulär und kann somit nach S. 135 nach Potenzen von z entwickelt werden. Aus den vorhin dargelegten Gründen wird die Entwicklung durch den aus dem Reellen bekannten binomischen Satz geleistet. Ich ergänze meine Bemerkungen über die Entwicklung der rationalen Funktionen durch einige Worte über die Konvergenzkreise der Reihen. Kehren wir zu der Funktion (1) zurück. Die drei Reihen (3) haben als Konvergenzkreise den Einheitskreis bzw. den Kreis $|z| < 2$. Daher ist der Konvergenzkreis der Reihe der Einheitskreis. Beachtet man, daß Eins gleichzeitig die Entfernung des nächsten Poles der Funktion (1) vom Nullpunkt ist, so erkennt man darin eine Bestätigung der allgemeinen Regel, die man schon den Erörterungen der S. 136 entnehmen kann. Dort nämlich erkannten wir, daß der Konvergenzkreis immer der größte Kreis um den Entwicklungsmittelpunkt ist, welcher in dem Regularitätsbereich der Funktion Platz hat. Beachtet man aber, daß rationale Funktionen in der ganzen Ebene bis auf Pole regulär sind, so erkennt man, daß man bei ihnen die volle, von den Polstellen allein begrenzte Ebene als Regularitätsbereich nehmen kann, daher ist der Konvergenzradius einer jeden Entwicklung der Entfernung des nächsten Poles vom Entwicklungsmittelpunkt gleich. Das gilt auch für die Laurententwicklung in der Umgebung einer Polstelle.

Die gleiche Betrachtung lehrt auch den Konvergenzkreis der Entwicklung von $\varphi(z) = \dfrac{f(z)}{g(z)} = \dfrac{\mathfrak{P}_1(z)}{\mathfrak{P}_2(z)}$ erkennen. Dabei sollen

$$\mathfrak{P}_1(z) = a_0 + a_1 z + \cdots$$

und
$$\mathfrak{P}_2(z) = b_0 + b_1 z + \cdots$$

zwei für $|z| < r$ reguläre Funktionen sein. Wenn namentlich der Nenner bei $z = 0$ nicht verschwindet, so erhält man eine Potenzreihenentwicklung von $\varphi(z)$, die in einer gewissen Umgebung von $z = 0$ konvergiert. Ist nämlich für das ganze $|z| < r$ der Nenner von Null verschieden, so konvergiert auch die neue Reihe für $|z| < r$. Anderenfalls wird ihr Konvergenzradius durch die Entfernung der nächsten Nullstelle des Nenners vom Mittelpunkt der Entwicklung bestimmt. Hat aber der Nenner bei $z = 0$ eine Nullstelle n-ter Ordnung, so besitzt dort $\varphi(z)$ einen Pol n-ter Ordnung. Um seine Laurentreihe zu finden, betrachtet man erst das noch bei $z = 0$ reguläre $z^n \varphi(z)$ und dividiert die dafür gefundene Reihe durch z^n.

Wir haben also nur die Aufgabe zu lösen, eine bei $z = 0$ reguläre Funktion $\dfrac{f(z)}{g(z)}$ nach Potenzen von z zu entwickeln. Handelt es sich nur darum, einige Anfangskoeffizienten zu finden, so geht man zweckmäßig so vor, daß man erst $\dfrac{1}{g(z)}$ entwickelt und dann mit $f(z)$ multipliziert.

Am Beispiel von $\operatorname{tg} z = \dfrac{\sin z}{\cos z}$ möge das dargelegt werden. Da der Nenner nur für ungerade Vielfache von $\dfrac{\pi}{2}$ verschwindet, wird der Konvergenzradius der Entwicklung $\dfrac{\pi}{2}$. Nun hat man aber

$$\frac{1}{\cos z} = \frac{1}{1-\left(\dfrac{z^2}{2}-\dfrac{z^4}{4!}\cdots\right)}.$$

Setzt man abkürzend $\qquad \dfrac{z^2}{2}-\dfrac{z^4}{4!}\cdots = \zeta,$

so hat man also in die geometrische Reihe

$$1 + \zeta + \zeta^2 + \cdots$$
$$\zeta = \frac{z^2}{2} - \frac{z^4}{4!} + \cdots$$

einzutragen. Das ist ein ganz spezieller Fall des Weierstraßschen Doppelreihensatzes. Denn für genügend kleine $|z|$ wird $|\zeta| < 1$. Die Reihenglieder $f_n(z)$ sind gerade die Potenzen $\zeta^n = \left(\dfrac{z^2}{2}-\cdots\right)^n$. Nun findet man aber

$$\zeta^2 = \frac{z^4}{4} - \frac{z^6}{4!} \ \ + \cdots$$
$$\zeta^3 = \frac{z^6}{8} - \frac{3}{4}\frac{z^8}{4!} + \cdots.$$

Also wird
$$\frac{1}{\cos z} = \left.\begin{aligned} &1+\frac{z^2}{2}-\frac{z^4}{4!}+\frac{z^6}{6!} \ \ +\cdots\\ &\ \ +\frac{z^4}{4}-\frac{z^6}{4!} \ \ +\cdots\\ &\ \ \ \ \ +\frac{1}{8}z^6+\cdots \end{aligned}\right\} = 1+\frac{z^2}{2}+\frac{5}{24}z^4 \cdots.$$

Multipliziert man nun noch mit

$$\sin z = z - \frac{z^3}{3!}\cdots, \qquad\qquad \text{so erhält man}$$

$$(10) \qquad\qquad \operatorname{tg} z = z + \frac{1}{3}z^3 + \frac{2}{15}z^5 + \cdots.$$

Ebenso kann man den $\operatorname{ctg} z$ behandeln. Es bietet aber hier ein besonderes Interesse, zu einer allgemeinen Formel für die Koeffizienten der Reihe vorzudringen. Zunächst verschwindet ja in

$$\operatorname{ctg} z = \frac{\cos z}{\sin z}$$

der Nenner für alle Vielfachen von π. An jeder dieser Stellen hat $\operatorname{ctg} z$ einen einfachen Pol. Bei $z = 0$ ist ja z. B.

$$\operatorname{ctg} z = \frac{1 - \frac{z^2}{2} + \cdots}{z\left(1 - \frac{z^2}{3!} \cdots\right)} = \frac{1}{z} + \mathfrak{P}(z).$$

Wir wenden uns zur allgemeinen Bestimmung der Koeffizienten bei einem Quotienten

$$\frac{a_0 + a_1 z + a_2 z^2 + \cdots}{b_0 + b_1 z + b_2 z^2 + \cdots},$$

um das gefundene Resultat dann auf $z \operatorname{ctg} z$ anzuwenden.

Da wir bereits wissen, daß eine Entwicklung der Form

$$\xi_0 + \xi_1 z + \cdots$$

existieren muß, so können wir zunächst mit unbestimmten Koeffizienten ansetzen:

$$\frac{a_0 + a_1 z + \cdots}{b_0 + b_1 z + \cdots} = \xi_0 + \xi_1 z + \cdots$$

und hier die $\xi_\varkappa$ als zu bestimmende Koeffizienten ansehen. Multipliziert man dann rechts und links mit $b_0 + b_1 z + \cdots$, so liefert die Vergleichung der Koeffizienten gleicher Potenzen von z auf der rechten und linken Seite zur Bestimmung von $\xi_0,\ \xi_1 \cdots \xi_n$ die Gleichungen

$$\xi_n b_0 + \xi_{n-1} b_1 + \cdots + \xi_0 b_n \quad = a_n$$
$$\xi_{n-1} b_0 + \cdots + \xi_0 b_{n-1} = a_{n-1}$$
$$\cdots$$
$$\xi_1 b_0 + \xi_0 b_1 = a_1$$
$$\xi_0 b_0 = a_0.$$

Daraus entnimmt man

$$(11) \qquad \xi_n = \frac{(-1)^n}{b_0^{n+1}} \begin{vmatrix} b_1 b_2 b_3 & \cdots b_n & a_n \\ b_0 b_1 b_2 & \cdots b_{n-1} a_{n-1} \\ 0\ b_0 b_1 & \cdots b_{n-2} a_{n-2} \\ 0\ 0\ b_0 & \cdots b_{n-3} a_{n-3} \\ \\ 0\ 0\ 0 & \cdots b_0 & a_0 \end{vmatrix}.$$

Wenden wir dies Ergebnis nun auf die Entwicklung von $z \operatorname{ctg} z$ an. Da in

$$z \operatorname{ctg} z = \frac{1 - z^2 \frac{1}{2!} + \cdots}{1 - z^2 \cdot \frac{1}{3!} + \cdots}$$

nur gerade Potenzen von z vorkommen, so enthält auch die Potenzreihenentwicklung von $z \operatorname{ctg} z$ nur gerade Potenzen. Ich kann daher

$$z \operatorname{ctg} z = 1 + \xi_1 z^2 + \xi_2 z^4 + \cdots + \xi_n z^{2n} + \cdots$$

ansetzen. Schreibe ich hier $\zeta = z^2$, so habe ich also den Ansatz

$$\frac{1 - \dfrac{\zeta}{2!} + \cdots}{1 - \dfrac{\zeta}{3!} + \cdots} = 1 + \zeta_1 \zeta + \zeta_2 \zeta^2 + \cdots.$$

In der allgemeinen Formel ist daher $a_n = (-1)^n \dfrac{1}{(2n)!}$ und $b_n = (-1)^n \dfrac{1}{(2n+1)!}$ zu setzen. Daher findet man

$$\zeta_n = (-1)^n \begin{vmatrix} \dfrac{-1}{3!} & \cdots & \dfrac{1}{5!} & \cdots & \dfrac{-1}{7!} & \cdots & \dfrac{(-1)^n}{(2n+1)!} & \cdots & \dfrac{(-1)^n}{(2n)!} \\[2mm] 1 & \cdots & \dfrac{-1}{3!} & \cdots & \dfrac{1}{5!} & \cdots & \dfrac{(-1)^{n-1}}{(2n-1)!} & \cdots & \dfrac{(-1)^{n-1}}{(2n-2)!} \\[2mm] 0 & \cdots & 1 & \cdots & \dfrac{-1}{3!} & \cdots & \dfrac{(-1)^{n-2}}{(2n-3)!} & \cdots & \dfrac{(-1)^{n-2}}{(2n-4)!} \\[2mm] \cdot \\ \cdot \\ 0 & \cdots & 0 & \cdots & 0 & \cdots & 1 & \cdots & 1 \end{vmatrix}$$

Hieraus findet man z. B. $\zeta_1 = - \begin{vmatrix} -\dfrac{1}{3!} & -\dfrac{1}{2} \\[2mm] 1 & 1 \end{vmatrix} = -\dfrac{1}{3}$

$$\zeta_2 = \begin{vmatrix} -\dfrac{1}{3!} & \dfrac{1}{5!} & \dfrac{1}{4!} \\[2mm] 1 & -\dfrac{1}{3!} & -\dfrac{1}{2!} \\[2mm] 0 & 1 & 1 \end{vmatrix} = -\dfrac{2}{90} \qquad \text{usw.}$$

(12) So wird also $\operatorname{ctg} z = \dfrac{1}{z} - \dfrac{1}{3} z - \dfrac{2}{90} z^3 \cdots + \zeta_n z^{2n-1} + \cdots.$

(13) Setzt man noch $\zeta_n = -\dfrac{2^{2n} \cdot B_n}{(2n)!},$

so hat man in B_n die sogenannten Bernoullischen Zahlen vor sich. Es ist also $B_1 = \dfrac{1}{6}$, $B_2 = \dfrac{1}{30} \cdots$. Die weitere Rechnung liefert

(14) $B_3 = \dfrac{1}{42}, \; B_4 = \dfrac{1}{30}, \; B_5 = \dfrac{5}{66}, \; B_6 = \dfrac{691}{2730}, \; B_7 = \dfrac{7}{6} \cdots.$

Die Bernoullischen Zahlen werden uns noch mehrfach begegnen, und wir werden so noch mehrfach Gelegenheit haben, weitere Eigenschaften derselben zu entwickeln.

Wir fügen noch[1] die Entwicklungen von $\log(1 + z)$, von $\operatorname{arctg} z$ und $\arcsin z$ an, die man durch Integration der entsprechenden Entwicklungen ihrer Ableitungen erhält.

---

1) Wegen der Funktionen $\dfrac{1}{\sin z}$ und $\dfrac{1}{\cos z}$ vgl. man S. 182/183.

Wir wissen von S. 77 und haben auf S. 158 schon benutzt, daß jeder Zweig der unendlichvieldeutigen Funktion

$$\log (1 + z)$$

im Einheitskreis $|z| < 1$ eindeutig und analytisch erklärt ist, und daß sich die verschiedenen Zweige dieser Funktion voneinander um Vielfache von $2\pi i$ unterscheiden. Wir entscheiden uns für denjenigen dieser Zweige, der für $z = 0$ verschwindet. Er wird durch das Integral

$$\log (1 + z) = \int_0^z \frac{dz}{1 + z}$$

dargestellt. Daher findet man

$$\log (1 + z) = z - \frac{z^2}{2} + \frac{z^3}{3} - + \cdots - (-1)^n \frac{z^n}{n} + \cdots.$$

Weiter wird
$$\operatorname{arctg} z = \int_0^z \frac{dz}{1 + z^2}.$$
Daher hat man

$$(15) \qquad w = \operatorname{arctg} z = z - \frac{z^3}{3} + \frac{z^5}{5} - + \cdots.$$

Ebenso findet man aus

$$\frac{1}{\sqrt{1 - z^2}} = 1 + \frac{1}{2} z^2 + \frac{1 \cdot 3}{2 \cdot 4} z^4 + \frac{1 \cdot 3 \cdot 5}{2 \cdot 4 \cdot 6} z^6 \cdots,$$

daß

$$(16) \qquad w = \arcsin z = z + \frac{1}{2} \cdot \frac{z^3}{3} + \frac{1 \cdot 3}{2 \cdot 4} \frac{z^5}{5} + \frac{1 \cdot 3 \cdot 5}{2 \cdot 4 \cdot 6} \frac{z^7}{7} + \cdots.$$

Zum Schluß dieses Paragraphen behandeln wir noch ein etwas komplizierteres Beispiel. Wir wollen

$$\frac{1}{\sqrt{1 - 2xz + z^2}}$$

nach Potenzen von z entwickeln und das allgemeine Bildungsgesetz der Koeffizienten ergründen. Der Wert der Quadratwurzel werde in einem genügend kleinen Kreise um $z = 0$ dadurch festgelegt, daß man der Wurzel für $z = 0$ den Wert $+ 1$ beilegt. Damit dadurch im ganzen Kreis die Wurzel eindeutig bestimmt sei, muß man den Kreis so klein wählen, daß keine Nullstelle der Wurzel in ihm liegt. Läßt man namentlich für x nur *reelle* Werte von einem *Betrag unter Eins* zu, so wird dieser Kreis stets der Einheitskreis, denn die Nullstellen der Wurzel liegen dann bei

$$z = x \pm i \sqrt{1 - x^2},$$

und diese Zahlen haben stets den Betrag Eins. Es ist ja

$$z\bar{z} = x^2 + 1 - x^2 = 1.$$

Somit stellt unter den angegebenen Bedingungen

$$\frac{1}{\sqrt{1 - 2\,x\,z + z^2}}$$

eine im Einheitskreis reguläre Funktion von z dar. Es gibt daher eine Maclaurinsche Reihe $1 + P_1(x)\,z + \cdots + P_n(x)\,z^n + \cdots$,
die im Einheitskreis unsere Funktion darstellt. Daher ergibt sich für den Koeffizienten $P_n(x)$ die Integraldarstellung

$$(17) \qquad P_n(x) = \frac{1}{2\,\pi i} \int_O \frac{d\zeta}{\zeta^{n+1}\,\sqrt{1 - 2\,x\zeta + \zeta^2}}.$$

Das Integral hat man sich dabei über einen mit dem Einheitskreis konzentrischen Kreis von kleinerem Radius erstreckt zu denken. Der Wert der Wurzel $w(\zeta) = \sqrt{1 - 2\,x\zeta + \zeta^2}$ auf dem Integrationsweg ist durch die Bedingung $w(0) = +1$ festgelegt. Ich mache zunächst die Substitution $\zeta = \frac{1}{t}$; dabei wird aus dem Integrationsweg ein den Punkt $t = \infty$ im positiven, d. h. den Punkt $t = 0$ im negativen Sinne umlaufender Kreis von einem Radius größer als 1. Es wird

$$P_n(x) = \frac{1}{2\,\pi i} \int_O \frac{dt \cdot t^n}{w(t)}.$$

Die Wurzel ist jetzt durch die Bedingung $\lim\limits_{t \to \infty} \frac{w(t)}{t} = +1$ festgelegt. Es wird ja

$$\frac{w(t)}{t} = \sqrt{1 - 2\,x\,\frac{1}{t} + \frac{1}{t^2}} = \sqrt{1 - 2\,x\zeta + \zeta^2}.$$

Nun befolgen wir weiter den Weg, den man auch im Reellen bei der Auswertung eines derartigen Integrales einschlägt.[1]) Wir machen die Substitution

$$w(t) + t = z.$$

Dann wird bekanntlich

$$(18) \qquad P_n(x) = \frac{1}{2\,\pi i}\,\frac{1}{2^n} \int \frac{(z^2 - 1)^n}{(z - x)^{n+1}}\,dz.$$

Der Integrationsweg ist jetzt das durch die Abbildung $z = t + \sqrt{1 - 2\,xt + t^2}$ in der z-Ebene erhaltene Bild eines den Punkt $t = \infty$ umschließenden Kreises, der demjenigen Blatt der Riemannschen Fläche von $w = \sqrt{1 - 2\,xt + t^2}$ angehört, in dem $\frac{w(t)}{t} \longrightarrow +1$ gilt.

Um diese Verhältnisse deutlich zu übersehen, müssen wir uns zunächst darüber klar sein, daß die Riemannsche Fläche von $w = w(t)$ zweiblättrig über der t-Ebene ausgebreitet ist und ihre beiden Verzweigungspunkte an

---

1) Vgl. auch S. 112.

den Stellen $x \pm i\sqrt{1-x^2}$ besitzt. Auf dieser Fläche ist somit auch $t + w(t) = z$ eine eindeutige Funktion des Ortes. Diese Funktion vermittelt dazu eine Abbildung der Fläche auf die schlichte volle z-Ebene. Das leuchtet ein, wenn wir uns der schon eben bei der Umrechnung des Integrales benutzten Tatsache erinnern, daß $t = \dfrac{z^2 - 1}{2(z-x)}$ also eine eindeutige Funktion von z wird. Ebenso wird

$$w(t) = \frac{z^2 - 2zx + 1}{2(z-x)},$$

also gleichfalls eindeutig in z. Beiläufig werde hier bemerkt, daß jede andere der im Reellen üblichen rationalisierenden Substitutionen gleicherweise zu einer schlichten Abbildung der Riemannschen Fläche führt. Bei dieser Abbildung geht nun weiter derjenige unendlichferne Punkt der Fläche, in welchem $\lim\limits_{t \to \infty} \dfrac{w(t)}{t} = 1$ wird, in $z = \infty$ über. Denn $\lim\limits_{t \to \infty} \dfrac{z}{t} = \lim\limits_{t \to \infty} \dfrac{t + w(t)}{t}$

$= 1 + \lim\limits_{t \to \infty} \dfrac{w(t)}{t} = 1 + 1 = 2$. Der Integrationsweg in dem Integral (18) ist also eine einfach geschlossene Kurve der z-Ebene, welche den Punkt ∞ im negativen Sinne umschließt. Der Punkt x, der dem Einheitskreis angehört, wird also in positivem Sinne umschlossen. Daher läßt die Integralformel (5) von S. 133 sofort erkennen, daß

$$(19) \qquad P_n(x) = \frac{1}{2^n} \frac{1}{n!} \frac{d^n (x^2 - 1)^n}{dx^n}.$$

Der Koeffizient $P_n(x)$ ist also eine ganze rationale Funktion n-ten Grades von x. Die so gefundenen Polynome sind die *Legendreschen Polynome* aus der Theorie der Kugelfunktionen.

§ 13. Der Vitalische Doppelreihensatz.

Dieser Satz stellt eine moderne Erweiterung des klassischen Weierstraßschen Satzes (S. 153) dar. Gleich diesem gehört er wegen seiner ungeheuren Tragweite zu den wichtigsten Sätzen der ganzen Theorie. Der Satz lautet: *Es sei bekannt, daß die Reihe $f_1(z) + f_2(z) + \cdots$ in einer Punktmenge eines Bereiches B konvergiere, welche in B einen Häufungspunkt besitzt. Es sei weiter bekannt, daß die Teilsummen der Reihe in B gleichmäßig beschränkt sind, d. h. es gebe eine Zahl M, unter der sämtliche Teilsummen dem Betrage nach für alle Stellen des Bereiches B liegen. Dann ist die Reihe in jedem inneren Teilbereich von B gleichmäßig konvergent und stellt also eine in B analytische Funktion dar.*

Der große Wert des Satzes liegt in dem geringen Maße von Voraussetzungen, die er macht. Nicht einmal die durchgängige Konvergenz muß man von Hause aus wissen. Er enthält ein bequemes Kriterium zur Prüfung

der gleichmäßigen Konvergenz einer Reihe. Vor einem Irrtum sei von vornherein gewarnt. Aus dem Satze folgt ganz und gar nicht, daß jede konvergente Reihe analytischer Funktionen eine analytische Summe hat. Denn
es gibt konvergente Reihen, deren Teilsummen nicht gleichmäßig beschränkt
sind, für die also unser Beweis nicht gilt. Im zweiten Bande dieses Werkes
werden wir tatsächlich Beispiele konvergenter Reihen mit nichtanalytischer
Summe kennen lernen. Freilich ist, wie wir dann sehen werden, auch da
nicht mehr aller Willkür Tür und Tor geöffnet. Es gibt immer Teilbereiche
von B, wo die Summe analytisch ist.

Der Beweis des Vitalischen Satzes ist schon auf die mannigfachste Weise
geführt worden. Am bequemsten ist es, sich auf die Cauchysche Integralformel zu stützen. Daß man aus der Konvergenz an einigen Stellen auf die
Konvergenz an anderen muß schließen können, ist eine leichte Folgerung aus
unserer Beweismethode des Weierstraßschen Doppelreihensatzes. *Denn nehmen wir etwa
an, es gebe im Bereich B eine rektifizierbare Kurve $\mathfrak{C}$, die darin einen Bereich G begrenzt, und auf ihr konvergiere die Reihe*

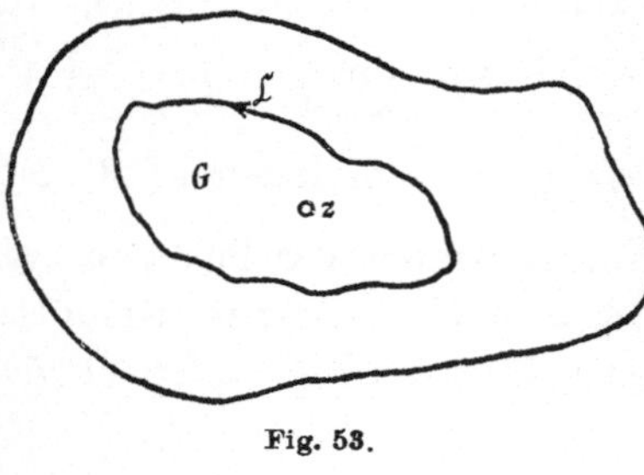

Fig. 53.

gleichmäßig (Fig. 53). *Dann konvergiert sie auch im Inneren des Bereiches G.*
Denn in diesem Bereiche ist ja

$$f_n(z) = \frac{1}{2\pi i} \int_{\mathfrak{C}} \frac{f_n(\zeta)}{\zeta - z}\, d\zeta.$$

Bei festgehaltenem z konvergiert aber die Reihe

$$\sum \frac{f_n(\zeta)}{\zeta - z}$$

auf $\mathfrak{C}$ gleichmäßig. Sei ihre Summe $\dfrac{f(\zeta)}{\zeta - z}$,

so ist

$$\frac{1}{2\pi i} \int \frac{f(\zeta)\, d\zeta}{\zeta - z} = f(z)$$

eine analytische Funktion. Andererseits aber ist

$$f(z) = \frac{1}{2\pi i} \int \frac{f(\zeta)}{\zeta - z} d\zeta = \sum \frac{1}{2\pi i} \int \frac{f_n(\zeta)}{\zeta - z} d\zeta = \sum f_n(z).$$

Durch weiteren Ausbau dieser Überlegung kann man auch die gleichmäßige
Konvergenz in G erschließen. Man hat dazu nur zu bemerken, daß ein
jeder Reihenrest das Maximum seines absoluten Betrages am Rande von G,
also auf $\mathfrak{C}$ annimmt. Da aber dort wegen der gleichmäßigen Rand-

konvergenz die Reste von einem gewissen an unter Σ bleiben, so ist das auch in G der Fall.

Noch sei bemerkt, daß das so bewiesene Ergebnis keine unmittelbare Folge des Vitalischen Satzes ist. Denn der Vitalische Satz setzt voraus, daß der Häufungspunkt der Konvergenzpunkte im Bereich liege, während wir hier Konvergenz am Rande annahmen.

Wir wenden uns nun nach dieser Abschweifung zum Beweis des Vitalischen Satzes.

1. Wir betrachten dazu einen Teilbereich G von B, dessen Rand vom Rand des Bereiches den Abstand d besitzen möge. Zunächst werden wir zeigen, daß in diesem Bereiche G die Teilsummen s_1, s_2, $\cdots$ der Reihe *gleichmäßig stetig* sind. Das Wort gleichmäßig bezieht sich dabei auf die Stellen des Bereiches und auf die Nummern der Teilsummen. Es soll also nachgewiesen werden, daß es eine Funktion $\delta(\varepsilon)$ gibt derart, daß

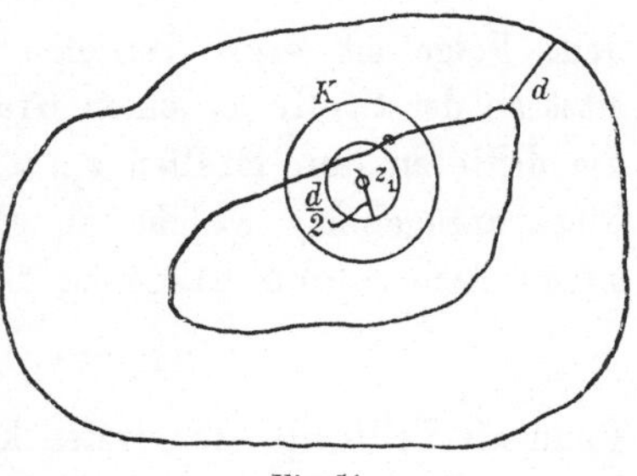

$s_n(z_1) - s_n(z_2)| < \varepsilon$, sobald $|z_1 - z_2| < \delta(\varepsilon)$ ist, ganz einerlei, wie die Nummer n und wie sonst die Stellen z_1 und z_2 im Bereiche G gewählt sein mögen. Das ergibt sich

Fig. 54.

wieder sofort aus dem Cauchyschen Integralsatz. Um jeden Punkt z_1 des Bereiches G kann man einen Kreis K vom Radius d schlagen, der ganz in B liegt (Fig. 54). Wählen wir nun einen Punkt z_2, dessen Abstand von z_1 den Wert $\frac{d}{2}$ nicht übersteigt, so liefert die Integralformel

$$\left| s_n(z_1) - s_n(z_2) \right| = \frac{1}{2\pi} \left| \int_K \frac{s_n(\zeta)(z_2 - z_1)}{(\zeta - z_1)(\zeta - z_2)} \, d\zeta \right| < \frac{M \, |z_1 - z_2| \, 4}{d}$$

Sobald also $\qquad |z_1 - z_2| < \dfrac{\varepsilon \, d}{4 \, M} = \delta(\varepsilon)$

ist, bleibt für alle n und alle z_1 des Bereiches G immer

$$|s_n(z_1) - s_n(z_2)| < \varepsilon.$$

2. Das war der erste Schritt. Jetzt wählen wir aus der Gesamtheit aller Teilsummen zunächst einmal eine Teilfolge aus. Diese sei so ausgesucht, daß sie in einer überall dichten Punktmenge des Bereiches G konvergiere. Das kann auf folgende Weise bewerkstelligt werden. Wir denken uns die Bereichpunkte mit rationalen Koordinaten x, y in irgendeiner Weise numeriert. Die Punkte seien dann z_1, z_2, $\cdots$. Ich betrachte die Werte $s_n(z_1)$. Da ihre Beträge beschränkt sind, besitzen diese Werte

mindestens einen Häufungswert, und man kann eine Teilfolge unter den Werten $s_n(z_1)$ herausgreifen, welche nur einen dieser Häufungspunkte besitzt. Dazu mögen etwa die Funktionen $s_{\lambda_1}(z)$, $s_{\lambda_2}(z)$, $\cdots$ Verwendung finden. Diese Funktionen besitzen also an der Stelle z_1 einen Grenzwert. Nun betrachte ich die Werte dieser neuen Folge an der Stelle z_2. Wieder kann ich eine Teilfolge herausgreifen, die nun auch an der Stelle z_2 einen Grenzwert besitzt. Diese sei $s_{\mu_1}(z)$, $\cdots$. So weiterfahrend erhalte ich eine unendliche Kette von Funktionenfolgen

$$s_{\lambda_1}(z),\ s_{\lambda_2}(z),\ s_{\lambda_3}(z) \cdots$$
$$s_{\mu_1}(z),\ s_{\mu_2}(z),\ s_{\mu_3}(z) \cdots$$
$$s_{\nu_1}(z),\ s_{\nu_2}(z),\ s_{\nu_3}(z) \cdots.$$

Jede Folge ist eine Teilfolge aller vorhergehenden. Die erste Folge besitzt an der Stelle z_1 einen Grenzwert, die zweite an den Stellen z_1 und z_2, die dritte an den Stellen z_1, z_2, z_3 usw. Nun ist es leicht eine neue Teilfolge anzugeben, welche an *allen* Stellen z_1, z_2, $\cdots$ einen Grenzwert besitzt. Eine solche Folge ist die *Diagonal*folge

$$s_{\lambda_1} = \sigma_1,\ s_{\mu_2} = \sigma_2,\ s_{\nu_3} = \sigma_3 \cdots$$

Denn als Teilfolge der ersten konvergiert sie an der Stelle z_1. Von ihrer zweiten Funktion an ist sie auch eine Teilfolge der zweiten Folge unserer Kette, konvergiert also auch an der Stelle z_2. Von σ_3 an ist sie in der dritten Folge enthalten, konvergiert also auch an der Stelle z_3 usw. Mit $\sigma(z_n)$ sei der Grenzwert der Folge an der Stelle z_n bezeichnet.

3. Das war der zweite Schritt. Nun vereinigen wir beide Überlegungen, um zu erkennen, daß diese ausgewählte Funktionenfolge in ganz G konvergiert. Schlage ich nämlich um irgendeinen rationalen Punkt $z_\varkappa$ einen Kreis K:

$$|z - z_\varkappa| \leq \frac{\varepsilon\, d}{4\, M},$$

so ist in ihm nach 1. für alle n:

$$|\sigma_n(z) - \sigma_n(z_\varkappa)| < \varepsilon.$$

Nun gibt es eine Nummer $N(\varepsilon)$, so daß für alle $n > N(\varepsilon)$:

$$|\sigma(z_\varkappa) - \sigma_n(z_\varkappa)| < \varepsilon$$

ist. Daher wird für $n > N(\varepsilon)$ auch

$$|\sigma(z_\varkappa) - \sigma_n(z)| < 2\varepsilon.$$

Daher wird für beliebiges positives m und für $n > N(\varepsilon)$ im Kreise K:

$$|\sigma(z)_{n+m} - \sigma_n(z)| < 4\varepsilon.$$

Dieser Schluß kann aber an jeder Stelle z für jedes ε ausgeführt werden, da in beliebiger Nähe von z rationale Punkte liegen. Daher konvergiert die Folge $\sigma_1(z)$, $\sigma_2(z)$, $\cdots$ im ganzen Bereiche G überall.

4. Das war der dritte Schritt. Wir zeigen nun, daß die Folge $\sigma_n(z)$ in G gleichmäßig konvergiert.

Aus der in ganz K gültigen Abschätzung

$$\left| \sigma(z)_{n+m} - \sigma_n(z) \right| < 4\,\varepsilon$$

und der eben bewiesenen Konvergenz

$$\lim_{m \to \infty} \sigma(z)_{n+m} = \sigma(z)$$

folgt, daß in ganz K auch

$$\left| \sigma(z) - \sigma_n(z) \right| \leqq 4\,\varepsilon \ \text{ für } \ n > N(\varepsilon)$$

sein muß.

Will man noch beweisen, daß die σ_n in G gleichmäßig gegen ihre Grenzfunktion konvergieren, so hat man noch zu bemerken, daß man G mit *endlich* vielen dieser Kreise bereits völlig überdecken kann. Man betrachte, um das zu erkennen, die diesen Kreisen gleicher Größe einbeschriebenen Quadrate gleicher Kantenlänge. Selbstverständlich kann man mit endlichvielen solcher Quadrate ein den ganzen Bereich G überdeckendes Polygon aufbauen. Die Kreise gleicher Mittelpunkte überdecken also auch ganz G. Zu jedem dieser endlichvielen Kreise gehört eine **Nummer** ν, derart, daß die **Partialsumme** $\sigma_\nu(z)$ gleicher **Nummer** sich von der **Reihensumme** $\sigma(z)$ um weniger als 4ε unterscheidet. **Die größte dieser Nummern** hat dann die **Eigenschaft, daß die Partialsumme** gleicher Nummer sich von der Summe $\sigma(z)$ um weniger als 4ε in ganz G unterscheidet.

5. Das war der vierte Schritt. Nun kommen wir dazu, die *Konvergenz* der *gegebenen* Funktionenfolge $s_n(z)$ zu beweisen. Wenn diese etwa an der Stelle a des Bereiches G nicht konvergierte, so besäßen also die Werte $s_n(a)$ mindestens zwei verschiedene Häufungspunkte A und B. Wir könnten daher zwei Folgen auswählen mit den Grenzfunktionen $\sigma(z)$ und $\tilde{\sigma}(z)$, so daß $\sigma(a) = A$ und $\tilde{\sigma}(a) = B$ verschieden wären. Nehmen wir nun an, unser Bereich G enthielte den Häufungspunkt der im Vitalischen Satz genannten Menge von Konvergenzpunkten. Dann müßten die beiden Funktionen in dieser Punktmenge und ihrem Häufungspunkte übereinstimmen, in a aber voneinander abweichen. Das geht nicht an. Daher muß $\sigma(z) = \tilde{\sigma}(z)$ sein. Daher konvergiert die ursprünglich gegebene Funktionenfolge in G, und zwar gleichmäßig. Denn wir haben ja unter 3 gezeigt, daß jede konvergente Teilfolge einer beschränkten Funktionenfolge gleichmäßig konvergiert.

Den hier geführten Beweis können wir in jedem Teilbereich von B wiederholen. Damit ist dann der Vitalische Satz vollständig bewiesen.

Anwendung: Das Integral $\int\limits_a^b f(t, z)\, dt$ stellt jedenfalls dann eine in einem Bereiche B analytische Funktion von z dar, wenn $f(t, z)$ für $a \leq t \leq b$ eine in B analytische Funktion von z ist, welche außerdem für alle diese Werte beschränkt ist. Für jeden einzelnen Wert von z muß natürlich $f(t, z)$ nach t integrierbar sein. Wenn dann durchweg $|f(t, z)| < M$ ist, so gilt das gleiche für den absoluten Betrag der Funktionen

$$\varphi_n(z) = \frac{f(a, z) + f\left(a + \frac{b-a}{n}, z\right) + \cdots + f\left(a + (n-1)\frac{b-a}{n}, z\right)}{n}(b - a).$$

Ihr Grenzwert ist aber das $\int\limits_a^b f(t, z)\, dt$. Nach dem Satz von Vitali ergibt sich daher die Richtigkeit unserer Behauptung.

Beispiel. Wegen $\quad |e^{-t}\, t^{z-1}| = e^{-t}\, t^{R(z)-1} \quad (t \geq 0)$

ist $\qquad\qquad\qquad\qquad e^{-t}\, t^{z-1}$

in jedem Intervall $0 < a \leq t \leq b$ beschränkt, wofern z auch einen festen Bereich aus dem Inneren der Halbebene $\Re(z) \geq \delta > 0$ beschränkt wird. Daher ist

$$\int\limits_a^b e^{-t}\, t^{z-1}\, dt$$

in jedem z der Halbebene $\Re(z) > 0$ analytisch. Da weiter für alle $b > a > 0$

$$\left| \int\limits_a^b e^{-t}\, t^{z-1}\, dt \right| < \int\limits_0^\infty e^{-t}\, t^{z-1}\, dt$$

gilt, und da dieses letztere Integral konvergiert, so ist nach dem Satz von Vitali

$$\int\limits_0^\infty e^{-t}\, t^{z-1}\, dt = \lim_{h \to 0} \int\limits_h^{\frac{1}{h}} e^{-t}\, t^{z-1}\, dt$$

eine in $\Re(z) > 0$ analytische Funktion: die sogenannte Gammafunktion $\Gamma(z)$.

Erweiterung: Will man den eben ausgeführten Schluß genau dem Vitalischen Satz anpassen, so setze man etwa $h = \frac{1}{n}$ und lasse n durch ganze Zahlen nach Unendlich streben. Aber man kann den Vitalischen

Satz durch den gleichen Beweisgang auch auf den Fall erweitern, daß die gegebene Funktionenmenge $s(z, \lambda)$ (seither $s_n(z)$) statt von einer Nummer von einem kontinuierlich veränderlichen Parameter λ abhängt. Wenn dann $s(z, \lambda)$ für alle z aus B und die in Betracht kommenden λ analytisch und gleichmäßig beschränkt wird, wenn weiter in einer in B sich häufenden Teilmenge von B der $\lim\limits_{\lambda \to \lambda_0} s(z, \lambda)$ existiert, so existiert er für alle z aus B, und die Konvergenz ist in jedem Teilbereich von G gleichmäßig. Den Beweis führe der Leser als nützliche Übung selbst durch.

Siebenter Abschnitt.

Das Residuum.

§ 1. Funktionen mit isolierten Singularitäten.

Die Funktion $f(z)$ möge in einem beliebigen, also im allgemeinen mehrfach zusammenhängenden Bereich G eindeutig und analytisch erklärt sein. Im Bereiche sei eine mit einer Durchlaufungsrichtung versehene geschlossene rektifizierbare Kurve $\mathfrak{C}$ gegeben. Man nennt das Integral

$$\frac{1}{2\pi i} \int\limits_{\mathfrak{C}} f(z)\, dz$$

das Residuum der Funktion $f(z)$ in bezug auf die Kurve $\mathfrak{C}$. Wenn man $\mathfrak{C}$ zufällig in einen einfach zusammenhängenden Regularitätsbereich von $f(z)$ einbetten kann, so ist das Residuum nach dem Cauchyschen Integralsatz Null. Im allgemeinen wird dies indessen nicht der Fall sein.

Uns interessiert namentlich der Fall, daß $f(z)$ in einem einfach zusammenhängenden Bereich mit Ausschluß von endlichvielen seiner Punkte eindeutig und regulär ist und daß die Kurve $\mathfrak{C}$ eine einfach geschlossene Kurve ist, die einige dieser Punkte genau einmal im positiven Sinne umschließt.[1]) Dann ist nach S. 130 unser Integral gleich der Summe von Integralen, die etwa über Kreise zu erstrecken sind, deren jeder genau einen der von $\mathfrak{C}$ umschlossenen Punkte, und zwar im selben Sinne wie $\mathfrak{C}$ umkreist (Fig. 55).

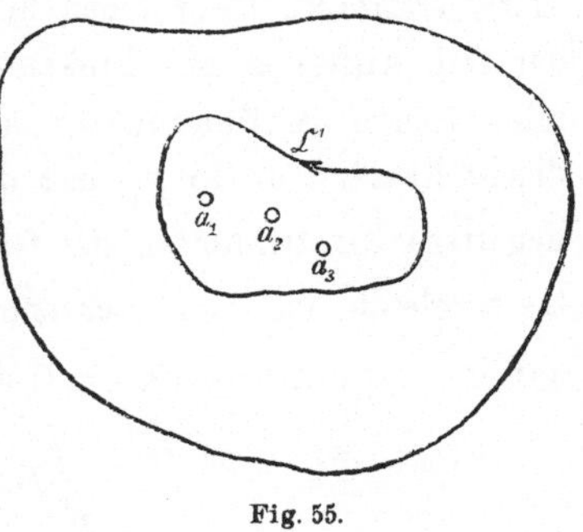

Fig. 55.

---

1) Verallgemeinerungen (auch an den Kurven $\mathfrak{C}$) wird der Leser an Hand der S. 129 entwickelten Sätze leicht selbst finden.

Die Ausnahmestellen seien etwa

$$a_1, a_2, \cdots a_n,$$

und

$$\sum_{-\infty}^{+\infty} A_\lambda^{(\varkappa)} (z - a_\varkappa)^\lambda$$

sei die Laurententwicklung von $f(z)$ in der Umgebung von $a_\varkappa$. Dann wird nach dem eben herangezogenen Satz von S. 130

$$\frac{1}{2\pi i} \int_{\mathfrak{C}} f(z)\,dz = \sum_1^n \frac{1}{2\pi i} \int_{K_\mu} f(z)\,dz,$$

wobei die Einzelintegrale über genügend kleine, je eine Singularität a_μ umschließende Kreise K_μ zu erstrecken sind. Da man aber in einem solchen Kreise die Laurententwicklung zur Verfügung hat, welche man gliedweise integrieren kann, so findet man

$$\int_{K_\lambda} f(z)\,dz = 2\pi i A_{-1}^{(\lambda)}.$$

Man nennt das Integral $\dfrac{1}{2\pi i} \displaystyle\int_{K_\lambda} f(z)\,dz$

das Residuum von $f(z)$ an der Stelle a_λ. So wird das Residuum an der Kurve $\mathfrak{C}$ der Summe der Residuen an den einzelnen von $\mathfrak{C}$ umschlossenen singulären Stellen gleich. An jeder dieser Stellen aber wird das Residuum dem Koeffizienten des Gliedes erster Ordnung in der Laurententwicklung gleich.

Das Residuum des unendlichfernen Punktes wird durch $\dfrac{1}{2\pi i}\displaystyle\int f(z)\,dz$ erklärt, erstreckt über einen hinreichend großen Kreis in der Richtung, bei der sein Äußeres zur Linken bleibt. Hinreichend groß, d. h. $f(z)$ soll in allen seinen Außenpunkten außer eventuell ∞ selbst regulär sein. Aus dieser Erklärung folgt, daß das Residuum im unendlichfernen Punkt dem negativen Koeffizienten des Gliedes $\dfrac{1}{z}$ in der Laurententwicklung des Punktes ∞ gleich ist. Man erkennt das, wenn man die Umgebung von $z = \infty$ auf die Umgebung von $t = 0$ durch die Funktion $t = \dfrac{1}{z}$ abbildet. Dann wird

$$\int f(z)\,dz = -\int f\left(\frac{1}{t}\right)\frac{1}{t^2}\,dt.$$

Denn aus dem positiven Durchlaufungssinn eines großen Kreises wird bei dieser Abbildung der negative Durchlaufungssinn eines kleinen Kreises. Es wird aber $\quad \cdots a_{-n} z^n + \cdots a_{-1} z + a_0 + a_1 \dfrac{1}{z} + a_2 \dfrac{1}{z^2} + \cdots = \cdots a_{-n} \dfrac{1}{t^n} + \cdots$

$+ a_{-1} \dfrac{1}{t} + a_0 + a_1 t + a_2 t^2 + \cdots$, also $f\left(\dfrac{1}{t}\right) \dfrac{1}{t^2} = \cdots a_{-n} \dfrac{1}{t^{n+2}} + \cdots + a_0 \dfrac{1}{t^2}$

$+ a_1 \dfrac{1}{t} + a_2 + a_3 t + \cdots$.

Während somit eine an der endlichen Stelle a *reguläre* Funktion daselbst immer das Residuum Null besitzt, wird im allgemeinen eine bei ∞ reguläre Funktion dort ein von Null verschiedenes Residuum zeigen. Denn $f(z)$ ist bei ∞ regulär, wenn seine dortige Entwicklung $\mathfrak{P}\left(\dfrac{1}{z}\right)$ keine negativen Potenzen von $\dfrac{1}{z}$, d. h. keine positiven Potenzen von z enthält. Das Glied $\dfrac{1}{z}$, welches das Residuum bestimmt, wird aber im allgemeinen vorkommen.

Für die Bestimmung des *Residuums eines Produktes* hat man eine bequeme Regel, wenn an der betreffenden Stelle der eine Faktor regulär ist, der andere aber einen Pol erster Ordnung besitzt. Sei nämlich dann r das Residuum von $f(z)$ bei $z = a$, $g(z)$ aber hier regulär, so wird $rg(a)$ das Residuum von $f(z) \cdot g(z)$. Denn man hat ja

$$f(z)g(z) = \left(\frac{r}{z-a} + \mathfrak{P}(z-a)\right)\left(g(a) + (z-a)\mathfrak{P}_1(z-a)\right)$$

$$= \frac{rg(a)}{z-a} + \mathfrak{P}_2(z-a).$$

Hierunter fällt insbesondere die Bestimmung des Residuum eines Quotienten

$$\frac{f(z)}{\varphi(z)}$$

an einer einfachen Nullstelle des Nenners, welche nicht zugleich eine Nullstelle des Zählers ist. Sei a eine solche Stelle, so wird

$$\frac{f(z)}{\varphi(z)} = \frac{f(a) + f'(a)(z-a) + \cdots}{\varphi'(a)(z-a) + \cdots} = \frac{1}{z-a}\left\{\frac{f(a)}{\varphi'(a)} + (z-a)\mathfrak{P}(z-a)\right\}.$$

Also ist $\dfrac{f(a)}{\varphi'(a)}$ das Residuum an der Stelle a.

Beispiel. Betrachten wir die Funktion $\dfrac{1}{\cos z}$. Der $\cos z$ verschwindet für die ungeraden Vielfachen von $\dfrac{\pi}{2}$, also wenn $z = (2n+1)\dfrac{\pi}{2}$ ist. Diese Stellen zerfallen in die beiden Sorten $z = (4m+1)\dfrac{\pi}{2}$ und $z = (4m+3)\dfrac{\pi}{2}$. Für die Stellen $z = (4m+1)\dfrac{\pi}{2}$ nimmt die Ableitung des $\cos z$ also $-\sin z$ den Wert -1 an, für $z = (4m+3)\dfrac{\pi}{2}$ dagegen den Wert $+1$ an. Also hat an den Stellen $z = (4m+1)\dfrac{\pi}{2}$ das Residuum von $\dfrac{1}{\cos z}$ den Wert -1, an den Stellen $z = (4m+3)\dfrac{\pi}{2}$ den Wert $+1$. Beides kann in die Aussage zusammengefaßt werden, daß $\dfrac{1}{\cos z}$ an der Stelle $z = (2n+1)\dfrac{\pi}{2}$ das Residuum $(-1)^{n-1}$ besitzt.

12*

Die Funktion $\dfrac{f(z)}{\cos z}$ hat somit bei $z = (2n+1)\dfrac{\pi}{2}$ das Residuum $(-1)^{n-1}$ $f\!\left((2n+1)\dfrac{\pi}{2}\right)$, wofern nicht $f\!\left((2n+1)\dfrac{\pi}{2}\right)$ verschwindet.

Ähnlich findet man, daß $\cotg \pi z$ an der Stelle $z = n$ das Residuum 1 besitzt.

Also wird
$$f(1) + f(2) + \cdots + f(n) = \frac{1}{2\pi i}\int f(z)\cotg \pi z\, dz$$

erstreckt über eine Kurve, die $z = 1, 2 \cdots n$ je einmal im positiven Sinne umläuft, die übrigen ganzzahligen Punkte aber ausschließt. Über die Residuen gilt der folgende Hauptsatz:

Wenn $f(z)$ eine eindeutige Funktion ist, welche in der ganzen unendlichen Ebene (einschließlich $z = \infty$) nur endlichviele singuläre Stellen besitzt, so ist die Summe der Residuen aller dieser singulären Stellen Null.

Denn sei K ein Kreis, in dessen Äußerem mit eventueller Ausnahme des unendlichfernen Punktes keine Singularität mehr liegt. Dann wird

$$\frac{1}{2\pi i}\int_K f(z)dz = \text{ der Summe der Residuen aller endlichen singulären Punkte}$$

$$\frac{1}{2\pi i}\int_K f(z)dz = \text{ dem Residuum am unendlichfernen Punkt.}$$

Daher wird die Summe der Residuen Null, weil $\int + \int = 0$ ist.

§ 2. Einige Anwendungen der Residuen.

$f(z)$ sei eine in der oberen Halbebene bis auf endlichviele Stellen reguläre eindeutige Funktion, welche auf der reellen Achse durchweg regulär ist. Im Unendlichfernen werde sie von mindestens zweiter Ordnung Null, besitze also dort eine Laurententwicklung

$$\frac{c_2}{z^2} + \frac{c_3}{z^3} + \cdots.$$

Dann konvergiert das über die reelle Achse erstreckte Integral

$$\frac{1}{2\pi i}\int_{-\infty}^{+\infty} f(z)\, dz$$

und ist gleich der Summe der Residuen an den in der oberen Halbebene gelegenen Stellen.

Betrachten wir nämlich zunächst das Integral über den Halbkreis der Fig. 50 S. 134, so ist es der Summe der Residuen an den in seinem Inneren gelegenen singulären Stellen gleich. Wählen wir aber den Halbkreis hinreichend groß, so kommt er in den Konvergenzkreis der Laurententwicklung am unendlichfernen Punkte zu liegen und umschließt so alle Singularitäten der oberen Halbebene. Andererseits aber konvergiert das Integral über den krummen Teil des Halbkreises mit wachsendem Radius gegen Null. Denn sei R ein hinreichend großer Radius, so wird auf ihm wegen der Laurententwicklung

$$|f(z)| < \frac{|c_2| + 1}{R^2},$$

sobald er hinreichend groß ist. Daher wird das über den Halbkreisbogen erstreckte Integral

$$\left| \int f(z)\,dz \right| < \frac{2\pi\{|c_2| + 1\}}{R},$$

und das strebt tatsächlich gegen Null. Da aber nun das über den vollen Halbkreisumfang erstreckte Integral einen festen Wert hat (Summe der Residuen) und das über den Kreisbogen erstreckte einem Grenzwert zustrebt, so gilt das gleiche für das geradlinige Integral und es wird

$$\frac{1}{2\pi i}\int_{-\infty}^{+\infty} f(z)\,dz = \text{Summe der Residuen.}$$

Beispiele.

$$\int_{-\infty}^{+\infty} \frac{dz}{1+z^2} = \pi.$$

Denn die einzige Singularität liegt bei $z = +i$. Es ist aber

$$\lim_{z=i} (z - i)\frac{1}{1+z^2} = \frac{1}{2i},$$

der Koeffizient der (-1)-ten Potenz der Laurententwicklung bei $z = i$.

Auch das schon S. 134 behandelte Integral

$$\int_{-\infty}^{+\infty} \frac{dx}{(1+x^2)^{n+1}} \quad (n \geq 1)$$

fällt als Spezialfall unter die eben dargelegten allgemeinen Überlegungen. Es liegt dann nur der eine singuläre Punkt $z = i$ vor, und das Integral ist das $2\pi i$-fache Residuum des Integranden an dieser Stelle, also gleich $\frac{\pi}{2^{2n}} \frac{(2n)!}{(n!)^2}$.

Das eben gefundene Resultat gilt indessen, wie schon Cauchy erkannt hat, unter wesentlich allgemeineren Voraussetzungen. Es ist nicht nötig, daß die Funktion $f(z)$ im Unendlichfernen regulär sei und von mindestens zweiter Ordnung verschwinde. Es reicht hin, daß in der oberen Halbebene die Funktion $f(z)$ bei Annäherung an $z = \infty$ von stärkerer als der ersten Ordnung verschwinde. Genau formuliert lautet die Annahme so, *f(z) sei in der oberen Halbebene eindeutig und bis auf endlichviele Stellen regulär. Auf der reellen Achse sei die Funktion im Endlichen regulär. Ferner gebe es eine für $\varepsilon > 0$ erklärte Funktion $R(\varepsilon)$, so daß für $|z| > R(\varepsilon)$ stets* $|zf(z)| < \varepsilon$. *Dann ist* $\dfrac{1}{2\pi i}\displaystyle\int_{-\infty}^{+\infty} f(z)\,dz$ *der Summe der Residuen von $f(z)$ in der oberen Halbebene gleich.* Das ist nicht schwer zu beweisen. Wir müssen ja nur einsehen, daß auch unter den jetzigen Voraussetzungen das über den Halbkreis erstreckte Integral $\displaystyle\int_{\overbrace{-R\ \ +R}} f(z)\,dz$ für $R \longrightarrow \infty$ den Grenzwert Null hat. Nun wird aber

$$\left|\int_{\overbrace{-R\ \ +R}} f(z)\,dz\right| \leq \int_0^\pi R\,|\,(fRe^{i\varphi})\,|\,d\varphi < \pi\varepsilon \ \text{ für } R > R(\varepsilon).$$

Dieses Integral hat aber ersichtlich für $R \longrightarrow \infty$ den Grenzwert Null.

Die eben angestellten Überlegungen lassen klar erkennen, daß die Voraussetzungen, auf die wir unseren Beweis stützten, noch weiter verallgemeinert werden können. Es kommt doch nur darauf an, daß das Halbkreisintegral mit wachsendem Radius gegen Null strebt. Dazu muß der Radius aber gar nicht kontinuierlich wachsen, es genügt vollständig, wenn er eine gewisse, ins Unendliche wachsende Wertereihe, beispielsweise die Reihe der ganzen Zahlen durchläuft. Man übersieht sofort, daß die bei der letzten Beweisanordnung verwendeten Schlüsse unverändert in Kraft bleiben, wenn dabei $|zf(z)|$ auf diesen Kreisen gleichmäßig gegen Null strebt, d. h. auf denselben von einer gewissen Nummer an kleiner bleibt als eine irgendwie vorgegebene positive Zahl ε. Hier aber erkennt man wieder sofort, daß man von dieser Kleinheitsbedingung gewisse Bogen der einzelnen Kreise ausnehmen darf, wofern nur, kurz gesprochen, ihre Gesamtlänge hinreichend klein ist. Wir wollen diese Andeutungen nicht zu allgemeinen Sätzen verdichten, sondern uns begnügen, an ein paar Beispielen diese Möglichkeiten zu beleuchten. Wir wollen uns dabei mit einem ein wenig allgemeineren Fall befassen, wo aber die in Rede stehenden Verhältnisse ganz analog liegen. Das über eine einfach geschlossene **Kurve** $\mathfrak{C}$ erstreckte Integral

$$\frac{1}{2\pi i}\int f(z)\,dz.$$

liefert nämlich die Summe der Residuen an den singulären Stellen von $f(z)$ in dem von $\mathfrak{C}$ umschlossenen Bereich. Wenn nun für irgendeine gegen

Unendlich wachsende Radienfolge dies Integral einem bestimmten Grenzwert,
z. B. der Null, zustrebt, so haben wir die Summe der Residuen berechnet.
Auch kann man natürlich statt der Kreise Rechtecke oder noch andere
Kurven nehmen. Das ist der Gegenstand des nächsten Paragraphen.

§ 3. Partialbruchreihen.

Ich wähle als Beispiel zu den Betrachtungen des vorigen Paragraphen

$$\int \frac{1}{\cos \zeta} \frac{d\zeta}{\zeta - z}$$

und erstrecke es über ein Quadrat, auf
welchem keine Pole des Integranden
liegen. Es muß also den Bereich,
auf welchen wir z beschränken, umschließen — das sei das Quadrat
$|\xi| \leqq r$, $|\eta| \leqq r$ — und darf durch
keine der Stellen $(2n + 1) \frac{\pi}{2}$ gehen.
Wir wählen das Quadrat der Fig. 56
als Integrationsweg. Zunächst haben
wir also den Grenzwert des Integrales
für $n \longrightarrow \infty$ zu untersuchen. Es wird
sich zeigen, daß er verschwindet.
Offenbar wird

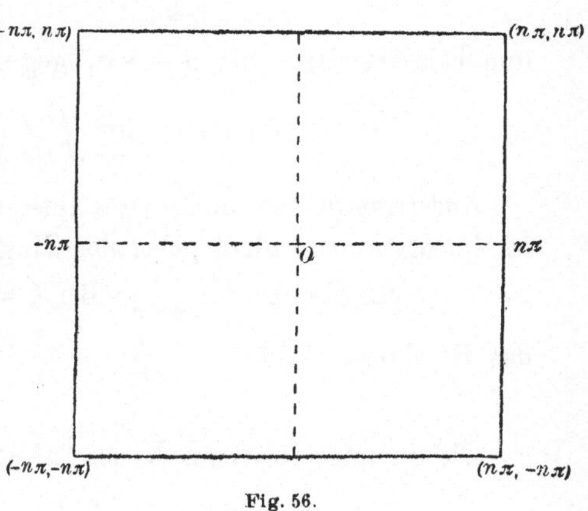

Fig. 56.

$$\left| \int \frac{d\zeta}{\zeta - z} \frac{1}{\cos \zeta} \right| \leqq \int ds \frac{1}{|\zeta - z|} \frac{1}{|\cos \zeta|} \leqq \frac{1}{n\pi - r} \int \frac{ds}{|\cos \zeta|}.$$

Wir wollen nun zeigen, daß $\dfrac{1}{n\pi - r} \displaystyle\int \frac{ds}{|\cos \zeta|}$

für $n \longrightarrow \infty$ verschwindet. Um das zu erkennen, zerlege ich das Integral
den vier Quadratseiten entsprechend in die folgenden vier Teile

$$\int\limits_{-n\pi}^{+n\pi} \frac{d\xi}{|\cos(\xi - in\pi)|} + \int\limits_{-n\pi}^{+n\pi} \frac{d\xi}{|\cos(\xi + in\pi)|} + \int\limits_{-n\pi}^{+n\pi} \frac{d\eta}{|\cos(n\pi + i\eta)|} + \int\limits_{-n\pi}^{+n\pi} \frac{d\eta}{|\cos(-n\pi + i\eta)|}.$$

In den beiden letzten Integralen ist

$$\cos(n\pi + i\eta) = \cos(-n\pi + i\eta)$$

und

$$|\cos(n\pi + i\eta)| = \frac{e^{\eta} + e^{-\eta}}{2}.$$

Daher wird

$$\int\limits_{-n\pi}^{+n\pi} \frac{d\eta}{|\cos(n\pi \pm i\eta)|} = 2\int\limits_{-n\pi}^{n\pi} \frac{d\eta}{e^{\eta} + e^{-\eta}} = 4\int\limits_{0}^{n\pi} \frac{d\eta}{e^{\eta} + e^{-\eta}} < 4\int\limits_{0}^{n\pi} e^{-\eta} d\eta = 4(1 - e^{-n\pi}).$$

Daher ist
$$\lim_{n \to \infty} \frac{1}{n\pi - r} \int_{-n\pi}^{+n\pi} \frac{d\eta}{|\cos(n\pi \pm i\eta)|} = 0.$$

Ferner aber wird
$$\cos(\xi \pm in\pi) = \frac{e^{i\xi}e^{\mp n\pi} + e^{-i\xi}e^{\pm n\pi}}{2}.$$

Also ist
$$|\cos(\xi \pm in\pi)| \geq \frac{e^{n\pi} - e^{-n\pi}}{2}.$$

Also wird
$$\left| \int_{-n\pi}^{+n\pi} \frac{d\xi}{\cos(\xi \pm in\pi)} \right| \leq \frac{4n\pi}{e^{n\pi} - e^{-n\pi}}$$

und beide streben für $n \longrightarrow \infty$ gegen Null. Also ist wirklich
$$\lim_{n \to \infty} \int \frac{1}{\cos\zeta}\frac{d\zeta}{\zeta - z} = 0.$$

Andererseits ist nun dieses Integral der Summe der Residuen an den im Integrationsquadrat gelegenen Singularitäten des Integranden gleich. Bei $\zeta = z$ ist das Residuum $\frac{1}{\cos z}$. Bei $\zeta = (2n+1)\frac{\pi}{2}$ hingegen ist nach S. 173 das Residuum $(-1)^n \dfrac{1}{z - \dfrac{2n+1}{2}\pi}$.

Die Summe der zum Kreise $|z| < n\pi$ gehörigen Residuen ist also
$$\frac{1}{\cos z} + \sum_{-n+1}^{n-1}{}_{\varkappa} (-1)^{\varkappa} \frac{1}{z - \dfrac{2\varkappa+1}{2}\pi}.$$

Der Grenzwert dieses Ausdruckes für $n \longrightarrow \infty$ muß verschwinden. Dementsprechend findet man

(1)
$$\frac{1}{\cos z} = \sum_{-\infty}^{\infty}{}_{\varkappa} (-1)^{\varkappa-1} \frac{1}{z - \dfrac{2\varkappa+1}{2}\pi}.$$

Diese Reihe konvergiert in jedem endlichen Kreis der z-Ebene gleichmäßig in dem Sinne, daß der Rest für alle $|z| \leq r$ zugleich von einem gewissen n an unter ε liegt. Das lehrte unsere Integralabschätzung. Jedes Reihenglied hat nun aber an einer Stelle einen Pol. Die übrigen Reihenglieder bilden aber eine auch noch in der Umgebung dieser Stelle gleichmäßig konvergente Reihe. Wir haben damit eine Partialbruchdarstellung des $\frac{1}{\cos z}$ gefunden. Dabei müssen wir aber die Reihenfolge der Glieder dem Grenzwert $\lim\limits_{n \to \infty} \sum\limits_{-n}^{+n}$ entsprechend nehmen. Daß man auch absolut konvergente Partialbruchreihen finden kann, werden wir S. 281 sehen.

Auch auf $\frac{1}{\sin z}$ und auf cotg z sind unsere Überlegungen anwendbar. Wir brauchen ja nur zu bedenken, daß die Voraussetzungen unseres allgemeinen Satzes erfüllt sind. Zunächst will ich $\frac{1}{\sin z}$ aus der Darstellung von $\frac{1}{\cos z}$ ableiten.

Die Partialbruchreihe von $\frac{1}{\sin z}$ kann man ja wegen

$$\frac{1}{\cos\left(\frac{\pi}{2}-z\right)} = \frac{1}{\sin z}$$

sofort aus der des $\frac{1}{\cos z}$ entnehmen. Man findet auf die eine oder die andere Weise

$$(2) \qquad \frac{1}{\sin z} = \sum_{-\infty}^{+\infty} (-1)^{\varkappa} \frac{1}{z - \varkappa\pi}.$$

Für cotg z gilt die folgende Partialbruchzerlegung

$$\text{cotg } z = \sum_{-\infty}^{+\infty} \frac{1}{z - \varkappa\pi} = \frac{1}{z} + \sum_{-\infty}^{+\infty}{}' \frac{1}{z - \varkappa\pi}. \text{[1]}$$

Das erkennt man ähnlich wie bei $\frac{1}{\cos z}$. Zunächst ist

$$\text{cotg } z = \sum_{-n}^{+n} \frac{1}{z - \varkappa\pi} + \frac{1}{2\pi i} \int \frac{\text{cotg } \zeta\, d\zeta}{\zeta - z}.$$

Dabei soll das Integral über das Quadrat der Fig. 57 erstreckt werden. Auf diesem Quadrat ist cotg ζ beschränkt. Es wird ja auf den horizontalen Quadratseiten:

$$\left| \text{cotg } \zeta \right|$$

$$= \left| \frac{e^{ix}e^{-\left(n+\frac{1}{2}\right)\pi} + e^{-ix}e^{\left(n+\frac{1}{2}\right)\pi}}{e^{ix}e^{-\left(n+\frac{1}{2}\right)\pi} - e^{-ix}e^{\left(n+\frac{1}{2}\right)\pi}} \right| \left(x = \pm R(\zeta)\right)$$

$$< \frac{e^{\left(n+\frac{1}{2}\right)\pi} + e^{-\left(n+\frac{1}{2}\right)\pi}}{e^{\left(n+\frac{1}{2}\right)\pi} - e^{-\left(n+\frac{1}{2}\right)\pi}}.$$

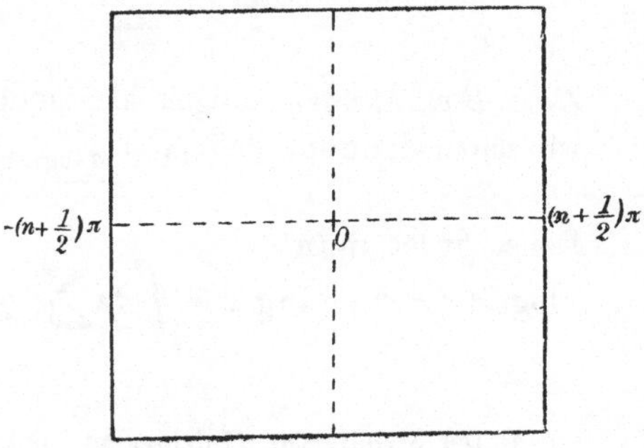

Dieser Ausdruck ist beschränkt, da er für $n \longrightarrow \infty$ gegen 1 strebt. Auf den Vertikalen wird

$$\left| \text{cotg } \zeta \right| = \left| \frac{e^y - e^{-y}}{e^y + e^{-y}} \right|$$

$$-\left(n+\frac{1}{2}\right)\pi \qquad 0 \qquad \left(n+\frac{1}{2}\right)\pi$$

Fig. 57.

und das ist gleichfalls beschränkt. Sei also etwa

$$\left| \text{cotg } \zeta \right| < M.$$

---

1) Der Strich am Σ deutet an, daß bei der Summation der Wert $\varkappa = 0$ beiseite bleibt.

Um hiernach einsehen zu können, daß

$$\int \frac{\operatorname{cotg} \zeta \, d\zeta}{\zeta - z} \longrightarrow 0$$

strebt für $n \longrightarrow \infty$, ist noch ein **kleiner Kunstgriff** nötig. **Man hat nämlich**

$$\int \frac{\operatorname{cotg} \zeta \, d\zeta}{\zeta - z} = \int \frac{\operatorname{cotg} \zeta \, d\zeta}{\zeta} + z \int \frac{\operatorname{cotg} \zeta \, d\zeta}{\zeta \, (\zeta - z)}.$$

Nun ist aber
$$\int \frac{\operatorname{cotg} \zeta \, d\zeta}{\zeta} = 0.$$

Denn die Pole des Integranden liegen bei $\zeta = n\pi$. Für $\zeta = 0$ ist das Residuum Null. Bei $\zeta = n\pi$ aber ist das Residuum $\frac{1}{n\pi}$. Daher ist die Summe der Residuen an den im Quadrat gelegenen Polen Null, da zu jedem n sein negatives auftritt. Daß
$$\int \frac{\operatorname{cotg} \zeta \, d\zeta}{\zeta \, (\zeta - z)} \longrightarrow 0$$

strebt für $n \longrightarrow \infty$, kann nun aber leicht eingesehen werden. Beschränkt man nämlich wieder z auf das Quadrat $|x| \leq r$, $|y| \leq r$, so wird der Betrag des Integrales kleiner als

$$\frac{M \cdot 2 \, (2n+1) \, \pi}{\left(n+\frac{1}{2}\right) \pi \left[\left(n+\frac{1}{2}\right) \pi - r\right]} = \frac{8 M}{(2n+1) \, \pi - 2r},$$

was für $n \longrightarrow \infty$ gegen Null strebt.

So haben wir also wirklich:

$$(3) \qquad \operatorname{cotg} z = \sum_{-\infty}^{\infty} {}_{\varkappa} \frac{1}{z - \varkappa \pi} = \frac{1}{z} + \sum_{-\infty}^{+\infty}{}' \frac{1}{z - \varkappa \pi}. \, {}^{1)}\,{}^{2)}$$

Zwei *Bemerkungen* mögen hier noch angeschlossen werden. Einmal wollen wir daran denken, daß ja $\dfrac{d \log \sin z}{dz} = \operatorname{cotg} z.$

Daher findet man
$$\log \sin z = h + \log z + \int_0^z dz \sum{}' \frac{1}{z - \varkappa \pi} = h + \log z + \sum_{-\infty}^{+\infty}{}' \log \left(1 - \frac{z}{\varkappa \pi}\right)$$

---

1) Der Strich am Σ deutet an, daß bei der Summation der Wert $\varkappa = 0$ beiseite bleibt.

2) Will man diese Formel unmittelbar durch Residuenbetrachtungen gewinnen, so muß man bedenken, daß der $\operatorname{cotg} z$ in der oberen Halbebene im allgemeinen gleichmäßig gegen $-i$, in der unteren aber gegen $+i$ strebt. Überhaupt läßt sich der Cauchysche Satz leicht für den Fall verallgemeinern, wo $f(z)$ in verschiedenen Winkelräumen gegen verschiedene Werte strebt. Der Leser wird leicht Beweis und Ergebnis für diese Fälle finden.

und[1])
$$\sin z = e^{h} z \prod{}' \left(1 - \frac{z}{\varkappa \pi}\right).$$

Die Integrationskonstante h kann nun dadurch bestimmt werden, daß

$$\lim_{z \to 0} \frac{\sin z}{z} = 1$$

sein muß, daß aber
$$\lim_{z \to 0} \prod{}' \left(1 - \frac{z}{\varkappa \pi}\right) = 1$$

ist. Daher ist $e^{h} = 1$. Und man hat

$$(4) \qquad \sin z = z \prod{}' \left(1 - \frac{z}{\varkappa \pi}\right) = z \cdot \prod_{1}^{\infty} \left(1 - \frac{z^2}{\varkappa^2 \pi^2}\right).$$

Diese Produktdarstellung des Sinus hat man als eine Verallgemeinerung der bekannten Zerlegung der ganzen rationalen Funktionen in Primfaktoren anzusehen. Daß für alle ganzen Funktionen derartige Zerlegungen existieren, werden wir S. 287 lernen. Dann werden wir auch im Gegensatz zu den jetzt nur gleichmäßig konvergenten Produkten absolut konvergente finden, die also unabhängig von der hier einzuhaltenden Reihenfolge der Faktoren den $\sin z$ darstellen.

Unsere *zweite Bemerkung*, die wir an die Partialbruchreihe des $\cotg z$ anschließen wollen, bezieht sich auf die Potenzreihenentwicklung dieser Funktion. Da ja die Partialbruchreihe gleichmäßig konvergiert, muß es möglich sein, unter Verwendung des Weierstraßschen Doppelreihensatzes aus den Potenzreihenentwicklungen der einzelnen Reihenglieder durch Addition die Potenzreihe des $\cotg z$ zu gewinnen. Dieser Gedanke führt zu interessanten Folgerungen. Man findet ja

$$\frac{1}{z - \varkappa \pi} = - \frac{1}{\varkappa \pi} - \frac{z}{\varkappa^2 \pi^2} - \frac{z^2}{\varkappa^3 \pi^3} \cdots.$$

---

1) Wir erhalten so ein unendliches Produkt. Darüber sei nur folgendes bemerkt: Erhebt man eine unendliche Reihe, deren Summe also als Grenzwert der Teilsummen erklärt ist, zur Exponentialfunktion, so erhält man ein unendliches Produkt, dessen Wert also als Grenzwert derjenigen Teilprodukte erklärt ist, welche man erhält, wenn man die Teilsummen der Reihe zur Exponentialfunktion erhebt. Ein unendliches Produkt ist also dann und nur dann konvergent, wenn die Reihe der Logarithmen seiner Faktoren konvergiert, d. h. dann und nur dann, wenn der Limes der Teilprodukte existiert und von Null verschieden ist. Der Limes kann natürlich auch einmal Null sein. Dann nennt man aber das Produkt eben wegen des Zusammenhanges mit den unendlichen Reihen nicht mehr konvergent. Nach dieser Erklärung ist klar, wann das Produkt gleichmäßig konvergiert. Das ist dann der Fall, wenn der Limes der Teilprodukte gleichmäßig existiert (und $\neq 0$ ist) oder was dasselbe ist, dann, wenn die Reihe der Logarithmen gleichmäßig konvergiert.

Setzt man also zur Abkürzung

$$S_n = 1 + \frac{1}{2^n} + \frac{1}{3^n} + \cdots,$$

so muß $\quad \cot g\, z = \frac{1}{z} - \frac{2}{\pi^2} S_2 z - \frac{2}{\pi^4} S_4 z^3 - \cdots - \frac{2}{\pi^{2n}} S_{2n} z^{2n-1} \cdots$

werden. Für diese Koeffizienten, die also hier als Summen unendlicher Reihen auftreten, hatten wir aber S. 162 schon numerische Werte gefunden. Vergleicht man beide Ergebnisse miteinander, so sind wir nun in der Lage, die Summen S_{2n} auszuwerten. Man findet[1])

$$(5) \qquad S_{2n} = \frac{2^{2n-1}\pi^{2n}}{(2n)!} B_n.$$

Also wird z. B. $\qquad S_2 = 1 + \frac{1}{2^2} + \frac{1}{3^2} + \cdots = \frac{\pi^2}{6}$

$$(6) \qquad S_4 = 1 + \frac{1}{2^4} + \frac{1}{3^4} + \cdots = \frac{\pi^4}{90}.$$

Wir wollen nun noch in gleicher Weise $\frac{1}{\sin z}$ und $\frac{1}{\cos z}$ behandeln. Ich beginne mit $\frac{1}{\sin z}$, weil sich dies am unmittelbarsten an $\cot g\, z$ anschließt. Aus der Partialbruchreihe (2) findet man

$$\frac{1}{\sin z} = \frac{1}{z} + \frac{2 s_2}{\pi^2} z + \frac{2 s_4}{\pi^4} z^3 + \cdots.$$

Dabei ist zur Abkürzung

$$s_n = 1 - \frac{1}{2^n} + \frac{1}{3^n} - + \cdots \qquad\qquad \text{gesetzt.}$$

Zur Summation dieser Reihen brauchen wir aber nun nicht noch einmal auf die allgemeinen Entwicklungen von S. 162 zurückzugehen. Vielmehr kann man diese Summen durch die Kotangenskoeffizienten S_n und damit letzten Endes durch die Bernoullischen Zahlen ausdrücken. Man sieht nämlich sofort, daß

$$S_{2n} - \frac{2}{2^{2n}} S_{2n} = s_{2n}$$

ist. Daher wird $\quad s_{2n} = \frac{2^{2n-1}-1}{2^{2n-1}} S_{2n} = \frac{(2^{2n-1}-1)}{(2n)!} \pi^{2n} B_n.$

Die Entwicklung von $\frac{1}{\sin z}$ beginnt also so:

$$\frac{1}{\sin z} = \frac{1}{z} + \frac{1}{6} z + \frac{7}{360} z^3 + \cdots.$$

---

1) Diese und die weiter noch anzugebenden Summenformeln sind darum von besonderem Nutzen, weil die direkte numerische Berechnung der Reihensummen praktisch unmöglich ist. Um S_2 z. B. auf $\frac{1}{10^3}$ genau zu berechnen, braucht man tausend Reihenglieder.

Nun zu $\dfrac{1}{\cos z}$. Man findet zunächst aus der Partialbruchreihe (1), daß

$$\frac{1}{\cos z} = \sigma_1 \cdot \frac{4}{\pi} + \sigma_3 \frac{2^4}{\pi^3} z^2 + \cdots + \sigma_{2n+1} \frac{2^{2n+2}}{\pi^{2n+1}} z^{2n} + \cdots$$

Dabei ist zur Abkürzung $\sigma_n = 1 - \dfrac{1}{3^n} + \dfrac{1}{5^n} \cdots$

gesetzt. Zur Auswertung dieser Summen greift man am besten auf die allgemeinen Entwicklungen von S. 161 zurück. Man entnimmt ihnen, daß für $n > 1$

$$\sigma_{2n+1} = \frac{\pi^{2n+1}}{2^{2n+2}} \begin{vmatrix} 0 & -\dfrac{1}{2!} & 0 & \dfrac{1}{4!} & \cdots & 0 & \dfrac{(-1)^n}{(2n)!} & 0 \\ 1 & 0 & -\dfrac{1}{2!} & 0 & \dfrac{(-1)^{n-1}}{(2n-2)!} & & 0 & 0 \\ 0 & 1 & 0 & -\dfrac{1}{2!} & & 0 & \dfrac{(-1)^{n-1}}{(2n-2)!} & 0 \\ 0 & 0 & 0 & & 1 & & 0 & 0 \\ 0 & 0 & 0 & & 0 & & 1 & 1 \end{vmatrix}$$

So hat man z. B.

$$1 - \frac{1}{3} + \frac{1}{5} \cdots = \frac{\pi}{4}$$

$$1 - \frac{1}{3^3} + \frac{1}{5^3} \cdots = \frac{\pi^3}{32}$$

$$1 - \frac{1}{3^5} + \frac{1}{5^5} \cdots = \frac{5\pi^5}{3 \cdot 2^9}.$$

Also wird

$$\frac{1}{\cos z} = 1 + \frac{z^2}{2} + \frac{5}{24} z^4 + \cdots.$$

Setzt man allgemein

$$\frac{1}{\cos z} = 1 + \frac{E_1}{2!} z^2 + \frac{E_2}{4!} z^4 + \cdots + \frac{E_n}{(2n)!} z^{2n} + \cdots$$

an, so heißen die E_n *Eulersche Zahlen oder Sekantenkoeffizienten*. Eine explizite Darstellung derselben wird der Leser unseren Darlegungen leicht entnehmen

Aufgabe: 1) Man leite die Darstellung

$$\frac{\pi^2}{\sin^2 \pi z} = \sum_{-\infty}^{+\infty} \frac{1}{(v-z)^2}$$

nach der Residuenmethode her.

2) Man leite die Partialbruchreihe für $\operatorname{tg} z$ her.

3) Man leite die Partialbruchreihe von $\dfrac{1}{\sin z}$ aus der von $\cot g\, z$ her und betrachte von diesem Standpunkt aus den Zusammenhang zwischen s_{2n} und S_{2n}.

§ 4. Das logarithmische Residuum.

Im Bereiche B sei die Funktion $f(z)$ bis auf endlichviele Pole regulär. Sie sei nicht identisch mit Null. Setzen wir daher noch voraus, daß sie auch am Rande des Bereiches regulär ist, so besitzt sie im Bereiche nur endlich-viele Nullstellen. $\mathfrak{C}$ sei eine aus einem oder mehreren Teilen bestehende rektifizierbare Kurve, die jede Nullstelle und jeden Pol von $f(z)$ genau ein-mal im positiven Sinne umlaufen möge. Dann ist

$$\frac{1}{2\pi i}\int_{\mathfrak{C}}\frac{f'(z)}{f(z)}\,dz = \text{Anzahl der Nullstellen} - \text{Anzahl der Pole in } B.$$

Da der Integrand die Ableitung von $\log f(z)$ ist, spricht man hier vom logarithmischen Residuum der Funktion $f(z)$. Jeder Pol und jede Nullstelle ist nach ihrer Vielfachheit zu zählen, d. h. also ein m-facher Pol z. B. zählt als m Pole. Der Beweis ergibt sich daraus, daß nach S. 172 das Residuum an $\mathfrak{C}$ der Summe der von $\mathfrak{C}$ umschlossenen Residuen gleich ist.

An der n-fachen Nullstelle a ist aber

$$f(z) = (z - a)^n (c_n + \mathfrak{P}(z - a)) \quad (c_n \neq 0)$$
$$\log f(z) = n \log(z - a) + \log[c_n + \mathfrak{P}(z - a)]$$
$$\frac{d}{dz}(\log f(z)) = \frac{f'(z)}{f(z)} = n \frac{1}{z-a} + \mathfrak{P}_1(z - a).$$

Hier hat also das Residuum von $\dfrac{f'(z)}{f(z)}$ den Wert n. Am m-fachen Pol hin-gegen wird

$$f(z) = (z - a)^{-m}(c_m + \mathfrak{P}(z - a)) \quad (c_m \neq 0).$$

Also
$$\log f(z) = -m \log(z - a) + \mathfrak{P}_1(z - a).$$

Also
$$\frac{d \log f(z)}{dz} = \frac{f'(z)}{f(z)} = -m \frac{1}{z-a} + \mathfrak{P}_1'(z - a).$$

Daher wird hier das Residuum den Wert $-m$ bekommen.

Dieser nun bewiesene Satz ist außerordentlich fruchtbar. Wir wollen eine große Zahl von Folgerungen ziehen.

Zunächst werde bemerkt, daß man aus ihm aufs neue den Fundamental-satz der Algebra erschließen kann: Eine ganze rationale Funktion n-ten Grades hat, wie wir beweisen wollen, n Nullstellen.

Schon auf S. 152 haben wir bemerkt, daß für eine ganze rationale Funktion n-ten Grades $f(z)$ stets $\lim\limits_{z \to \infty} f(z) = \infty$ ist. Es gibt also eine Kreisperipherie K um den Nullpunkt als Mittelpunkt, in deren Äußerem keine Nullstellen von $f(z)$ liegen. Daher ist das über diesen Kreis in positivem Sinne erstreckte Integral $\dfrac{1}{2\pi i}\displaystyle\int_{K}\dfrac{f'(z)}{f(z)}\,dz = $ der Zahl der Nullstellen von $f(z)$, wobei jede ihrer

Vielfachheit nach gezählt wird. Andererseits wird dies Integral aber gleich n, weil die Funktion im unendlichfernen Punkt einen Pol n-ter Ordnung be-sitzt. Da nämlich

$$\frac{f'(z)}{f(z)} = \frac{n z^{n-1} + a_1 (n-1) z^{n-2} + \cdots + a_{n-1}}{z^n + a_1 z^{n-1} + \cdots + a_n}$$

$$= \frac{n}{z} \, \frac{1 + \dfrac{a_1 (n-1)}{n} \, \dfrac{1}{z} + \cdots}{1 + a_1 \, \dfrac{1}{z} + \cdots} = \frac{n}{z} \left(1 + \frac{1}{z} \, \mathfrak{P} \left(\frac{1}{z} \right) \right)$$

die Laurententwicklung von $\dfrac{f'(z)}{f(z)}$ in der Umgebung des unendlichfernen Punktes ist, hat tatsächlich das Integral den angegebenen Wert n. $f(z)$ hat somit wirklich n Nullstellen.

Betrachtet man statt des aufgeschriebenen das Integral

$$\frac{1}{2 \pi i} \int \frac{f'(z)}{f(z)-a} \, dz,$$

so wird dies gleich der Anzahl der Stellen, wo $f(z)$ den Wert a annimmt, vermindert um die Zahl der Stellen, wo $f(z)$ Pole besitzt. Dabei ist wieder jede Stelle ihrer Vielfachheit nach zu zählen.

Nun wollen wir als zweite Anwendung einen allgemeinen sehr nützlichen Satz beweisen, der uns dann instand setzen wird, die Kenntnis der allgemeinen Eigenschaften der **analytischen Funktionen** um ein beträchtliches zu erweitern.

Satz von Rouché: *Im Inneren und am Rande eines Bereiches B seien zwei Funktionen $\varphi(z)$ und $\psi(z)$ eindeutig und analytisch erklärt. Auf dem Rande des Bereiches sei $\varphi(z) \neq 0$ und $|\psi(z)| < |\varphi(z)|$. Dann haben $\varphi(z)$ und $\varphi(z) + \psi(z)$ gleichviele Nullstellen im Inneren des Bereiches.*

Man kann sich den Inhalt dieses Satzes geometrisch wie folgt veranschaulichen. Nehmen wir einmal an, wir wüßten schon, daß die Abbildungen gebietstreu sind, so bildet $\varphi(z)$ den Bereich B auf einen Bereich ab, dessen Rand um $|\varphi(z)|$ vom Nullpunkt absteht. Um daraus die Abbildung von $\varphi(z) + \psi(z)$ zu erhalten, hat man jeden Randpunkt um $|\psi(z)|$, also um weniger als $|\varphi(z)|$, also um weniger als seinen Abstand vom Nullpunkt, zu verschieben. Dabei kann der Rand nicht über Null hinweggezogen werden, und daher liegt die Vermutung nahe, daß der abgeänderte Bereich noch ebensooft den Nullpunkt bedeckt.

Um den Satz zu beweisen, muß man allerdings wesentlich anders vorgehen. Er ergibt sich leicht aus unseren Residuenbetrachtungen. Ich führe ihn in mehreren Schritten.

1) Da die beiden Funktionen φ und ψ am Bereichrande regulär sind, so kann man um jeden Punkt desselben einen Kreis legen, in dem φ und ψ regulär sind und in dem a) $\varphi \neq 0$ und b) $|\psi| < |\varphi|$ gilt. Er enthält also weder Nullstellen von φ noch solche von $\varphi + \psi$. Es gibt

weiter eine positive Zahl ϱ derart, daß man um jeden Randpunkt einen Kreis dieser Art legen kann, dessen Radius ϱ übertrifft. Denn sonst gäbe es eine Punktfolge $z_\varkappa$ am Rande, deren zugehörige, möglichst groß gewählte Kreisradien $r_\varkappa$ für $\varkappa \longrightarrow \infty$ gegen Null konvergierten. Diese $z_\varkappa$ aber hätten am Rande einen Häufungspunkt z_∞, dem ein von Null verschiedener Radius r zugehört. Diejenigen Punkte $z_\varkappa$ aber, die dem Kreise $z - z_\infty < \dfrac{r}{2}$ angehören, können mit Radien $\geq \dfrac{r}{2}$ versehen werden, während doch ihre Maximalradien gegen Null streben sollten.

2) Die Gesamtheit der Bereichpunkte, welche keinem dieser Kreisbereiche angehören, bilden eine abgeschlossene Menge M, der jedenfalls alle Nullstellen von φ und von $\varphi + \psi$ angehören. Da φ und $\varphi + \psi$ in B und an seinem Rande regulär sind, so besitzen sie in B nur endlichviele Nullstellen. Wir greifen aus M diejenigen endlichvielen Kontinua heraus, die Nullstellen enthalten. Zu jedem derselben konstruieren wir nach Satz III S. 84 einen polygonalen Bereich, der das Kontinuum enthält, die Ränder von B und die übrigen Punkte von M aber ausschließt. Die Ränder dieser polygonalen Bereiche verlaufen in B, weil sie sonst keine Innenpunkte von B vom Rand von B trennen könnten. Sie verlaufen ferner ganz außerhalb von M. Daher ist auf denselben sowohl φ wie ψ regulär, und es gilt darauf a) $\varphi \neq 0$ und b) $|\psi| \leq |\varphi|$. Durchläuft man seinen Rand so, daß dabei das Innere der polygonalen Bereiche zur Linken bleibt, so umläuft derselbe jeden Innenpunkt der polygonalen Bereiche, also auch jede Nullstelle von φ oder von $\varphi + \psi$ genau einmal im positiven Sinne.

3) Daher wird das über diese Polygone im eben erwähnten Sinne erstreckte Integral

$$\frac{1}{2\pi i} \int \frac{\varphi' + \psi'}{\varphi + \psi}\, dz$$

der Anzahl der Nullstellen von $\varphi + \psi$ in B gleich. Nun aber ist

$$\frac{1}{2\pi i} \int \frac{\varphi' + \psi'}{\varphi + \psi}\, dz = \frac{1}{2\pi i} \int \frac{d}{dz} \log\left(\varphi + \psi\right)\, dz$$

$$= \frac{1}{2\pi i} \int \frac{d}{dz} \log \varphi\, dz + \frac{1}{2\pi i} \int \frac{d}{dz} \log\left(1 + \frac{\psi}{\varphi}\right)\, dz.$$

Setzt man nun $$w = 1 + \frac{\psi}{\varphi},$$

so wird das letzte Integral gleich

$$\frac{1}{2\pi i} \int \frac{dw}{w}$$

erstreckt über das durch $$w = 1 + \frac{\psi}{\varphi}$$

vermittelte Bild des polygonalen Bereiches. Wegen

$$\left|\frac{\psi}{\varphi}\right| < 1$$

gehört dieser Rand aber völlig einem mit dem Radius Eins um $w = 1$ geschlagenen Kreise an. Dieser enthält also $w = 0$ nicht. Daher muß nach S. 115 dies Integral

$$\frac{1}{2\pi i}\int \frac{dw}{w}$$

verschwinden. Daher haben wir nun die Gleichung

$$\frac{1}{2\pi i}\int \frac{\varphi' + \psi'}{\varphi + \psi}\,dz = \frac{1}{2\pi i}\int \frac{\varphi'}{\varphi}\,dz.$$

Sie ist der analytische Ausdruck des Satzes von Rouché, den wir somit bewiesen haben.

§ 5. Der Satz von der Gebietstreue.

Es soll hier bewiesen werden, *daß eine in einem Gebiete G eindeutige und analytische Funktion $f(z)$ dieses Gebiet auf ein anderes Gebiet abbildet, wofern man den Gebietsbegriff genügend allgemein faßt.*[1]) Ich beginne mit dem einfachsten Fall dieses *Satzes von der Gebietstreue:*

$$w = f(z) = c_1 z + c_2 z^2 + \cdots$$

sei in der Umgebung B von $z = 0$ regulär und $c_1 = f'(0)$ sei von Null verschieden. *Dann gibt es, wie ich zunächst zeigen will, einen Kreis um $w = 0$, der von den Werten, die $f(z)$ in B annimmt, völlig überdeckt wird, so daß also $f(z)$ in der Umgebung von $z = 0$ alle Werte aus der Umgebung von $w = 0$ annimmt, sowie ferner, daß $f(z)$ in genügender Nähe von $z = 0$ keinen Wert mehr als einmal annimmt.*

Der Nachweis ergibt sich leicht aus dem Satz von Rouché. Ich bemerke zunächst, daß man um $z = 0$ einen Kreis K legen kann, in dem $f(z)$ außer $z = 0$ keine weitere Nullstelle hat. Auch auf seinem Rande sei $f(z) \neq 0$. Am Rande von K sei also etwa $|f(z)| \geq m > 0$. Wegen der Stetigkeit von $f(z)$ in $z = 0$ und weil $f(0) = 0$ ist, gibt es um $z = 0$ einen zweiten Kreis K_1, in dem $|f(z)| \leq m$ bleibt. Sei dann α irgendeine Zahl, deren absoluter Betrag m nicht übertrifft, so lehrt der Satz von Rouché, daß $f(z) - \alpha$ in dem großen Kreis K ebensooft verschwindet wie $f(z)$. Da aber $f(z)$ nur einmal verschwindet, nämlich bei $z = 0$, so ergibt sich, daß $f(z)$ auch jeden Wert, dessen Betrag m nicht übertrifft, in der Umgebung von $z = 0$ genau einmal annimmt. Der Kreis $|w| < m$ wird also bei der Abbildung von K durch $f(z)$ ein einziges Mal voll bedeckt.

Wenn nun also B ein Bereich der z-Ebene ist — ein- oder mehrblättrig,

---

1) Vgl. S. 68.

aber zunächst ohne Windungspunkte — und wenn $f(z)$ in demselben eindeutig erklärt ist, und wenn in keinem seiner Punkte die Ableitung $f'(z)$ verschwindet, so wird dieser Bereich durch $f(z)$ auf eine Punktmenge der w-Ebene abgebildet, die nach dem eben Dargelegten zu jedem ihrer Punkte eine volle Umgebung enthält. Da außerdem je zwei ihrer Punkte wieder durch eine stetige Kurve verbunden werden können — jede stetige Kurve der z-Ebene geht ja in eine stetige Kurve der w-Ebene über —, so ist die Bildmenge ein Gebiet, das gleichfalls von Windungspunkten frei ist. Außerdem geht jeder genügend kleine schlichte Bereich der z-Ebene in einen schlichten Bereich der w-Ebene über. Denn in dem vorhin eingeführten Kreis K_1 nimmt z. B. $f(z)$ keinen Wert mehrfach an. Damit ist also der Satz von der Gebietstreue bewiesen.

Er bedarf nun noch einer Ergänzung für die Abbildung der Umgebung von Nullstellen der Ableitung. Hier erfolgt die Abbildung auf eine endlichoft gewundene Umgebung des Bildpunktes.

Möge also die Funktion $f(z)$ in der Umgebung von $z = 0$ eindeutig und regulär sein. Bei $z = 0$ besitze $f(z)$ eine n-fache Nullstelle. Dann bildet die Funktion $f(z)$ eine genügend kleine Umgebung von $z = 0$ auf die n-fach gewundene Umgebung von $w = 0$ ab.

Sei nämlich die Funktion

$$w = c_n z^n + \cdots \quad (c_n \neq 0),$$

so setze ich

$$w = t^n.$$

Dann wird

$$t = z \sqrt[n]{c_n + c_{n+1} z + \cdots}.$$

Durch eine der so in der Umgebung von $z = 0$ eindeutig und analytisch erklärten Funktionen $t(z)$ bilde ich die schlichte Umgebung von $z = 0$ auf die schlichte Umgebung von $t = 0$ ab. Diese wird dann durch $w = t^n$ auf die n-blättrige Umgebung von $w = 0$ abgebildet. Mit den Residuenmethoden hätten wir hier nur herausbekommen, daß die Funktion $w(z)$ in der Umgebung von $z = 0$ jeden Wert n-mal annimmt. Das hätte aber zum Beweise unseres Satzes nicht ausgereicht.

Diesen Darlegungen entnimmt man leicht die entsprechenden Tatsachen im Unendlichfernen und in der Umgebung von Windungspunkten. Man sieht auch, wie man den *Bereichbegriff* verallgemeinern muß, wenn man den Satz will aussprechen können, daß durch eine reguläre eindeutige analytische Funktion ein Bereich wieder auf einen Bereich abgebildet wird. Er ist als eine zusammenhängende Punktmenge zu erklären, die zu jedem ihrer Punkte eine ganze Umgebung enthält. Unter *Umgebung* ist dabei ein schlichter oder ein um seinen Mittelpunkt n-mal gewundener Kreis zu verstehen.

Wir gewinnen damit Anschluß an den allgemeinen S. 68 eingeführten Bereichbegriff. Wenn der Leser noch beachtet, was wir unter einer in der Umgebung einer Bereichstelle regulären Funktion verstehen wollten — eine Potenzreihe, die nach ganzen positiven Potenzen des Ortsparameters fortschreitet —, so wird er unseren Darlegungen leicht den Beweis der Gebietstreue analytischer Abbildungen solch allgemeinster Gebiete entnehmen.

In engem Zusammenhang mit dem Satz von der Gebietstreue analytischer Abbildungen steht der folgende Satz, der vom Charakter der Abbildung am Rande eines Bereiches auf den Verlauf der Abbildung im Inneren zu schließen erlaubt. Der Satz, den ich in dieser Richtung beweisen will, lautet so: *In der z-Ebene sei ein einfach zusammenhängender Bereich B gegeben, dessen Rand von einer einfach geschlossenen rektifizierbaren Kurve $\mathfrak{C}$ gebildet sei. Es sei bekannt, daß durch die im Bereiche und auf seinem Rande reguläre und beschränkte Funktion f(z) diese Kurve auf eine einfache geschlossene Kurve $\mathfrak{C}'$ einer w-Ebene abgebildet wird, welche die w-Ebene in zwei Gebiete, Inneres und Äußeres, zerlegen möge. Dann bildet diese Funktion den Bereich B auf das schlichte Innere von $\mathfrak{C}'$ ab.*

Da zweifellos nach dem Satz von der Gebietstreue nicht alle Bereichpunkte auf Punkte der Kurve $\mathfrak{C}'$ abgebildet werden können, so gibt es in einem der beiden von $\mathfrak{C}'$ begrenzten Bereiche sicher Punkte, die der Bildbereich bedeckt. Sei α ein solcher Wert, so gibt das

$$\frac{1}{2\pi i}\int\limits_{\mathfrak{C}} \frac{f'(z)}{f(z)-\alpha}\, dz$$

an, wie oft er in B angenommen wird. Dies Integral ist also sicher positiv. Ersichtlich ist es eine stetige Funktion von α. Wenn ich daher α in seinem durch $\mathfrak{C}'$ bestimmten Bereich sich ändern lasse, so muß das Integral dabei unverändert bleiben, denn es besitzt ja stets einen ganzzahligen Wert. Mache ich aber nun die Substitution

$$f(z) = w,$$

so geht das Integral in $\quad\dfrac{1}{2\pi i}\int\limits_{\mathfrak{C}'} \dfrac{dw}{w-\alpha}$

über, gibt also die Änderung von $\log(w-\alpha)$ bei Durchlaufung der einfach geschlossenen Kurve $\mathfrak{C}'$ an. Dieselbe kann aber nur $\pm 2\pi i$ oder Null sein (S. 78). Daher kommt hier für den positiven von Null verschiedenen Integralwert nur 1 selbst in Betracht. Daher wird tatsächlich jeder Punkt eines von $\mathfrak{C}'$ begrenzten Bereiches einmal angenommen. Da aber

13*

die mit der Regularität verbundene Stetigkeit von $f(z)$ keine Werte von beliebig großem absoluten Betrage zuläßt, so kommt als Bildbereich tatsächlich nur das Innere in Betracht, das also vom Bildbereich genau einmal bedeckt wird.

§ 6. Die Umkehrungsfunktion.

Durch unsere Betrachtungen ist nun auch die Existenz analytischer Umkehrungsfunktionen bewiesen. Den ersten unserer Sätze können wir nämlich auch so aussprechen: *Wenn die analytische Funktion $w = f(z)$ bei $z = 0$ verschwindet und dort eine nicht verschwindende Ableitung besitzt, so besitzt die Gleichung $w - f(z) = 0$ für jedes w aus einer gewissen Umgebung von $w = 0$ genau eine Lösung aus der Umgebung von $z = 0$.* Man kann das präziser so ausdrücken: Es gibt zwei positive Zahlen δ und ε derart, daß die Gleichung $w - f(z) = 0$ für alle $|w| < \varepsilon$ genau eine Lösung aus $|z| < \delta$ besitzt. Und nun kann hinzugefügt werden: *Die so erklärte eindeutige Funktion ist in der Umgebung von $w = 0$ analytisch.* Es genügt, die Differenzierbarkeit an der Stelle $w = 0$ selbst nachzuweisen. Jede andere Stelle erledigt sich ebenso. Es wird nämlich einfach

$$\frac{dz}{dw} = \lim_{\Delta w \to 0} \frac{\Delta z}{\Delta w} = \frac{1}{\lim_{\Delta z \to 0} \frac{\Delta w}{\Delta z}} = \frac{1}{\frac{dw}{dz}}.$$

Wenn aber
$$w = c_n z^n + \cdots$$
vorgelegt ist, führt man, wie vorhin, erst $w = t^n$ ein und erhält

$$t = z \sqrt[n]{c_n + c_{n+1} z + \cdots} = \sqrt[n]{c_n \cdot z + \cdots}.$$

Diese Gleichung bestimmt z als analytische Funktion von t, die man also nach Potenzen von t entwickeln kann. So erkennt man, daß man z nach Potenzen von t, d. h. von $\sqrt[n]{w}$ entwickeln kann.

Wie man nun aber die lösende Potenzreihe $z(w)$ der Gleichung $w = a_1 z + a_2 z^2 + \cdots$ mit $a_1 \neq 0$ wirklich finden kann, soll nun dargelegt werden. Es gelingt durch die Methode der unbestimmten Koeffizienten. Wir wissen nämlich aus unseren allgemeinen Erörterungen, daß es eine Potenzreihe der Form

$$z = \alpha_1 w + \alpha_2 w^2 + \cdots$$

geben muß, welche in der Umgebung von $w = 0$ konvergiert und der Gleichung identisch genügt. Doch es muß für diese Reihe identisch in w

$$w = a_1 (\alpha_1 w + \alpha_2 w^2 + \cdots) + a_2 (\alpha_1 w + \alpha_2 w^2 + \cdots)^2 + \cdots$$

sein. Nun wissen wir aber aus dem Weierstraßschen Doppelreihensatz, daß man die rechte Seite nach Potenzen von w ordnen darf. So erhält man

$$w = a_1 \alpha_1 w + (a_1 \alpha_2 + a_2 \alpha_1^2) w^2 + (a_1 \alpha_3 + 2 a_2 \alpha_1 \alpha_2 + a_3 \alpha_1^3) w^3 + \cdots$$

Da dies identisch in w erfüllt sein muß, müssen die Koeffizienten gleicher Potenzen von w rechts und links einander gleich sein. So ergibt sich

$$\alpha_1 = \frac{1}{a_1},\ \alpha_2 = -\frac{a_2\,\alpha_1^2}{a_1},\ \alpha_3 = -\frac{2\,a_2\,\alpha_1\,\alpha_2 + a_3\,\alpha_1^3}{a_1}\ \ldots$$

Man übersieht deutlich, wie in jeden Koeffizienten der Reihe mit jeder folgenden Potenz ein Koeffizient α_n neu eintritt. So ermöglicht also unser Verfahren die eindeutige Bestimmung der Koeffizienten.

Nun wollen wir auf die Frage der Konvergenz noch ein wenig eingehen. Zwar steht durch unsere allgemeinen Betrachtungen schon fest, daß die Reihe in einer gewissen Umgebung von $w = 0$ konvergieren muß. Indessen bieten diese allgemeinen Betrachtungen kein Mittel, um auch nur eine ungefähre Vorstellung über die Größe einer solchen Umgebung zu gewinnen. Unser Konvergenzbeweis wird sich auf die Residuenmethoden nicht stützen, so daß wir damit zugleich einen neuen Beweis für die Lösbarkeit unserer Gleichung gewinnen werden. Allerdings tragen die Residuenmethoden insofern weiter, als sie lehren, daß die durch die Potenzreihe dargestellte Lösung die *einzig mögliche* ist. Die Methode, mit welcher wir die Konvergenz beweisen werden, ist die sogenannte *Majorantenmethode*. Die umzukehrende Reihe möge in einem Kreise vom Radius R konvergieren. Dann ist $|a_n| \leq \dfrac{M}{R^n}$, wenn $|f(z)| < M$ ist in $|z| < R$. Betrachten wir nun neben der zu lösenden Gleichung die Gleichung

$$w = |a_1|\,z - \frac{M}{R^2}\,z^2 - \frac{M}{R^3}\,z^3 \ldots,$$

so ergibt sich, daß die Koeffizienten α_n kleinere absolute Beträge besitzen, als die Koeffizienten der Reihe, welche man bei Auflösung der Hilfsgleichung nach demselben Verfahren gefunden hätte. Die Hilfsgleichung kann aber so geschrieben werden:

$$w = |a_1|\,z - \frac{M}{R^2}\,z^2\,\frac{1}{1-\dfrac{z}{R}} \quad \text{oder} \quad z^2\left(|a_1| + \frac{M}{R}\right) - z\,(w + |a_1|\,R) + wR = 0.$$

Die Auflösung ergibt

$$z = R\cdot\frac{w + |a_1|\,R + \sqrt{(w + |a_1|\,R)^2 - 4\,(|a_1|\,R + M)}}{2\,(|a_1|\,R + M)}.$$

Die Potenzreihe dieser Funktion konvergiert aber sicher, solange

$$|w| < |a_1|\,R + 2\sqrt{|a_1|\,R + M}$$

ist. Denn für solche w verschwindet der Ausdruck unter der Wurzel nicht. Für solche w ist also die Lösung regulär.

§ 7. Implizite Funktionen.

Es sei $f(w, z)$ eine stetige Funktion der beiden komplexen Variablen z und w immer dann, wenn z einem gewissen Bereich B_z und w einem Bereich B_w angehört. $z = 0$ und $w = 0$ seien Punkte dieser Bereiche und es sei $f(0, 0) = 0$. In diesen Bereichen sei die Funktion analytisch in z und analytisch in w. Dazu seien die beiden partiellen Ableitungen $\dfrac{\partial f}{\partial z}$, $\dfrac{\partial f}{\partial w}$ stetige Funktion von z und w. Ferner sei $\dfrac{\partial f}{\partial w}(0, 0) \neq 0$. Dann gibt es genau eine analytische Funktion $w(z)$, welche für $z = 0$ verschwindet und welche der Gleichung in der Umgebung von $z = 0$ genügt.

Die Voraussetzungen dieses Satzes sind z. B. für ganze rationale Funktionen erfüllt, so daß dieser Satz eine Anwendung auf die Lösungen solcher Gleichungen, das sind die algebraischen Funktionen, zuläßt.

$f(w, 0)$ hat in einer gewissen Umgebung von $w = 0$ nur die eine einfache[1]) Nullstelle $w = 0$. Da sich nun aber die Funktion $\varphi_z(w) = f(w, z)$ von w mit dem Parameter z stetig ändert, so besitzt nach dem Satz von Rouché S. 185 diese Funktion von w für genügend kleine Werte des Parameters z nur eine Nullstelle. Denn schlägt man bei passend gewähltem $m > 0$ um $w = 0$ einen Kreis vom Radius $\varrho(m)$, auf dem $|f(w, 0)| > m$ sei und in dem $f(w, 0)$ nur eine Nullstelle hat, so kann man eine Funktion $\delta(m)$ so bestimmen, daß auf diesem Kreise $|w| = \varrho(m)$ für $|z| < \delta(m)$ stets

$$|f(w, z) - f(w, 0)| < m$$

bleibt. Daher hat die Funktion

$$\varphi_z(w) = f(w, z) = f(w, 0) + (f(w, z) - f(w, 0))$$

in diesem Kreise ebensoviele Nullstellen wie $f(w, 0)$, also eine. Also gehört zu jedem solchen $|z| < \delta(m)$ eine einzige Lösung der Gleichung $f(w, z) = 0$, für die $|w| < \varrho(m)$ ist. Diese Lösung ist also eine eindeutige Funktion. Diese ist aber auch analytisch.

Auch dieser Nachweis wird am besten mit der Residuenmethode erbracht. Sie liefert uns auch zugleich die Potenzreihenentwicklung der Lösung.

Es ist nämlich für jedes $|w| = \varrho$ und $|z| < \delta$ die Funktion $f(w, z)$ von Null verschieden. Daher ist hier d. h. für $|w| = \varrho, |z| < \delta$

$$\frac{w \dfrac{\partial f}{\partial w}(w, z)}{f(w, z)} = \varphi(w, z)$$

---

1) Sie ist einfach, weil $\dfrac{\partial f}{\partial w}(0, 0) \neq 0$ ist.

eine regulär analytische Funktion von z. Daher wird auch das Integral

$$\frac{1}{2\pi i}\int \varphi(w, z)\, dw$$

erstreckt über den Kreis $|w| = \varrho$ eine für $|z| < \delta$ reguläre analytische Funktion von z. (S. 170.) Diese Funktion ist aber gerade unsere Lösung $w(z)$. Das lehrt die Behandlung dieses Integrales nach der Residuenmethode. Es ist nämlich weiter nichts als das Residuum des Integranden im Kreise $|w| < \varrho$. In diesem Kreise hat aber bei gegebenem z der Integrand eine einzige Singularität, nämlich einen einfachen Pol an der zu diesem z gehörigen Nullstelle $w(z)$ des Nenners. Das Residuum von $\frac{d}{dw}\log f = \frac{1}{f}\frac{\partial f}{\partial w}$ aber ist nach S. 184 Eins, weil die Nullstelle von $f(w, z)$ einfach ist. Daher wird das Residuum[1]) (Koeffizient der -1-ten Potenz in der Laurententwicklung) von $\varphi(w, z)$ gerade $w(z)$. Daher wird also

$$(1) \qquad w(z) = \frac{1}{2\pi i}\int \varphi(w, z)\, dw,$$

wobei das Integral im positiven Sinne über $|w| = \varrho$ zu erstrecken ist. Demnach ist $w(z)$ eine für $|z| < \delta$ reguläre analytische Funktion, welche für $z = 0$ verschwindet. Die gefundene Integraldarstellung erlaubt, auch die Koeffizienten ihrer Potenzreihenentwicklung anzugeben. Damit erhalten wir zugleich noch einen weiteren Beweis für den analytischen Charakter der Lösung. Wir haben weiter nichts zu tun, als den Integranden nach Potenzen von z zu entwickeln und dann nach w zu integrieren. Nun wird

$$\varphi(w, z) = \frac{1}{2\pi i}\int\limits_{|\zeta|=\delta}\frac{\varphi(w, \zeta)}{\zeta - z}\, d\zeta.$$

Da aber $\qquad \dfrac{1}{\zeta - z} = \dfrac{1}{\zeta} + \dfrac{z}{\zeta^2} + \cdots \dfrac{z^n}{\zeta^{n+1}} + \left(\dfrac{z}{\zeta}\right)^{n+1}\dfrac{1}{\zeta - z}$ ist,

so wird $\qquad \varphi(w, z) = \dfrac{1}{2\pi i}\int\limits_{|\zeta|=\delta}\dfrac{\varphi(w, \zeta)}{\zeta}\, d\zeta + z\,\dfrac{1}{2\pi i}\int\limits_{|\zeta|=\delta}\dfrac{\varphi(w, \zeta)}{\zeta^2}\, d\zeta + \cdots$

$$+ z^n\frac{1}{2\pi i}\int\limits_{|\zeta|=\delta}\frac{\varphi(w, \zeta)}{\zeta^{n+1}}\, d\zeta + z^{n+1}\frac{1}{2\pi i}\int\limits_{|\zeta|=\delta}\frac{\varphi(w, \zeta)}{\zeta^{n+1}(\zeta - z)}\, d\zeta.$$

Setzt man nun $\qquad A_\varkappa = \dfrac{1}{\varkappa!}\dfrac{d^\varkappa \varphi}{dz^\varkappa}(w, 0) = \dfrac{1}{2\pi i}\int\limits_{|\zeta|=\delta}\dfrac{\varphi(w, \zeta)}{\zeta^{\varkappa+1}}\, d\zeta,$

---

1) Wir können die Produktregel von S. 173 anwenden, weil sich S. 184 zeigte, daß die logarithmische Ableitung einer regulären Funktion nur einen Pol erster Ordnung besitzt.

so hat man $\quad \varphi(w, z) = A_0 + A_1 z + \cdots + A_n z^n + \dfrac{z^{n+1}}{2\pi i} \displaystyle\int \dfrac{\varphi(w, \zeta)\, d\zeta}{\zeta^{n+1}(\zeta - z)}$.

Trägt man dies in (1) ein, so findet man

$$w(z) = B_0 + B_1 z + \cdots + B_n z^n + \dfrac{z^{n+1}}{4\pi^2} \int\limits_{|w|=\varrho} dw \int\limits_{|\zeta|=\delta} \dfrac{\varphi(w, \zeta)\, d\zeta}{\zeta^{n+1}(\zeta - z)}.$$

(2) Hier ist $\qquad B_\varkappa = \dfrac{1}{2\pi i} \displaystyle\int\limits_{|w|=\varrho} \dfrac{1}{\varkappa!} \dfrac{d^\varkappa \varphi}{dz^\varkappa}(w, 0)\, dw \qquad$ gesetzt.

$B_\varkappa$ ist also das Residuum von $A_\varkappa$ an der Stelle $w = 0$. Das Restintegral aber wird kleiner als $\varrho \cdot \delta \cdot M \dfrac{1}{\delta - |z|} \left|\dfrac{z}{\delta}\right|^{n+1}$, wenn wir unter M das Maximum des Integranden für $|\zeta| = \delta$ und $|w| = \varrho$ verstehen. Für jedes $|z| < \delta$ strebt also dieser Rest mit $\dfrac{1}{n}$ gegen Null.

Also wird schließlich die Auflösung von $f(w, z) = 0$:

$$w(z) = B_0 + B_1 z + \cdots,$$

wobei die B_n die Ausdrücke (2) sind.

Damit haben wir die Betrachtungen über die Umkehrungsfunktion im vorigen Paragraphen wesentlich verallgemeinert und zugleich noch eine neue Herleitung der dort gefundenen Resultate gewonnen.

Die hier angestellten Überlegungen erlauben es nun aber auch, den Fall zu behandeln, wo die Gleichung $f(w, z) = 0$ für $z = 0$ eine mehrfache Wurzel hat, wo also die Ableitung $\dfrac{\partial f}{\partial w}(w, 0)$ verschwindet. Das führt zum sogenannten *Weierstraßschen Vorbereitungssatz*, dessen wesentlicher Inhalt sich allerdings schon bei Cauchy findet:

Die Funktion $f(w, z)$ sei für $|z| < R$ und für $|w| < P$ stetig in w und z und sie sei eine analytische Funktion von z und von w. Es sei $f(0, 0) = 0$. Ferner habe die Gleichung $f(w, 0)$ bei $w = 0$ eine genau n-fache Nullstelle. Dann gibt es zwei Zahlen δ und ϱ, so daß für $|z| < \delta$ die Gleichung $f(w, z) = 0$ genau n Wurzeln $w_1, w_2, \cdots w_n$ hat, für welche $|w_\varkappa| < \varrho$ ist. Diese Wurzeln genügen einer algebraischen Gleichung n-ten Grades $w^n + A_1(z) w^{n-1} + \cdots + A_n(z) = 0$ mit Koeffizienten, welche für $|z| < \delta$ analytisch sind. Dementsprechend sind die Lösungen an allen von 0 verschiedenen Stellen des Kreises $|z| < \delta$ reguläre analytische Funktionen, welche nur bei $z = 0$ Verzweigungen aufweisen können.

Die Gleichung $f(w, 0) = 0$ habe also eine n-fache Nullstelle $w = 0$. Wir wählen ein passendes $m > 0$ und bestimmen eine Kreisperipherie $|w| = \varrho$, auf welcher $|f(w, 0)| > m > 0$ sei. Alsdann bestimmen wir eine

Zahl δ, so daß $|f(w, z) - f(w, 0)| < m$ für $|w| = \varrho$ und $|z| < \delta$. Das geht wegen der Stetigkeit der Funktion $f(w, z)$. Dann hat nach dem Satz von Rouché S. 185 die Funktion $\varphi_z(w) = f(w, z) = f(w, 0) + \{f(w, z) - f(w, 0)\}$ für $|z| < \delta$ ebensoviele Nullstellen im Kreise $|w| < \varrho$, wie die Funktion $f(w, 0)$, also genau n. Die Nullstellen seien $w_1, \cdots w_n$. Dann betrachte ich das Integral

$$\frac{1}{2\pi i} \int\limits_{|w| = \varrho} w^{\varkappa} \frac{d}{dw} \log f(w, z)\, dw.$$

Darin sei $\varkappa$ eine ganze positive Zahl. Es stellt eine für $|z| < \delta$ analytische Funktion dar. Andererseits ist es aber gleich der Summe der Residuen des Integranden im Kreise $|w| < \varrho$. Hier hat aber der Integrand n Pole an den n Nullstellen des Nenners. Dementsprechend wird wie vorhin das Residuum $w_1^{\varkappa} + w_2^{\varkappa} + \cdots + w_n^{\varkappa}$ eine analytische Funktion von z für $|z| < \delta$. In diesem Kreise sind also die Potenzsummen der Wurzeln $w_1 \cdots w_n$ reguläre Funktionen von z. Demnach sind auch die elementarsymmetrischen Funktionen der Wurzeln, welche ja nach den Regeln der Algebra ganze rationale Funktionen der Potenzsummen sind, für $|z| < \delta$ regulär analytisch. Demnach genügen die n Wurzeln $w_1 \cdots w_n$ einer algebraischen Gleichung n-ten Grades

$$\Phi(w, z) \equiv w^n + A_1(z)w^{n-1} + \cdots + A_n(z) = 0,$$

deren Koeffizienten gerade diese elementarsymmetrischen Funktionen sind. Damit ist schon der erste Teil unseres Satzes bewiesen. Wir haben nur noch zu bemerken, daß die Entwicklung unseres Integrales nach Potenzen von z wie vorhin geleistet werden kann, und daß man so auch die explizite Darstellung der Koeffizienten unserer Gleichung gewinnen kann.

Der zweite Teil unseres Satzes bezieht sich auf die Wurzeln einer solchen Gleichung n-ten Grades. Es soll bewiesen werden, daß diese an jeder von $z = 0$ verschiedenen Stelle einer gewissen Umgebung von $z = 0$ reguläre analytische Funktionen sind. Dies ist ohne weiteres klar an jeder Stelle z, an welcher die n Wurzeln der Gleichung $\Phi(w, z) = 0$ voneinander verschieden sind. Denn dann ergibt es sich aus dem ersten Satze dieses Paragraphen. Wenn sich also um die Stelle $z = 0$ ein Kreis $|z| = \delta$ legen läßt, in welchem die n Wurzeln der Gleichung $\Phi(w, z) = 0$ außer bei $z = 0$ voneinander verschieden sind, so ist unser Satz bewiesen. Wenn es aber keinen solchen Kreis gibt, so treten für beliebig kleine von Null verschiedene z mehrfache Wurzeln unserer Gleichung auf. Also haben für gewisse beliebig kleine z die beiden Gleichungen $\Phi(w, z) = 0$ und $\frac{\partial \Phi}{\partial w}(w, z) = 0$ gemeinsame Wurzeln. Eliminiert man nun aus diesen beiden Gleichungen nach den Regeln der Algebra w, so ergibt sich eine in der Umgebung von

$z = 0$ reguläre analytische Funktion von z.[1]) Diese verschwindet an allen den Stellen, wo die Gleichung $\Phi(w, z) = 0$ mehrfache Wurzeln hat. Wir nehmen aber an, daß es beliebig kleine solche z-Werte gebe. Daher muß diese reguläre Funktion — die Diskriminante unserer Gleichung — in einer gewissen Umgebung von $z = 0$ identisch verschwinden. Es gibt daher in einer gewissen Umgebung von $z = 0$ für *alle* z mehrfache Wurzeln. Um sie zu berechnen, hat man nur den größten gemeinsamen Teiler der beiden ganzen rationalen Funktionen von w, nämlich $\Phi(w, z) = 0$ und $\frac{\partial \Phi}{\partial w}(w, z) = 0$ zu berechnen und mit ihm die gleichen Überlegungen wie mit Φ selbst anzustellen. Sei der größte gemeinsame Teiler etwa $\varDelta$, dann schreiben wir $\Phi = \varDelta \cdot \varDelta_1$ und betrachten nun die beiden Faktoren erneut daraufhin, ob sie mehrfache Wurzeln haben. Ist dies der Fall, so zerlegen wir sie erneut, bis wir nur noch Faktoren gefunden haben, die in der Umgebung von $z = 0$ lauter einfache Wurzeln besitzen. Nach dem ersten Satze dieses Paragraphen sind diese daher in der Umgebung von $z = 0$, außer etwa bei $z = 0$ selbst, reguläre analytische Funktionen. Denn an jeder von $z = 0$ verschiedenen Stelle sind nun die Voraussetzungen des ersten Satzes erfüllt. Bei $z = 0$ selbst können also diese Funktionen singulär sein. Sie sind aber jedenfalls in der Umgebung von $z = 0$ beschränkt und daraus wird sich S. 224 ergeben, daß eine derartige Funktion nur solche Singularitäten haben kann, welche wir dann algebraische Verzweigungspunkte nennen werden.

In einem ziemlich allgemeinen Fall kann man die Rechnung explizite durchführen. Es handele sich um die Auflösung von

$$w - z f(w) = 0$$

nach w. $f(w)$ sei dabei eine in der Umgebung von $w = 0$ reguläre Funktion. $f(w, z)$ ist also hier $w - z f(w)$. Also wird $f(w, 0) = w$. Man kann also irgendeinen Kreis $|w| = \varrho$ wählen; auf ihm ist stets $f(w, 0)$ von Null verschieden. Er ist in seiner Größe nur durch die Bedingung eingeschränkt, daß in und auf ihm $f(w)$ regulär sein muß. Dann hat man δ so zu bestimmen, daß $\left|\frac{z f(w)}{w}\right| < 1$ für $|z| < \delta$ und $|w| = \varrho$. Dann besitzt

---

1) Diese Funktion ist ja weiter nichts als die Diskriminante unserer Gleichung. Sie ist daher eine ganze rationale Funktion der Potenzsummen, nämlich die bekannte

Determinante $\begin{vmatrix} s_0 & s_1 \cdot \cdot & s_{m-1} \\ \cdot & & \\ \cdot & & \\ s_{m-1} & s_m & s_{2m-2} \end{vmatrix}$ und daher wie die Potenzsummen regulär.

für $|z| < \delta$ die Gleichung $w - zf(w) = 0$ genau eine Lösung $|w| < \varrho$. Man hat also nun zunächst

$$\varphi(w, z) = w \, \frac{1 - z f'(w)}{w - z f(w)}$$

nach Potenzen von z zu entwickeln. Dann findet man für die oben $A_\varkappa$ genannte Funktion (Koeffizient von $z^\varkappa$):

$$A_\varkappa = \left(\frac{f(w)}{w}\right)^\varkappa - f'(w) \left(\frac{f(w)}{w}\right)^{\varkappa - 1} \text{ für } \varkappa > 1 \text{ und } A_0 = 1.$$

Der Koeffizient $B_\varkappa$ unserer Lösung wird nun das Residuum von $A_\varkappa$ an der Stelle $w = 0$. Um dies zu finden, hat man den Koeffizienten der -1-ten Potenz in der Laurententwicklung von $A_\varkappa$ zu bestimmen. Dazu braucht man einmal den Koeffizienten der $(\varkappa - 1)$-Potenz in der Potenzreihenentwicklung von $(f(w))^\varkappa$. Der wird

$$\frac{1}{(\varkappa - 1)!} \frac{d^{(\varkappa - 1)}}{dw^{\varkappa - 1}} (f(w))^\varkappa.$$

Ferner benötigt man den Koeffizienten der $(\varkappa - 2)$-ten Potenz in der Potenzreihenentwicklung von $f'(w)(f(w))^{\varkappa - 1}$. Der wird

$$\frac{1}{(\varkappa - 2)!} \frac{d^{(\varkappa - 2)}}{dw^{\varkappa - 2}} \left(f'(w) \cdot f(w)^{\varkappa - 1}\right) = \frac{1}{(\varkappa - 2)! \, \varkappa} \frac{d^{(\varkappa - 1)}}{dw^{\varkappa - 1}} (f(w))^\varkappa.$$

So hat man $\quad B_\varkappa = \dfrac{1}{\varkappa!} \dfrac{d^{\varkappa - 1)}}{dw^{\varkappa - 1}} (f(w))^\varkappa \big/_{w = 0} \text{ für } \varkappa > 1 \text{ und } B_0 = 0.$

Die Reihe $w = \sum_1^\infty B_\varkappa z^\varkappa$ löst also die Gleichung $w - zf(w) = 0$. Man nennt sie die *Reihe von Lagrange*.

Zur Bestimmung einer unteren Schranke für den Konvergenzradius geben unsere Darlegungen die folgenden Mittel an die Hand. Man wähle zunächst irgendeine Zahl ϱ so, daß $f(w)$ für $|w| \leq \varrho$ regulär ist. Alsdann bestimme man δ so, daß für $|z| < \delta$ und $|w| = \varrho$ stets

$$\left|\frac{zf(w)}{w}\right| < 1$$

bleibt. Dies δ ist also durch ϱ bestimmt, und man wird nun ϱ so zu wählen suchen, daß δ möglichst groß genommen werden darf.

Wir wollen ein Beispiel, nämlich die Auflösung der *Keplerschen Gleichung*

$$\zeta = a + z \sin \zeta$$

für *reelle* a behandeln.

Um ihr die vorausgesetzte Form zu geben, setze ich

$$\zeta - a = w$$

und habe also $\qquad w = z \sin (w + a)$

aufzulösen. Für $z = 0$ wird $w = 0$ oder $\zeta = a$ eine einfache Wurzel. Also findet man als **Lösung**

$$\zeta = a + z \sin a + z^2 \frac{1}{2!} \frac{d \sin^2 a}{da} + z^3 \frac{1}{3!} \frac{d^2 \sin^3 a}{da^2} + \cdots$$

Um den Konvergenzkreis zu bestimmen, haben wir den Quotienten

$$\frac{z \sin (w + a)}{w} = \frac{z \sin \zeta}{\zeta - a}$$

zu untersuchen. Die Reihe konvergiert, sobald dieser Quotient einen Betrag kleiner als Eins besitzt. Ich setze $\zeta - a = r e^{i\varphi}$ und habe festzustellen, wann

$$(1) \qquad \frac{|z|^2 \sin(a + r e^{i\varphi}) \sin(a + r e^{-i\varphi})}{r^2} < 1$$

bleibt. Nun wird

$$|\sin(a + r \cos \varphi + i r \sin \varphi)|^2 = \cos^2(ir \sin \varphi) - \cos^2(a + r \cos \varphi)$$

$$= \left(\frac{e^{r \sin \varphi} + e^{-r \sin \varphi}}{2} \right)^2 - \cos^2(a + r \cos \varphi)$$

$$\leq \left(\frac{e^r + e^{-r}}{2} \right)^2.$$

Der Quotient (1) ist also sicher dann kleiner als Eins, wenn

$$|z| \frac{e^r + e^{-r}}{2r} < 1$$

ist. Die Reihe konvergiert also für $|z| < \dfrac{2r}{e^r + e^{-r}}$ und stellt dann eine Wurzel ζ der **Keplerschen** Gleichung dar, für welche $|\zeta| < r$ ist. Diese Überlegung gilt für beliebige positive r. Um also eine **numerische Abschätzung** des **Konvergenzradius** der Reihe zu erhalten, wird man nach dem größtmöglichen Wert von $\dfrac{2r}{e^r + e^{-r}}$ fragen. Um das Maximum dieses Ausdruckes zu bestimmen, hat man seine Ableitung Null zu setzen. Das liefert:

$$(e^r + e^{-r}) - r(e^r - e^{-r}) = 0$$

oder

$$e^{2r}(1 - r) + (1 + r) = 0.$$

Man erkennt leicht, daß diese Gleichung eine Wurzel **zwischen Eins und Zwei** hat. Die genauere Rechnung liefert

$$r = 1,19967 \cdots$$

und dazu gehört $\qquad |z| \leq \dfrac{2r}{e^r + e^{-r}} = 0{,}66274 \cdots.$

Das ist also eine untere Schranke für den Konvergenzradius.

Achter Abschnitt.

Analytische Fortsetzung.

§ 1. Begriff der analytischen Fortsetzung.

Wir knüpfen an S. 137 an. Dort haben wir festgestellt, daß eine in einem Bereiche analytische Funktion völlig bestimmt ist, wenn man ihre Werte an unendlichvielen Stellen kennt, welche im Bereiche einen Häufungspunkt besitzen. Namentlich also ist sie völlig bestimmt, wenn man sie in einem Teilbereich kennt. Wie aber ist es möglich, sie dann in den übrigen Punkten von B tatsächlich zu berechnen?

Auch dafür haben wir schon in einem speziellen Fall Belege. S. 137 haben wir gezeigt, daß eine im Bereiche analytische Funktion im ganzen Bereiche verschwindet, wenn sie in einem Teilbereich Null ist. Zum Beweise haben wir uns einer Methode bedient, die von größerer Tragweite ist, als es damals schien. Wir müssen sie nur den veränderten Verhältnissen anpassen.

Es sei etwa die Potenzreihenentwicklung um den Punkt a bekannt. Sie konvergiert im größten um a geschlagenen Kreis, welcher in B Platz hat. Sei nun b ein weiterer von a verschiedener Punkt aus diesem Konvergenzkreis. Dann läßt sich $f(z)$ auch nach Potenzen von $z - b$ entwickeln. Die Koeffizienten dieser Entwicklung aber kann man berechnen, wenn man $\mathfrak{P}\,(z - a)$ kennt. Denn es sind ja im wesentlichen die Werte der Ableitungen dieser Funktion an der Stelle b. Diese Entwicklung aber konvergiert nun gleichfalls im größten um b geschlagenen Kreis, welcher in B Platz hat. Dieser Kreis aber wird, wie die Fig. 58 zeigt, im allgemeinen über den ersten hinausgreifen. Damit ist es dann tatsächlich gelungen, die Funktion wenigstens teilweise außerhalb des ersten Kreises zu berechnen, auch wenn ihre Werte vorerst nur im ersten Kreise bekannt

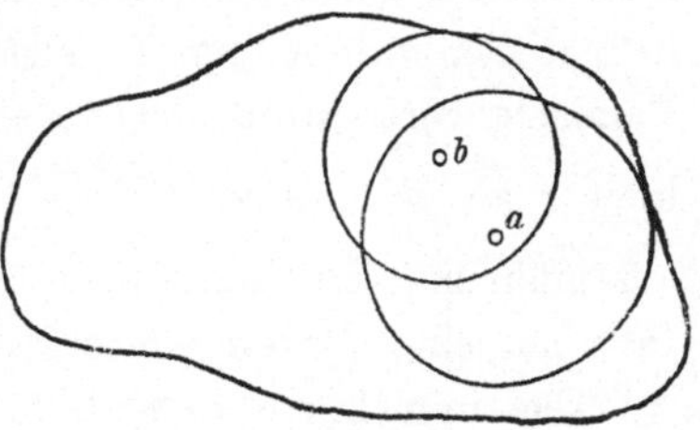

Fig. 58.

waren. So kann man weiterfahren und in immer neuen Gebieten die Funktion berechnen. In endlichvielen Schritten kann man so nach jedem vorgegebenen Punkt P des Bereiches B gelangen. Um das einzusehen, haben wir nur P mit a durch eine Kurve zu verbinden, welche ganz in B verläuft. d sei ihr Abstand vom Bereichrand. Um jeden Punkt derselben kann man also einen Kreis vom Radius d schlagen, welcher ganz dem Bereiche B angehört. Es kommt nun darauf an, einzusehen, daß man unter diesen Kreisen endlichviele herausgreifen kann, welche eine Kette bilden, die a mit P verbindet. Unter einer *Kette von Kreisen* K_1, K_2, $\cdots K_n$ werden dabei Kreise verstanden, die dadurch ineinandergreifen, daß der Mittelpunkt von K_i dem Inneren von K_{i-1} angehört. Wir sagen, die Kette *verbinde P mit a*, wenn a dem ersten und P dem letzten Kreise der Kette angehört. Kennt man die Entwicklung von $f(z)$ im Kreise K_{i-1}, so kennt man sie auch in K_i. Wenn man also eine solche Kette von Kreisen bestimmen kann, so ist man in der Lage, aus der Entwicklung um a tatsächlich die um P zu bestimmen, wenigstens theoretisch. Um aber eine Kette zu finden, betrachte ich die Gleichung $z = z(t)$ der Verbindungskurve. Der Parameter t möge etwa von α bis β laufen, wenn z die Kurve von a bis P beschreibt. Wegen der Stetigkeit dieser Funktion gibt es eine Zahl D von der Art, daß zwei Punkte z_1 und z_2 der Kurve, deren Entfernung $|z_1 - z_2| > \dfrac{d}{2}$ ist, eine Parameterdifferenz $|t_1 - t_2| > D$ besitzen, wo auch z_1 und z_2 auf der Kurve liegen mögen. Gäbe es nämlich bei gegebenem d beliebig kleine Parameterdifferenzen, so wäre das ein Widerspruch gegen die gleichmäßige Stetigkeit von $z(t)$. Wenn wir dies bedenken, können wir nun leicht unsere Kreiskette konstruieren. Wir beginnen mit dem Kreise um a. In ihm bestimme ich einen Punkt der Kurve z_1, dessen Entfernung von a $\dfrac{d}{2}$ übertreffen möge, aber sonst beliebig gewählt sei. Alsdann bestimmen wir die Entwicklung $\mathfrak{P}(z - z_1)$ der Funktion und bestimmen in ihrem Konvergenzkreis einen Punkt z_2 mit größerem Parameter t, so daß seine Entfernung von z_1 wieder mindestens $\dfrac{d}{2}$ ist. Dann berechnen wir $\mathfrak{P}(z - z_2)$. So weiterfahrend müssen wir nach endlichvielen Schritten einen Kreis erhalten, welcher P enthält, denn nach n-Schritten haben wir ja einen Punkt z_n als Mittelpunkt gefunden, dessen Parameterwert mindestens $\alpha + nD$ beträgt. Das ist aber nur so lange kleiner als β, als $n < \dfrac{2(\beta - \alpha)}{d} = m$ ist. Also höchstens $[m]$ Schritte sind auszuführen. So kann man also in ganz B die Funktion $f(z)$ berechnen, falls nur eine Potenzreihenentwicklung derselben gegeben ist.

Aber nun kann es eintreten, daß die *benutzten Entwicklungen* zum Teil *in Kreisen konvergieren, die über B hinausreichen.* Wäre z. B. der Ausgangsbereich B mit dem ersten Kreise identisch gewesen, so hätten wir nichtsdestoweniger alle eben bestimmten Entwicklungen auch berechnen können, und wir hätten damit eine Funktion gefunden, die in einem B umfassenden Bereich analytisch gewesen wäre, in B aber mit der gegebenen übereinstimmt. Ist es also möglich, in einem B umfassenden Bereiche eine analytische Funktion $F(z)$ anzugeben, welche in B selbst mit $f(z)$ übereinstimmt, so nennt man $F(z)$ eine *analytische Fortsetzung* der gegebenen

Funktion. Der beschriebene Prozeß enthält gleichzeitig das theoretisch wichtigste Verfahren zur Ausführung derartiger Fortsetzungen. Die einzelnen, durch Potenzreihen dargestellten, also in Kreisen erklärten Funktionen nennt man Funktionselemente. Man sagt, ein Element E_1 gehe durch *unmittelbare Fortsetzung* aus dem Element E hervor, wenn der Mittelpunkt e_1 des Elementes E_1 dem Konvergenzkreis von E angehört und wenn $\mathfrak{P}(z - e_1)$ durch Entwicklung von $\mathfrak{P}(z - e)$ nach Potenzen von $z - e_1$ erhalten wird. Man sagt, die Elemente E_1, E_2, $\cdots E_n$ bildeten eine *Kette*, wenn jedes $E_\varkappa$ aus dem vorhergehenden $E_{\varkappa-1}$ durch unmittelbare Fortsetzung entsteht. Man sagt dann auch, die Kette verbinde E_n mit E_1 oder E_n könne durch Fortsetzung von E_1 gewonnen werden.

Nun besteht der folgende leicht zu beweisende Satz:

Wenn es eine Kette gibt, die F mit E verbindet, so gibt es auch eine Kette, die E mit F verbindet. Man kann also auch E durch Fortsetzung von F gewinnen. Es ist offenbar nur nötig, den Satz für eine zweigliedrige Kette zu beweisen. Hier bilden aber die beiden Konvergenzkreise einen Bereich B und die beiden Elemente erklären eine in B analytische Funktion. Vorhin aber haben wir schon gezeigt, daß man jedes Element dieser Funktion mit jedem anderen verbinden kann. Wir verbanden ja vorhin das Element vom Mittelpunkt P mit dem Element vom Mittelpunkt a.

Unter einer analytischen Funktion versteht man nun mit Weierstraß die Gesamtheit der Elemente, welche man aus einem derselben durch analytische Fortsetzung erhalten kann. Die Funktion ist durch jedes ihrer Elemente bestimmt.

Auf den ersten Blick mag hier eine Abweichung vom Dirichletschen Funktionsbegriff auffallen. Daß dieser Unterschied aber nur scheinbar ist, wird sofort deutlich, wenn man bedenkt, daß ja die einzelnen Funktionselemente ihren z-Werten w-Werte zuordnen. Es sollen aber — das besagt die Definition — nicht beliebige solche Elemente zu einer „analytischen Funktion im Großen" vereinigt werden, sondern nur solche, welche durch Fortsetzung auseinander hervorgehen.

Der Leser halte sich auch klar vor Augen, daß wir seither den Begriff „analytische Funktion" noch gar nicht erklärt hatten, sondern nur den Begriff „in einem gegebenen Bereich analytische Funktion". Seither war also in einem gegebenen Bereich eine Funktion erklärt und wir definierten, wann sie in diesem Bereich d. h. an jeder Stelle dieses Bereiches analytisch heißen soll. Jetzt ist von einem gegebenen Bereich nicht die Rede.

Ich will noch feststellen, daß der Konvergenzradius der Funktionselemente eine stetige Funktion des Entwicklungsmittelpunktes ist. Sei also $\mathfrak{P}(z - a)$ ein Funktionselement. Wenn sein Konvergenzradius $r(a)$ unendlich sein sollte, so ist auch der Konvergenzradius aller aus ihm durch Fortsetzung entstehenden Elemente unendlich. Wenn aber der Konvergenzradius $r(a)$ endlich ist und man b als neues Entwicklungszentrum wählt, so konvergiert das Element $\mathfrak{P}(z-b)$ mindestens in einem um b mit dem Radius $r(a)-|b-a|$ geschlagenen Kreise. Wählt man aber nun b um weniger als den halben Radius $r(a)$ von a entfernt, so ist jedes der beiden Elemente eine unmittelbare Fortsetzung des anderen. Denn jeder der beiden Konvergenzkreise enthält dann den Mittelpunkt des anderen. Es ist sofort klar, daß $r(b)$ nicht größer als $r(a)+|a-b|$ sein kann. Denn dann wäre der alte Konvergenzkreis ganz im neuen enthalten, während er doch nicht kleiner sein kann als der größte Kreis, der in ihm Platz hat. Ferner aber ist, wie eben wieder benutzt wurde, sicher $r(b) \geqq r(a)-|a-b|$. Daher wird $-|a-b| \leq r(b)-r(a) \leq |a-b|$. Daher ist $|r(b)-r(a)| \leq |a-b|$. Daher ist r eine stetige Funktion des Entwicklungsmittelpunktes. Man kann den Konvergenzradius des Elementes $\mathfrak{P}(z-a)$ den *Regularitätsradius* der Stelle $z=a$ nennen. Denn es ist der Radius des größten um $z=a$ geschlagenen Kreises, in dem die durch $\mathfrak{P}(z-a)$ definierte Funktion regulär ist. Analog kann man den *Rationalitätsradius* der Stelle $z=a$ als den Radius des größten um $z=a$ geschlagenen Kreises erklären, in dem die durch eine Laurentreihe $L(z-a)$ mit endlichvielen negativen Potenzen erklärte Funktion von rationalem Charakter ist. Durch ganz analoge Schlüsse, die der Leser selbst durchdenken möge, erkennt man, daß auch der Rationalitätsradius eine stetige Funktion des Ortes ist, wofern er nicht unendlich wird. Dann aber ist er durchweg unendlich.

Nun sei $\mathfrak{C}$ eine stetige Kurve, die a mit P verbinde. Auf der Kurve mögen die Mittelpunkte einer Folge von Elementen liegen. Die Elemente mögen in dem Sinne durch Fortsetzung auseinander hervorgehen, daß je zwei derselben, deren Mittelpunkte hinreichend wenig voneinander verschieden sind, durch unmittelbare Fortsetzung auseinander hervorgehen. Wenn dies der Fall ist, sagen wir, wir hätten die Funktion *längs der Kurve von a nach P fortgesetzt*. Die Konvergenzradien der Elemente hängen stetig vom Kurvenparameter ab. Sie besitzen daher ein positives Minimum. Das sei d. Man kann nun aus diesen Kreisen eine Kette von Kreisen herausgreifen, welche dieselbe Fortsetzung vom selben Anfangselement zum selben Endelement leisten. Das entnimmt man ohne weiteres der oben schon einmal angewandten Schlußweise, weil man nämlich mit jedem Schritt mindestens die dort angegebene Parameterspanne zurücklegt. Die Mittelpunkte der Kreise dieser Kette sind die Ecken eines gewissen Polygones. Man sieht, daß die Fortsetzung längs der Kurve gleichbedeutend ist mit der Fortsetzung längs des Polygones. Denn jede Polygonseite liegt ganz im Inneren eines der Kreise der Kette.

Unsere Betrachtungen geben uns nun die Möglichkeit, einen schönen von *Poincaré und Volterra* herrührenden Satz zu beweisen. Er lautet: *Eine jede analytische Funktion ist abzählbar vieldeutig.* Mit anderen Worten: Die verschiedenen Funktionswerte, welche eine analytische Funktion $f(z)$ einem Argumentwert z zuordnet, bilden eine abzählbare Menge. Oder noch anders ausgesprochen: Wenn man ein gegebenes Funktionselement $\mathfrak{P}(z-a)$ auf allen möglichen Wegen nach ein und demselben Punkt b hin fortsetzt, so erhält man in diesem Punkte eine Menge von Funktionselementen $\mathfrak{P}(z-b)$, die eine abzählbare Menge bilden.

Der Beweisgründe sind zweierlei. 1. haben wir gesehen, daß man jede Fortsetzung von $\mathfrak{P}(z-a)$ nach einem $\mathfrak{P}(z-b)$ durch eine Kette von endlichvielen Funktionselementen gewinnen kann. 2. bilden die Punkte $z = x + iy$ mit rationalen Koordinaten (x, y) eine abzählbare Menge. Wir werden nun feststellen, daß man jede endliche Kette durch eine andere ersetzen kann, deren Zwischenglieder rationale Mittelpunkte haben. Zwischenglieder, d. h. alle Glieder mit Ausnahme des ersten und des letzten. Denn die Mittelpunkte a und b sind ja gegeben. Wenn aber $a, a_1, a_2, \cdots a_n, b$ die in natürlicher Reihenfolge notierten Glieder einer gegebenen Kette sind, so wähle man einen rationalen Punkt α_1 so nahe an a_1, daß α_1 noch dem Konvergenzkreis von $\mathfrak{P}(z-a)$ angehört, und daß der Konvergenzkreis des durch unmittelbare Fortsetzung von $\mathfrak{P}(z-a_1)$ erhaltenen Elementes $\mathfrak{P}(z-\alpha_1)$ noch den Punkt a_2 enthält. Das ist möglich, weil wir vorhin sahen, daß die Elementradien stetige Funktionen des Elementmittelpunktes sind. Das so bestimmte Element $\mathfrak{P}(z-\alpha_1)$ ist nun auch unmittelbare Fortsetzung von $\mathfrak{P}(z-a)$, weil $\mathfrak{P}(z-\alpha_1)$ und $\mathfrak{P}(z-a)$ in dem ihren Konvergenzkreisen gemeinsamen Gebiet übereinstimmen, und $\mathfrak{P}(z-a_2)$ ist auch unmittelbare Fortsetzung von $\mathfrak{P}(z-\alpha_1)$, weil $\mathfrak{P}(z-\alpha_1)$ und $\mathfrak{P}(z-a_1)$ in dem gemeinsamen Teil ihrer Konvergenzkreise übereinstimmen. Daher darf das Kettenglied $\mathfrak{P}(z-a_1)$ durch das Element $\mathfrak{P}(z-\alpha_1)$ mit rationalem Mittelpunkt ersetzt werden. Ist das geschehen, so tun wir das gleiche mit $\mathfrak{P}(z-a_2)$. So fortfahrend ersetzen wir alle Zwischenglieder der Kette durch Elemente mit rationalem Mittelpunkt.

Nun schließe ich weiter: Es gibt nur abzählbar viele endliche rationale Ketten, die $\mathfrak{P}(z-a)$ mit einem $\mathfrak{P}(z-b)$ verbinden. Denn eine solche rationale Kette ist durch einen Komplex endlichvieler rationaler komplexen Zahlen $\alpha_1, \alpha_2, \cdots \alpha_n$ gegeben. Die Anzahl n kann natürlich von Komplex zu Komplex sich ändern. Ordne ich die Komplexe nach ihrer Gliederzahl n, so sind das abzählbar viele Möglichkeiten. Betrachte ich alle Komplexe mit fester Gliederzahl, so gibt es abzählbar viele Möglichkeiten für die erste, für die zweite usw. Koordinate. Da aber bekanntlich eine abzählbare Menge von abzählbaren Mengen selbst abzählbar ist, so gibt es tatsächlich nur abzählbar viele rationale Ketten. Da aber durch eine jede Kette das Endelement bestimmt ist, so gibt es für dasselbe nur abzählbar viele Möglichkeiten. Damit ist der Satz von Poincaré und Volterra bewiesen.

Ich beweise nun weiter den folgenden Satz. *Es gibt Ketten mit abzählbar vielen Gliedern von der Eigenschaft, daß ein jedes Element der Funktion durch unmittelbare Fortsetzung eines Kettengliedes erhalten werden kann.*

Zum Beweise bemerke ich zunächst, daß jedes Element aus einem anderen mit rationalem Mittelpunkt durch unmittelbare Fortsetzung erhalten werden kann. Da es nun aber nur abzählbar viele rationale Punkte gibt und da zu jedem nach dem vorigen Satz nur abzählbar viele Elemente gehören, so gibt es in einer Funktion nur abzählbar viele Elemente mit rationalen Koordinaten. Aus ihnen läßt sich jedes andere durch unmittelbare Fortsetzung erhalten. Nunmehr bringe ich die abzählbar vielen Elemente in irgendeine abgezählte Reihenfolge und verbinde je zwei aufeinanderfolgende durch irgendwelche endlichviele Zwischenglieder zu einer Kette. So erhalte ich eine einzige Kette, die unter anderem auch alle Elemente mit rationalen Mittelpunkten als Glieder enthält, und aus deren Gliedern sich also alle Elemente der Funktion durch unmittelbare Fortsetzung gewinnen lassen.

§ 2. Die Permanenz der Funktionalgleichungen.

Unter $f(z, s, t)$ werde eine analytische Funktion einer jeden der drei komplexen Veränderlichen z, s, t verstanden. Sie sei samt ihren ersten Ableitungen für alle Wertetripel z, s, t stetig erklärt, für welche z einem Bereich B_z, s einem Bereich B_s, t einem Bereich B_t seiner Ebene angehört. Wenn dann $\mathfrak{P}_s(z - a)$ und $\mathfrak{P}_t(z - a)$ zwei Funktionselemente sind, welche in der Umgebung von $z = a$ nur Wertepaare aus diesen beiden Bereichen B_s und B_t annehmen, so wird $f(z, \mathfrak{P}_s(z - a), \mathfrak{P}_t(z - a))$ nach S. 34 eine in der Umgebung von $z = a$ reguläre analytische Funktion von z. Es werde angenommen, daß $f(z, \mathfrak{P}_s(z - a), \mathfrak{P}_t(z - a)) = 0$ sei für alle z aus einem gewissen Kreis um $z = a$. Wir wollen dann sagen, die Elemente $\mathfrak{P}_s$, $\mathfrak{P}_t$ genügten der Gleichung $f(z, s, t) = 0$. *Wenn man nun diese beiden Elemente in B_z so analytisch fortsetzen kann, daß dabei Elemente entstehen, welche wieder Wertepaare aus den Bereichen B_s und B_t liefern[1],) so ist auch für diese Elemente die Gleichung erfüllt.* Wir drücken diesen Sachverhalt kurz aus,

---

1) Damit ist nicht gesagt, daß die Fortsetzung der Elemente $\mathfrak{P}_s$ und $\mathfrak{P}_t$ nicht auch zu Elementen führen kann, die dieser Bedingung nicht genügen.

indem wir sagen, eine zwischen zwei Funktionen bestehende analytische Gleichung bleibe bei analytischer Fortsetzung der Funktionen richtig. Wir nennen den so ausgesprochenen Satz den *Satz von der Permanenz der Funktionalgleichungen* bei analytischer Fortsetzung.

Er ist leicht zu beweisen. Ich führe erst eine bequeme Benennung ein. Unter dem Konvergenzkreis der beiden Elemente $\mathfrak{P}_s$ und $\mathfrak{P}_t$ mit dem gemeinsamen Mittelpunkt a werde der größte Kreis aus B_z verstanden, in dem beide Reihen konvergieren und Wertepaare aus B_s, B_t liefern. Es ist also der kleinere der beiden Konvergenzkreise der einzelnen Elemente. Durch unmittelbare Fortsetzung der beiden Elemente $\mathfrak{P}_s(z - a)$ und $\mathfrak{P}_t(z - a)$ mögen nun die beiden Elemente $\mathfrak{P}_s(z - b)$ und $\mathfrak{P}_t(z - b)$ entstehen. Ihr Konvergenzkreis hat jedenfalls mit dem Konvergenzkreis der beiden Elemente $\mathfrak{P}_s(z - a)$ und $\mathfrak{P}_t(z - a)$ ein Stück gemeinsam. In diesem gemeinsamen Stück genügen also die neuen Potenzreihen der Gleichung, wenn ihr die alten genügen. Nun ist aber $f(z, \mathfrak{P}_s(z - b), \mathfrak{P}_t(z - b))$ in dem neuen Konvergenzkreis analytisch und verschwindet in dem eben genannten Bereich. Daher verschwindet $f(z, s, t)$ auch in dem Konvergenzkreis der neuen Elemente durchweg, denn darin ist ja nach S. 34 $f(z, \mathfrak{P}_s, \mathfrak{P}_t)$ analytisch. Damit ist schon erkannt, daß bei unmittelbarer Fortsetzung die Funktionalgleichung richtig bleibt. Da aber jede analytische Fortsetzung durch eine Kette von Funktionselementen geleistet wird, so bleiben also Funktionalgleichungen bei beliebiger Fortsetzung richtig.

Wir betrachten ein Beispiel. $w = \log z$ ist eine analytische Funktion in dem im vorigen Paragraphen angegebenen Sinne. Als wir S. 77 diese Funktion betrachteten, mußten wir uns noch vorsichtig ausdrücken. Damals hatten wir erst den Begriff einer in einem Bereiche eindeutigen analytischen Funktion zur Verfügung. Allerdings schwebte über unseren Darlegungen schon damals der allgemeine jetzt eingeführte Begriff. Wir verfolgten nämlich den $\log z$ längs Kurven, welche den Nullpunkt umschlossen, und sahen, wie man so von einer Bestimmungsweise, von einem Zweig der Funktion, zu den übrigen gelangen kann. Für unseren jetzigen Standpunkt bedeutet das nichts anderes, als daß die Funktionselemente $w(z)$, welche man durch Fortsetzung längs solchen Kurven aus einem Ausgangselement erhält, alle der Gleichung $z = e^w$ genügen, weil eben diese Gleichung bei analytischer Fortsetzung erhalten bleibt. Die Gesamtheit der Funktionselemente, welche dieser Gleichung genügen, gehören alle einer einzigen analytischen Funktion an, weil man, wie unsere früheren Betrachtungen lehren, jedes aus jedem anderen durch analytische Fortsetzung erhalten kann. In dieser Richtung liegt also die *Begriffs*bestimmung einer *mehrdeutigen analytischen Funktion*. Die ist nicht erklärt als irgendein Sammelsurium von Funktionselementen; nicht jede Menge von Funktionselementen, die in Teilkreisen von B erklärt sind, machen eine in diesem Bereiche mehrdeutige Funktion aus, sondern nur diejenigen derselben gehören derselben Funktion an, welche auseinander durch Fortsetzung erhalten werden können. Die Gesamtheit der Funktionselemente $w(z)$ z. B., welche der Gleichung $w^2 - z^2 = 0$ genügen, machen keine analytische Funktion aus, sondern deren zwei. Die Gleichung $w^2 - z^2 = 0$ ist ja gleichbedeutend mit der Gleichung

$$(w - z)\,(w + z) = 0.$$

Für jedes Element wird also entweder der erste oder der zweite Faktor verschwinden. Wenn für ein Element der erste Faktor verschwindet, so verschwindet er auch für alle Elemente, die aus ihm durch Fortsetzung hervorgehen. Niemals wird also dadurch ein Element erhalten, für das der zweite Faktor verschwindet. Diejenigen vielmehr, für die dies zutrifft, hängen auch untereinander durch Fortsetzung zusammen, bilden also eine zweite analytische Funktion. Anders ist es bei $z = w^2$. Alle Funktionselemente, die dieser Gleichung genügen, bilden eine einzige Funktion. Zu jedem Mittelpunkt $z = a$ gehören ja zwei durchs Vorzeichen unterschiedene Elemente, die der Gleichung genügen. Führt man aber die Fortsetzung auf einem Kreise um $z = 0$ aus, d. h. läßt man ein Funktionselement längs dieser Kurve wandern, so gelangt man von dem einen zum anderen. Dazu kann jedes Element mit dem Mittelpunkt $z = a$ in ein Element mit dem Mittelpunkt $z = b$, wie der auch angenommen sei, fortgesetzt werden. Wie das zu machen sei, haben wir ja zu Beginn von § 1 ausführlich dargelegt. Demnach bilden tatsächlich alle diese Elemente eine analytische Funktion. Nächstens werden wir ein Kennzeichen dafür, daß gewisse Elemente eine analytische Funktion bilden, darin erkennen, daß sie alle einer zusammenhängenden Riemannschen Fläche angehören. So haben wir ja in den Riemannschen Flächen von $\log z$ und von $\sqrt{z}$ zusammenhängende Gebilde kennen gelernt.

Anwendungen: 1. $w = f(z)$ sei eine analytische Funktion, $z = \varphi(w)$ sei ein Funktionselement, das der Gleichung $w = f\{\varphi(w)\}$ genügt. Dann genügen dieser Gleichung auch alle anderen Elemente der durch $\varphi(w)$ bestimmten analytischen Funktion. Sie heißt Umkehrungsfunktion von $w = f(z)$. Ihr gehören auch alle Elemente an, die man durch Umkehrung der Elemente von $w = f(z)$ gewinnen kann. Denn wenn die Fortsetzungen von $z = \varphi(w)$ nicht alle Umkehrelemente von $w = f(z)$ erschöpften, so betrachte man wieder die Umkehrung der durch $z = \varphi(w)$ definierten analytischen Funktion. Die Umkehrung des Elementes $z = \varphi(w)$ definiert eine solche Funktion, deren Elemente nach dem vorher Gesagten sämtlich Elemente von $w = f(z)$ sind. Dadurch können aber nur dann alle Elemente von $f(z)$ erschöpft sein, wenn alle ihre Kehrelemente in der durch $\varphi(w)$ erklärten Funktion vorkommen. Wäre das nicht der Fall, so bildete also schon ein Teil der Elemente von $f(z)$ selbst eine analytische Funktion, und das ist absurd.

2. Wenn $\mathfrak{P}'(z - a)$ die Ableitung des Elementes $\mathfrak{P}(z - a)$ ist, so sind die Fortsetzungen von $\mathfrak{P}'$ die Ableitungen der Fortsetzungen von $\mathfrak{P}(z - a)$. Das erkennt man ohne weiteres durch Betrachtung einer unmittelbaren Fortsetzung von $\mathfrak{P}(z - a)$. Der Leser möge es selbst näher durchüberlegen.

3. Wenn das Element $w = \mathfrak{P}(z - a)$ der Differentialgleichung $f(w', w, z) = 0$ genügt, so genügen ihr auch alle Fortsetzungen von $\mathfrak{P}(z - a)$. Denn wenn $f(\mathfrak{P}'(z - a), \mathfrak{P}(z - a), z) = 0$ ist, so ist dies nach dem Permanenzsatz auch bei Fortsetzung der Elemente $\mathfrak{P}'(z - a)$ und $\mathfrak{P}(z - a)$ noch richtig.

§ 3. Riemannsche Felder.

Es ist leicht, von der analytischen Fortsetzung aus zu den Riemannschen Flächen zu gelangen.

Wir wollen erst eine etwas anschauliche Beschreibung geben, um dann zur begrifflichen Fassung vorzudringen. Wir denken uns die Konvergenzkreise der Elemente einer analytischen Funktion aus Papier ausgeschnitten. Zwei solche Elemente, die durch unmittelbare Fortsetzung auseinander hervorgehen, denken wir uns in dem gemeinsamen Stück aneinandergeklebt. Ebenso verfahren wir mit Elementen, die in einem Bereichstück übereinandergreifen und darin die gleichen Funktionswerte liefern. Bloßes Übereinandergreifen veranlaßt also noch nicht zum Verkleben. Es muß noch Übereinstimmung in den durch die Elemente gelieferten Funktionswerten hinzukommen. Durch das Aneinanderkleben entsteht eine Fläche, deren Punkte oder Stellen also durch Angabe ihrer z-Koordinate und durch Angabe eines Funktionselementes bestimmt sind. Weder die z-Koordinate allein, noch der Funktionswert allein bestimmen also die Stelle, denn bei mehrdeutigen Funktionen gehören zur selben z-Koordinate als Mittelpunkt mehrere Elemente. Auch die z-Koordinate zusammen mit dem da angenommenen Funktionswert bestimmen die Stelle der Fläche nicht eindeutig, weil es denkbar ist, daß zwei Elemente zwar in ihrem Mittelpunkt denselben Wert liefern, in den Nachbarpunkten aber voneinander abweichen.

Die hiermit angeregte Vorstellung soll nun zum *Begriff* des Riemannschen Feldes verdichtet werden.

Unter einer *Stelle* des Riemannschen Feldes einer analytischen Funktion verstehen wir den Inbegriff $\{\, a, \mathfrak{P}(z - a)\,\}$ aus einem Element der Funktion und der Koordinate des Mittelpunktes seines Konvergenzkreises. a heißt die z-Koordinate, $\mathfrak{P}\,(z-a)$ die *Elementkoordinate* oder auch das *bestimmende Element* der Stelle. Die Gesamtheit der Stellen, zu welchen so die Elemente einer Funktion Anlaß geben, machen das *Riemannsche Feld* der Funktion aus. Dieses Feld besitzt *Gebietscharakter*. Um das zu belegen, definiere ich den Begriff „*Umgebung einer Stelle des Feldes*". Darunter versteht man eine gewisse Menge von Stellen, die der folgenden zweifachen Bedingung genügen: daß erstens ihre z-Koordinaten einer Umgebung von $z = a$ angehören, daß zweitens ihre bestimmenden Elemente durch unmittelbare Fortsetzung der Elementkoordinate jener Stelle entstehen. Jede Stelle des Feldes besitzt somit eine Umgebung. Damit ist die eine Gebietseigenschaft nachgewiesen.

Um auch die zweite nachzuweisen, muß der Begriff der auf dem Feld verlaufenden stetigen Kurve erklärt werden. Man denke sich eine stetige Kurve $z = z\,(t)$ der z-Ebene, die $z = a$ mit $z = b$ verbindet. Alsdann setze man das Element $\mathfrak{P}\,(z-a)$ längs der Kurve fort; falls dies bis zu $z = b$ hin möglich ist, und falls man dabei zu dem Element $\mathfrak{P}\,(z-b)$ gelangt, dann sage ich, die Stellen $\{\,z\,(t),\ \mathfrak{P}_t\,(z-z\,(t))\,\}$ bildeten eine auf dem Feld gelegene stetige Kurve, welche die Stellen $\{\,a,\ \mathfrak{P}_a(z-a)\,\}$ und $\{\,b,\ \mathfrak{P}_b(z-b)\,\}$ miteinander verbindet. Aus dem Begriff der analytischen Funktion ergibt sich sofort, daß man je zwei Stellen auf diese Weise verbinden kann. Damit ist die zweite Gebietseigenschaft des Feldes erkannt.

Wir sagen weiter, $w\,(z)$ sei eine in der Umgebung der Stelle $\{\,a,\ \mathfrak{P}\,(z-a)\,\}$ des Feldes erklärte Funktion, wenn den Stellen dieser Umgebung Werte von $w\,(z)$ zugeordnet sind. So ist also z. B. z selbst in der Umgebung einer jeden Stelle des Feldes eindeutig erklärt. Ebenso ist $\mathfrak{P}\,(z-a)$ eine in jeder Umgebung der Stelle $\{\,a,\ \mathfrak{P}\,(z-a)\,\}$ erklärte Funktion des Feldes. Eine so erklärte Funktion heißt stetig oder analytisch, wenn sie als Funktion der z-Koordinate der Feldpunkte aufgefaßt stetig oder analytisch ist.

Die eben über die Funktion z gemachte Bemerkung lehrt überdies, daß die Riemannschen Felder funktionentheoretische Bereiche sind im Sinne der S. 69 gegebenen Definition.[1]) Jede Stelle derselben hat eine *schlichte* Umgebung.

Der damit eingeführte Begriff des Feldes wird noch in zwei Richtungen eine gewisse Verallgemeinerung erfahren. Einmal durch Hinzunahme von unendlichfernen Stellen und dann durch Hinzunahme von Polen der Funktion. Um eine Funktion $f\,(z)$ in der Umgebung des unendlichfernen Punktes zu untersuchen, betrachtet man $f\left(\dfrac{1}{z}\right)$ in der Umgebung von $z = 0$, wie uns

---

1) Der Leser möge das selbst weiter durchdenken, um so jetzt eindringlich Kenntnis von jenen Darlegungen zu nehmen.

dies seit S. 49 geläufig ist. Um die Unendlichkeitsstellen zu untersuchen, betrachtet man $\frac{1}{f(z)}$. Die Kombination von beidem, also die Betrachtung von $\frac{1}{f\left(\frac{1}{z}\right)}$ führt zur Untersuchung von unendlichfernen Polen. Wenn z. B. die Fortsetzung einer Funktion längs eines bestimmten Weges zwar bis zur Stelle $z = a$ hin möglich ist, aber bei Annäherung an diese Stelle die Konvergenzradien gegen Null streben, dann ist die Fortsetzung in diese Stelle hinein und darüber hinaus nicht möglich, wohl aber ist es denkbar, daß man bei Fortsetzung der Funktion $\frac{1}{f(z)}$ längs des in der Umgebung von $z = a$ gelegenen Wegestückes mehr Erfolg hat, daß diese Fortsetzung zu einem Element $\mathfrak{P}(z - a)$ der Funktion $\frac{1}{f(z)}$ hinführt. Dann hat nach S. 49 $f(z)$ dort einen Pol. Wir ergänzen dann unser Feld durch die Polstellen $\left\{ a, \frac{1}{\mathfrak{P}(z-a)} \right\}$. Ganz analog verfahren wir mit den unendlichfernen Punkten. Man kann diesen Verhältnissen auch in der Benennung Rechnung tragen, indem man etwa von einem *Regularitätsfeld* im Gegensatz zu dem *Rationalitätsfeld*, d. h. dem Feld der Stellen rationalen Charakters redet und das Feld der endlichen Stellen von dem unendlichen Feld unterscheidet. Der Begriff „Umgebung eines Poles" wird weiterhin noch erklärt werden.

§ 4. Singuläre Stellen.

Unter einer Kette von Funktionselementen verstehen wir eine Folge von Funktionselementen $\mathfrak{P}_1$, $\mathfrak{P}_2$, $\cdots$ derart, daß jedes $\mathfrak{P}_n$ durch unmittelbare Fortsetzung des vorhergehenden $\mathfrak{P}_{n-1}$ entsteht. Seither haben wir nur endliche Ketten betrachtet und gelangten durch sie von jedem Ausgangselement zu jedem anderen Element hin. Nunmehr sollen auch unendliche Ketten herangezogen werden.

Die Mannigfaltigkeit der hier an und für sich möglichen Fälle ist außerordentlich groß, können doch die Häufungspunkte der Elementmittelpunkte wahllos über die Ebene verteilt sein, und kann man doch auch unendliche Ketten verwenden, um zu Elementen zu gelangen, die man durch endliche Ketten ebensogut, ja, besser erreichen kann. Bei dieser Lage der Dinge wird es gut sein, zunächst die Menge der zu berücksichtigenden unendlichen Ketten einer gewissen Einschränkung zu unterwerfen. Wir wollen einmal voraussetzen, daß die Konvergenzradien der Elemente gegen Null streben. Anderenfalls nämlich würden wir über das schon durch endliche Ketten Erreichbare im allgemeinen nicht hinauskommen. Hier sei weiter zunächst vorausgesetzt, daß die Elementmittelpunkte einer bestimmten Grenzlage zustreben.[1]) Nur wenn diese Grenzlage der unendlichferne Punkt ist, müssen wir die erste Bedingung dahin abändern, daß die entsprechenden Elemente der Funktion $f\left(\dfrac{1}{z}\right)$ Konvergenzradien besitzen, welche gegen Null konvergieren. Wenn man beide Fälle in einer einheitlichen Definition zusammenfassen will, so bleibt nichts anderes übrig, als durch stereographische Projektion von der komplexen Ebene zur Zahlenkugel überzugehen. Diese Sorte von unendlichen Ketten wird uns zum Begriff der *singulären Stelle* einer analytischen Funktion führen. Später werden wir noch allgemeinere Ketten betrachten, bei welchen auch die Konvergenzradien gegen Null streben, bei welchen aber die Elementmittelpunkte sich gegen eine bestimmte Kurve statt gegen einen einzelnen Punkt häufen; das wird dann zum Begriff der *singulären Linie* führen. Zunächst aber wollen wir bei der ersten Kettensorte stehen bleiben. Wir wollen sie kurz *singuläre Ketten erster Art* nennen.

Unter einer singulären Kette erster Art verstehe ich also eine Kette von Funktionselementen, deren Mittelpunkte einen einzigen Häufungspunkt besitzen, und deren Konvergenzradien (auf der Kugeloberfläche gemessen) gegen Null konvergieren.

Wir setzen weiter fest: *Eine jede singuläre Kette erster Art bestimmt eine singuläre Stelle der analytischen Funktion, aus deren Elementen die Kette besteht.*

Wir sagen also nicht, daß wir unter einer singulären Stelle eine singuläre Kette *verstehen* wollen, weil wir dem Umstand Rechnung tragen müssen, daß verschiedene singuläre Ketten dieselbe singuläre Stelle bestimmen, z. B. wird es ja bei der Definition der singulären Stellen auf die Anfangselemente der bestimmenden Ketten gar nicht ankommen. Unsere erste Aufgabe wird es daher sein, festzusetzen, unter welchen Umständen zwei singuläre Ketten dieselbe singuläre Stelle bestimmen sollen. Wir werden bei der Wahl dieser Festsetzungen den Erfahrungen Rechnung tragen müssen,

---

1) Wenn die Mittelpunkte der Elemente $\mathfrak{P}_1$, $\mathfrak{P}_2 \cdots$ zwar einer Grenzlage a zustreben, die Radien der Elemente aber nicht den Grenzwert Null haben, so gibt es ein Element $\mathfrak{P}(z-a)$ derart, daß alle Elemente der Kette mit hinreichend großer Nummer durch unmittelbare Fortsetzung von $\mathfrak{P}(z-a)$ erhalten werden können. Denn dann gibt es eine Zahl $\varepsilon > 0$, die durch die Konvergenzradien passend gewählter Elemente $\mathfrak{P}_n$ von beliebig großer Nummer: $\mathfrak{P}_{\nu_1}$, $\mathfrak{P}_{\nu_2} \cdots$ übertroffen wird. Von einer gewissen Nummer, etwa ν_1, an sind aber die Mittelpunkte aller Elemente um weniger als $\dfrac{\varepsilon}{2}$ von a entfernt, so daß also a den Konvergenzkreisen der eben erwähnten Elemente angehört. Ich greife $\mathfrak{P}_{\nu_1}$ heraus. Sein Konvergenzkreis enthält den Punkt a. Somit kann ich als unmittelbare Fortsetzung von $\mathfrak{P}_{\nu_1}$ ein Element $\mathfrak{P}(z-a)$ einführen, dessen Konvergenzradius mindestens $\dfrac{\varepsilon}{2}$ beträgt. Ihm gehören die Mittelpunkte aller auf $\mathfrak{P}_{\nu_1}$ folgenden Elemente an. Sie sind somit lauter unmittelbare Fortsetzungen dieses Elementes $\mathfrak{P}(z-a)$.

welche wir bei früheren Beispielen, namentlich in Kap. 5 gesammelt haben. Sei etwa h der Häufungspunkt der Elementmittelpunkte der Kette. Dann heißt h die *z-Koordinate der singulären Stelle*. Wir schlagen um h irgendeinen Kreis. Betrachten wir nun die Elemente $P_1, P_2 \cdots$ der Kette, so gibt es eine Nummer n derart, daß sämtliche Kettenglieder, deren Nummer n übertrifft, Mittelpunkte besitzen, deren Koordinaten diesem Kreis angehören. Die Kette $P_n, P_{n+1} \cdots$ verläuft also ganz im Kreise. Wir nennen sie ein *Ende der singulären Kette*. Wir setzen ihre Elemente auf alle möglichen Weisen längs Wegen fort, die den eingeführten Kreis nicht verlassen. Die Gesamtheit der so erhaltenen Elemente machen eine *Umgebung des Kettenendes* aus. Wir setzen nun fest, daß *dann und nur dann zwei singuläre Ketten dieselbe singuläre Stelle bestimmen, wenn ihre Enden eine gemeinsame Umgebung besitzen. Unter einer singulären Stelle verstehen wir somit den Inbegriff derjenigen singulären Ketten, deren Enden eine gemeinsame Umgebung besitzen. Diese gemeinsame Umgebung heißt Umgebung der singulären Stelle.*

Zur Bezeichnung und Bestimmung einer singulären Stelle reicht eine dieser Ketten aus. Wir nennen sie die Ketten- oder die *Elementkoordinate der singulären Stelle* zum Unterschied von ihrer z-Koordinate, d. i. der Häufungspunkt der Kettenmittelpunkte.

Eine jede Umgebung einer singulären Stelle bestimmt ein Stück des Riemannschen Feldes.

Man erkennt die weitgehende Analogie, die zwischen der Definition des Randpunktes eines Bereiches und unserer Definition der singulären Stelle besteht. Auch hier handelt es sich darum, den Begriff Häufungsstelle von inneren Stellen des Feldes zu erklären. Nur sind es nicht beliebig nebeneinander gestellte Feldstellen, die eine Kette ausmachen.

Die engste Analogie weist aber unsere Begriffsbildung zum Begriff des *erreichbaren Randpunktes* eines schlichten Bereiches auf. Das sind diejenigen Randpunkte, nach welchen man aus dem Bereich einen aus endlich- oder unendlichvielen Strecken bestehenden ganz im Bereich verlaufenden Polygonzug legen kann. Hier ist dieser Polygonzug durch die Verbindungsstrecken gegeben, welche die Mittelpunkte der Kettenglieder verbinden. Die Verhältnisse sind nur hier insofern nicht ganz die gleichen, als bei den mehrblättrigen Flächen nicht von vornherein Punkte zur Verfügung stehen, die dann nur noch als Randpunkte zu charakterisieren wären. Es stehen eben nur die (inneren) Stellen des Feldes zur Verfügung. Ein Stück desselben ist also eine jede Umgebung einer singulären Stelle.

Wenn eine singuläre Stelle eine schlichte Umgebung besitzt, deren Stellen also durch ihre z-Koordinaten eindeutig bestimmt sind, so sagen wir, die singuläre Stelle sei *eindeutiger Natur*. Sonst sagen wir, sie sei *mehrdeutig*. Unter den eindeutigen Singularitäten spielen die *isolierten* eine besondere Rolle. Bei denselben füllen die z-Koordinaten der schlichten Umgebung einen vollen Kreis mit Ausnahme der z-Koordinate der singulären Stelle selbst. Wenn dazu noch die reziproke Funktion $\frac{1}{f(z)}$ in diesem Kreise beschränkt ist, so liegt ein Pol vor, im anderen Falle haben wir es mit einer wesentlich singulären Stelle zu tun.

Unter den mehrdeutigen Singularitäten spielen die *endlichvieldeutigen* eine wichtige Rolle. Unter diesen wieder sind die *völlig m-deutigen* wichtig. Bei ihnen entsprechen *jeder* z-Koordinate einer nicht zu großen Umgebung genau m verschiedene Feldstellen der Umgebung. Führt man dann $\sqrt[m]{z-h} = t$ in der Umgebung dieser Stelle mit der z-Koordinate h[1]) als neue Variable ein, so wird $f(h + t^m)$ in der Umgebung von $t = 0$ eindeutig. Ist diese Funktion dort namentlich regulär oder wenigstens vom Charakter einer rationalen Funktion, so lag eine *algebraische Singularität*, ein m-blättriger algebraischer Verzweigungspunkt vor.

Näheres über diese hiermit erst ganz kurz angedeuteten Dinge sollen die beiden nächsten Paragraphen enthalten. Diesen wollen wir mit dem Beweis eines allgemeinen und berühmten Satzes schließen:

Auf dem Konvergenzkreis eines jeden Funktionselementes liegt mindestens eine singuläre Stelle der Funktion, zu welcher das Element gehört. Um uns den Sinn dieser Behauptung ganz klar zu machen, betrachten wir diejenigen aus der Fortsetzung des vorgelegten Elementes entstehenden Ketten, deren Mittelpunkte einem Radius des Konvergenzkreises unseres Elementes angehören, und deren Mittelpunkte diesem Konvergenzkreis angehören. Dann behauptet unser Satz, daß es unter diesen radialen Ketten mindestens eine singuläre gibt, daß also längs mindestens eines Elementradius die Konvergenzradien der Kettenglieder gegen Null streben. Alle gehen durch unmittelbare Fortsetzung aus dem Ausgangselement hervor. Der Satz kann auch dahin ausgesprochen werden, daß es mindestens ein durch unmittelbare Fortsetzung entstehendes Element gibt, dessen Konvergenzkreis den des gegebenen Elementes berührt. Der Berührungspunkt liefert dann die z-Koordinate der singulären Stelle, und die zu diesem Berührungspunkt gehörige radiale Kette liefert die Kettenkoordinate der singulären Stelle. Nehmen wir nämlich im Gegenteil an, die Konvergenzradien einer jeden radialen Kette strebten bei Annäherung an den Rand des Konvergenzkreises unseres Ausgangselementes nicht gegen Null. Dann besitzen die-

---

1) Für den Fall, daß $h = \infty$ ist, hat man $\sqrt[m]{\dfrac{1}{z}}$ zu nehmen.

selben, da die Konvergenzradien sich stetig mit dem Mittelpunkt ändern, auf jedem Radius eine wesentlich positive untere Grenze. Daher leuchtet ein, daß man durch eine endliche Kette längs dieses Radius unser Element bis zu dem Endpunkt des Radius fortsetzen kann. Dies wäre dann längs eines jeden Radius möglich, und jeder Peripheriepunkt würde Mittelpunkt eines Elementes, dessen Konvergenzkreis mit dem des vorgelegten ein Bereichstück gemeinsam hätte, in dem beide dieselben Funktionswerte liefern. Da aber die Radien dieser Elemente sich wieder längs der Kreisperipherie stetig ändern, liegen sie alle oberhalb einer wesentlich positiven Schranke d und bedecken daher mit dem Konvergenzkreis des vorgelegten Elementes zusammen einen Kreis vom Radius $d + r$, wenn r der Radius des vorgelegten war. In diesem stellten unsere Elemente eine eindeutige regulär analytische Funktion dar. Daher müßte die vorgelegte Reihe nach S. 137 in einem größeren als dem vorgelegten Kreise konvergieren.

Dieser Satz über den Konvergenzkreis ist ein bequemes Mittel, um vielfach bei der Entwicklung gegebener Funktionen in Potenzreihen schon ohne vorherige Kenntnis ihrer Koeffizienten die Größe des Konvergenzradius anzugeben. Es ist eben der Abstand des Entwicklungsmittelpunktes vom nächsten singulären Punkte der Funktion. Soll man z. B. $\sqrt{z}$ in der Umgebung von $z = 0$ entwickeln, so wird $|a|$ der Konvergenzradius, denn $z = 0$ ist der einzige endliche singuläre Punkt. Bei der Entwicklung von $\sqrt{(z-a)(z-b)}$ nach Potenzen von z ist der Konvergenzradius durch den kleineren der Werte $|a|$ oder $|b|$ gegeben. Nach dieser Regel bestimmt man auch in allen S. 156 ff. gegebenen Beispielen mit Leichtigkeit den Konvergenzradius.

§ 5. Die Singularitäten der eindeutigen Funktionen.

Zunächst möge sich der Leser wieder die Betrachtungen von S. 145 über isolierte eindeutige Singularitäten ins Gedächtnis zurückrufen.

Die singulären Stellen können noch ganz anderer Art sein als die damals betrachteten. Sie können auch ganze Kurven erfüllen. Z. B. lassen sich Funktionselemente mit endlichem Konvergenzkreis angeben, die über ihren Konvergenzkreis hinaus nicht fortgesetzt werden können Dann ist also im Sinne der S. 211 gegebenen Definition jede Stelle der Peripherie eine singuläre Stelle der Funktion. Das einfachste Beispiel rührt von Weierstraß her. Es ist die Reihe

$$\sum a^n z^{b^n}.$$

a sei hier eine positive, b eine positive ganze Zahl > 1. Der Konvergenzkreis ist der Einheitskreis. Denn

$$\lim_{n \to \infty} a^{\frac{n}{b^n}} = 1.$$

Vom n-ten Glied an haben alle Exponenten den größten gemeinsamen Teiler b^n. Da die Summe der ersten Glieder als ganze rationale Funktion keinen Einfluß auf die Lage der Singularitäten hat, so will ich annehmen, α sei eine Singularität von

$$\sum_{n=m,\,\cdots} a^n z^{b^n} = f(z)$$

auf der Konvergenzgrenze. Die Funktion kann dann auf dem nach dieser Stelle zielenden Radius nicht über diese Stelle hinaus fortgesetzt werden.[1]) Mache ich aber nun die Substitution

$$z = z' e^{\frac{2 i \pi h}{b^m}} \; (h = 0, 1 \cdots),$$

so wird

$$f(z) = f(z').$$

Die Funktion geht also bei Drehung der z-Ebene um den Winkel $h\frac{2 i \pi}{b^m}$ in sich über. Daher sind alle Stellen, die bei diesen Drehungen aus α entstehen, also die b^m Stellen $\alpha e^{h\frac{2 i \pi}{b^m}}$ auch singuläre Stellen der Funktion $\sum a^n z^{b^n}$. Diese Überlegungen kann ich aber für jedes m anstellen. Daraus folgt, daß die singulären Stellen auf der Konvergenzgrenze überall dicht liegen. Denn je größer ich m wähle, um so kleiner wird der erkennbare Winkelunterschied zweier Singularitäten. Da aber Häufungspunkte von singulären Stellen natürlich wieder singuläre Stellen sind, so ist jede Stelle des Konvergenzkreises singulär. Könnte man ja auf irgendeinem Radius die Funktion über den Kreis hinaus fortsetzen, so müßte es auf demselben einen von Singularitäten freien Bogen geben.

Man nennt den Einheitskreis eine *natürliche Grenze* der Funktion, den Einheitskreis ihren *Existenzbereich*. Schon der Umstand, daß man den Einheitskreis auf andere Bereiche analytisch abbilden kann, läßt vermuten, daß die Gestalt des Existenzbereiches eine recht mannigfache sein kann. Wir werden später (S. 291) sehen, daß er in weitem Ausmaß willkürlich vorgegeben werden kann. Wir werden lernen, stets Funktionen mit gegebenem Existenzbereich zu konstruieren. Über die singulären Linien selbst wäre noch mancherlei zu sagen. Indessen soll erst im zweiten Band näher auf solche Dinge eingegangen werden.

---

1) Denn sonst wäre sie auch auf jedem anderen im Einheitskreis nach dieser Stelle geführten Weg darüber hinaus fortsetzbar.

§ 6. Die Singularitäten der mehrdeutigen Funktionen.

Wir beschränken uns hier auf die isolierten singulären Stellen. Wir denken uns eine Stelle a und einen um dieselbe geschlagenen Kreis. Es soll möglich sein, ein zu einer Stelle b dieses Kreises gehöriges Funktionselement $\mathfrak{P}\,(z - b)$ auf *allen* diesem Kreise angehörigen Wegen, welche die Stelle a nicht treffen, fortzusetzen. Diese Elemente mögen eine Umgebung jener singulären Stelle ausmachen.

Der Fall, daß sich dabei eine eindeutige Funktion ergibt, wurde bereits im vorigen Paragraphen erledigt. Nehmen wir an, es ergebe sich eine mehrdeutige Funktion. Dieselbe kann endlichvieldeutig oder unendlichvieldeutig sein. Um klaren Einblick in alle Möglichkeiten zu gewinnen, will ich zunächst annehmen, es gebe eine ganze positive Zahl n derart, daß $f(a + t^n) = F(t)$ in der Umgebung von $t = 0$ eindeutig wird. Dann ergeben sich für $F(t)$ alle früher bei eindeutigen Funktionen aufgezählten Möglichkeiten. Denn $F(t)$ ist überall in einem Kreise um $t = 0$ erklärt, weil es auf allen $t = 0$ nicht treffenden Kurven fortgesetzt werden kann (vgl. auch S. 217). Also ist entweder $F(t)$ bei $t = 0$ regulär oder es hat einen Pol m-ter Ordnung oder aber eine wesentlich singuläre Stelle. In den beiden ersten Fällen wollen wir sagen, die Funktion zeige an der Stelle $z = a$ *algebraischen Charakter* oder sie habe da einen *algebraischen Verzweigungspunkt n-ter Ordnung*. Die Benennung werden wir später durch den Nachweis rechtfertigen, daß bei den algebraischen Funktionen andere Singularitäten als diese nicht auftreten. *Die Stellen algebraischen Charakters sind also dadurch definiert, daß die Funktion $f(z)$ in ihrer Umgebung durch eine Entwicklung der Form* $\sum a_\varkappa \left(\sqrt[n]{z - a}\right)^\varkappa$ *mit endlichvielen negativen Potenzen dargestellt werden kann.* Die Funktion ist also auf einem n-blättrigen Windungsstück um den Punkt $z = a$ eindeutig. Wir erweitern nun wieder den Begriff des Funktionselementes, indem wir auch derartige Entwicklungen als Elemente ansprechen und ihre n-blättrigen Konvergenzkreise wie die schlichten Kreise zum Aufbau der Fläche verwenden. Im unendlichfernen Punkt ist sinngemäß das gleiche zu machen. Man hat nur statt $\sqrt[n]{z - a}$ die Funktion $\sqrt[n]{\dfrac{1}{z}}$ als Entwicklungsgröße zu verwenden. Durch diese Erweiterung des Elementbegriffes geht die analytische Funktion in das *analytische Gebilde*, das Riemannsche Feld in die *Riemannsche Fläche* über.

Hat man die Funktion in der Form $f(z) = \sum a_\varkappa t^\varkappa \left(t = \sqrt[n]{z - a}\right)$ entwickelt, so sagt man auch, man habe sie in der Umgebung der Stelle $z = a$ *uniformisiert*, d. h. eindeutig gemacht. Denn mit Hilfe des uniformisierenden

Parameters t findet man so die eindeutige Parameterdarstellung der Funktion in der Form

$$z = a + t^n, \quad f(z) = \sum a_\varkappa t^\varkappa.$$

Im Unendlichfernen hat man als uniformisierenden Parameter dann $t = \sqrt[n]{\dfrac{1}{z}}$ zu verwenden und hat also die Parameterdarstellung

$$z = \frac{1}{t^n}, \quad f(z) = \sum a_\varkappa t^\varkappa.$$

n bedeutet in beiden Fällen eine positive ganze Zahl. Kommen nur endlichviele negative Potenzen vor, so liegt ein Element algebraischen Charakters vor. Für $n = 1$ sind darunter als Spezialfall die Elemente rationalen Charakters enthalten.

Unter einer Stelle der Riemannschen Fläche von $f(z)$ versteht man nun den Inbegriff $\left(a, \, \mathfrak{P}\left(\sqrt[n]{z - a}\right)\right.$ und $\left(\infty, \, \mathfrak{P}\left(\sqrt[n]{\dfrac{1}{z}}\right)\right)$, wo diese Reihen nur endlichviele negative Potenzen enthalten. Jedem algebraischen Element der Funktion entspricht so eine Stelle der Riemannschen Fläche, die von der Gesamtheit dieser Stellen gebildet wird. Unter der Umgebung einer Stelle dieser Fläche versteht man, soweit es sich um reguläre Stellen handelt, das gleiche wie beim Feld; soweit es sich um singuläre Stellen handelt, macht die S. 211 erklärte Umgebung derselben auch die Umgebung der betreffenden Stelle der Riemannschen Fläche aus.

Zu jeder Stelle einer Riemannschen Fläche gehört also ein *lokaler uniformisierender Parameter*, d. h. eine in der Umgebung der Fläche eindeutig und analytisch erklärte Funktion, durch welche diese Umgebung auf ein schlichtes Flächenstück abgebildet wird. Als solcher lokaler uniformisierender Parameter kann im Falle einer jeden schon dem Felde angehörigen endlichen Stelle mit der z-Koordinate a die Funktion $t = z - a$ dienen, in der Umgebung einer unendlichfernen Feldstelle wird $t = \dfrac{1}{z}$ verwendet. In der Umgebung eines endlichen m-blättrigen Verzweigungspunktes benutzt man $t = \sqrt[m]{z - a}$, in der Umgebung eines unendlich fernen m-blättrigen Verzweigungspunktes endlich $t = \sqrt[m]{\dfrac{1}{z}}$. Eine auf der Fläche eindeutig erklärte Funktion heißt dann in einer Flächenstelle stetig, wenn die durch Einführung des Parameters entstehende Funktion $F(t)$ in $t = 0$ stetig ist, sie heißt regulär **analytisch**, wenn $F(t)$ in $t = 0$ regulär ist. Sie heißt von rationalem Charakter und besitzt insbesondere einen Pol n-ter Ordnung, wenn $F(t)$ bei $t = 0$ einen Pol n-ter Ordnung besitzt.

Angesichts dieser lokalen uniformisierenden Parameter drängt sich hier schon die Frage auf, ob es nicht möglich ist, auch für den *Gesamtverlauf* der Funktion solche eindeutige Parameterdarstellungen zu finden, wie sie eben für die *Umgebung der einzelnen Stellen* abgeleitet wurden. Die Beantwortung führt zur Lehre von der Uniformisierung. Wir werden sie später ausführlich behandeln.

Jetzt haben wir nur noch ein Wort über den Fall zu sagen, wo die Funktion in der Umgebung der Stelle a nicht endlichvieldeutig ist, so daß es also keine endlichvielblättrige Umgebung gibt, in der die Funktion eindeutig ist. Dann führt man die unendlichvielblättrige Fläche des $\log (z - a)$ ein und betrachtet also die Funktion $f(a + e^t)$ in ihrem Bilde, d. h. also in einer Halbebene. Man erhält dann eine Funktion, die sich auf beliebigen in der Halbebene gelegenen Wegen muß fortsetzen lassen, also eine Funktion, die in der Halbebene eindeutig ist. Also hier wird $f(a + e^t)$ in der Umgebung von $z = a$ eindeutig.

Solche unendlichvielblättrige Verzweigungspunkte zählt man aber nie den inneren Punkten der Riemannschen Fläche zu. Sie gehören stets ihrem Rande an.

Aufgabe: Man beweise, daß die S. 207 eingeführten Rationalitätsfelder und die hier eingeführten Riemannschen Flächen funktionentheoretische Bereiche sind im Sinne der S. 69 gegebenen Definition.

§ 7. Der Monodromiesatz.

Es sei ein einfach zusammenhängender Bereich B in der z-Ebene gegeben. A sei ein Punkt aus seinem Inneren und $\mathfrak{P}(z - A)$ ein reguläres Funktionselement. Es soll möglich sein, dasselbe längs jedem beliebigen in B gelegenen Wege fortzusetzen. Dann bilden alle Fortsetzungen, die längs beliebigen in B gelegenen Wegen erhalten werden können, eine in B eindeutige durchweg reguläre Funktion.

Man kann den Satz etwas weniger präzis auch so aussprechen, daß eine in einem einfach zusammenhängenden Bereich reguläre Funktion notwendig eindeutig ist. Der Satz will also von der „lokalen" Eindeutigkeit in der Umgebung der einzelnen Stellen auf die Eindeutigkeit im „großen", d. h. im Gesamtverlauf durch den Bereich schließen.

Zunächst leuchtet ein, daß ein jedes bei dieser Fortsetzung erhaltene Element im größten ganz in B gelegenen Kreise konvergiert. Denn sonst läge auf seinem Rande eine singuläre Stelle, die dem Inneren von B angehörte. Die Funktion könnte somit auf dem vom Mittelpunkt nach dieser Stelle gezogenen Radius nicht über die Stelle hinaus fortgesetzt werden.

Ich nehme nun an, es gäbe irgendeinen geschlossenen Weg von A nach A, auf dem das Element $\mathfrak{P}(z - A)$ sich fortsetzen ließe, ohne nach Vollendung des Umlaufs zum Ausgangselement zurückzukehren. Die Funktion verhält sich dann mehrdeutig bei Fortsetzung längs der Kurve. Ich will zeigen, daß dies nicht eintreten kann. Da jede Fortsetzung, wie wir gesehen haben (S. 202), durch eine endliche Kette von Elementen bewerkstelligt wird, so ist die hier eingeführte Fortsetzung gleichwertig mit der Fortsetzung längs des Polygones, das die Mittelpunkte der Funktionselemente aus einer solchen Kette miteinander verbindet. Ich zerlege das so erhaltene Polygon durch Diagonalen in Dreiecke (vgl. S. 116). (Fig 59.) Ich behaupte: Auch bei Fortsetzung längs mindestens eines dieser Dreiecke muß die Funktion mehrdeutig sein. Denn könnten alle Elemente der Kette eindeutig längs der Dreiecke fortgesetzt werden, so würde ich folgende Überlegung anstellen. Statt der Fortsetzung längs des Linienzuges DEF darf ich längs DF direkt fortsetzen, weil das in F zum gleichen Element

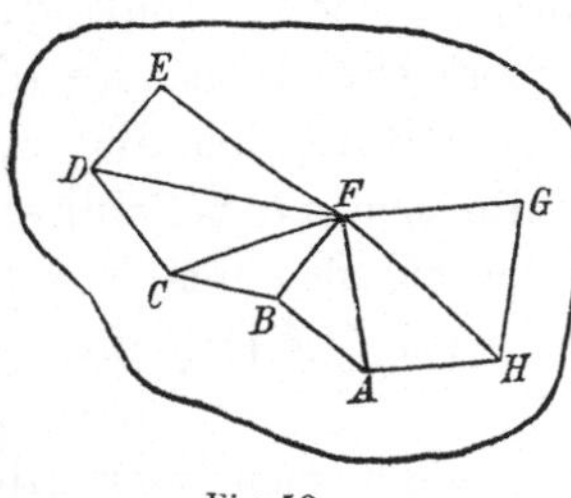

Fig. 59.

führt. Durch denselben Schluß kann ich statt der Linie CDF die Gerade CF einführen: So weiterfahrend kann ich aber schließlich dahin kommen, daß die Fortsetzung längs des Polygones gleichbedeutend mit der Fortsetzung längs des Dreieckes $ABFA$ ist. Durch eine der eben am Beispiel dargelegten ähnlichen Schlußweise kann ich stets ein Dreieck nach dem anderen abspalten, um schließlich ein einziges an die Ecke A anstoßendes übrig zu behalten. Auch hier würde die Fortsetzung zum Ausgangselement zurückführen. Soll dies nun aber bei der Polygonfortsetzung nicht statthaben, so muß es unter all den eben betrachteten ein Dreieck geben, für das die Fortsetzung nicht zum Ausgangselement zurückführt. Dies Dreieck greife ich heraus. Ähnlich wie beim Cauchyschen Integralsatze zerlege ich es in 4 Teildreiecke (Fig. 43) und schließe wie eben, daß schon bei Fortsetzung längs eines derselben eine Mehrdeutigkeit sich zeigen muß. Auf diese Weise werde ich auf immer kleinere Dreiecke geführt. Nach einer gewissen Zahl von Schritten gelangt man aber so zu einem Dreieck, das ganz dem Inneren eines jeden zu den Punkten seiner Seiten gehörigen Elemente angehört, weil ja deren Konvergenzradius mindestens dem Abstand des großen Dreiecks vom Rande von B gleich ist. Daher kann längs einem derartigen Dreieck die Fortsetzung nur eindeutig sein. Daher ist sie auch längs jedem Dreieck, längs jedem Polygon, längs jeder geschlossenen Kurve eindeutig. Somit gehört zu jedem Bereichpunkt nur ein Funktionselement und die verschiedenen Fortsetzungen erklären in B eine eindeutige Funktion.

Der hier bewiesene Satz ist wesentlich an die Voraussetzung eines einfach zusammenhängenden Bereiches B gebunden. Ist B mehrfach zusammenhängend, so bleibt bei sonst unveränderten Voraussetzungen der Satz nicht mehr richtig. Denn dann kann das Polygon, das wir beim Beweis benutzten, Randpunkte des Bereiches umschließen. Dann besteht sein Inneres nicht nur aus Bereichpunkten, und die Dreieckzerlegung führt aus dem Bereich heraus. So ist z. B. der $\log z$ auf jedem Wege in einem um den Nullpunkt gelegten konzentrischen Kreisring fortsetzbar, ohne doch in diesem Bereiche eindeutig zu sein.

Der Satz kann auf Funktionen erweitert werden, welche zwar nicht selbst auf allen Wegen fortsetzbar sind, welche aber die Eigenschaft besitzen, daß ihre einzigen bei Fortsetzung im gegebenen Bereiche erreichbaren Singularitäten Pole sind. Der Beweis verläuft ganz ähnlich wie eben, nur muß man jedesmal, wenn die Fortsetzung von $f(z)$ selbst zum Stocken kommt, zur reziproken Funktion übergehen. Dann erkennt man wie eben, *daß die bis auf Pole in einem einfach zusammenhängenden Bereiche regulären Funktionen notwendig eindeutig sind.*

§ 8. Das Spiegelungsprinzip.

Der einfachste Fall ist der, daß eine *analytische Funktion längs eines Stückes der reellen Achse regulär ist und auf diesem Stück reelle Werte annimmt. Setzt man die Funktion nach beiden Seiten dieser Strecke auf konjugiert imaginären Wegen fort, so erhält man in konjugiert imaginären Punkten, welche also zur reellen Achse spiegelbildlich liegen, konjugiert imaginäre Funktionswerte.*

Der Satz sagt also einmal aus, daß man die Funktion auf einem Wege dann und nur dann fortsetzen kann, wenn man sie auf dem gespiegelten Wege fortsetzen kann. Er gibt gleichzeitig eine Beziehung zwischen den so erhaltenen Funktionswerten an. Er enthält also sowohl eine Aussage über die Möglichkeit als eine Angabe über den Verlauf der Fortsetzung.

Zum Beweise nehme ich an, das Stück der reellen Achse liege zwischen a und b und α sei ein Punkt desselben. Eine Potenzreihe $\mathfrak{P}(z - \alpha)$, welche in der Umgebung der Stelle α auf der reellen Achse reelle Werte annimmt, besitzt reelle Koeffizienten. Denn die Koeffizienten sind bis auf die Faktoren $\dfrac{1}{n!}$ den Ableitungen der Funktion im Punkte α gleich. Diese sind aber wie die Funktion selbst reell. Denn läßt man z. B. in $\dfrac{f(z+h)-f(z)}{h}$ z und h nur reelle Werte durchlaufen, so kommt ein reeller Grenzwert heraus. Die Summe einer Potenzreihe aber mit reellen Koeffizienten nimmt in konjugiert imaginären Punkten ihres Konvergenzkreises konjugiert imaginäre Werte an. Nun werde ein solches Element auf konjugiert imaginären Wegen fortgesetzt. Seien etwa $\beta, \bar{\beta}$ zwei konjugiert imaginäre

Punkte im **Konvergenzkreise** und $\mathfrak{P}(z - \beta)$ sowie $\mathfrak{P}(z - \beta)$ die durch unmittelbare Fortsetzung erhaltenen Elemente. Dann sind die Koeffizienten dieser Reihen wieder bis auf den Faktor $\dfrac{1}{n!}$ die Ableitungen von $\mathfrak{P}(z - \alpha)$ in den beiden konjugiert imaginären Punkten. Diese sind aber konjugiert imaginär. Nun hat man wieder in diesen beiden konjugiert imaginären Konvergenzkreisen dieser beiden Elemente zwei konjugiert imaginäre Punkte zu nehmen und da die neue Entwicklung anzusetzen. Wieder erhält man konjugiert imaginäre Elemente.

Der Satz kann in mannigfacher Weise erweitert werden. Zunächst werde angenommen, daß die Funktion statt auf der reellen Achse auf irgendeiner Strecke einer anderen Geraden g_z Werte annehme, die wieder irgendeiner Geraden g_w angehören. *Dann nimmt die Funktion in Punkten, welche spiegelbildlich zu g_z liegen, Werte an, welche zu g_w spiegelbildlich sind.* Zum Beweise hat man nur eine Drehung beider Ebenen vorzunehmen, welche die beiden Geraden in die reellen Achsen überführt. Seien z. B. $z = \alpha z_1 + \beta$ und $w_1 = Aw + B$ zwei Drehungen dieser Art, dann wird $w_1 = A f(\alpha z_1 + \beta) + B$. Dies ist nun eine Funktion, welche für reelle z_1 reelle Werte w_1 annimmt. Sie nimmt daher in konjugiert imaginären Punkten konjugiert imaginäre Werte an. Gehen wir nun zu der z- und w-Ebene zurück, so werden aus diesen konjugiert imaginären Punkten Punkte, welche zu den Geraden g_z und g_w spiegelbildlich liegen.

Es leuchtet ein, wie man statt mit Drehungen analoge Überlegungen mit beliebigen winkeltreuen Abbildungen anstellen kann. Wir wollen z. B. beliebige lineare Abbildungen heranziehen. Da diese die reellen Achsen in Kreise überführen und dabei konjugiert imaginäre Punkte in inverse Punkte dieser Kreise verwandeln (S. 59), so gewinnen wir dann den folgenden Satz:

Eine analytische Funktion sei auf einem Bogen eines Kreises K regulär und bilde ihn auf einen Kreisbogen K_1 ab. Dann nimmt die Funktion bei der Fortsetzung auf zu K inversen Wegen stets zu K_1 inverse Werte an.

Noch in anderer Richtung kann unser Satz vertieft werden. Man kann nämlich ohne die Annahme auskommen, daß die Funktion auf dem Stück der reellen Achse analytisch ist. Es genügt die Stetigkeit vorauszusetzen, um daraus schon auf den analytischen Charakter zu schließen. Ich will die Voraussetzungen genau formulieren:

In einem von einem Stück der reellen Achse begrenzten Bereich B der oberen Halbebene sei $f(z)$ eindeutig und analytisch. Überdies sei die Funktion im abgeschlossenen Bereich, also namentlich auf der reellen Achse stetig und nehme hier reelle Werte an, dann ist sie auch auf der reellen Achse analytisch.

Zum Beweise spiegeln wir den Bereich B an der reellen Achse und vereinigen ihn mit diesem Spiegelbild zu einem größeren Bereiche. Im Spiegelbild werde die Funktion $f(z)$ nun auch erklärt durch die Festsetzung, daß $f(\bar{z}) = \overline{f(z)}$ sein soll. So erhalten wir eine im erweiterten Bereiche stetige Funktion, deren analytischen Charakter wir nachweisen wollen. Zu dem Ende schlagen wir um einen Punkt der reellen Achse einen dem Bereich angehörigen Kreis K und betrachten das darüber im positiven Sinne erstreckte Integral

$$\frac{1}{2\pi i} \int \frac{f(\zeta)}{\zeta - z}\, d\zeta.$$

Es stellt eine in K analytische Funktion dar. Ich werde beweisen, daß sie in B mit $f(z)$ übereinstimmt. Dann stellt sie im übrigen Teil des Kreises eine Fortsetzung von $f(z)$ dar, so daß diese Funktion also tatsächlich auf der reellen Achse regulär ist. Sei also z im Integral eine Stelle aus dem oberen Halbkreis. Dann füge ich die beiden über den Kreisdurchmesser erstreckten Integrale

$$\frac{1}{2\pi i} \int_a^b \frac{f(\zeta)}{\zeta - z}\, d\zeta$$

und

$$\frac{1}{2\pi i} \int_b^a \frac{f(\zeta)}{\zeta - z}\, d\zeta$$

zu. Ihre Summe ist Null, so daß dadurch keine Änderung eintritt. Dann kann ich das Integral in die beiden Integrale über die beiden Halbkreise zerlegen. Das über den unteren Halbkreis verschwindet, das über den oberen Halbkreis ist gleich $f(z)$, wie ich jetzt beweisen will. Ich betrachte zunächst statt des Integrales über den unteren Halbkreis das Integral über das Kreissegment der Fig. 60. Dieses Integral verschwindet, weil im Inneren dieses Segmentes

$$\frac{f(\zeta)}{\zeta - z}$$

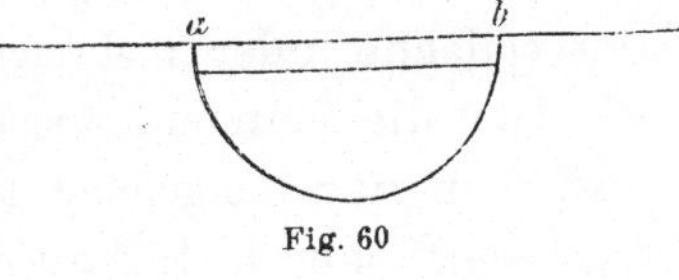

Fig. 60

eine reguläre Funktion von ζ ist. Wähle ich nun aber die Begrenzungsgerade des Segmentes genügend nahe an der reellen Achse, so sind Segmentintegral und Halbkreisintegral wegen der Stetigkeit der Funktion $f(\zeta)$ beliebig wenig verschieden. Daher ist auch das untere Halbkreisintegral Null. Durch dieselbe Überlegung erkennt man auch, daß das obere Halbkreisintegral den Wert $f(z)$ besitzt.

Als Anwendung dieser Überlegungen wollen wir den folgenden Satz beweisen. *Von einer Funktion $f(z)$ sei bekannt, daß sie im Inneren des Einheitskreises bis auf Pole regulär ist, daß sie am Rande des Einheitskreises stetig ist und daselbst den Betrag Eins besitzt. Dann ist die Funktion not-*

15*

wendig rational. Denn nach dem eben bewiesenen Satze ist die Funktion auf dem Einheitskreise regulär[1]) und daher nach dem Spiegelungsprinzip in der ganzen Ebene bis auf Pole regulär. Daher ist sie nach S. 151 eine rationale Funktion.

Neunter Abschnitt.

Einiges über algebraische Funktionen.

§ 1. Allgemeine Sätze.

Unter einer algebraischen Funktion versteht man eine Funktion $w(z)$, welche einer algebraischen Gleichung zwischen w und z genügt. Diese Gleichung sei $f(w, z) = 0$. Dann bedeutet also $f(w, z)$ eine ganze **rationale Funktion,** die in w vom n-ten, in z vom m-ten Grade sein möge. Trägt man einen bestimmten Wert von z ein, so erhält man eine algebraische Gleichung in w, die im allgemeinen vom n-ten Grade sein wird. Der Grad erniedrigt sich nur dann, wenn man für z eine Nullstelle des Koeffizienten gewählt hat, welchen w^n bekommt, wenn man die Gleichung nach Potenzen von w ordnet. An diesen Stellen liegen die Pole der Funktion $w(z)$. Wir müssen nämlich durchweg auch das Unendlichferne berücksichtigen. Das geschieht in bekannter Weise durch Einführung von $w = \dfrac{1}{\eta}$ oder wenn man $w(z)$ für $z = \infty$ untersuchen will, durch Einführung von $z = \dfrac{1}{\zeta}$. Trägt man dann $\dfrac{1}{\eta}$ für w ein, so erhält man eine Gleichung in η, deren Absolutglied der seitherige Koeffizient der höchsten Potenz von w wird. Wählt man dann z so, daß dieses Absolutglied verschwindet, so hat die entstehende Gleichung eine einfache oder mehrfache Wurzel $\eta = 0$. In ihrer Umgebung können wir dann die Wurzeln genau so untersuchen, wie das jetzt bei der Gleichung $f(w, z)$ in der Umgebung jeder anderen Stelle geschehen wird und wie dies im wesentlichen S. 192 bei der allgemeinen Betrachtung der impliziten Funktionen vorgezeichnet ist.

Wir betrachten also nun zunächst die Funktionselemente einer algebraischen Funktion, und dann wollen wir den Aufbau der Funktion aus diesen Elementen etwas näher untersuchen.

Ich nehme zunächst einen Wert $z = a$, für den $f(w, z) = 0$ n verschiedene endliche Wurzeln $w_1, w_2, \cdots w_n$ besitzt. Für diesen Wert ist also der Koeffizient von w^n von Null verschieden und für keines der Wertepaare $(a, w_1) \cdots (a, w_n)$ verschwindet $\dfrac{\partial f}{\partial w}(w, z)$. Wir können somit

---

1) **Man** erkennt dies nach einer vorhin schon angewendeten Schlußweise durch lineare Abbildung des vorigen Satzes.

den S. 192 bewiesenen Satz über implizite Funktionen anwenden. Es gibt
daher n verschiedene Funktionselemente,

$$\mathfrak{P}_1\,(z - a),\cdots \mathfrak{P}_n\,(z - a),$$

die für $z = a$ bzw. die Werte $w_1,\ w_2,\cdots w_n$ annehmen, und die in der Umgebung von $z = a$ der Gleichung

$$f\,(\mathfrak{P}_\varkappa\,(z - a),\ z) = 0 \ (\varkappa = 1, 2 \cdots n)$$

genügen. Jedes derselben definiert somit eine analytische Funktion $w_\varkappa\,(z)$,
die nach dem S. 204 bewiesenen Satz über die Permanenz der Funktionalgleichungen in ihrem Gesamtverlauf der Gleichung $f\,(w_\varkappa\,(z),\ z) = 0$ genügt.
Da aber die Möglichkeit besteht, daß einzelne der n Elemente auseinander
durch Fortsetzung hervorgehen, wie z. B. bei $w^2 - z = 0$, so brauchen die
n eben erklärten Funktionen nicht voneinander verschieden zu sein. Bevor
wir diese Dinge näher untersuchen, müssen wir einiges über die Singularitäten
der algebraischen Funktionen hervorheben. Wir wollen also jetzt die bisher ausgenommenen endlichen und unendlichen z-Stellen untersuchen. Zunächst kann festgestellt werden, daß nur für endlichviele z-Werte die
Gleichung $f\,(w, z) = 0$ in w mehrfache Wurzeln haben kann. Dazu muß
nämlich $f\,(w, z) = 0$ und $\frac{\partial f}{\partial w}\,(w, z) = 0$ für dasselbe Wertepaar (w, z) richtig
sein. Eliminiert man aber aus beiden Funktionen w, so erhält man die
Diskriminante von $f\,(w, z)$. Ihre Nullstellen sind die z-Werte, zu welchen
mehrfache w-Wurzeln von $f\,(w, z) = 0$ gehören können. Sie ist eine ganze
rationale Funktion von z vom Grade $(m + n)\,(m + n - 1)$. *Über den Stellen
der z-Ebene, wo die Diskriminante verschwindet, können somit Verzweigungen
von $w\,(z)$ vorkommen. Hinzu kommen noch die Stellen z, wo der Koeffizient der
höchsten Potenz von w verschwindet.* Denn dort liegen, wie wir sahen, die Pole
der Funktion. Ferner bedarf $z = \infty$ einer besonderen Betrachtung. *Im ganzen
sind also höchstens $(m + n)^2 - n + 1$ Stellen in der z-Ebene als z-Koordinaten
singulärer Stellen markiert.* Betrachten wir nun eine der endlichen singulären
z-Koordinaten, $z = a$, die zunächst nicht Nullstelle des Koeffizienten von
w^n sein möge. Hier ist der Weierstraßsche Vorbereitungssatz anzuwenden.
Er lehrt uns, daß man um die betreffende Stelle eine Umgebung abgrenzen
kann derart, daß zu jedem Punkt der Umgebung n gewöhnliche, die Gleichung
lösende Funktionselemente gehören. Es bleibt also nur noch festzustellen,
wie dieselben in der Umgebung der Stelle durch Fortsetzung auseinander
hervorgehen. Es leuchtet ein, daß man jedes dieser Elemente auf jedem in
der Umgebung gelegenen Weg, welcher die Stelle selbst nicht trifft, fortsetzen kann. Denn sonst gäbe es in jeder Umgebung von $z = a$ weitere
z-Koordinaten von singulären Stellen, was offenbar nicht zutrifft. Betrachten

wir also ein **Element** mit einer z-**Koordinate**, das dieser **Umgebung** angehört, setzen es auf irgendeinem Weg bis an $z = a$ hin fort. **Wenn** wir dabei nicht zu einem regulären **Element** $\mathfrak{P}\,(z-a)$ gelangen, so **erhalten** wir durch diese Fortsetzung eine singuläre **Kette**, die eine singuläre **Stelle** mit der z-Koordinate a bestimmt. **Ich** nehme an, sie sei μ-deutig $\mu \geq 1$. **Dann** ist sie nach den vorausgegangenen Ausführungen völlig μ-deutig (vgl. S. 215). **Führt** man daher durch $t = \sqrt[\mu]{z-a}$ die neue Variable t ein, setzt also $z = a + t^{\mu}$ in $f\,(w, z) = 0$ ein, so wird die Umgebung der singulären Stelle auf die schlichte Umgebung von $t = 0$ abgebildet. **Die** in jener Umgebung eindeutig erklärte Funktion $w\,(z)$ geht dabei in eine um $t = 0$ eindeutig erklärte Funktion über, welche in dieser Umgebung mit etwaiger Ausnahme von $t = 0$ selbst regulär und nach dem S. 194 bewiesenen Vorbereitungssatz auch beschränkt und bei $t = 0$ stetig ist. **Sie** kann daher in dieser Umgebung durch eine Potenzreihe $\mathfrak{P}\,(t)$ dargestellt werden. **Daher** ist $w\,(z)$ selbst in der Umgebung jener singulären Stelle durch eine Reihe $\mathfrak{P}\left(\sqrt[\mu]{z-a}\right)$ dargestellt. **An** einer z-Stelle, wo der Koeffizient von w^n verschwindet, kann man die endlichen Wurzeln wie seither untersuchen. **Außerdem** hat man durch **Einführung** von $w = \dfrac{1}{\eta}$ noch nach unendlichen **Wurzeln** zu fahnden. **Man** erhält so noch **Funktionselemente** von der **Form** $w = \dfrac{1}{\mathfrak{P}\left(\sqrt[\nu]{z-a}\right)} = \mathfrak{L}\left(\sqrt[\nu]{z-a}\right)$, wo ν eine ganze **Zahl** und $\mathfrak{L}\left(\sqrt[\nu]{z-a}\right)$ eine **Laurentreihe** in $\sqrt[\nu]{z-a}$ mit endlichvielen negativen Potenzen ist. **Durch Einführung** von $z = \dfrac{1}{\zeta}$ untersucht man endlich noch die Umgebung von $z = \infty$ und erhält so noch **Elemente**, die durch **Laurentreihen** $\mathfrak{L}\left(\sqrt[\nu]{\dfrac{1}{z}}\right)$ mit endlichvielen negativen **Potenzen** von $\sqrt[\nu]{\dfrac{1}{z}}$ dargestellt werden.

Diese Umstände rechtfertigen die schon oben für die hier auftretenden **Singularitäten** gebrauchte Benennung „algebraischer Verzweigungspunkt". *Wenn wir zu den Stellen algebraischen Charakters die regulären Stellen und die Pole noch hinzurechnen, so treten also bei algebraischen Funktionen nur Stellen algebraischen Charakters auf.*

Die Gesamtheit aller dieser Elemente, welche aus einem derselben durch Fortsetzung hervorgehen, machen also eine algebraische Funktion aus. *Wir zeigen zunächst, daß die bisher gefundenen Eigenschaften für die algebraischen Funktionen charakteristisch sind, daß also umgekehrt eine jede endlichvieldeutige Funktion $w(z)$, welche nur algebraische Singularitäten besitzt, einer algebraischen Gleichung $f(w, z) = 0$ genügt.*

Bemerkung: Die Bedingung „endlichvieldeutig" ist wesentlich. **Wir** werden z. B. in den elliptischen Integralen erster Gattung Funktionen kennen lernen, die nur algebraische Singularitäten besitzen, die aber trotzdem unendlich-vieldeutig sind und also nicht algebraisch sein können.

Ich beweise zunächst, daß nur über endlichvielen z-Stellen Singularitäten der Funktion liegen können. Zu dem Zweck stelle ich zunächst fest, daß unter einer endlichvieldeutigen Funktion eine Funktion zu verstehen ist, für welche die Zahl der zu den einzelnen Stellen gehörigen regulären oder algebraisch singulären Elemente beschränkt ist. Sei diese Anzahl etwa höchstens v, so definiere ich eine v-deutige stetige Funktion auf der durch stereographische Projektion der z-Ebene erhaltenen Zahlenkugel dadurch, daß ich jeder Stelle die v (auf der Kugel gemessenen) Konvergenzradien der zugehörigen Elemente zuordne. Diese stetige Funktion besitzt somit nach bekannten Sätzen über stetige Funktionen ein wesentlich positives, also von Null verschiedenes Minimum ϱ. Denn sie ist ja überall von Null verschieden. Das bedeutet aber, daß die auf der Kugel gemessene Entfernung der z-Koordinaten zweier singulären Stellen mindestens ϱ beträgt. Daher können nur über endlichvielen Stellen der z-Ebene solche Singularitäten liegen. Denn sonst müßten diese Koordinaten einen Häufungspunkt besitzen, und in der Nähe desselben lägen Koordinaten singulärer Stellen, deren Abstand kleiner als ϱ wäre. Somit gibt es auch in der z-Ebene Stellen, über welchen nur reguläre Elemente liegen. Ich greife eine solche Stelle beliebig heraus und nehme an, zu ihr gehörten die n regulären Elemente $w_1(z)$, $w_2(z) \cdots w_\mu(z)$. Wenn man dieselben auf beliebigen Wegen, die keine singuläre z-Koordinate treffen, fortsetzt, so erhält man alle zu solchen Stellen gehörigen regulären Elemente. Zu jeder regulären z-Koordinate gehören somit gleichfalls genau μ reguläre Elemente. Bilde ich nun das Produkt

$$(w - w_1)\ (w - w_2) \cdots (w - w_\mu),$$

so wird das eine eindeutige analytische Funktion von z. Denn wenn man dieselbe längs eines geschlossenen Weges in der z-Ebene fortsetzt, der keine singuläre z-Koordinate trifft, so ändern die n aus $w_1 \cdots w_\mu$ hervorgegangenen Elemente nur ihre Reihenfolge. Das Produkt bleibt somit ungeändert. Ordnet man es nach Potenzen von z, so gilt der gleiche Schluß für die Koeffizienten, die ja symmetrische Funktionen der w_1, $w_2, \cdots w_\mu$ sind. Wir überzeugen uns nun weiter, daß diese Koeffizienten selbst nur algebraische Singularitäten besitzen. Denn Singularitäten können nur über den endlichvielen ausgenommenen z-Stellen liegen. Setzt man nun die μ-Elemente auf einem Weg fort, der an eine solche Stelle heranführt, so erhält man für einige dieser Elemente singuläre Ketten, welche eine singuläre Stelle definieren. Nach Voraussetzung hat man aber für die Umgebung einer jeden solchen algebraischen singulären Stelle eine Entwicklung der Funktion von der Form

$$\mathfrak{P}\left(\sqrt[\lambda]{z-a}\right) \text{ oder } \mathfrak{P}\left(\sqrt[\lambda]{\frac{1}{z}}\right)$$

mit endlichvielen negativen Potenzen. Die vorkommenden Wurzelexponenten seien etwa $\lambda_1,\ \lambda_2 \cdots \lambda_x$. Dann sei λ das kleinste gemeinschaftliche Vielfache dieser **ganzen Zahlen**. Dann lassen sich alle Wurzeln als ganze Potenzen von $\sqrt[\lambda]{z-a}$ oder $\sqrt[\lambda]{\frac{1}{z}}$ darstellen, somit sind alle Entwicklungen von der Form $\mathfrak{P}\left(\sqrt[\lambda]{z-a}\right),\ \mathfrak{P}\left(\sqrt[\lambda]{\frac{1}{z}}\right)$. Jede ganze rationale Funktion von solchen Entwicklungen hat aber die gleiche Gestalt.[1]) Die Koeffizienten unseres Produktes

$$(w - w_1) \cdots (w - w_\mu)$$

sind aber **solche** ganzen Funktionen von μ solchen Entwicklungen. Daher besitzen diese Koeffizienten auch **nur** algebraische Singularitäten. Da sie aber eindeutig sind, so können diese Singularitäten nicht Verzweigungspunkte, sondern nur Pole sein. Daher sind nach S. 151 die Koeffizienten rationale Funktionen von z. Denn sie sind bis auf Pole regulär. Daher ist die Funktion $(w - w_1) \cdots (w - w_\mu)$ eine rationale Funktion von z und w. Und der Gleichung genügt unsere Funktion; sie ist also tatsächlich eine algebraische Funktion.

Nun erinnern wir uns an die Beobachtung, daß derselben Gleichung mehrere analytische Funktionen genügen können. Z. B. sahen wir schon S. 206, daß nicht alle Elemente, die einer algebraischen Gleichung genügen, auseinander durch Fortsetzung hervorgehen müssen. Jetzt aber haben wir gesehen, daß diejenigen unter ihnen, die dies tun, für sich einer solchen algebraischen Gleichung genügen. Wenn also die algebraische Gleichung $f(w, z) = 0$ so beschaffen ist, daß ein Teil ihrer Elemente für sich eine algebraische Funktion λ-ten Grades bilden, die einer Gleichung $f_1(w, z) = 0$ genügt, so muß sich $f(w, z)$ in der Form $f(w, z) = f_1(w, z) \cdot f_2(w, z)$ schreiben lassen, wo auch $f_2(w, z)$ eine ganze rationale Funktion von w und eine rationale Funktion von z ist. Denn seien $w_1 \cdots w_n$ alle Zweige, welche der Gleichung $f(w, z) = 0$ genügen, und versteht man unter $f_0(z)$ den rationalen Koeffizienten von w^n, so ist

$$f(w, z) = f_0(z)\,(w - w_1) \cdots (w - w_n).$$

---

1) Wenn also zwei Funktionen $f_1(z)$ und $f_2(z)$ an der Stelle $z = a$ von algebraischem Charakter sind, so gilt das gleiche auch von Summe, Produkt und Quotienten. Daraus wieder kann man schließen, daß Summe, Produkt und Quotient zweier algebraischer Funktionen selbst algebraisch sind. Ebenso erweist sich die Ableitung einer jeden algebraischen Funktion als algebraisch.

Seien weiter $w_1 \cdots w_\mu$ diejenigen derselben, welche für sich der Gleichung $f_1(w, z) = 0$ genügen. Dann ist also $(w - w_1) \cdots (w - w_\mu) = f_1$. Daher wird $(w - w_{\mu+1}) \cdots (w - w_n) = f_2 \cdot \dfrac{1}{f_0}$ eine ganze rationale Funktion von w und eine rationale Funktion von z. Denn es ist ja $f_2 = \dfrac{f}{f_1}$, also wie f_0 in z rational.

Eine ganze rationale Funktion von w und z, welche man in zwei Faktoren zerlegen kann, die beide in w ganz und rational sind und beide nur in z rationale Koeffizienten besitzen, nennt man *reduzibel. Sollen also einer und derselben algebraischen Gleichung mehrere verschiedene algebraische Funktionen genügen, so muß die Gleichung reduzibel sein. Und umgekehrt genügt einer jeden irreduziblen Gleichung eine einzige algebraische Funktion.*

Wir gehen nun dazu über, in einigen Beispielen die Riemannschen Flächen von algebraischen Funktionen wirklich aufzubauen, um einen Überblick über den Zusammenhang ihrer Elemente zu gewinnen.

§ 2. Die Gleichung $z = w^3 + 3w^2 + 6w + 1$.

Diese Gleichung definiert eine dreideutige algebraische Funktion $w(z)$. Ihre Riemannsche Fläche ist daher dreiblättrig über der z-Ebene ausgebreitet. Um den Zusammenhang ihrer Blätter ausfindig zu machen, müssen wir ihre Verzweigungspunkte untersuchen. Wir beginnen mit den im Endlichen gelegenen. Wir müssen also die Stellen der z-Ebene ausfindig machen, für welche die Gleichung mehrfache w-Wurzeln hat. Diese Stellen genügen der Gleichung $3w^2 + 6w + 6 = 0$. Wir erhalten also aus ihr zunächst die Werte, welche die Funktion $w(z)$ an jenen Stellen annimmt. Die zugehörigen z-Werte erhalten wir, wenn wir diese w-Werte in die gegebene Gleichung eintragen. Man findet so $w = -1 \pm i$ und $z = -3 \pm 2i$. Es fragt sich nun also, wie die drei Zweige der Funktion $w(z)$ in der Umgebung jener Stellen zusammenhängen. Zwecks Beantwortung dieser Frage beachten wir, daß die Umkehrungsfunktion $z(w)$ ja durchweg eindeutig ist. Soll also etwa $w(z)$ an der Stelle $\alpha = -1 + i$ den Wert $w = \mu$ und die Entwicklung $w(z) = \mathfrak{P}\left(\sqrt[\lambda]{z - \alpha}\right)$ besitzen, so muß umgekehrt $z(w) = \alpha + [\mathfrak{P}(w - \mu)]^\lambda$ an der Stelle $w = \mu$ den Wert $z = \alpha$ λ-fach annehmen. Dann müssen also die $\lambda - 1$ ersten Ableitungen der Funktion $z(w)$ an dieser Stelle verschwinden. Tatsächlich verschwindet ja an der Stelle μ die erste Ableitung $3w^2 + 6w + 6$, aber die zweite verschwindet nicht, da ja μ und $\bar\mu$ einfache Wurzeln der quadratischen Gleichung sind. Daher liegen über den Stellen α und $\bar\alpha$ zweifache Verzweigungselemente ($\lambda = 2$) der Riemannschen Fläche. Da aber die Fläche dreiblättrig ist, so gehört zu jeder dieser Stellen außerdem noch je ein reguläres Element. Nun haben wir noch den Blätterzusammenhang im Unendlichen zu untersuchen. Man sieht sofort, daß $z(w)$ für $w = \infty$ einen dreifachen Pol hat, daher hat die Umkehrungsfunktion im Unendlichfernen einen dreiblättrigen Verzweigungspunkt. Bei seiner Umlaufung hängen also die drei Blätter der Fläche zusammen. Daher kann auch die Gleichung nicht reduzibel sein. Die Blätter seien durchlaufend numeriert. Dann müssen etwa bei Umlaufung von μ Blatt I und II ineinander übergehen, bei Umlaufung von $\bar{\mu}$ aber Blatt II und III. Denn wären diese Verzweigungspunkte nicht in dieser Weise verteilt, so würde eines der Blätter im Endlichen keine Verzweigung aufweisen. Bei Fortsetzung durch dieses Blatt erhielte man also eine durchweg eindeutige Funktion. Das lehrt der Monodromiesatz. Das stünde aber im Widerspruch mit der Tatsache, daß bei Umlaufung des unendlichfernen Punktes sich die Funktion nicht reproduzieren kann.

Man erhält einen vielleicht noch etwas deutlicheren Einblick in den Aufbau der Fläche, wenn man sie auf die schlichte w-Ebene abbildet. Auf der Fläche ist nämlich die Funktion $w(z)$ eine eindeutige Funktion des Ortes. Diese nimmt dazu noch jeden Wert nur ein einziges Mal an. Denn um die z-Stelle zu finden, wo der Wert w_0 angenommen wird, hat man nur w_0 in die Gleichung einzutragen. Man findet ein einziges bestimmtes z, zu dem allerdings im allgemeinen drei darüber gelegene Punkte der Fläche gehören. In diesen drei Punkten nimmt aber w drei verschiedene Werte an, wenn nicht gerade über der z-Stelle ein Verzweigungspunkt liegt. Dann liegen aber auch keine drei Stellen der Fläche über diesem z-Wert. Denn der Verzweigungspunkt zählt als eine einzige Stelle. Daher wird durch die Funktion $w(z)$ die Fläche auf die schlichte w-Ebene abgebildet. Um die Abbildung zu übersehen, zerschneiden wir durch die gerade Linie, welche die Verzweigungspunkte verbindet, also die Gerade $x = -3$, die ganze Fläche in sechs Halbebenen, in deren jeder dann $w(z)$ eine eindeutige Funktion ist. Auf dieser Geraden ist nun $x = -3$. Tragen wir $z = -3 + iy$ in die Gleichung der Abbildungsfunktion ein und trennen Real- und Imaginärteil, so finden wir für die Bildkurve von $x = -3$ in der w-Ebene:

$$-3 = u^3 - 3uv^2 + 3u^2 - 3v^2 + 6u + 1$$
$$y = 3u^2v - v^3 + 6uv + 6v.$$

Wie sieht nun diese Kurve aus? Man erkennt leicht, daß die Gerade $u = -1$ der Kurve angehört. Da diese von der dritten Ordnung ist, muß sie also in diese Gerade und einen Kegelschnitt zerfallen. Dieser wird die Hyperbel: $3v^2 - (u+1)^2 = 3$. Von der Richtigkeit dieser Angaben überzeugt man sich leicht, wenn man die erste der beiden angeschriebenen Gleichungen betrachtet. Denn diese erste ist gerade die Gleichung der

Bildkurve. Die zweite gibt nur an,
in welcher Weise die Werte des Parameters y auf der Kurve verteilt sind.
Die Kurve dritter Ordnung sieht also so
aus, wie dies in der Fig. 61 angedeutet ist.
Sie zerlegt tatsächlich die Ebene in sechs
Bereiche. Diese entsprechen den sechs
Halbebenen, in welche die Fläche zerfällt.
Die Bilder der Verzweigungspunkte werden die Scheitel der Hyperbel. Die Brennpunkte der Hyperbel, welche wir in der
Fig. 61 besonders angedeutet haben, also
die Punkte $-1 \pm 2i$, liefern die in der
Riemannschen Fläche in den dritten Blättern über den Verzweigungspunkten gelegenen Stellen. Man sieht deutlich, wie
in jedem Verzweigungspunkt vier Halbebenen zusammenstoßen. Dem entspricht

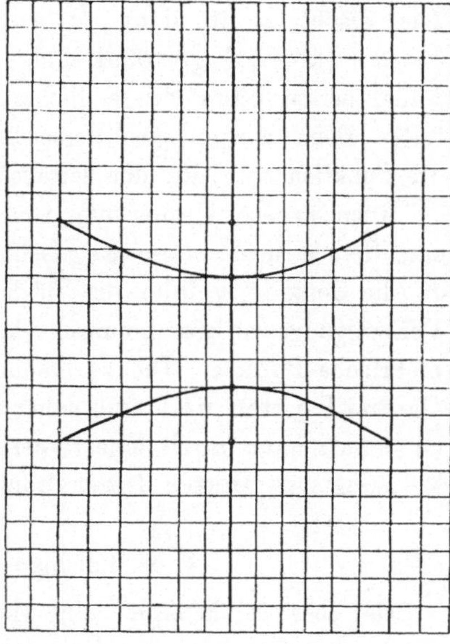

Fig. 61.

es ja, daß in einem Hyperbelscheitel vier der Bereiche eine Ecke gemeinsam haben. Im Unendlichfernen aber stoßen alle sechs Bereiche zusammen.
Um den unendlichfernen Punkt winden sich ja auch alle drei Blätter herum.

Es bleibt uns nur noch die Bemerkung, daß das hier durchgerechnete
Beispiel für alle Funktionen $w(z)$ typisch ist, die durch Gleichungen dritten Grades

$$z = a_0 w^3 + a_1 w^2 + a_2 w + a_3$$

mit $a_0 \neq 0$ erklärt sind. Nur können ausnahmsweise, wie etwa $z = w^3$, die
beiden endlichen Verzweigungspunkte zweiter Ordnung noch zu einem endlichen Verzweigungspunkt dritter Ordnung zusammenrücken. Das mag nun
noch etwas näher erörtert werden. Zunächst leuchtet ein, daß der erste
Teil unserer Überlegungen, welcher uns den Aufbau der Fläche erkennen
ließ, für den allgemeinen Fall in gleicher Weise angestellt werden kann.
Solange die quadratische Gleichung, aus der wir die Verzweigungspunkte
bestimmten, zwei verschiedene Wurzeln besitzt, muß die Fläche zwei Verzweigungspunkte zweiter Ordnung aufweisen. Im Unendlichen liegt immer
ein Verzweigungspunkt dritter Ordnung, so daß die Gleichung stets irre-
duzibel ist. Daher müssen auch die beiden endlichen Verzweigungspunkte
in der beschriebenen Weise auf die Blätter verteilt sein. Wenn aber unsere
quadratische Gleichung eine Doppelwurzel hat, so verschwindet auch noch
die zweite Ableitung der Umkehrungsfunktion, und dementsprechend weist
die Fläche noch einen endlichen Verzweigungspunkt dritter Ordnung auf.

Die Fläche sieht dann so aus, wie wir das bei Funktionen der Art $z = a + (w - b)^3$ gewöhnt sind. Tatsächlich sind dies auch die einzigen Fälle, bei welchen ein endlicher Verzweigungspunkt dritter Ordnung auftritt. Denn wegen des Verschwindens der zwei ersten Ableitungen muß die Funktion $z(w)$ an der betreffenden Stelle ihren Wert dreimal annehmen.

Auch unsere Bemerkung vom Zerfallen der Kurve dritter Ordnung in eine Gerade und einen Kegelschnitt überträgt sich ohne weiteres. Denn da die Gerade, welche die Fläche in sechs Halbebenen zerlegt, durch die Verzweigungspunkte hindurchgeht, hat die Kurve dritter Ordnung zwei mehrfache Punkte. Die Verbindungsgerade derselben schneidet also in mehr als drei Punkten und muß daher der Kurve angehören. Außer der Geraden ist dann immer noch eine Hyperbel vorhanden, die im Falle des endlichen Verzweigungspunktes dritter Ordnung selbst wieder in zwei Geraden zerfällt.

§ 3. Beliebige rationale Funktionen.

Der eben am Beispiel aufgewiesene Sachverhalt, wonach die Riemannsche Fläche der algebraischen Funktion $w(z)$ gerade das durch die rationale Umkehrungsfunktion $z(w)$ entworfene Bild der w-Ebene ist, bleibt bei den Umkehrungen beliebiger rationaler Funktionen $z = f(w)$ richtig. Denn wir lernten ja S. 206, daß die Gesamtheit der Funktionselemente von $w(z)$ durch Umkehrung der Elemente von $f(w)$ erhalten wird. Wenn $f(w)$ als Quotient zweier teilerfremder ganzer rationaler Funktionen geschrieben wird und die höchste dabei vorkommende Potenz von w die n-te ist, so lehrt der S. 184 bewiesene Fundamentalsatz der Algebra, daß zu jedem z-Wert n Werte von w gehören, daß also die Riemannsche Fläche n-blättrig über der z-Ebene ausgebreitet ist. Ihre Verzweigungspunkte erhält man, wenn man diejenigen Elemente der rationalen Funktion umkehrt, deren Ableitung nach dem Ortsparameter $w - a$ oder $\frac{1}{w}$ im Mittelpunkt des Elementes verschwindet, oder die einem mehrfachen Pol entsprechen. Man hat somit die Nullstellen von $f'(w)$ und von $f'\left(\frac{1}{w}\right)\frac{1}{w^2}$ aufzusuchen und die mehrfachen Nullstellen des Nenners von $f(w)$ zu bestimmen. Trägt man diese Werte in $z = f(w)$ ein, so erhält man diejenigen Stellen der z-Ebene, über welchen Verzweigungspunkte der Riemannschen Fläche liegen. Nun verbinde man dieselben durch eine geschlossene Kurve $\mathfrak{C}$, welche die z-Ebene in zwei Bereiche zerlegen möge. Ich will sie wieder Halbebenen nennen. Ich suche alsdann in der w-Ebene die Bildkurve $\mathfrak{C}'$ von $\mathfrak{C}$ auf. Sie zerlegt die w-Ebene in mehrere Bereiche. Jeder derselben wird durch $z = f(w)$ auf eine der beiden Halbebenen abgebildet. Das folgt aus dem Satz auf S. 189. Da aber durch $\mathfrak{C}$ die Riemannsche Fläche in

$2n$ Halbebenen zerlegt wird, so zerfällt die w-Ebene durch w' in $2n$ Bereiche. In derselben Reihenfolge wie diese aneinanderhängen, hat man die Halbebenen der Riemannschen Fläche aneinanderzuheften. Daher gibt die Bereicheinteilung der w-Ebene ein getreues Bild der Riemannschen Fläche. Gerade dies eben allgemein beschriebene Verfahren ist es, das wir im vorigen Paragraphen verwendeten.

§ 4. Die Gleichung $w^2 = a_0 z^4 + a_1 z^3 + a_2 z^2 + a_3 z + a_4$.

Sie erklärt eine zweiwertige Funktion $w(z)$. An jeder Stelle unterscheiden sich ihre beiden Werte nur durchs Vorzeichen. Die beiden Werte fallen in einen zusammen, wenn sie verschwinden. Das ist an den Nullstellen der Funktion vierten Grades der Fall. An den von diesen verschiedenen endlichen Stellen zeigt also auch jedenfalls nach dem Satze S. 156 die Funktion $w(z)$ reguläres Verhalten. Dasselbe ist auch an den etwa vorhandenen zweifachen Nullstellen des Polynomes der Fall. Denn sei etwa $w^2 = (z - \alpha)^2 g_2(z)$. So wird $w = (z - \alpha) \sqrt{g_2(z)} = (z - \alpha)\mathfrak{P}(z - \alpha)$. Liegt aber bei $z = \alpha$ eine einfache Nullstelle, so wird $w = \sqrt{z - \alpha}\sqrt{g_3(z)}$. Dabei ist aber $\sqrt{g_3(z)}$ wieder bei $z = \alpha$ regulär, so daß also bei $z = \alpha$ ein zweifacher Verzweigungspunkt liegt. Ebenso führen die dreifachen Nullstellen des Polynomes zu einem zweifachen Verzweigungspunkt. Falls a_0 von Null verschieden ist, also ein echtes Polynom vierten Grades vorliegt, besitzt $w(z)$ im Unendlichen einen Doppelpol. Denn es wird

$$ w = z^2 \sqrt{a_0 + a_1 \frac{1}{z} + a_2 \frac{1}{z^2} + a_3 \frac{1}{z^3} + a_4 \frac{1}{z^4}} = z^2 \mathfrak{P}\left(\frac{1}{z}\right). $$

Wenn aber $a_0 = 0$ und $a_1 \neq 0$ ist, also ein Polynom dritten Grades vorliegt, haben wir im Unendlichen einen zweifachen Verzweigungspunkt, in welchem $w(z)$ gleichzeitig unendlich wird. $w(z)$ hat auf seiner Riemannschen Fläche dann im Sinne der S. 148 gegebenen Erklärung einen einfachen Pol. Wir nehmen nun zunächst an, die Nullstellen des Polynomes dritten oder vierten Grades seien alle voneinander verschieden. Dann hat also jedenfalls die zweiblättrige Riemannsche Fläche vier Verzweigungspunkte, die beim Polynom vierten Grades alle vier im Endlichen liegen. Beim Polynom dritten Grades liegt einer der vier im Unendlichen. Der Aufbau der Fläche aus

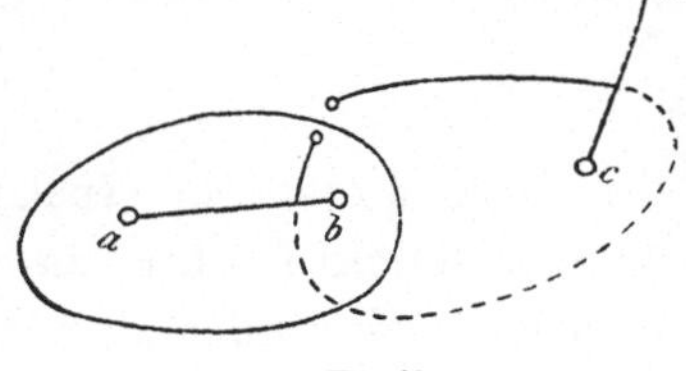

Fig. 62.

den Elementen ist hiermit klargelegt. Man kann sich die Sache etwa dadurch anschaulich vorstellen, daß man sich zwei Exemplare der z-Ebene denkt. Ein jedes werde durch zwei Linien (Fig. 62) in gleicher Weise aufgeschnitten. Die Linien sollen die Verzweigungspunkte a, b, c, d paarweise verbinden. In diesen Linien denke man dann die beiden Blätter kreuzweise aneinander geheftet. So erhält man eine Fläche, die an jedem von a, b, c, d verschiedenen Punkte eine schlichte Umgebung aufweist, sich aber um diese Punkte herumwindet.

Man könnte nun versuchen, sich den Aufbau noch weiter im einzelnen dadurch klarzumachen, daß man die Fläche auf eine schlichte Ebene abbildet. Da ist aber zu bemerken, daß eine umkehrbar eindeutige bis auf Pole reguläre Abbildung auf eine schlichte Ebene nicht möglich ist. Diese Abbildung könnte nämlich nur auf eine volle Ebene erfolgen. Anderenfalls hätte ja der Bildbereich Randpunkte. Sei A einer derselben, so ziehe ich eine Punktfolge des Bildbereiches heran, deren Grenzwert A sei. Diese Punktfolge besitzt eine Folge von Bildpunkten auf der Fläche. A_1 sei ein Häufungspunkt derselben. Grenze ich eine Umgebung um denselben auf der Fläche ab, so wird diese wegen des analytischen Charakters der Abbildung auf einen Bereich der Bildebene abgebildet, welcher notwendig A enthalten muß, denn er enthält unendlichviele Punkte der Folge und das Bild von A_1, das aber nur A sein kann, im Inneren.

Es bleibt also nur zu zeigen, daß man die Fläche nicht umkehrbar eindeutig auf eine schlichte volle t-Ebene abbilden kann.

Um das einzusehen, betrachte ich die Umkehrungsfunktion $z\,(t)$, welche also in der endlichen t-Ebene bis auf Pole regulär ist und dieselbe auf die zweiblättrige Riemannsche Fläche mit vier Verzweigungspunkten abbilden müßte. Sie nähme also einen jeden Wert genau zweimal an. Daraus folgt, daß sie rational sein muß. Dies ist bewiesen (nach S. 151), sowie wir gezeigt haben, daß $z\,(t)$ auch im Unendlichen von rationalem Charakter ist. Hätte aber $z\,(t)$ im Unendlichen eine wesentlich singuläre Stelle, so käme sie nach S. 149 in beliebiger Nähe von $t = \infty$ jedem Wert beliebig nahe. Daraus folgt aber nach S. 149, daß sie einzelne Werte unendlichoft annähme. Das widerspräche ihrer Abbildungseigenschaft. Daher ist $z\,(t)$ rational. Da sie jeden Wert zweimal annimmt, hat sie die Gestalt

$$z\,(t) = \frac{A\,t^2 + B\,t + C}{D\,t^2 + E\,t + F}.$$

Sie führt diejenigen endlichen Punkte der z-Ebene in endliche Verzweigungspunkte über, an welchen die Ableitung verschwindet. Die Ableitung verschwindet aber, wenn

$$(AE - BD)\,t^2 + 2\,(AF - CD)\,t + BF - EC = 0$$

ist. Das ist aber eine *quadratische* Gleichung. Also werden lediglich *zwei* endliche Punkte der t-Ebene in endliche Verzweigungspunkte übergeführt.

Daher müßte noch $t = \infty$ einen endlichen Verzweigungspunkt liefern, weil sonst nicht mehr als zwei herauskommen können. Da es aber auf eine lineare Transformation von t nicht ankommt[1]), so darf man annehmen, daß $t = \infty$ keinen Verzweigungspunkt liefert. Niemals kann also eine rationale Funktion die schlichte t-Ebene auf eine zweiblättrige Fläche mit vier Verzweigungspunkten abbilden.

Alles in allem ist somit folgendes bewiesen: *Es ist unmöglich, eine zweiblättrige Riemannsche Fläche mit vier oder mehr Verzweigungspunkten umkehrbar eindeutig und analytisch auf einen schlichten Bereich abzubilden.*

Man kann sich den eben aufgewiesenen Sachverhalt auch anschaulich so klarmachen: Es gibt auf der Riemannschen Fläche geschlossene Kurven, welche dieselbe nicht zerfällen. So denke man sich z. B. die vollausgezogene Kurve der Fig. 62 in dem einen Blatt gelegen. Sie zerschneidet die Fläche nicht in zwei Stücke, denn bei Durchlaufung der anderen zum Teil punktierten Kurve kann man von der einen Seite derselben auf die andere gelangen. Die ausgezogenen Teile dieser Kurve liegen im gleichen Blatt wie die erste geschlossene Kurve, die punktierten Teile aber im anderen, da man ja bei Überschreitung der beiden Linien ab oder cd vom einen Blatt ins andere gelangt. Die Existenz solcher geschlossener nichtzerstückender Rückkehrschnitte, wie die ausgezogene Kurve der Fig. 62 einer ist, läßt die umkehrbar eindeutige Abbildung der Fläche auf eine schlichte Ebene unmöglich erscheinen, weil es dort keine geschlossenen nichtzerlegenden Kurven gibt.[2])

Für kompliziertere Riemannsche Flächen spielt die Maximalzahl der nichtzerstückenden Rückkehrschnitte, das sogenannte Geschlecht der Fläche, eine wichtige Rolle zur Klassifizierung. So ist also die schlichte Ebene vom Geschlecht Null, die zweiblättrige mit vier Verzweigungspunkten, wie man zeigen kann, vom Geschlecht Eins. Dies Geschlecht bleibt bei beliebigen umkehrbar eindeutigen stetigen Abbildungen der Flächen ungeändert. Es ist, wie man sagt, eine Invariante der analysis situs. Die analysis situs hat es ja mit dem Verhalten der geometrischen Gebilde bei umkehrbar eindeutigen stetigen Abbildungen zu tun. So anschaulich bestechend die durch die Riemannschen Flächen für die Funktionentheorie

---

1) Eine lineare Transformation von t bedeutet ja nur den Übergang zu einer anderen schlichten Ebene. Man kann so stets erreichen, daß dem Unendlichen kein Verzweigungspunkt entspricht.

2) Auf die Existenz solcher nichtzerlegender „Rückkehrschnitte" fällt noch ein besonderes Licht durch die S. 246 näher zu besprechende gestaltliche Struktur der Riemannschen Fläche.

nutzbar werdenden geometrischen Vorstellungen auch sein mögen, für die Stringenz und Knappheit der Beweise wird damit wenig gewonnen. Im Gegenteil kommen damit ein gut Teil von Schwierigkeiten neu hinzu.

Zehnter Abschnitt.

Einiges über Integrale algebraischer Funktionen.

§ 1. Die Integrale rationaler Funktionen.

Die Partialbruchzerlegung lehrt, daß diese Integrale als Summe einer rationalen Funktion und des Logarithmus einer rationalen Funktion dargestellt werden können. Diese Logarithmen selbst nehmen bei Umkreisung ihrer Singularitäten um gewisse Konstanten zu. Alle Elemente der Integralfunktion also, deren Ableitung dasselbe Element des Integranden ist, unterscheiden sich voneinander um Konstanten, d. i. um Zahlen, die von der einzelnen Stelle des Elementes unabhängig sind. Man nennt sie die *Perioden des Integrales*. Wir greifen nur ein Beispiel heraus, das uns schon S. 163 begegnete, den Arcustangens. Es sei $\operatorname{arctg} z = \int_0^z \dfrac{dz}{1+z^2}$. Die Ausrechnung ergibt

$$\operatorname{arctg} z = \frac{1}{2i} \log \frac{i-z}{i+z}.$$

Um die Funktionselemente des Integrales zu untersuchen, hat man die Elemente des Integranden zu integrieren. Alle liefern reguläre Elemente. Nur die zu $z = \pm i$ gehörigen Elemente des Integranden führen zu logarithmischen Singularitäten. Bei Umlaufung dieser Stellen wächst der Arcustangens um π. Die zum gleichen z gehörigen Werte des Arcustangens unterscheiden sich voneinander um Vielfache von π. Sie gehen daher auseinander hervor, wenn man z geeignete Umläufe um $\pm i$ machen läßt. Daher bilden alle diese Bestimmungsweisen des Arcustangens eine einzige analytische Funktion.

§ 2. Quadratwurzeln aus Polynomen zweiten Grades.

Man lernt schon in der Integralrechnung, daß man durch einfache Umformung auf die Quadratwurzeln aus $1 \pm z^2$, $z^2 \pm 1$ usw. zurückkommen kann, und wenn man dazu noch das Komplexe zuläßt, so kann man sich auf die Betrachtung von $\sqrt{1-z^2}$ beschränken. Hier beginnen wir mit dem arcussinus, der uns schon S. 163 einmal begegnete.[1])

---

[1]) Der Leser rufe sich die Betrachtungen von S. 97 u. S. 112 ins Gedächtnis zurück.

Man kann die Integralfunktion unmittelbar auf der Riemannschen Fläche des Integranden untersuchen. Man hat dazu vor allem einen Überblick über die verschiedenen Elemente des Integranden zu gewinnen und diese dann zu integrieren. Man findet so, daß der arcussinus im Endlichen als Funktion der Fläche überall regulär ist, daß er aber in den beiden unendlichfernen Punkten logarithmische Verzweigungen aufweist. Denn dort wird

$$\sqrt{1-z^2} = iz\sqrt{1-\frac{1}{z^2}}, \text{ also } \frac{1}{\sqrt{1-z^2}} = \frac{\pm i}{z}\left(1+\frac{1}{z}\right)\mathfrak{P}\left(\frac{1}{z}\right),$$

so daß also das Integral logarithmisch verzweigt wird. In dem Verzweigungspunkt $z = +1$ wird weiter

$$\frac{1}{\sqrt{1-z^2}} = \frac{1}{\sqrt{1-z}}\left(\frac{1}{\sqrt{2}}+(z-1)\mathfrak{P}(z-1)\right),$$

also

$$\int \frac{dz}{\sqrt{1-z^2}} = \mathfrak{P}(\sqrt{z-1}).$$

Hier ist also arcsin z nach der S. 70 eingeführten Ausdrucksweise regulär. Ebenso ist es in den anderen Punkten der Fläche. Bei Umlaufung eines unendlichfernen Punktes erfährt der arcussinus einen Zuwachs um 2π. Er ist also auf der Riemannschen Fläche der $\sqrt{1-z^2}$ nicht eindeutig, sondern unendlichvieldeutig. Dem entspricht es auch, daß er, wie wir S. 99 sahen, diese Fläche auf einen Streifen der Breite 2π abbildet, wie das auch in der Periodizität der Umkehrungsfunktion zum Ausdruck kommt.

So wie den arcussinus kann man auch die übrigen Integrale von rationalen Funktionen von z und $w = \sqrt{1-z^2}$ auf der Riemannschen Fläche betrachten. Besser ist es aber jetzt — und manchem Leser wird es schon für den arcussinus selbst besser erscheinen —, wenn wir jetzt die rationalisierenden Substitutionen heranziehen, die man ja schon im Reellen kennt und gerne verwendet. Diese Substitutionen laufen einfach darauf hinaus, daß man durch eine geeignete Abbildung, wie z. B.

$$t = \sqrt{\frac{1-z}{1+z}},$$

die zweiblättrige Fläche der $\sqrt{1-z^2}$ auf eine schlichte volle t-Ebene abbildet und in ihr dann die Integrale untersucht.[1] Durch eine solche Substitution werden die Integrale einer jeden rationalen Funktion von z und der $\sqrt{1-z^2}$ notwendig Integrale rationaler Funktionen.

Eine jede algebraische Funktion von z geht nämlich durch diese Sub-

1) Vgl. hierzu S. 97 u. S. 112.

stitution in eine algebraische Funktion von t über. Ist diese wie z und $\sqrt{1-z^2}$ dazu noch eindeutig, so ist sie rational. Ebenso ist dann auch $\dfrac{dz}{dt}$ rational.

Wir wollen uns hier noch im Vorbeigehen den allgemeinen Satz notieren, daß *alle Funktionen, die auf der Fläche durchweg von rationalem Charakter sind, notwendig eindeutig sind und sich als rationale Funktionen von z und $\sqrt{1-z^2} = w$ darstellen lassen.*

Dies leuchtet sofort ein, wenn wir eine spezielle Abbildung $t(z)$ der Fläche auf eine schlichte t-Ebene betrachten und feststellen können, daß ihr t auf der Fläche eine rationale Funktion von z und w ist. Eine solche Abbildung ist z. B. $t = \sqrt{\dfrac{1-z}{1+z}} = \dfrac{1-z}{\sqrt{1-z^2}}$. Hier ist in der Tat t eine rationale Funktion von z und w. Durch diese Abbildung gehen aber alle Funktionen, welche auf der Fläche durchweg von rationalem Charakter sind, in Funktionen über, welche in der t-Ebene durchweg von rationalem Charakter[1]), also rationale Funktionen $f(t)$ sind. Sie sind also auch rationale Funktionen von z und w.

Jede andere Abbildung der Fläche auf eine andere schlichte Ebene muß also durch eine in der t-Ebene rationale Funktion vermittelt sein, welche diese auf eine andere schlichte Ebene abbildet. Also sind alle anderen Abbildungen durch lineare Funktionen von dem eben eingeführten speziellen t darstellbar. Alle die scheinbar verschiedenen rationalisierenden Substitutionen also, welche man im Reellen betrachtet und von welchen schon S. 112 die Rede war, sind weiter nichts als verschiedene lineare Funktionen einer beliebigen derselben, z. B. des hier gewählten t.

Kehren wir nun zu den Integralen

$$J(z) = \int \Re\left(z, \sqrt{1-z^2}\right) dz,$$

von welchem wir ausgingen, zurück. Wir machen die Substitution

$$t = \sqrt{\frac{1-z}{1+z}}, \text{ d. h. } z = \frac{1-t^2}{1+t^2}, \text{ also } w = \frac{2t}{1+t^2}.$$

---

1) Ist z. B. $f(z)$ bei $z = 1$ regulär, so gilt eine Entwicklung

$$f(z) = \mathfrak{P}\left(\sqrt{1-z}\right),$$

nun aber ist $\sqrt{1-z} = t \cdot \sqrt{1+z}$ und $z = \dfrac{1-t^2}{1+t^2} = 1 + t^2\,\mathfrak{P}(t^2)$. Also wird

$$\sqrt{1-z} = \mathfrak{P}(t).$$

Also ist $$f(z) = \mathfrak{P}(t).$$

Ebenso schließt man an den übrigen Stellen.

Dann wird $\quad J(z) = F(t) = -4\int \Re\left(\frac{1-t^2}{1+t^2}, \frac{2t}{1+t^2}\right)\frac{t}{(1+t^2)^2}\,dt.$

Wir haben also das Integral einer rationalen Funktion vor uns. Wir wenden dies insbesondere auf

$$\zeta = \arcsin z = \int\limits_0^z \frac{dz}{\sqrt{1-z^2}}$$

an. An der unteren Grenze $z = 0$ ist $w(0) = +1$ zu wählen (S. 100). Dann finden wir

$$\zeta = \arcsin z = -2\int\limits_1^t \frac{dt}{1+t^2} = i\log\frac{t-i}{t+i}i = i\log\left(-iz + \sqrt{1-z^2}\right).$$

Bei der Abbildung der Riemannschen Fläche auf die schlichte t-Ebene gehen die beiden unendlichfernen Punkte in die Punkte $t = 0$ und $t = \infty$ über. Man findet bestätigt, daß hier der arcsin z logarithmische Verzweigungen aufweist. Gleichzeitig hat man eine übersichtliche Vorstellung von der Bauart seiner Riemannschen Fläche. Sie ist einfach das Bild der Riemannschen Fläche von $\log\dfrac{t-i}{t+i}$.

Unmittelbar erkennt man auch wieder[1]), daß der arcussinus die t-Ebene und damit die zweiblättrige Fläche auf unendlichviele Streifen der Breite 2π abbildet derart, daß jeder Punkt der Fläche unendlichviele Bildpunkte besitzt, welche auseinander durch Verschiebung um Vielfache von 2π hervorgehen. Jede auf der Fläche oder in der t-Ebene eindeutige Funktion von durchweg rationalem Charakter geht also durch diese Abbildung in eine Funktion der Arcussinusebene über, welche durchweg im Endlichen rationalen Charakter aufweist, und welche bei Vermehrung ihres Argumentes um Vielfache von 2π ungeändert bleibt. Sie wird also eine periodische Funktion der Periode 2π. Daß sie von rationalem Charakter wird, erkennt man einfach daraus, daß ja $t = \dfrac{i + e^{-i\zeta}}{i - e^{-i\zeta}}$ durchweg von rationalem Charakter in ζ ist.

Aber man kann nicht umgekehrt sagen, daß alle eindeutigen Funktionen von ζ, welche durchweg oder auch nur in der endlichen ζ-Ebene von rationalem Charakter sind, auf der Riemannschen Fläche oder in der t-Ebene durchweg von rationalem Charakter seien. Sie können vielmehr bei $t = +i$ und $t = -i$ ein ganz beliebiges Verhalten zeigen. Wenn sie nur in der übrigen t-Ebene von rationalem Charakter sind, gehen sie in eindeutige Funktionen der ζ-Ebene über, welche durchweg von rationalem

---

1) Vgl. S. 98, wo diese Dinge schon einmal von weniger hoher Warte betrachtet wurden.

Charakter sind.   Die Eindeutigkeit ergibt sich wieder als Folge des rationalen Charakters aus dem Monodromiesatz.

§ 3. Elliptische Integrale erster Gattung.

Unter einem elliptischen Integral versteht man ein Integral, dessen Integrand eine rationale Funktion von z und von der Quadratwurzel aus einem Polynom dritten oder vierten Grades von z ist. Man betrachtet also zweckmäßig das Integral auf der zweiblättrigen Riemannschen Fläche von

$$w = \sqrt{a_0 z^4 + a_1 z^3 + a_2 z^2 + a_3 z + a_4}.$$

Wir wollen annehmen, daß die Nullstellen des Polynomes voneinander verschieden seien. Denn sonst kommen wir wieder auf den schon im vorigen Paragraphen behandelten Fall eines Polynomes zweiten Grades zurück.

Wir betrachten in diesem Paragraphen das einfachste aller elliptischen Integrale, das Integral erster Gattung.   Dies ist das Integral

$$u(z) = \int_a^z \frac{dz}{w}.$$

Als untere Grenze a sei dabei irgendeine ganz beliebige Stelle der Riemannschen Fläche von $w(z)$ gewählt. Wir wollen den Verlauf dieser analytischen Funktion untersuchen. Zunächst haben wir uns dazu wieder einen Überblick über ihre Funktionselemente zu verschaffen. Es wird sich zeigen, daß das Integral erster Gattung auf der Riemannschen Fläche eine durchweg reguläre, also auch polfreie Funktion ist. Wir scheiden die Elemente des Integranden in drei Sorten, in endliche reguläre Elemente, in Verzweigungselemente und in unendlich ferne Elemente.

An einer endlichen gewöhnlichen Stelle α der Fläche wird

$$\frac{1}{w} = \mathfrak{P}(z - \alpha) = \frac{1}{w(\alpha)} + \frac{w'(\alpha)}{[w(\alpha)]^2}(z - \alpha) + \cdots$$

Also wird auch $u(z) = \mathfrak{P}_1(z - \alpha) = \dfrac{z - \alpha}{w(\alpha)} + \cdots$

Dort ist also das Integral regulär. Der Konvergenzkreis der Entwicklung reicht, wie gleich angemerkt sei, bis zum nächsten Verzweigungspunkt der Fläche. An einer unendlichen Stelle, welche nicht Verzweigungsstelle sei[1]), wird

$$\frac{1}{w} = \frac{1}{z^2}\,\mathfrak{P}\!\left(\frac{1}{z}\right) = \frac{1}{\sqrt{a_0}}\,\frac{1}{z^2} + \cdots$$

Hier wird also $u = \dfrac{1}{z}\,\mathfrak{P}_1\!\left(\dfrac{1}{z}\right) = \dfrac{-1}{\sqrt{a_0}}\,\dfrac{1}{z} + \cdots$

---

1) Es liege also ein echtes Polynom vierten Grades vor.

Also auch hier ist $u(z)$ regulär. An einem endlichen Verzweigungspunkt α wird

$$\frac{1}{w} = \frac{1}{\sqrt{z-\alpha}}\, \mathfrak{P}(z-\alpha) = \frac{\alpha_0}{\sqrt{z-\alpha}} + \cdots \quad (\alpha_0 \neq 0).$$

Also hier wird $\quad u(z) = \mathfrak{P}(\sqrt{z-\alpha}) = 2\,\alpha_0\,\sqrt{z-\alpha} + \cdots$

Auch hier ist $u(z)$ regulär. Sei endlich im Unendlichen eine Verzweigungsstelle der Fläche, liege also ein Polynom dritten Grades vor, so wird

$$\frac{1}{w} = \left(\frac{1}{\sqrt{z}}\right)^3 \mathfrak{P}\left(\frac{1}{z}\right) = \left(\frac{1}{\sqrt{z}}\right)^3 \frac{1}{\sqrt{\alpha_1}} + \cdots$$

Also wird $\quad u(z) = \mathfrak{P}_1\left(\frac{1}{\sqrt{z}}\right) = \frac{-2}{\sqrt{z}}\,\frac{1}{\sqrt{\alpha_1}} + \cdots$

Also auch hier ist $u(z)$ regulär. Wie im ersten Falle, so reichen auch in den anderen Fällen die Konvergenzradien bis zur nächsten Verzweigungsstelle der Fläche hin. Denn durch die $\sqrt{z-\alpha} = t$ wird z. B. ein bis zum nächsten Verzweigungspunkt reichender Kreisbereich der Fläche schlicht abgebildet, und in dem Bildkreis konvergiert die Reihe als gewöhnliche Potenzreihe in t. Also muß die Reihe $\mathfrak{P}(\sqrt{z-\alpha})$ auf der Fläche auch in dem bis zur nächsten Verzweigungsstelle reichenden Kreis konvergieren.

Die oben gegebenen Entwicklungen beginnen mit den im Ortsparameter linearen Gliedern. Daher wird die Umgebung einer jeden Stelle der Fläche auf ein schlichtes im Endlichen gelegenes Gebiet der u-Ebene abgebildet. Wir wollen daraus schließen, daß die Riemannsche Fläche $w(z)$ durch $u(z)$ überhaupt auf die schlichte endliche u-Ebene abgebildet wird. Dazu betrachten wir die Umkehrungsfunktion $z(u)$. Alle ihre Elemente sind von rationalem Charakter. Wir ordnen jeder Stelle des Bildbereiches über der u-Ebene eine Zahl zu: den *Rationalitätsradius* der Funktion $z(u)$. Das ist der Radius des größten um die betreffende Stelle als Mittelpunkt beschriebenen Kreises, in welchem $z(u)$ durchweg von rationalem Charakter ist. Wenn also, wie wir beweisen wollen, $z(u)$ in der ganzen endlichen Ebene von rationalem Charakter ist, so muß der Rationalitätsradius an jeder Stelle unendlich sein. Ist dies aber nicht der Fall, ist er auch nur an einer Stelle endlich, so ist er, wie wir von S. 201/202 wissen, eine stetige Funktion des Ortes. Wir müssen aber nun weiter bemerken, daß in all den Bildpunkten, die dem gleichen Punkt der Fläche entsprechen, der Rationalitätsradius denselben Wert hat. Denn wenn das Integral eine mehrdeutige Funktion der Fläche ist, so kann es bei geschlossenen Umläufen nur um konstante Werte zunehmen, weil ja seine Ableitung eindeutig ist; wir haben also mit jedem Bild der Fläche dann weitere Bilder, die aus ihm durch Parallelverschiebung um solche Konstanten der Integralperioden hervorgehen. Gibt es nun aber um einen Punkt einen gewissen Rationalitätskreis, so wird aus diesem durch die Parallelverschiebung ein genau ebenso großer Rationalitätskreis. Fassen wir daher nun den Rationalitätsradius statt als Funktion der u-Ebene als Funktion auf der Riemannschen Fläche der Quadratwurzel auf, so wird er eine auf der Fläche eindeutige durchweg stetige Funktion, die nirgends verschwindet und stets positive Werte annimmt. Eine solche Funktion besitzt aber bekanntlich ein positives Minimum. Also gibt es um jeden Punkt der u-Fläche einen Rationalitätskreis, dessen Radius oberhalb einer gewissen wesentlich positiven Grenze liegt. Daher kann es keine singulären Stellen nicht rationalen Charakters für die Funktion $z(u)$ geben, denn bei Annäherung an eine solche Stelle müßte der Rationalitätsradius den Grenzwert Null haben. Daher ist $z(u)$ in der ganzen endlichen u-Ebene von rationalem Charakter und daher nach dem Monodromiesatz eine eindeutige Funktion. Da weiter

$$\frac{dz}{dw} = w$$

ist, so ist auch $w\{z(u)\}$ eine bis auf Pole reguläre eindeutige Funktion. Daher vermittelt das Integral erster Gattung eine schlichte Abbildung der Riemannschen Fläche auf die u-Ebene. Denn anderenfalls müßten zwei verschiedene Punkte der Riemannschen Fläche, also auch zwei verschiedene Wertepaare (z, w) einmal dieselbe Stelle der u-Ebene liefern, was wegen der Eindeutigkeit beider als Funktionen von u nicht angeht. Aus diesen Darlegungen ergibt sich auch, daß der Bildbereich die u-Ebene völlig erfüllt. Denn anderenfalls müßte man bei Fortsetzung der Funktion $z(u)$ irgendwo einmal im Endlichen auf eine singuläre Stelle nichtrationalen Charakters stoßen. So erhalten wir den

Satz: **Das elliptische Integral erster Gattung vermittelt die schlichte Abbildung der Riemannschen Fläche seines Integranden auf eine volle Ebene mit Ausschluß des unendlichfernen Punktes derselben.**

§ 4. Über die Perioden eindeutiger analytischer Funktionen.

Wir haben damit gezeigt, daß das Integral erster Gattung die Riemannsche Fläche auf die schlichte endliche u-Ebene abbildet. Diese Abbildung kann aber nicht umkehrbar eindeutig sein. Unmöglich kann also das Integral eine auf der Fläche eindeutige Funktion sein. Denn schon S. 232 haben wir festgestellt, daß eine umkehrbar eindeutige Abbildung der Fläche auf einen schlichten Bereich nicht möglich ist. Andererseits können sich die verschiedenen Zweige des Integrales nur um additive Konstanten unterscheiden. **Denn je zwei zur selben Stelle der Riemannschen Fläche ge-**

hörige Elemente desselben haben dieselbe Ableitung. Bei Vermehrung von u um diese Konstanten muß aber dann $z(u)$ ungeändert bleiben. Also ist $z(u)$ eine periodische Funktion. Sie kann aber unmöglich eine einfach periodische Funktion sein, d. h. eine Funktion, deren Perioden alle als Multipla einer derselben, etwa p, aufgefaßt werden können. Denn sonst unterschieden sich alle Zweige des Integrales erster Gattung um Multipla von p.

Das bedeutete aber, daß durch das Integral die Fläche auf unendlichviele verschiedene Streifen der Breite p abgebildet würde. Jeder dieser Streifen aber würde durch die Funktion $e^{2\pi i \frac{u}{p}} = t$ auf die schlichte t-Ebene mit Ausschluß von $t = 0$ und $t = \infty$ abgebildet. u-Stellen, die sich um Multipla von p unterscheiden, liefern die gleiche t-Stelle. Einer jeden Stelle der Fläche entsprechen aber nur solche u-Stellen, die um Multipla von p verschieden sind, also entspricht jeder Flächenstelle genau eine t-Stelle. Die Riemannsche Fläche wäre also umkehrbar eindeutig auf die t-Ebene abgebildet. Das geht nach S. 232 nicht an. Also können nicht alle Perioden sich als Multipla einer derselben darstellen lassen.

Das Wort *Periode* wird in zweierlei Sinn gebraucht. Einmal versteht man darunter die Wertänderungen der Integrale bei Umläufen der Variablen, welche den Integranden ungeändert lassen. Man versteht unter *Perioden* bei eindeutigen Funktionen $f(z)$ auch die Zahlen, welche eine Funktionalgleichung der Form $f(z + p) = f(z)$ bedingen. Dann spricht man auch von periodischen Funktionen. $z(u)$ ist also eine periodische, aber sicher keine einfach periodische Funktion.

Wie müssen daher nun die Perioden der eindeutigen Funktion $z(u)$ beschaffen sein?

Um das klar zu beantworten, schalten wir eine Betrachtung über die Perioden beliebiger eindeutiger analytischer Funktionen $f(u)$ ein.

Vor allen Dingen stellen wir fest, daß mit jeder Periode p auch alle ihre positiven und negativen Multipla Perioden sind. Denn wenn für alle u $f(u + p) = f(u)$ ist, so bleibt diese Gleichung also auch richtig, wenn ich statt u den Wert $u + p$ eintrage. Das liefert aber $f(u + 2p) = f(u + p) = f(u)$. So kann ich weiter schließen und erkennen, daß jedes positive Multiplum von p eine Periode ist. Trage ich aber statt u den Wert $u - p$ ein, so finde ich $f(u) = f(u - p)$ und sehe also, daß mit jeder Periode p auch $-p$ eine Periode ist. Also sind alle positiven und negativen Vielfachen von p auch Perioden.[1]

Ebenso erkennt man, daß mit je zwei Perioden p_1 und p_2 auch $mp_1 + np_2$

---

[1] Solche Stellen sollen fortan *äquivalente Stellen* heißen.

für beliebige ganze rationale m und n Perioden sind. Die Perioden bilden also hinsichtlich der Addition und Subtraktion eine Gruppe.

Wir können den Sachverhalt auch als Spezialfall allgemeinerer Zusammenhänge auffassen. Die linearen Transformationen

$$z_1 = l(z),$$

welche eine eindeutige Funktion $f(z)$ ungeändert lassen, d. h. für welche

$$f(z_1) = f(z)$$

gilt, bilden eine *Gruppe*. Unter einer Gruppe von linearen Transformationen versteht man dabei ein System von Transformationen derart, daß mit zwei Transformationen

$$z_1 = l_1(z) \quad \text{und} \quad z_1 = l_2(z)$$

auch die zusammengesetzte $z_1 = l_1\{l_2(z)\}$ zum System gehört und daß auch die inverse Transformation $z = l^{-1}(z_1)$ einer jeden $z_1 = l(z)$ dem System angehört. In diesem Sinne bilden die Periodenvermehrungen, welche $f(z)$ ungeändert lassen, eine Gruppe. Funktionen, die bei solchen Substitutionen ungeändert bleiben, heißen *automorphe* Funktionen, so daß also die periodischen spezielle automorphe Funktionen sind. Weiter ist hiernach klar, daß die Beträge der Perioden einer eindeutigen Funktion eine von Null verschiedene untere Grenze haben. Denn anderenfalls gäbe es beliebig nahe bei der Regularitätsstelle $u = a$ Stellen, wo $f(u) = f(a)$ wäre. Nach S. 138 wäre also $f(u)$ eine Konstante. Denken wir uns nun alle Perioden einer eindeutigen Funktion in der komplexen Ebene aufgetragen, so können diese Periodenpunkte im Endlichen keinen Häufungspunkt besitzen. Weil nämlich die Differenz irgend zweier Perioden wieder eine Periode ist, so müßte es sonst wieder Perioden von beliebig kleinem Betrage geben. In jedem um den Nullpunkt geschlagenen Kreise liegen daher nur endlich viele Periodenpunkte. Unter allen diesen greife ich einen von möglichst kleinem absoluten Betrage heraus. Er sei p_1. Betrachte ich dann alle Multipla dieser Periode, so liegen die entsprechenden Periodenpunkte alle auf einer Geraden (Fig. 63). Auf dieser Geraden liegen außer

Fig. 63.

diesen keine weiteren Periodenpunkte. Denn sie teilen die Gerade in lauter Intervalle der Länge $|p_1|$. Läge in einem Intervall ein weiterer Periodenpunkt, so unterschiede er sich von seinen Nachbarn um weniger als $|p_1|$. Es gäbe dann also wieder Perioden von kleinerem Betrage als $|p_1|$.

Es ist nun möglich, daß mit diesen Multipla einer Periode die Gesamtheit aller Perioden erschöpft ist. Dann haben wir es mit einer einfach periodischen Funktion zu tun. **Nehmen wir dann in der komplexen Ebene**

einen Streifen, der von zwei parallelen Geraden begrenzt sein möge, welche durch eine Verschiebung in Richtung und um den Betrag des Vektors p auseinander hervorgehen, so nimmt die Funktion $f(u)$ alle Werte, deren sie überhaupt fähig ist, in diesem Streifen an. Denn verschieben wir den Streifen nacheinander um alle Periodenvektoren, so erhalten wir eine lückenlose Einteilung der Ebene in kongruente Streifen der Breite p (Fig. 64). Dies Verschieben bedeutet aber ein Vermehren von u um Perioden. Beim Verschieben bleibt also $f(u)$ ungeändert. $f(u)$ nimmt also in allen Periodenstreifen die gleichen Werte an. Beispiele solcher einfach periodischen Funktionen sind uns in der Exponentialfunktion und in den trigonometrischen Funktionen bekannt. Als Periodenstreifen der Exponentialfunktion kann

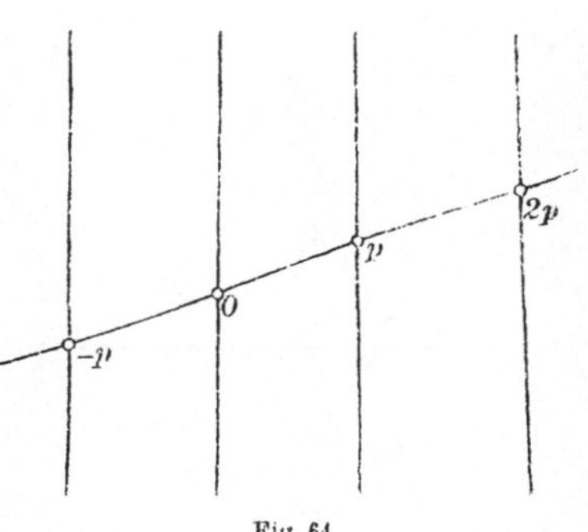

Fig. 64.

ein von der reellen Achse und der Geraden $J(u) = 2\pi$ begrenzter Streifen der Breite $2i\pi$ gewählt werden. Bei den trigonometrischen verläuft der Periodenstreifen parallel zur imaginären Achse und hat die Breite 2π. Daß z. B. bei der Exponentialfunktion keine weiteren Perioden vorhanden sind, folgt sofort daraus, daß nach S. 76 die Exponentialfunktion den Periodenstreifen auf eine schlichte Ebene abbildet. Sie nimmt also keinen Wert im Streifen mehr als einmal an; der Streifen kann also auch keine äquivalenten Punkte mehr enthalten. Daher gibt es keine weiteren Perioden. Ebenso sind die trigonometrischen Funktionen einfach periodisch.

Wir nehmen nun als zweiten Fall den vor, wo außer hp_1 noch weitere Perioden vorhanden sind. p_1 war eine kürzeste Periode.

Grenze ich nun um jeden Periodenpunkt der Geraden $0p_1$ einen Kreis vom Radius $|p_1|$ ab, so liegen im Inneren dieser Kreise keine weiteren Periodenpunkte und man sieht gleichzeitig, daß die Entfernungen aller weiteren Periodenpunkte von dieser ersten Periodengeraden eine positive untere Schranke haben. Diese ist

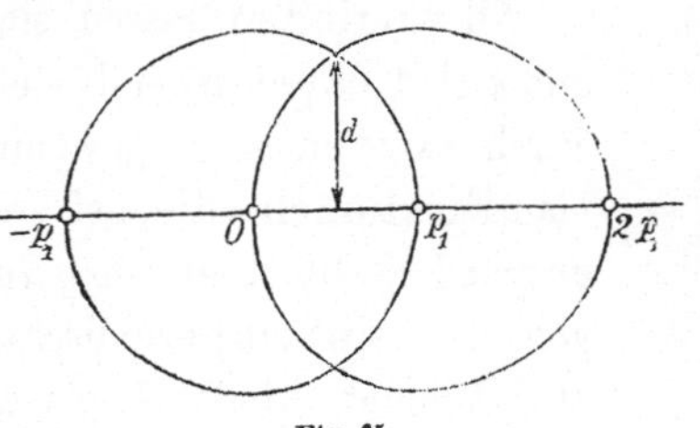

Fig. 65.

durch die Strecke $d = \dfrac{|p_1|}{2}\sqrt{3}$ der Fig. 65 gegeben. Mit jedem weiteren Periodenpunkt hat man gleichzeitig eine zu der ersten parallele Periodengerade. Denn mit p sind auch alle Punkte $p + hp_1$, wo h eine beliebige positive oder negative ganze Zahl ist, Periodenpunkte. Auf dieser Geraden liegen die Periodenpunkte natürlich wieder in Intervallen der Länge $|p_1|$. Die sämtlichen Periodenpunkte sind somit auf derartigen parallelen

Geraden angeordnet. Keine zwei derselben können aus den dargelegten Gründen einen Abstand haben, der kleiner ist als d. Daher gibt es unter allen Periodengeraden zwei, deren Abstand D von der ersten möglichst klein ist. Eine dieser greife ich heraus. p_2 sei irgendein auf ihr gelegener Periodenpunkt. Daher sind nun auch alle Punkte kp_2 Periodenpunkte. Sie liegen wieder auf einer zweiten Geraden (Fig. 66). Lege ich durch diese Punkte Parallelen zu der ersten Periodengeraden und durch die Punkte der ersten Parallelen zu der zweiten Periodengeraden, so sind alle Schnittpunkte des so erhaltenen Netzes Periodenpunkte (Fig. 67), da ihre Koordinaten die Gestalt $hp_1 + kp_2$ mit ganzzahligen h und k besitzen. Weitere Periodenpunkte kann es aber nun nicht geben. Denn die bisher erhaltenen Parallelen zur ersten Periodengeraden folgen in gewissen konstanten Abständen D aufeinander. Zwischen zwei solchen kann aber keine weitere parallele Periodengerade mehr liegen. Denn sonst erhielte man durch Addition der Multipla von p_2 zu den darauf gelegenen Periodenpunkten zwischen je zwei aufeinanderfolgenden eine weitere Periodengerade, während doch die erste Parallele möglichst nahe an der ersten Periodengerade gewählt war. Daher können also weder im Inneren noch auf dem Rand irgendeines der Parallelogramme, aus welchen sich das Netz aufbaut, weitere Periodenpunkte liegen. Auf den horizontalen Rändern kann das nicht geschehen, weil da die Periodenpunkte in Intervallen der Länge $|p_1|$ aufeinanderfolgen, an anderen Stellen ist es nicht möglich, weil die horizontalen Periodengeraden in Abständen der Länge D aufeinanderfolgen.

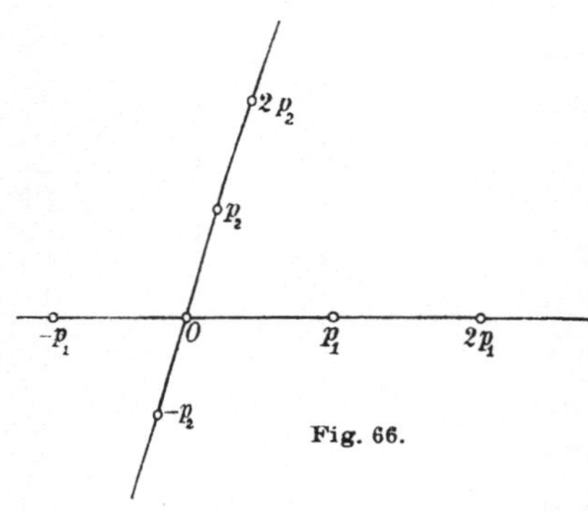

Fig. 66.

Alle Perioden lassen sich daher in der Form $hp_1 + kp_2$ darstellen. h und k sind dabei irgendwelche ganze rationale Zahlen. Da also alle Perioden durch zwei passend gewählte derselben ausgedrückt werden können, nennt man Funktionen, die bei Vermehrung ihrer Variablen um alle diese Perioden ungeändert bleiben, *doppelperiodische Funktionen*. Die Benennung soll sie von den einfachperiodischen Funktionen unterscheiden, bei welchen sich alle Perioden als Multipla einer derselben darstellen lassen. *Alle eindeutigen periodischen Funktionen sind also entweder einfachperiodisch oder doppelperiodisch.*

Wir können nun auch die Frage nach der durch das Integral erster Gattung vermittelten Abbildung der Riemannschen Fläche endgültig beantworten. Die Abbildung liefert unendlich viele Bilder der Fläche, die auseinander durch Verschiebung um Perioden hervorgehen. Da aber, wie wir wissen, die Perioden nicht Multipla einer derselben sein können, so liegt der doppelperiodische Fall vor. Zwei Grundperioden[1]) $p_1 = 2\omega_1$ und $p_2 = 2\omega_2$ bestimmen ein *Periodenparallelogramm* (Fig. 68). Da nie zwei Punkte aus dem Inneren eines solchen sich um Perioden unterscheiden und andererseits jeder Punkt der Ebene durch Periodenvermehrung aus einem passenden Punkt dieses Parallelogrammes hervorgeht, so wird also die Riemannsche Fläche umkehrbar eindeutig auf ein solches Parallelogramm abgebildet, so zwar, daß zwei Punkte des Randes, die sich nur um eine Periode $2\omega_1$ oder $2\omega_2$ unterscheiden, demselben Punkt der Fläche entsprechen. Wir haben diese Ränderzuordnung (Fig. 68) durch Pfeile angedeutet. Ganz entsprechend liefern ja bei den einfachperiodischen Funk

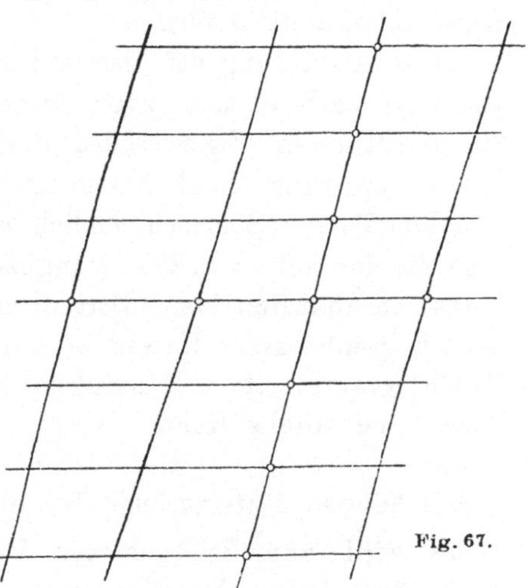

Fig. 67.

tionen gegenüberliegende Randpunkte des Periodenstreifens denselben Wert der periodischen Funktion.

Die Abbildung auf ein Periodenparallelogramm widerspricht also ganz und gar nicht der Tatsache, daß eine umkehrbar eindeutige Abbildung der Fläche auf einen schlichten Bereich nicht möglich ist. Denn Randpunkte besitzen ja in diesem Bildbereich gar keine Umgebung. Was umkehrbar eindeutig auf das Innere des Parallelogramms abgebildet wird, ist nicht die volle Riemannsche Fläche, sondern ein Bereich, der aus ihr hervorgeht, wenn man die Bildkurven der Parallelogrammränder auf die Fläche einzeichnet und so aus ihr einen berandeten

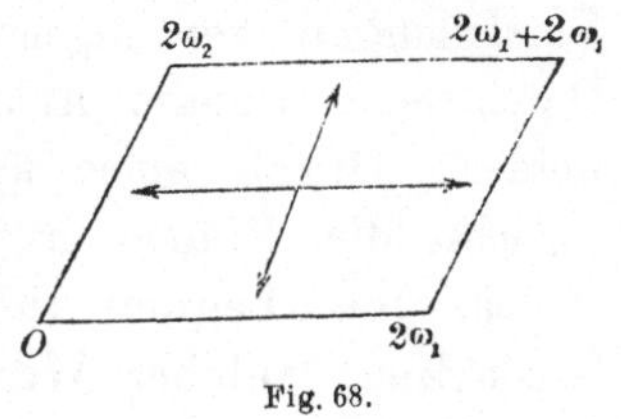

Fig. 68.

Bereich macht.

Bei der Abbildung durch das Integral erster Gattung geht also jede Funktion, die auf der Riemannschen Fläche durchweg rationalen Charakter besitzt, in eine Funktion über, welche in der endlichen u-Ebene durchweg von rationalem Charakter ist. Ist die Funktion dazu noch auf der ursprünglichen Fläche eindeutig, so geht sie in eine doppelperiodische Funktion

---

1) Unter Grundperioden (oder primitiven Perioden) versteht man ein Periodenpaar (p_1, p_2), aus dem sich alle anderen in der Form $hp_1 + kp_2$ mit ganzen rationalen h, k aufbauen lassen.

über. Insbesondere wird also jede **rationale** Funktion von z und w in eine **doppelperiodische** Funktion übergeführt. Die Integrale solcher rationalen Funktionen, die elliptischen Integrale also, werden in die Integrale der doppelperiodischen Funktionen verwandelt; als solche sollen sie später genauer untersucht werden.

Diese **Abbildung** der Riemannschen Fläche auf ein **Parallelogramm** mit paarweise **verbundenen** (zugeordneten) Rändern wirft ein helles Licht auf die gestaltlichen Eigenschaften derselben. Denkt man sich nämlich die Ränderzuordnung durch Zusammenbiegen wirklich vollzogen, so entsteht eine Ringfläche (Schlauch, ähnlich einem Fahrradschlauch). Und nun wird auch die der schon S. 233 herangezogenen Existenz geschlossener Flächenkurven anschaulich klar. Dort nämlich betrachteten wir Rückkehrschnitte — d. h. geschlossene Kurven — durch die die Fläche nicht zerfällt. Jede Parallelogrammseite z. B. liefert ja auf dem Ring bzw. der Riemannschen Fläche eine solche Kurve.

§ 5. Nähere Untersuchung der elliptischen Integrale erster Gattung.

Es wird zur Belebung der Vorstellungen beitragen, wenn wir die durch das Integral erster Gattung vermittelte Abbildung der Fläche auf ein Parallelogramm etwas näher zu ergründen suchen. Wir beschränken uns dabei auf den Fall, daß die vier Verzweigungspunkte der Fläche auf der reellen Achse liegen. Sie seien der Größe nach geordnet a_1, a_2, a_3, a_4. Es sei also $a_1 < a_2 < a_3 < a_4$. Zur Fixierung der Vorstellungen sei angenommen, daß sie alle vier im **Endlichen** liegen. Durch eine lineare Abbildung der Fläche kann dies ja stets erreicht werden. Durch einen längs der reellen Achse geführten Schnitt werde zunächst die Fläche in vier Halbebenen zerlegt, die wir einzeln abbilden wollen. Ich beginne mit einer oberen Halbebene. Zunächst habe ich festzusetzen, welchen Wert der

$$\sqrt{(z - a_1)(z - a_2)(z - a_3)(z - a_4)} = w$$

ich im Integral $\qquad u = \int_{a_4}^{z} \dfrac{dz}{w}$

verwenden will. Die untere Grenze soll also in a_4 liegen. Ich setze

$$z - a_\varkappa = r_\varkappa e^{i\varphi_\varkappa},$$

verstehe dabei unter $\varphi_\varkappa$ den aus Fig. 69 ersichtlichen Winkel. Für ein der oberen Halbebene angehöriges z sei dann:

$$\sqrt{z - a_\varkappa} = r_\varkappa^{\frac{1}{2}} e^{\frac{i\varphi_\varkappa}{2}}.$$

Diese Erklärung hat zur Folge, daß zwischen a_4 und a_1 die Wurzel w positiv wird, zwischen a_1 und a_2 positiv imaginär, zwischen a_2 und a_3 negativ reell und zwischen a_3 und a_4 negativ imaginär.
Durchlaufen wir nun von a_4 an nach rechts die reelle Achse, so wird u stets wachsende positive Werte annehmen. Im Unendlichen erhält es einen endlichen Wert; beschreiten wir dann die negative reelle Achse, so wächst u immer weiter, bis es in

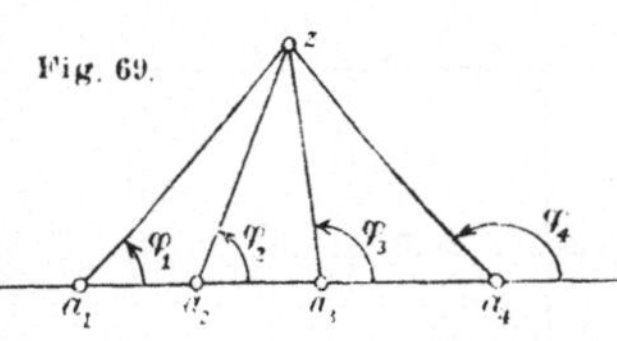

a_1 einen gewissen endlichen Wert ω_1 annimmt. Wandert dann z weiter auf der reellen Achse nach a_2 zu, so kommen nun positiv imaginäre Beiträge hinzu; also bewegt sich u in Richtung der positiv imaginären Achse weiter. Sobald a_2 erreicht ist, wo u den Wert $\omega_1 + \omega_2$ haben möge, macht u wieder eine Schwenkung um $\frac{\pi}{2}$ nach links, rückt wieder der reellen Achse parallel weiter, um endlich beim Durchgang von z durch a_3 nochmals links zu schwenken. Sowie a_4 wieder erreicht ist, muß auch u wieder im Punkt 0 angekommen sein, denn u ist eine in der oberen Halbebene eindeutige Funktion. Nach dem S. 189 angegebenen Satz wird daher durch das Integral erster Gattung die Halbebene auf das Innere des Rechteckes abgebildet, das u eben umlaufen hat. Auch die Abbildung der anderen drei Halbebenen kann nach dem Spiegelungsprinzip nun übersehen werden. Der Vektor $\overrightarrow{a_4 a_1}$ geht ja in den Vektor $\overrightarrow{0\,\omega_1}$ über. Daher wird die an der Strecke $\overrightarrow{a_4 a_1}$ gespiegelte Halbebene auf ein an $\overrightarrow{0\,\omega_1}$ gespiegeltes Rechteck abgebildet. Auf das aus beiden zusammengesetzte größere Rechteck der Fig. 70 ist so ein Bereich der z-Ebene abgebildet, der aus dieser durch Aufschneiden von a_1 bis a_4 entsteht. Spiegelt man daher das Rechteck der Fig. 70 an seiner vertikalen, auf der imaginären Achse gelegenen Grenze, die dem Schlitzstück von a_3 bis a_4 entspricht, so wird dies Spiegelrechteck von der Umkehrungsfunktion des Integrales erster Gattung seinerseits auf ein volles Exemplar der z-Ebene,

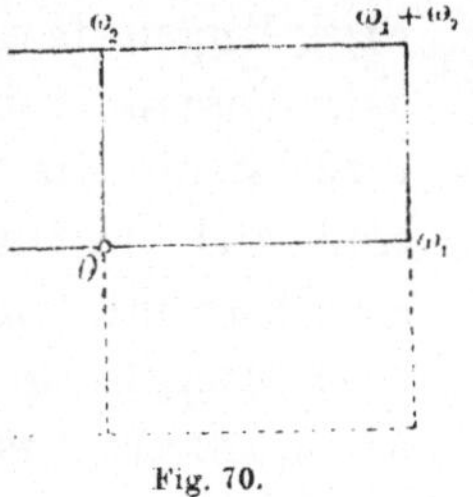

also das andere Blatt unserer zweiblättrigen Fläche, abgebildet. Diese Fläche selbst also wird auf das Rechteck der Fig. 71 abgebildet. Dem Rande des Rechteckes entspricht der Schlitz der Fläche, welcher noch von a_1 bis a_3 reicht. Punkte des Rechteckes Fig. 71, welche sich nur durch das Vorzeichen von u unterscheiden, liefern bei der Abbildung übereinandergelegene Punkte der Fläche. Das ergibt sich daraus, daß diese durchs Vorzeichen unterschiedenen Punkte gerade dadurch auseinander hervorgehen, daß man die beiden Spiegelungen nacheinander ausführt.
Einer erneuten Spiegelung des Rechteckes an einer seiner Grenzen ent-

spricht eine Spiegelung der aufgeschnittenen Fläche an der entsprechenden Begrenzungsgeraden. Setzt man diese Spiegelungen in infinitum fort, so erhält man eine Bedeckung der ganzen Ebene mit lauter kongruenten Rechtecken.

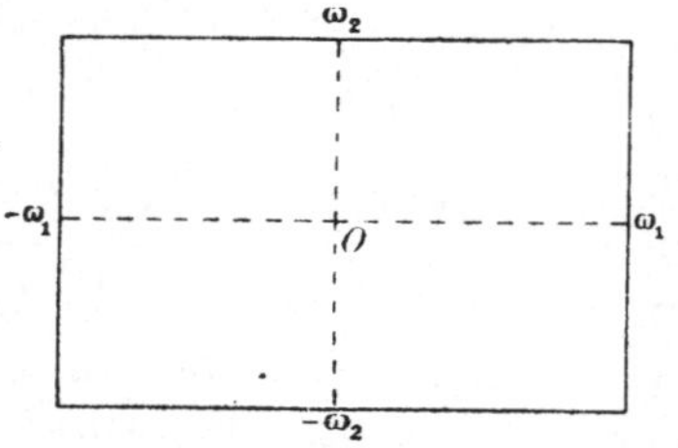

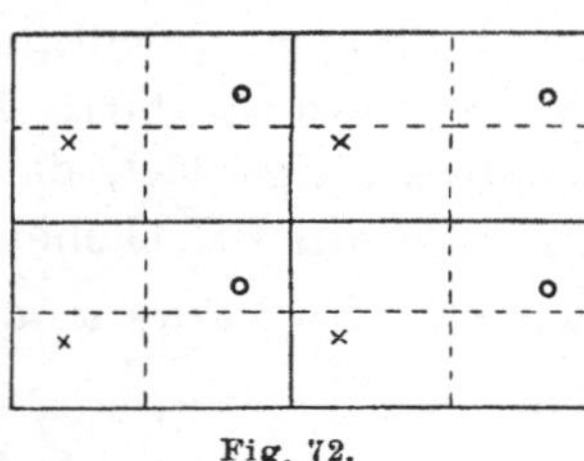

Fig. 71.

Wie verhalten sich nun $z(u)$ und $w(u)$ bei diesen Spiegelungen? Das lehrt uns wieder das Spiegelungsprinzip. $z(u)$ ist auf den Begrenzungsgeraden aller Rechtecke reell, und zwar sowohl der großen von den Kantenlängen $|2\omega_1|$ und $|2\omega_2|$ als der kleinen punktiert angedeuteten (Fig. 72) der Kantenlängen $|\omega_1|$ und $|\omega_2|$. Daher bedeutet jede Spiegelung den Übergang zum konjugiert imaginären z. Daher besitzt z denselben Wert in den in Fig. 72 markierten Punkten, die durch diese sukzessiven Spiegelungen auseinander hervorgehen. Man sieht, daß diese in zwei Klassen zerfallen, so daß die Punkte einer jeden Klasse auseinander durch die Deckschiebungen des stark ausgezogenen Rechtecknetzes hervorgehen.[1]) Das sind die Verschiebungen $u_1 = u + 2h\omega_1 + 2k\omega_2$, wo h und k irgendwelche ganze Zahlen sind. Die Punkte zweier verschiedenen Klassen gehen auseinander durch Vorzeichenänderung von u hervor.

Fig. 72.

Nun bleibt das Verhalten von $w(u)$ bei den Spiegelungen festzustellen. Dabei ist zu beachten, daß $w(u)$ auf den vertikalen Geraden rein imaginär, auf den horizontalen aber reell ist. Das trifft zunächst für die Grenzen des ersten kleinen Rechteckes der Fig. 69 zu und ergibt sich daraus für die anderen durch Spiegelung. Einer Spiegelung an einer horizontalen Geraden entspricht daher eine Spiegelung an der reellen, einer Spiegelung an einer vertikalen Rechtecksgeraden eine Spiegelung an der imaginären w-Achse. Man muß daher in der u-Ebene zwei horizontale oder zwei vertikale Spiegelungen nacheinander ausführen, um Punkte des gleichen w zu erhalten. So nimmt also w denselben Wert in den gleichmarkierten Punkten der Fig. 72 an. Das sind aber gerade die Punkte, die durch die Parallelverschiebungen der doppelperiodischen Gruppe mit den Perioden $2\omega_1$ und $2\omega_2$ auseinander hervorgehen. Das ist die Gruppe der Deckschiebungen des Netzes der großen Rechtecke. $z(u)$ und $w(u)$ sind daher doppelperiodische Funktionen der angegebenen Gruppe, und alle oben allgemein angegebenen Überlegungen sind bestätigt. Auch im allgemeinen

---

1) Die Punkte der einen Klasse sind durch Nullkreise, die der anderen Klasse durch Kreuze bezeichnet.

Fall, also bei nicht nur reellen Verzweigungspunkten, kann man die Abbildung in ähnlicher Weise diskutieren und sich eine Vorstellung vom Verlauf der Bilder der geradlinigen Begrenzungsgeraden der Perioden auf der Riemannschen Fläche verschaffen. Doch will ich die nähere Ausführung dem Leser überlassen.[1])

Außer den eben betrachteten Rechtecken gibt es noch eine große Menge anderer Bereiche der u-Ebene, die durch die Umkehrungsfunktion des Integrales erster Gattung auf volle Exemplare der Fläche abgebildet werden. Man hat ja den Bereich nur so zu wählen, daß er zu jedem Punkte der Fläche einen Bildpunkt im Inneren oder am Rand besitzt. So wird z. B. ein brauchbarer Bildbereich ein jedes Rechteck, das aus dem gefundenen durch eine *beliebige* Parallelverschiebung hervorgeht. Denn die in Fig. 73 gleichnumerierten kleinen Rechtecke enthalten die Bilder der gleichen Flächenstücke. Ein solches verschobenes Rechteck wird also durch die bisherige Funktion $z\,(u)$ auf die in anderer Weise wie bisher aufgeschnittene Fläche abgebildet. Aber auch die wie bisher aufgeschnittene Fläche kann auf das

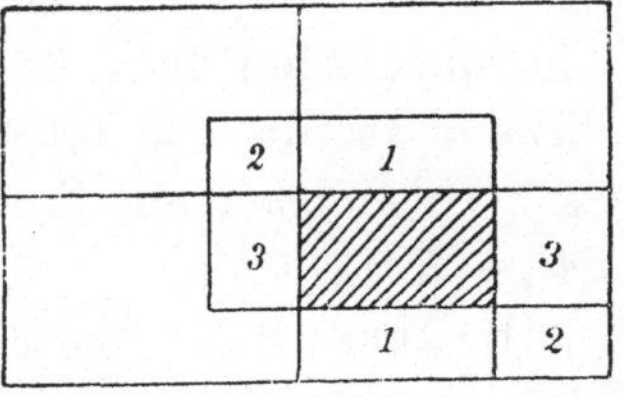

Fig. 73.

verschobene Rechteck abgebildet werden. Man muß nur als Abbildungsfunktion das um eine passende Konstante vermehrte seitherige Integral erster Gattung wählen oder, was dasselbe bedeutet, man muß nur die untere Grenze des Integrales in einen anderen Flächenpunkt legen. Man kann also die in der einen Weise aufgeschnittene Fläche erst auf ein Parallelogramm[2]) abbilden und dann dieses auf die in der anderen Weise aufgeschnittene Fläche. Daher erhält man somit eine *umkehrbar eindeutige Abbildung der Riemannschen Fläche auf sich*, welche durch Funktionen vermittelt wird, welche durchweg von rationalem Charakter auf der Fläche sind. Diese Abbildungen hängen noch von einem komplexen Parameter ab. Sind dies die einzigen umkehrbar eindeutigen Abbildungen der Fläche in sich?

Jeder umkehrbar eindeutigen Abbildung der Fläche entspricht eine umkehrbar eindeutige Abbildung der u-Ebene auf sich, welche den unendlichfernen Punkt festläßt, also durch eine ganze lineare Funktion von u vermittelt wird. Das kann man so einsehen. Es sei etwa die Abbildung durch $z_1 = f\,(z,\,w)$ und $w_1 = \varphi\,(z,\,w)$ vermittelt.[3]) Daraus erhält man durch Ein-

---

1) Vgl. dazu: H. A. Schwarz: Crelles Journal Bd. 70 S. 121 ff. oder Ges. math. Abh. II S. 84 ff.

2) Wir führen die Untersuchung gleich für beliebige Flächen durch.

3) f und φ sind zwei auf der Fläche eindeutige Funktionen von durchweg rationalem Charakter. S. 273 werden wir lernen, daß man sie als rationale Funktionen von z und w darstellen kann.

führung von u_1 und u, die den beiden Punkten (z_1, w_1) und (z, w) entsprechen mögen, zwei Gleichungen zwischen u_1 und u. Durch diese ist aber u_1 bis auf Vielfache der Perioden bestimmt. Denn zu jedem u gehört ein bestimmter Punkt (z, w) der Fläche, zu diesem ein bestimmter Punkt (z_1, w_1) und zu diesem ein bis auf Periodenmultipla bestimmter Wert u_1 des Integrales erster Gattung. Ich will mich an irgendeiner Anfangsstelle $u = a$ für einen bestimmten dieser Werte von u_1 entscheiden und dann u sich stetig ändern lassen und die Funktion $u_1 = g(u)$ analytisch fortsetzen. Sie ist dann stets eindeutig bestimmt, weil nie ein Zweifel sein kann, welchen ihrer um Periodenmultipla unterschiedenen Werte man zu nehmen hat. $g(u)$ ist also durch die ganze u-Ebene auf jedem Wege eindeutig fortsetzbar. Ebenso die Umkehrungsfunktion. Daher erhält man durch $g(u)$ eine umkehrbar eindeutige Abbildung der u-Ebene auf sich. Sie bildet endliche u auf endliche u_1 ab, da das Integral erster Gattung überall auf der Fläche endlich ist. Daher ist nach S. 152 tatsächlich $g(u)$ eine ganze lineare Funktion, $Au + B$.

Bemerkung. Hätte ich mich im Anfangspunkt für einen anderen Anfangswert von u_1 entschieden, so hätte· ich eine andere von dieser um eine Periodenverschiebung unterschiedene Abbildung erhalten. Einer Periodenverschiebung in der u-Ebene entspricht ja auch tatsächlich die Abbildung der Fläche auf sich, die jeden ihrer Punkte an seinem Fleck läßt.

Es bleibt noch zu zeigen, daß die gefundene lineare Abbildung gerade eine Parallelverschiebung sein muß. Das kommt so heraus. Wenn einer linearen Abbildung der w-Ebene eine umkehrbare eindeutige Abbildung der Fläche auf sich entsprechen soll, so muß ein jedes Punktepaar der u-Ebene, das einem und demselben Punkt der Fläche entspricht, in ein Punktepaar übergeführt werden, das auch einem und demselben Punkt der Fläche entspricht. D. h. mit anderen Worten: Punkte, die um Perioden voneinander abweichen, müssen in Punkte übergehen, die gleichfalls um Perioden verschieden sind. Seien also u und $u + \omega$ zwei solche Punkte, so finde ich als Differenz der zugehörigen u_1-Werte $A(u+\omega)+B-(Au+B)=A\omega$. Also muß $A\omega$ für jede Periode ω wieder eine Periode sein. Trage ich also alle Perioden in einer Periodenebene auf, so muß das System der Periodenpunkte durch die Drehstreckung $v_1 = Av$ in sich[1]) übergeführt werden. Daraus entnimmt man sofort, daß die Drehstreckung nur eine

---

1) Denn auch die inverse Drehstreckung führt Perioden in Perioden über. Wäre das nur ein Teil aller, so würde schon dieser Teil durch die Drehstreckung wieder in die Gesamtheit aller übergeführt, also erst recht kommen durch die Drehstreckung ausgeführt auf alle Perioden wieder alle Perioden heraus.

Drehung sein kann, sonst gäbe es Perioden von beliebig kleinem absoluten Betrag, wie man durch mehrmalige Anwendung der Drehstreckung erkennt. Wenn aber die Perioden nicht eine ganz besondere Beschaffenheit besitzen, so kann diese Drehung nur um den Winkel **Null** oder 180 Grad erfolgen. Soll nämlich die Drehung eine andere sein, so müssen z. B. Periodenpunkte vorhanden sein, die in den Ecken eines regulären Polygones angeordnet sind. Das wird aber im allgemeinen nicht der Fall sein:

Die einzigen Transformationen der Fläche in sich drücken sich durch die linearen Abbildungen $u_1 = u + b$ und $u_1 = -u + b$ mit völlig beliebigem b aus. Nur in besonderen Fällen kommen noch weitere Abbildungen hinzu.

Diese besonderen Fälle seien jetzt noch aufgesucht. Drehungen um Winkel $\frac{2\pi}{n}$ mit einem n[1]), das die Sechs übertrifft, kommen sicher nicht in Betracht, weil die Seite des regulären n-Ecks dann kürzer ist als der Radius des umgeschriebenen Kreises. Übt man nämlich auf die kürzeste Periode die Drehungen aus, so erhält man Periodenpunkte in den Ecken des regulären n-Ecks. Da die Differenz zweier Perioden wieder eine Periode ist, so gäbe es auch Perioden, deren Länge der Seitenlänge des regulären n-Eckes gleich ist, gegen die Annahme, daß der Radius die Länge der kürzesten Periode angibt. Aus diesem Grunde kommen auch keine Drehungen mit $n = 5$ in Betracht. Denn da die Drehung um 180 Grad auf alle Fälle vorhanden ist, so wäre auch die Drehung um $\frac{2\pi}{10}$ dann vorhanden, was aus den eben dargelegten Gründen nicht möglich ist. Daher bleiben nur die Fälle $n = 4$ und $n = 6$. Denn $n = 3$ tritt nicht selbständig auf, wegen der immer vorhandenen Drehung um 180 Grad. Diese beiden Fälle sind aber auch wirklich möglich. Im ersten Fall haben wir ein Quadratnetz, im zweiten ein rhombisches Netz.

§ 6. Die Probleme der Uniformisierung.

Es ist nun an der Zeit, die verschiedenen Parameterdarstellungen, die wir zum Studium mehrdeutiger Funktionen bisher herangezogen haben, unter einem einheitlichen Gesichtspunkt zu begreifen. Ursprünglich handelte es sich uns nur darum, das Verhalten in der Umgebung einer einzelnen singulären Stelle nichteindeutigen Charakters zu untersuchen und zu Reihen-

---

1) Drehungen um $\alpha \cdot 2\pi$, wo α irrational ist, würden zu Häufungen von Periodenpunkten führen und Drehungen $2\pi\frac{m}{n}$ mit teilerfremden m und n ziehen Drehungen $2\pi\frac{1}{n}$ nach sich.

entwicklungen der Funktionen, zu einem Maß für die Vielfachheit ihrer
Nullstellen und Pole in solchen Punkten zu gelangen. Dazu fanden wir
in der Abbildung einer Umgebung solcher Stellen durch eine passende
m-te Wurzel das geeignete Mittel. Alle Funktionen, die in einem gewissen
um die Stelle gelegten Kreise auf allen die Stelle nicht treffenden Wegen
fortsetzbar waren, und die als Funktionen dieser m-ten Wurzel aufgefaßt
eindeutig wurden, die also bei m-maligem Umlauf um die Stelle sich re-
produzierten, konnten in eine nach Potenzen von $\sqrt[m]{z-a}$ fortschreitende
Laurentreihe entwickelt werden, die in der Umgebung der Stelle konvergierte. Damit war also in der Umgebung solcher Stellen das Studium der
endlichvieldeutigen Funktionen auf das Studium der eindeutigen Funktionen
zurückgeführt. Das gelang auch bei den unendlichvieldeutigen Funktionen,
wenn wir als Parameter $\log(z-a)$ einführten. Dann wird aus einer derartigen Funktion eine in einer gewissen Halbebene eindeutige reguläre
Funktion.

Setzt man $t = \sqrt[m]{z-a}$, so werden $z = a + t^m$, $w = f(a + t^m)$ in der Umgebung von $t = 0$ eindeutige Funktionen. So haben wir eine auf den
Parameter t bezogene eindeutige Parameterdarstellung der um $z = a$ m-
deutigen Funktion $w = f(z)$ in der Umgebung von $t = 0$. Setzt man
$t = \log(z-a)$, so hat man in $z = a + e^t$, $w = f(a + e^t)$ eine Parameterdarstellung der um $z = a$ beliebig vieldeutigen Funktion $w = f(z)$.

In wesentlich weitergreifendem Umfang haben wir nun neuerdings
Parameterdarstellungen herangezogen. Statt den Arcussinus auf der zwei-
blättrigen Fläche der $\sqrt{1-z^2}$ zu betrachten, wandten wir eine der vielen
Parameterdarstellungen des Kreises $z^2 + w^2 = 1$ an und gelangten so zum
Studium eines Integrales einer rationalen Funktion. Bei diesen Parameter-
darstellungen des Kreises wollen wir nun einen Augenblick stehen bleiben.
Wir führen ein

$$z = \frac{1}{2}\left(t + \frac{1}{t}\right).$$

Dann wird
$$w = \pm\frac{1}{2}\left(t - \frac{1}{t}\right).$$

Wir sahen, daß mit jeder solchen Parameterdarstellung auch jede andere
brauchbar wird, die aus ihr durch eine lineare Änderung des Parameters t
hervorgeht. Dahin gehört ja auch die wohl bekanntere rationale Parameterdarstellung

$$z = \frac{2\tau}{1+\tau^2} \quad w = \pm\frac{1-\tau^2}{1+\tau^2}.$$

Sie geht aus jener hervor, wenn man

$$t = \frac{1+i\tau}{\tau+1} \qquad \text{einträgt.}$$

Bemerkung. Das doppelte Vorzeichen, welches w in den Parameterdarstellungen besitzen kann, kommt von der Zweiblättrigkeit der Fläche her. Es steht ja noch völlig in unserem Belieben, welche der Werte w wir im oberen und welche im unteren Blatt unterbringen wollen. Diese beiden Möglichkeiten prägen sich in dem doppelten Vorzeichen aus, so daß wir also je nach der Wahl des Vorzeichens, die wir treffen, zwei verschiedene Parameterdarstellungen erhalten.

Neben diesen rationalen Parameterdarstellungen des Kreises kennen wir noch die transzendenten, z. B. $z = \sin \varphi$, $w = \cos \varphi$. Auch diese sind in unseren obigen Erörterungen über den Arcussinus mitenthalten. Denn wir stellten ja ausdrücklich fest, daß alle auf der Fläche eindeutigen rationalen Funktionen in periodische eindeutige Funktionen der φ-Ebene übergehen.

Insbesondere wird $z = \cos \varphi$ und $w = \sin \varphi$, wenn $\varphi = \int\limits_0^z \dfrac{dz}{\sqrt{1 - z^2}}$ ist.

Wir wollen nun den inneren Unterschied dieser verschiedenen Arten von Parameterdarstellung aufsuchen. Er liegt in einer Bemerkung, die wir S. 237 auch schon eingeflochten haben, nämlich, daß in φ eindeutig nicht nur die eben genannten eindeutigen Funktionen der Fläche werden, sondern alle Funktionen der Fläche, die außer in den unendlichfernen Punkten von rationalem Charakter sind, dort aber ein ganz beliebiges Verhalten zeigen dürfen. Gehen diese doch zunächst bei der Abbildung der zweiblättrigen Fläche auf die schlichte t-Ebene in die Funktionen dieser t-Ebene über, welche außer bei Null und Unendlich durchweg von rationalem Charakter sind, dort aber ein ganz beliebiges Verhalten zeigen dürfen. Und so wie diese Funktionen eindeutig werden, wenn man sie auf den Parameter $\log t$ bezieht, so werden die Funktionen der zweiblättrigen Fläche eindeutig, wenn man den Arcussinus zu einer Parameterdarstellung des Gebildes heranzieht. Denn man hat ja $\arcsin z = i \log\left(-iz + \sqrt{1 - z^2}\right)$.

Stellen wir einen Vergleich an. Alle in der z-Ebene nur bei Null und Unendlich m-blättrig verzweigten Funktionen sind rationale Funktionen des Parameters $t = \sqrt[m]{z}$. Alle irgendwie verzweigten Funktionen werden eindeutige Funktionen von $t = \log z$. Die „uniformisierende", d. h. eindeutig machende Kraft des zweiten Parameters reicht also viel weiter als die des ersten. Eine wesentlich weitere Funktionenklasse wird bei Einführung des Logarithmus eindeutig. Freilich wird bei der Einführung dieses Parameters nicht jede Stelle algebraischen oder rationalen Charakters der uniformisierten Funktion zu einer Stelle rationalen Charakters der Parameterdarstellung. Die Stellen Null und Unendlich gehen in den unendlichfernen Punkt über, wo $z = e^t$ wesentlich singulär ist. Ebenso ist es bei dem Arcussinus

17*

$w = \sqrt{1 - z^2}$ weist im Unendlichfernen zwei Stellen rationalen Charakters auf. Bei der rationalen Parameterdarstellung werden aus ihnen die beiden Stellen rationalen Charakters $t = 0$ und $t = \infty$. Bei der transzendenten Parameterdarstellung aber gehen sie in die unendlich ferne wesentlich singuläre Stelle der Parameterdarstellung über. Statt der beiden unendlichfernen Punkte kann man irgend zwei andere Stellen der Fläche nehmen und verlangen, eine solche Parameterdarstellung des Kreises, also der Fläche $w = \sqrt{1 - z^2}$ zu finden, daß alle Funktionen, die an diesen beiden Stellen irgendwie verzweigt sind, sonst aber rationalen Charakter aufweisen, eindeutige Funktionen des Parameters werden, die durchweg von rationalem Charakter sind. Wählen wir als solche Punkte etwa die Verzweigungspunkte ± 1, so leistet der Parameter $t = \log \dfrac{z-1}{z+1}$ alles Gewünschte. Wählt man zwei andere Punkte (z_0, w_0), (z_1, w_1), so knüpfen wir erst an die Parameterdarstellung durch $z = \dfrac{1}{2}\left(t + \dfrac{1}{t}\right)$ an. Die beiden Punkte mögen etwa durch die Parameterwerte t_0 und t_1 charakterisiert sein. Dann muß man als Parameter $\log \dfrac{t - t_0}{t - t_1} = \log \dfrac{(z - z_0) + i(w - w_0)}{(z - z_1) + i(w - w_1)}$ wählen. Ebenso löst man die Aufgabe, eine eindeutige Parameterdarstellung aller der Funktionen zu finden, welche an irgend zwei Stellen der Fläche etwa Verzweigungspunkte m-ter Ordnung besitzen dürfen. Ein geeigneter Parameter wird

$$\sqrt[m]{\frac{t - t_0}{t - t_1}} = \sqrt[m]{\frac{z - z_0 + i(w - w_0)}{z - z_1 + i(w - w_1)}}.$$

Schwieriger, schon in der schlichten Ebene schwieriger, wird die Aufgabe, eine Parameterdarstellung aller der Funktionen zu finden, welche an mehr als zwei, also an drei oder mehr Stellen vorgegebene Verzweigungen besitzen dürfen. Wenn dann zufällig die Funktionen auf einer Riemannschen Fläche eindeutig werden, deren schlichte Abbildung man bereits kennt, so ist die Aufgabe leicht zu lösen. Ein solcher Fall liegt z. B. S. 227 vor. Alle auf der dort betrachteten dreiblättrigen Fläche eindeutigen Funktionen werden durch Abbildung dieser Fläche auf die schlichte Ebene eindeutige Funktionen. Eine solche Abbildung würde durch die Funktion $w(z)$ geleistet, welche durch die Gleichung $z = w^3 + 3w^2 + 6w + 1$ erklärt war.

Das allgemeine Problem der Uniformisierung läuft darauf hinaus, für beliebige analytische Funktionen eindeutige Parameterdarstellungen zu finden. Sei also $w = f(z)$ irgendeine analytische Funktion, so lautet die Frage, ob es zwei eindeutige Funktionen $z(t)$ und $w(t)$ gibt, die für z und w in $w = f(z)$ eingetragen, diese Gleichung identisch erfüllen, und zwar so, daß durch Elimination des Parameters aus den Elementepaaren rationalen

Charakters von $z(t)$ und $w(t)$ alle Elemente algebraischen Charakters von $w = f(z)$ erhalten werden. Es handelt sich also um eine eindeutige Parameterdarstellung, eine Uniformisierung des Gesamtverlaufes einer analytischen Funktion.

Eine Parameterdarstellung des Kreises, die diesen Forderungen genügte, lernten wir in den rationalen Parameterdarstellungen kennen. Die transzendenten Parameterdarstellungen lösen zugleich in dem eben angegebenen Sinn eine allgemeinere Aufgabe. Sie uniformisieren Funktionen, die noch weitere Singularitäten aufweisen. Z. B. wird ja auch durch eine rationale Parameterdarstellung von $w = \sqrt{1 - z^2}$ eine Parameterdarstellung der Funktion $w = z$ selbst geleistet. So erkennt man, daß unsere Aufgabe stets mehrere Lösungen besitzt.

Im elliptischen Integral erster Gattung lernten wir die Lösung unseres Uniformisierungsproblemes für die algebraische Funktion $w^2 = a_0 z^4 + a_1 z^3 + a_2 z^2 + a_3 z + a_4$ kennen. w und z werden eindeutige doppelperiodische Funktionen rationalen Charakters des Integrales erster Gattung. Alle auf der Fläche unverzweigten Funktionen werden gleichzeitig eindeutige Funktionen rationalen Charakters in u. Also hier wird gleich eine ganz allgemeine Funktionenklasse uniformisiert. Man kann auch hier die Aufgabe dahin erweitern, daß man an gewissen Stellen der Fläche Verzweigungen vorschreibt und alle Funktionen mit den gegebenen Verzweigungen zu uniformisieren wünscht. Damit erhält man aber zugleich neue Parameterdarstellungen von z und w selbst. Wir werden später im zweiten Bande diese Probleme allgemein behandeln lernen; einige weitere Beispiele werden uns in diesem Buche schon begegnen. Hier sei nur noch ein Blick auf die Parameterdarstellungen selbst geworfen. Die Uniformisierungsfragen haben uns in den periodischen und in den doppelperiodischen Funktionen zu Funktionen geführt, welche bei gewissen auf die unabhängige Variable ausgeführten linearen Transformationen ungeändert blieben. Dahin gehört auch die Funktion $w = z^m$, die bei den Transformationen $z = z_1 e^{\frac{2 i \pi}{m} h z}$ ($h = 0, 1 \cdots m - 1$) ungeändert bleibt. Diese Transformationen, bei welchen eine eindeutige Funktion ungeändert bleibt, bilden stets eine *Gruppe von Transformationen*. Unter einer Gruppe hat man dabei in üblicher Weise ein System von Transformationen zu verstehen, von der Art, daß erstens die Zusammensetzung zweier Transformationen der Gruppe wieder eine Transformation der Gruppe ergibt. Sind also $z_1 = e_1(z)$ und $z_2 = e_2(z_1)$ zwei Transformationen, so ist $z_2 = l_2(l_1(z))$ eine zusammengesetzte. Daß diese die eindeutige Funktion $f(z)$ ungeändert läßt, wenn die beiden zusammensetzenden das tun, leuchtet ein. Zweitens aber muß das System so beschaffen sein, daß ihm auch die inverse Transformation einer jeden seiner Transformationen angehört.

Funktionen, die bei solchen Gruppen linearer Transformationen ungeändert bleiben, die also für jede Transformation

$$z_1 = l(z)$$

der Gruppe der Funktionalgleichung

$$f(z_1) = f(z)$$

genügen, heißen *automorphe Funktionen* der Gruppe. In diesem Bande werden wir die einfachperiodischen und die doppelperiodischen Funktionen noch näher untersuchen; erst im zweiten Bande werden uns allgemeinere Klassen von automorphen Funktionen begegnen.

Elfter Abschnitt.

Abriß einer Theorie der elliptischen Funktionen.

§ 1. Allgemeine Sätze über doppelperiodische Funktionen.

Alle auf der zweiblättrigen Riemannschen Fläche der

$$\sqrt{a_0 z^4 + a_1 z^3 + a_2 z^2 + a_3 z + a_4}$$

eindeutigen Funktionen von durchweg rationalem Charakter gehen durch die Abbildung der Fläche mit dem Integral erster Gattung in doppelperiodische Funktionen von durchweg rationalem Charakter über. Diesen Zusatz „von durchweg rationalem Charakter" lassen wir fortan beiseite, weil wir andere doppelperiodische Funktionen nicht betrachten werden. Jeder doppelperiodischen Funktion entspricht umgekehrt eine eindeutige Funktion der Fläche, die in der Umgebung einer jeden Stelle von rationalem Charakter ist. Mit einer Theorie der doppelperiodischen Funktionen erhalten wir also zugleich eine Theorie dieser Funktionen auf der Riemannschen Fläche. Die doppelperiodischen und noch einige weiterhin zu nennende Funktionensorten begreift man unter dem Namen elliptische Funktionen. Die Theorie der doppelperiodischen Funktionen ist in manchen Stücken der Theorie der einfachperiodischen verwandt, in vielen Stücken aber auch einfacher als diese. Daher soll sie vor dieser behandelt werden.

Satz I: *Eine jede nicht konstante doppelperiodische Funktion nimmt im Periodenparallelogramm einen jeden Wert gleichoft an.*[1])

---

1) Ein solcher Satz gilt bei den einfachperiodischen Funktionen nicht. Das lehrt schon die Funktion e^z, welche im Periodenstreifen weder verschwindet noch unendlich wird. Freilich werden diese Werte als Grenzwerte erhalten, wenn man sich im Periodenstreifen dem unendlichfernen Punkt nähert. Vgl. auch S. 280.

Dabei hat man das Periodenparallelogramm so zu fixieren, daß ihm keine zwei um Perioden verschiedene Punkte angehören, d. h. von Randpunkten, die sich um Perioden unterscheiden, ist immer nur einer dem Parallelogramm zuzurechnen, also nur eine Ecke und von jedem parallelen Seitenpaar nur eine Seite. Da $f(u)$ ebensooft den Wert a annimmt, als $f(u) - a$ verschwindet, so genügt es zu zeigen, daß die Anzahl der Pole einer doppelperiodischen Funktion mit der Zahl ihrer Nullstellen übereinstimmt. Um das zu beweisen, bedienen wir uns des Cauchyschen Residuensatzes. Um ihn anwenden zu können, wollen wir annehmen, daß auf dem Rande des Parallelogramms kein Pol und keine Nullstelle der Funktion liege. Durch eine geeignete Wahl der Lage des Parallelogramms kann dies immer erreicht werden. Bei einer Parallelverschiebung des Parallelogramms ändert sich nämlich die Zahl der ihm angehörenden Nullstellen und Pole nicht. Um dies etwa bei den Nullstellen einzusehen, bemerken wir, daß eine Änderung höchstens dann eintreten könnte, wenn beim Verschieben Nullstellen auf den Rand des Parallelogramms zu liegen kommen. Dann liegen aber auch in allen äquivalenten Randpunkten Nullstellen der doppelperiodischen Funktion. Von diesen ist aber wegen der vorhin gegebenen Vorschrift stets nur eine zu zählen, denn von äquivalenten Randpunkten gilt stets nur einer als zum Parallelogramm gehörig. Verschiebt man nun ein solches Parallelogramm und rückt dabei eine der Nullstellen vom Rande nach außen, so rückt dafür eine äquivalente ins Innere, so daß die Gesamtzahl der dem Parallelogramm angehörigen Nullstellen dieselbe bleibt. Das gleiche gilt auch, wenn bei der Verschiebung eine Nullstelle sich nur am Rande verschiebt. Durch eine solche Parallelverschiebung kann man nun aber stets erreichen, daß auf dem Rande Nullstellen und Pole nicht liegen. Denn sowohl die Pole wie die Nullstellen liegen wegen des vorausgesetzten rationalen Charakters isoliert und periodisch verteilt.

Der Unterschied zwischen der Zahl der Pole und der Nullstellen der Funktion $f(u)$ wird nun durch das über den Rand des Parallelogramms erstreckte Integral

$$\frac{1}{2\pi i} \int \frac{f'(u)}{f(u)}\, du$$

gegeben. $2\omega_1$ und $2\omega_2$ seien die Perioden.

Die Ableitung einer doppelperiodischen Funktion ist selbst doppelperiodisch.

Denn aus
$$f(u + 2\omega) = f(u)$$

folgt
$$f'(u + 2\omega) = f'(u).$$

Daher ist der Integrand $\dfrac{f'(u)}{f(u)}$ doppelperiodisch.

Seien nun $\mathfrak{C}_1$ und $\mathfrak{C}_2$ zwei Integrationswege, die durch eine Periodenverschiebung $u = \zeta + 2\omega$ auseinander hervorgehen, so ist

$$\int\limits_{\mathfrak{C}_1} \varphi(u)\, du = \int\limits_{\mathfrak{C}_2} \varphi(\zeta + 2\omega)\, d\zeta = \int\limits_{\mathfrak{C}_1} \varphi(\zeta)\, d\zeta,$$

wenn $\varphi(u)$ doppelperiodisch ist. Denn die beiden Integrale gehen durch
die Substitution $u = \zeta + 2\omega$ auseinander hervor, wenn $u = \zeta + 2\omega$ die
Periodenverschiebung ist, die $\mathfrak{C}_2$ in $\mathfrak{C}_1$ überführt. Für die über die Seiten
des Parallelogramms der Fig. 68 erstreckten Integrale gilt daher

$$\int\limits_{a}^{a+2\omega_1} \varphi(u)\, du = \int\limits_{a+2\omega_2}^{a+2\omega_1+2\omega_2} \varphi(u)\, du$$

und

$$\int\limits_{a}^{a+2\omega_2} \varphi(u)\, du = \int\limits_{a+2\omega_1}^{a+2\omega_1+2\omega_2} \varphi(u)\, du.$$

Fügt man das alles zusammen, *so wird das über den Rand des Parallelogramms erstreckte*

$$\frac{1}{2\pi i}\int \varphi(u)\, du = 0$$

für jede doppelperiodische Funktion $\varphi(u)$. Damit ist Satz I bewiesen, denn
man braucht ja nur das eben gefundene Ergebnis auf die doppelperiodische
Funktion $\dfrac{f'(u)}{f(u)}$ anzuwenden.

Zusatz zu Satz I: *Es gibt keine doppelperiodischen Funktionen mit nur
einem (einfachen) Pol*. Denn eben wurde gezeigt, daß für eine jede doppelperiodische Funktion $\varphi(u)$ das über den Rand des Periodenparallelogramms
erstreckte $\int \varphi(u)\, du = 0$ ist. Hätte nun $\varphi(u)$ nur einen (einfachen) Pol,
so wäre aber dies Integral nicht Null, sondern dem von Null verschiedenen
Residuum dieses Poles gleich.

Wohl aber gibt es doppelperiodische Funktionen, welche an einer einzigen Stelle einen Pol, und zwar einen Doppelpol besitzen. Man erhält eine
solche, wenn man etwa eine Riemannsche Fläche abbildet, die im Unendlichfernen einen Verzweigungspunkt hat. Dann muß die Umkehrungsfunktion
des Integrales erster Gattung an der Bildstelle des unendlichfernen Punktes
einen Doppelpol haben.[1]) Sie besitzt offenbar keinen weiteren Pol, da ja
die Fläche nur diesen einzigen unendlichfernen Punkt hat. Man findet
auch bestätigt, daß sie dann im Periodenparallelogramm jeden Wert gleich

---

1) Die Bestätigung durch Umkehrung der S. 238 gegebenen Reihenentwicklungen
sei eine Aufgabe für den Leser.

oft, nämlich zweimal, annimmt, weil es zu jedem z zwei Punkte der Fläche gibt.

Satz II: *Wenn die Funktion $f(u)$ im Parallelogramm den Wert a an den Stellen $\alpha_1, \alpha_2, \cdots \alpha_n$, den Wert b an den Stellen $\beta_1, \beta_2, \cdots \beta_n$ annimmt, und dabei jede Stelle so oft notiert ist, als es der Vielfachheit des dort angenommenen Wertes entspricht, so ist $\alpha_1 + \alpha_2 + \cdots + \alpha_n = \beta_1 + \beta_2 + \cdots + \beta_n$ bis auf ein Multiplum der Perioden.*

Ich darf wieder annehmen, daß $a = 0$ und $b = \infty$ sei. Dann wird

$$\sum \alpha_i - \sum \beta_i = \frac{1}{2\pi i} \int u\, \frac{f'(u)}{f(u)}\, du,$$

wenn dabei das Integral über den Rand des Parallelogramms erstreckt wird. Denn an einer Nullstelle $\alpha_\varkappa$ ist nach S. 173 das Residuum von $u\,\dfrac{f'(u)}{f(u)}$ gleich $\alpha_\varkappa$, an einer Polstelle $\beta_\varkappa$ aber gleich $\beta_\varkappa$. Andererseits aber wird für das Parallelogramm der Fig. 67:

$$\int\limits_{a+2\omega_1}^{a+2\omega_1+2\omega_2} u\, \frac{f'(u)}{f(u)}\, du = \int\limits_{a}^{a+2\omega_1} (\zeta + 2\omega_2)\, \frac{f'(\zeta)}{f(\zeta)}\, d\zeta,$$

also $\quad\displaystyle\int\limits_{a+2\omega_2}^{a+2\omega_1+2\omega_2} u\, \frac{f'(u)}{f(u)}\, du - \int\limits_{a}^{a+2\omega_1} u\, \frac{f'(u)}{f(u)}\, du = 2\omega_2 \int\limits_{a}^{a+2\omega_1} \frac{f'(u)}{f(u)}\, du.$

Ferner $\quad\displaystyle\int\limits_{a+2\omega_1}^{a+2\omega_1+2\omega_2} u\, \frac{f'(u)}{f(u)}\, du = \int\limits_{a}^{a+2\omega_2} (\zeta + 2\omega_1)\, \frac{f'(\zeta)}{f(\zeta)}\, d\zeta.$

Also $\quad\displaystyle\int\limits_{a+2\omega_1}^{a+2\omega_1+2\omega_2} u\, \frac{f'(u)}{f(u)}\, du - \int\limits_{a}^{a+2\omega_2} u\, \frac{f'(u)}{f(u)}\, du = 2\omega_1 \int\limits_{a}^{a+2\omega_2} \frac{f'(u)}{f(u)}\, du.$

Daher wird $\quad\displaystyle\int u\, \frac{f'(u)}{f(u)}\, du = 2\omega_1 \int\limits_{a}^{a+2\omega_2} \frac{f'(u)}{f(u)}\, du - 2\omega_2 \int\limits_{a}^{a+2\omega_1} \frac{f'(u)}{f(u)}\, du.$

Nun ist aber das unbestimmte $\displaystyle\int \frac{f'(u)}{f(u)}\, du = \log f(u)$. Trägt man die Grenzen a und $a + 2\omega_1$ oder a und $a + 2\omega_2$ ein, so erhält man jedesmal die Wertänderung des $\log f(u)$ bei Durchlaufung eines geschlossenen Weges der $f(u)$-Ebene. Denn $f(u)$ nimmt als doppelperiodische Funktion für die obere und die untere Integralgrenze jedesmal denselben Wert an. Daher wird nun tatsächlich $\dfrac{1}{2\pi i}\displaystyle\int_{\square} u\,\dfrac{f'(u)}{f(u)}\,du = h\,2\,\omega_1 + k\,2\,\omega_2$, wenn man unter h und k zwei

passende ganze Zahlen versteht. Damit ist auch Satz II bewiesen.

Wir heben einige *Folgerungen* aus diesen Sätzen hervor. Eine jede doppelperiodische Funktion ist bis auf einen konstanten Faktor bestimmt, wenn man ihre Nullstellen und Pole und die Vielfachheit einer jeden Stelle kennt. Denn der Quotient zweier diesen Angaben genügender Funktionen ist doppelperiodisch und hat weder Nullstellen noch Pole, ist also konstant.

Eine doppelperiodische Funktion ist bis auf eine additive Konstante bestimmt, wenn man ihre Polstellen und an jeder den Hauptteil, d. h. die Glieder negativer Potenz, ihrer Laurententwicklung kennt. Denn die Differenz zweier Funktionen, die diesen Angaben genügen, ist wieder polfrei und also konstant.

Wir werden nun weiter untersuchen, ob es doppelperiodische Funktionen mit beliebig gegebenen Nullstellen und Polen (natürlich unter der durch den Satz II gegebenen Bedingung) gibt, und ob man die Pole und die negativen Glieder der Laurententwicklung wirklich beliebig vorschreiben kann, ob also die in diesem Paragraphen angegebenen Sätze die einzigen Beschränkungen enthalten. Dies gelingt uns auf Grund der analytischen Darstellung der doppelperiodischen Funktionen durch unendliche Reihen. Der wenden wir uns jetzt zu.

§ 2. Analytische Darstellung der doppelperiodischen Funktionen.

Das allgemeine Prinzip zur Herstellung doppelperiodischer Funktionen ist folgendes. Wenn $f(u)$ irgendeine in der ganzen endlichen Ebene analytische Funktion von rationalem Charakter ist, so bilde man die Summe

$$F(u) = \sum_{h,\,k} f(u + h\,2\,\omega_1 + k\,2\,\omega_2)$$

über alle Perioden. Diese Funktion $F(u)$ ist dann sicher doppelperiodisch, wenn die Reihe eben gleichmäßig und unbedingt konvergiert. Denn vermehrt man die Variable u um eine Periode, so hat dies nur eine Änderung der Reihenfolge der Reihenglieder zur Folge. Daher beginnen wir mit einem Konvergenzsatz, um dann, auf ihn gestützt, doppelperiodische Funktionen wirklich herzustellen.

Der *Konvergenzsatz* lautet: *Die über alle von Null verschiedenen Perioden erstreckte Summe* $\displaystyle\sum\nolimits' \left(\dfrac{1}{2\,\omega}\right)^n$ *konvergiert für* $n > 2$ *absolut.*

Zum Beweise bringen wir die Reihenglieder in eine bequeme Anordnung. An den Punkt $u = 0$ stoßen vier Periodenparallelogramme an. Ihre von Null verschiedenen Ecken machen den ersten Kranz von Perioden aus (Fig. 74). R und r mögen die aus Fig. 74 ersichtliche Bedeutung größter und kleinster Abstände haben. Dann ist für diese acht Perioden also

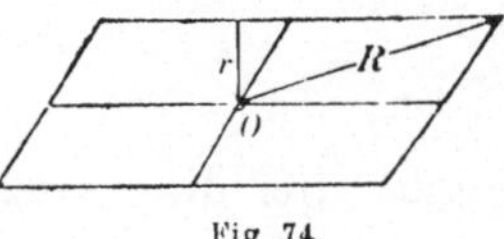
Fig. 74.

$$r \leq |2\omega| < R.$$

Wir gehen zum zweiten Kranz über, indem wir alle an diese vier ersten anstoßenden Periodenparallelogramme hinzunehmen. Auf dem Rand des so entstehenden großen Parallelogramms (Fig. 75) liegen dann $2 \cdot 8 = 16$ Perioden. Für diese gilt:

$$2r \leq |2\omega| \leq 2R.$$

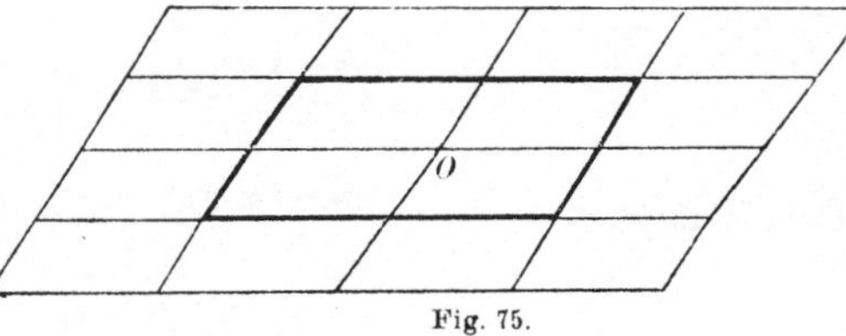
Fig. 75.

Wir lagern einen neuen Kranz von Parallelogrammen an und erhalten $3 \cdot 8 = 24$ weitere Perioden. Für diese wird:

$$3r \leq |2\omega| \leq 3R.$$

Nun wollen wir die Glieder der Reihe $\sum \left(\dfrac{1}{2\omega}\right)^n$ so anordnen, daß wir erst die Perioden des ersten, dann die des zweiten, dann die des dritten usw. Kranzes nehmen. Die sich auf die $\varkappa$ ersten Kränze beziehende Teilsumme der absoluten Beträge $s_\varkappa$ genügt dann den Ungleichungen:

$$\frac{8}{R^n}\left(1 + \frac{1}{2^{n-1}} + \cdots + \frac{1}{\varkappa^{n-1}}\right) < s_\varkappa < \frac{8}{r^n}\left(1 + \frac{1}{2^{n-1}} + \frac{1}{3^{n-1}} + \cdots \frac{1}{\varkappa^{n-1}}\right).$$

Daraus erkennt man klar die Richtigkeit unserer Behauptung, daß die Reihe $\sum \left(\dfrac{1}{2\omega}\right)^n$ für $n > 2$ absolut konvergiert. Man sieht auch, daß sie für $n \leq 2$ jedenfalls nicht mehr absolut konvergiert.

Wir wenden dies Ergebnis nun an, um die Konvergenz der über alle Perioden erstreckten Summe

$$\sum \left(\frac{1}{u - 2\omega}\right)^n$$

zu untersuchen. Wir beschränken u auf den Kreis $|u| \leq P$. Wir zerlegen die Reihe in zwei Teile. In den ersten aus endlichvielen Gliedern bestehenden Teil nehmen wir die Glieder auf, welche für $|u| \leq P$ Pole besitzen; das sind also die zu den Perioden $|2\omega| \leq P$ gehörigen Reihenglieder. In den zweiten Teil nehmen wir alle übrigen Reihenglieder. Ich behaupte nun, daß dieser zweite Teil für $n > 2$ in $|u| \leq P$ absolut und gleichmäßig konvergiert.

Zu dem **Zweck** bemerke ich, daß es eine Zahl M gibt, so daß für alle $|u| < P$ und alle Perioden $|2\omega| > P$ stets

$$\left| \frac{1}{u - 2\omega} \right|^n < \frac{M}{|2\omega|^n}$$

gilt. Um dies einzusehen, betrachte ich die Perioden, deren absoluter Betrag größer als P ist. Unter allen ihren absoluten Beträgen gibt es einen kleinsten $P + d$, der noch größer ist als P. Das folgt daraus, daß in jedem endlichen Bezirk nur endlichviele Periodenpunkte liegen (S. 242). Daher wird nun für alle $|u| \leq P$ und alle $|2\omega| \geq P + d$ stets

$$\left| \frac{u - 2\omega}{2\omega} \right| \geq 1 - \left| \frac{u}{2\omega} \right| = 1 - \frac{P}{P + d}.$$

Daraus folgt

$$\left| \frac{u - 2\omega}{2\omega} \right|^n \geq \left(1 - \frac{P}{P + d} \right)^n = \frac{1}{M}.$$

Daher wird

$$\left| \frac{1}{u - 2\omega} \right|^n < \frac{M}{|2\omega|^n}$$

für alle $|u| \leq P$ und alle $|2\omega| > P$. Das ist also eine für alle Glieder der zu untersuchenden Reihe

$$\sum_{|2\omega| > P} \left(\frac{1}{u - 2\omega} \right)^n$$

geltende Abschätzung. Diese läßt aber bekanntlich ihre absolute und gleichmäßige Konvergenz aus der Konvergenz der Reihe $\sum \left| \frac{1}{2\omega} \right|^n$ erschließen. Nehmen wir nun für n eine ganze Zahl.

Nach dem **Weierstraßschen Doppelreihensatz** (S. 153) stellt dann diese Reihe, deren gleichmäßige Konvergenz wir eben nachgewiesen haben, eine für $|u| \leq P$ reguläre analytische Funktion dar. Die weggelassenen endlichvielen Glieder aber machen eine rationale Funktion aus. Daher stellt unsere Reihe in der ganzen endlichen Ebene eine regulär analytische Funktion von durchweg rationalem Charakter dar. Diese analytische Funktion ist nun aber nach dem schon eingangs erwähnten Prinzip doppelperiodisch. Sie besitzt bei $u = 0$ einen n-fachen Pol und ist also eine n-wertige doppelperiodische Funktion. Die geringstwertige derart erhaltene Funktion ist dreiwertig. Nach Weierstraß bezeichnet man ihr 2-faches mit $p'(u)$. Wir haben also in

$$p'(u) = \sum' \frac{-2}{(u - 2\omega)^3}$$

eine dreiwertige doppelperiodische Funktion gefunden. Schon die Schreibweise deutet an, daß sie die Ableitung einer zweiwertigen doppelperiodischen Funktion ist. Diese wollen wir bestimmen. Ich spalte von der Reihe

$\sum_{(u\,-\,2\,\omega)^3} \dfrac{-2}{}$ das auf die Periode Null sich beziehende Glied ab und bezeichne[1]) die übrige Reihe mit $\sum' \dfrac{-2}{(u-2\,\omega)^3}$. Dann setze ich

$$p(u) = \frac{1}{u^2} + \int_0^u \left(p'(u) + \frac{2}{u^3}\right) du = \frac{1}{u^2} + \int_0^u \sum' \frac{-2}{(u-2\,\omega)^3}\, du.$$

Also wird
$$p(u) = \frac{1}{u^2} + \sum' \left\{ \frac{1}{(u-2\,\omega)^2} - \frac{1}{(2\,\omega)^2} \right\}.$$

Gleichmäßig konvergente Reihen darf man ja gliedweise integrieren. Das ist jedenfalls eine Funktion, deren Ableitung $p'(u)$ ist. Ist aber diese Funktion doppelperiodisch? Auf alle Fälle ist für jede Periode $2\,\omega$ die Differenz $p(u+2\,\omega) - p(u)$ konstant. Denn die Ableitung $p'(u+2\,\omega) - p'(u)$ ist Null. *Nun ist aber* $p(-u) = p(u)$, also $p(u)$ *eine gerade Funktion.* Zu jeder Periode $2\,\omega$ gehört nämlich eine ihr bis aufs Vorzeichen gleiche Periode. Beide geben zu den Reihengliedern $\dfrac{1}{(u-2\,\omega)^2} - \dfrac{1}{(2\,\omega)^2}$ und $\dfrac{1}{(u+2\,\omega)^2} - \dfrac{1}{(2\,\omega)^2}$ Veranlassung. Beide tauschen nur ihre Plätze, wenn u sein Vorzeichen ändert.[2]) Daher ist namentlich $p(-\omega) = p(\omega)$. Trägt man nun $u = -\omega$ in der Gleichung $p(u+2\,\omega) - p(u) = C$ ein, so findet man $C = p(\omega) - p(-\omega) = 0$. Daher ist $p(u)$ doppelperiodisch.

§ 3. Das Umkehrproblem.

Das Studium der elliptischen Integrale erster Gattung führte uns zu den doppelperiodischen Funktionen. Gehört nun umgekehrt zu jeder Wahl der Perioden eine zweiblättrige Riemannsche Fläche und ein Integral erster Gattung, das diese Perioden besitzt? Diese Frage bezeichnet man als *Umkehrproblem.*

Die Kenntnis der beiden Funktionen $p(u)$ und $p'(u)$ gibt uns schon die Mittel zu ihrer Beantwortung. Jedenfalls nämlich bildet die Funktion $p = p(u)$ das Periodenparallelogramm auf eine zweiblättrige Riemannsche Fläche ab. Denn $p(u)$ nimmt ja jeden Wert zweimal an. Diese Fläche besitzt vier Verzweigungspunkte. Der eine liegt im Unendlichfernen. Denn bei $u = 0$ hat $p(u)$ einen Doppelpol. Die drei anderen liegen im Endlichen. Daß es drei sind, ergibt sich daraus, daß an drei Stellen die Ableitung $p'(u)$ verschwindet. Diese drei Verzweigungspunkte der p-Fläche haben

---

1) Der Strich an dem nun folgenden Summenzeichen soll also andeuten, daß bei der Summation die Periode $2\,\omega = 0$ beiseite bleibt.

2) Ebenso erkennt man in $p'(u)$ eine ungerade Funktion, wie das ja für die Ableitung einer geraden Funktion sein muß.

die Eigenschaft, daß die Summe ihrer Koordinaten verschwindet. Denn
diese Summe wird nach dem Residuensatz durch das Integral

$$\frac{1}{2\pi i}\int\limits_{\square} p\,(u)\,\frac{p''(u)}{p'(u)}\,du$$

gegeben. Das verschwindet aber nach S. 258, weil der Integrand doppelperiodisch ist.

Man kann auch leicht die Punkte der u-Ebene bestimmen, in welchen
$p'(u)$ verschwindet. Dazu muß man nur beachten, daß $p'(u)$ eine ungerade Funktion ist: also $p'(-u)=-p'(u)$. Da nun aber weiter $p'(u+2\omega)=p'(u)$
gilt, so wird für $u=-\omega$: $p'(\omega)=p'(-\omega)=-p'(\omega)$. Also muß $p'(\omega)=0$
oder $=\infty$ sein. Da aber $p'(u)$ in den Periodenpunkten 2ω seine Pole
hat, liegen die Nullstellen bei den Halbperioden ω. Diese gehen aber
durch Periodenvermehrung aus den drei speziellen Halbperioden

$$\omega_1,\ \omega_2,\ \omega_1+\omega_2$$

hervor, welche allein dem Periodenparallelogramm angehören (vgl. die Erklärung auf S. 245). So sind tatsächlich die Bilder der drei endlichen
Verzweigungspunkte ausfindig gemacht.

Die drei Verzweigungspunkte $e_1=p(\omega_1)$, $e_2=p(\omega_2)$, $e_3=p(\omega_1+\omega_2)$
sind natürlich voneinander verschieden. Denn die p-Funktion nimmt ja
einen jeden Wert genau zweimal an. Der Wert e_1 z. B. wird aber an der
Stelle ω_1 schon doppelt angenommen, weil ja $p'(\omega_1)=0$ ist.

Die dargelegte Abbildungseigenschaft läßt vermuten, daß $p=p(u)$ die
Umkehrungsfunktion eines Integrales erster Gattung ist, und lenkt so unsere
weiteren Überlegungen in eine bestimmte Richtung. Man findet ja tatsächlich

$$\frac{du}{dp}=\frac{1}{p'(u)}.$$

Also ist
$$u=\int\limits_{\infty}^{p}\frac{dp}{p'},$$

weil ja der Punkt $p=\infty$ in $u=0$ übergeht. Man vermutet daher, daß
p' sich als eine Quadratwurzel aus einem Polynom dritten Grades in p
wird darstellen lassen. Diese Vermutung wird durch die folgenden Überlegungen bestätigt. Zu der zweiblättrigen Riemannschen Fläche mit den
Verzweigungspunkten e_1, e_2, e_3, ∞ gehört ein Integral erster Gattung $v(p)$
das die Fläche auf eine schlichte v-Ebene abbildet. Dieses Integral wähle

ich in der Form $\displaystyle v=\int\limits_{\infty}^{p}\frac{dp}{\sqrt{a_0 p^3+a_2 p+a_3}}$ und erreiche damit, daß es auch den unendlichfernen Verzweigungspunkt auf $v = 0$ abbildet, und daß die Koordinatensumme der endlichen Verzweigungspunkte auch Null ist. Die Umkehrungsfunktion $p = f(v)$ hat auch bei $v = 0$ einen Doppelpol. Ich will die Glieder negativer Potenz in ihrer Laurententwicklung bestimmen, um $f(v)$ mit $p(u)$ zu vergleichen. Man findet

$$\frac{1}{\sqrt{a_0\,p^3 + a_2\,p + a_3}} = \frac{1}{\sqrt{a_0}}\,\frac{1}{p^{3/2}}\,\frac{1}{\sqrt{1 + \dfrac{a_2}{a_0}\dfrac{1}{p^2} + \dfrac{a_3}{a_0}\dfrac{1}{p^3}}}$$

$$= \frac{1}{\sqrt{a_0}}\,\frac{1}{p^{3/2}}\left(1 - \frac{a_2}{2\,a_0}\,\frac{1}{p^2} - \frac{a_3}{2\,a_0}\,\frac{1}{p^3} - \cdots\right).$$

Also durch gliedweises Integrieren

$$v = -\,\frac{2}{\sqrt{a_0}}\,\frac{1}{\sqrt{p}}\left(1 - \frac{a_2}{10\,a_0}\,\frac{1}{p^2} - \cdots\right).$$

Also wird

$$v^2 = \frac{4}{a_0}\,\frac{1}{p} - \frac{4\,a_2}{5\,a_0^2}\,\frac{1}{p^3} - \cdots.$$

Zur Auflösung nach p macht man den Ansatz: $\dfrac{1}{p} = \mathfrak{P}(v^2)$, also

$$\frac{1}{p} = c_1\,v^2 + c_2\,v^4 + c_3\,v^6 + \cdots.$$

Durch Einsetzen erhält man

$$v^2 = \frac{4\,c_1}{a_0}\,v^2 + \frac{4\,c_2}{a_0}\,v^4 + \cdots.$$

Also wird

$$c_1 = \frac{a_0}{4},\; c_2 = 0,\; \cdots.$$

Das liefert

$$p = f(v) = \frac{4}{a_0}\,\frac{1}{v^2}\left(1 - \frac{a_2\,a_0}{5\cdot 4^2}\,v^4 - \cdots\right).$$

Es ist aber auch

$$p(u) = \frac{1}{u^2}\left(1 + B_2\,u^4 + B_3\,u^6 + \cdots\right),$$

weil $p(u)$ eine gerade Funktion ist. Wähle ich also oben den Koeffizienten $a_0 = 4$, was mir durchaus freisteht, da es nur auf eine Multiplikation des Integrales mit einem konstanten Faktor hinauskommt, setze ich also

$$v = \int\limits_{\infty}^{p} \frac{dp}{\sqrt{4\,p^3 - g_2\,p - g_3}},$$

so wird

$$f(v) = \frac{1}{v^2}\left(1 + \frac{g_2}{20}\,v^4 + \cdots\right).$$

So erreiche ich, daß die Entwicklungen von $f(v)$ bei $v = 0$ und von $p(u)$ bei $u = 0$ gleichlautende Glieder negativer und nullter Potenz enthalten.

Nun kann der Beweis leicht zu Ende geführt werden. Ich betrachte u als Funktion von v. u ist eine Funktion von p, die auf der Fläche überall von **rationalem** Charakter ist. Sie wird daher bei der Abbildung der Fläche durch das Integral v eine eindeutige Funktion $u(v)$. Aus demselben Grunde aber ist die Umkehrungsfunktion $v(u)$ eindeutig. Daher muß $u(v)$ linear sein; denn $u(v)$ vermittelt eine umkehrbar eindeutige Abbildung der u-Ebene auf die v-Ebene. Da aber überhaupt nur die endlichen v und die endlichen u an der Abbildung beteiligt sind, so muß diese Funktion ganz und linear sein. Also $u(v) = \alpha v + \beta$. Bei der Abbildung entsprechen aber die Nullpunkte beider Ebenen einander. Denn sowohl $u(p)$ wie $v(p)$ bilden den unendlichfernen Punkt der Riemannschen Fläche auf den Nullpunkt ihrer Ebene ab. Also hat die lineare Funktion die Gestalt $u = \alpha v$. Trägt man **also** $u = \alpha v$ in die Funktion $p(u)$ ein, so muß $f(v)$ entstehen. Es wird aber

$$p(\alpha v) = \frac{1}{\alpha^2 v^2}\left(1 + B_2 \alpha^4 v^4 + \cdots\right).$$

Soll das aber mit $\qquad \dfrac{1}{v^2}\left(1 + \dfrac{g_2}{20} v^4 + \cdots\right)$

übereinstimmen, so muß $\alpha = \pm 1\ \ B_2 = \dfrac{g_2}{20}$ sein, und die Entwicklung von $p(u)$ wird also

$$p(u) = \frac{1}{u^2}\left(1 + \frac{g_2}{20} u^4 + \cdots\right).$$

Wir haben damit folgendes Gesamtergebnis gewonnen: *Die Funktion $p(u)$ bildet das Periodenparallelogramm umkehrbar eindeutig auf eine geschlossene zweiblättrige Fläche mit vier verschiedenen Verzweigungspunkten ab. Einer davon liegt im Unendlichen. Die Koordinatensumme der drei endlichen ist Null. Das Integral erster Gattung* $u = \displaystyle\int_{\infty}^{z} \frac{dz}{\sqrt{4z^3 - g_2 z - g_3}}$ *dieser Fläche ist die Umkehrung der p-Funktion.*

Ist umgekehrt eine zweiblättrige Fläche der angegebenen Art vorgelegt, so wird die Umkehrungsfunktion ihres Integrales erster Gattung

$$u = \int_{\infty}^{z} \frac{dz}{\sqrt{4z^3 - g_2 z - g_3}}$$

die Funktion $p(u)$. Wie wir nämlich schon S. 265 betonten, stimmt die Laurententwicklung der Umkehrungsfunktion in der Umgebung des Punktes $u = 0$ in den Gliedern negativer und nullter Potenz mit der Entwicklung der Funktion $p(u)$ überein. Sie sind außerdem doppelperiodische Funktionen mit denselben Perioden. Ihre Differenz ist also konstant, verschwindet aber für $u = 0$, wie die Gleichheit der Absolutglieder lehrt. Also ist tatsächlich $p(u)$ mit der Umkehrungsfunktion identisch.

Unsere Betrachtungen haben eine besondere Sorte von zweiblättrigen Flächen als besonders wichtig erkennen lassen. Das sind die Flächen, welche einen Verzweigungspunkt im Unendlichen und drei im Endlichen haben, doch derart, daß ihre Koordinatensumme Null ist, d. h. daß der Schwerpunkt des von ihnen gebildeten Dreieckes im Koordinatenanfang liegt. Wir wollen diese Gestalt der Fläche und ihr Integral erster Gattung *Weierstraßsche Normalform* nennen. Weierstraß, der geniale Mathematiker, dem die moderne Mathematik ein gutes Teil ihrer begrifflichen Schärfe verdankt, war es nämlich, der die Bedeutung gerade dieser Normalform erkannte. Sie liegt einmal darin, daß die Funktion $p(u)$ unter allen eine besonders einfache analytische Darstellung besitzt, ferner aber noch besonders darin, daß man jede zweiblättrige Fläche mit vier Verzweigungspunkten unschwer auf eine der Weierstraßschen Normalformen abbilden kann. Man beherrscht also mit der Parameterdarstellung oder Uniformisierung der Weierstraßschen Normalform zugleich alle übrigen elliptischen Gebilde.

Die erwähnte Abbildung kann durch eine lineare Funktion bewirkt werden. Wenn wir nämlich in $w^2 = a_0 (z - d_1) (z - d_2) (z - d_3) (z - d_4)$ die lineare Substitution $z = \dfrac{a z_1 + b}{c z_1 + d} = l(z_1)$ mit der Umkehrung $z_1 = l^{-1}(z)$ ausüben, so erhalten wir

$$w^2 = a_0 (l(z_1) - \alpha_1) (l(z_1) - \alpha_2) (l(z_1) - \alpha_3) (l(z_1) - \alpha_4)$$

$$= a_0 (z_1 - l^{-1}(\alpha_1)) (z_1 - l^{-1}(\alpha_2)) (z_1 - l^{-1}(\alpha_3)) (z_1 - l^{-1}(\alpha_4)) \cdot$$

$$\frac{(a - \alpha_1 c)(a - \alpha_2 c)(a - \alpha_3 c)(a - \alpha_4 c)}{(c z_1 + d)^4}$$

$$= w_1^2(z_1) \frac{(a - \alpha_1 c)(a - \alpha_2 c)(a - \alpha_3 c)(a - \alpha_4 c)}{(c z_1 + d)^4} = \frac{A}{(c z_1 + d)^4} w_1^2(z_1).$$

Die Verzweigungspunkte der neuen Funktion $w_1(z_1)$ liegen an denjenigen Stellen, an welchen das Polynom unter der Wurzel verschwindet. Das sind die Stellen $l^{-1}(\alpha_\varkappa)$, welche aus den Stellen $\alpha_\varkappa$ durch die lineare Abbildung $l^{-1}(z)$ hervorgehen. Durch die umkehrbar eindeutige Abbildung

$$z = l(z_1), \quad w = \frac{\sqrt{A}}{(c z_1 + d)^2} w_1$$

gehen also die beiden Riemannschen Flächen auseinander hervor. Was wird bei dieser Abbildung aus dem Integral erster Gattung? Um das zu sehen, haben wir auch dort die lineare Abbildung vorzunehmen. Dabei findet man

$$\int_{\alpha_4}^{z} \frac{dz}{w} = \frac{ad - bc}{\sqrt{A}} \int_{l^{-1}(\alpha_4)}^{z_1} \frac{dz_1}{w_1}.$$

Die Integrale erster Gattung sind **also** bis auf den konstanten Faktor

$$\frac{a\,d-b\,c}{\sqrt{A}}$$ einander gleich.

Durch eine passend gewählte lineare Abbildung kann **man** nun stets erreichen, **daß die neue** Riemannsche **Fläche die Weierstraßische Normalform** besitzt. Am besten sieht man das ein, wenn man die Abbildung, die das leistet, in zwei Schritten ausführt. Der erste Schritt besteht darin, einen der Verzweigungspunkte ins Unendliche zu bringen. Dabei nehmen die drei anderen drei bestimmte endliche Plätze ein. Durch eine Parallelverschiebung kann man dann den Schwerpunkt des von ihnen gebildeten Dreieckes nach dem Koordinatenanfang bringen. Damit ist die Weierstraßische Normalform erreicht. Ist nun $w_1 = p'(u)$, $z_1 = p(u)$ eine Parameterdarstellung derselben und $z = l(z_1)$, $w = \dfrac{\sqrt{A}}{(c\,z_1 + d)^2}\,w_1$ die Abbildung, die die gegebene Funktion $w(z)$ in sie überführt, so wird

$$w = \frac{\sqrt{A}}{(c\,l(p(u)) + d)^2}\,p'(u), \qquad z = l(p(u))$$

eine Uniformisierung von $w = w(z)$.

§ 4. Die ζ-Funktion und das Normalintegral zweiter Gattung.

Die ζ-Funktion ist ein Integral der negativen p-Funktion. Wir erklären

$$\zeta(u) = \frac{1}{u} + \sum_{\omega}{}' \left(\frac{1}{u-2\,\omega} + \frac{1}{2\,\omega} + \frac{u}{4\,\omega^2} \right) = \frac{1}{u} + \int\limits_0^u \sum \left(\left(\frac{1}{u-2\,\omega} \right)^2 - \frac{1}{4\,\omega^2} \right) du.$$

Dann wird also $\qquad\qquad\qquad \zeta'(u) = -\,p(u).$

Diese Funktion ist nicht mehr doppelperiodisch. Denn sie besitzt im Periodenparallelogramm nur einen einfachen Pol, und wir sahen S. 258, daß es derartige doppelperiodische Funktionen nicht gibt. Da aber ihre Ableitung doppelperiodisch ist, so kann sie bei Periodenvermehrungen der unabhängigen Variablen nur um Konstanten zunehmen. Wir setzen $\zeta(u + 2\,\omega_1) - \zeta(u) = 2\,\eta_1$ und $\zeta(u + 2\,\omega_2) - \zeta(u) = 2\,\eta_2$.

Diese Zahlen η_1 und η_2 genügen der wichtigen *Legendreschen Relation*

$$\eta_1\,\omega_2 - \eta_2\,\omega_1 = \frac{\pi\,i}{2}.$$

Um sie abzuleiten, betrachten wir das Integral

$$\frac{1}{2\,\pi\,i} \int\limits_{\square} \zeta(u)\,du$$

erstreckt über den Rand eines Periodenparallelogramms. Man kann es auf zwei verschiedene Weisen auswerten. Einmal ist es dem Residuum der ζ-Funktion an der Stelle $u = 0$ gleich, welche wir also im Parallelogramm gelegen denken, also gleich 1. Ferner aber haben wir (siehe Fig. 76)

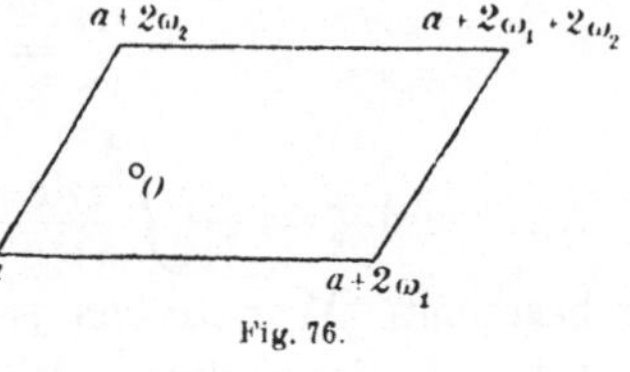

Fig. 76.

$$\int_{a+2\omega_2}^{a+2\omega_2+2\omega_1} \zeta(u)\,du = \int_a^{a+2\omega_1} \zeta(u_1 + 2\omega_1)\,du_1 = \int_a^{a+2\omega_2} \zeta(u)\,du + 4\eta_2\omega_1$$

und

$$\int_{a+2\omega_1}^{a+2\omega_1+2\omega_2} \zeta(u)\,du = \int_a^{a+2\omega_2} \zeta(u + 2\omega_1)\,du_1 = \int_a^{a+2\omega_2} \zeta(u)\,du + 4\eta_1\omega_2.$$

Also finden wir durch Zerlegung von $\int \zeta(u)\,du$ in die Summe der Integrale über die vier Seiten:

$$\frac{1}{2\pi i} \int_{\square} \zeta(u)\,du = \frac{4\eta_1\omega_2 - 4\eta_2\omega_1}{2\pi i}.$$

Also wird

$$\eta_1\omega_2 - \eta_2\omega_1 = \frac{\pi i}{2}.$$

Die Funktion $\zeta(u)$ ist als Integral der geraden p-Funktion eine ungerade Funktion, d. h. also, sie genügt der Funktionalgleichung $\zeta(-u) = -\zeta(u)$. Es läßt sich auch ähnlich einsehen wie S. 263 der gerade Charakter der p-Funktion, und zwar wieder auf Grund der Tatsache, daß mit jeder Periode 2ω auch -2ω eine Periode ist. Fassen wir aber die beiden zugehörigen Glieder der Reihe $\zeta(u)$ zusammen, so haben wir

$$\frac{1}{u-2\omega} + \frac{1}{2\omega} + \frac{u}{4\omega^2} + \frac{1}{u+2\omega} - \frac{1}{2\omega} + \frac{u}{4\omega^2},$$

und das wechselt mit u zugleich sein Vorzeichen.

Diese Bemerkung ermöglicht es, die Zahlen $2\eta_1$ und $2\eta_2$ mit den Werten $\zeta(\omega_1)$ und $\zeta(\omega_2)$ in Zusammenhang zu bringen. Trägt man nämlich in

$$\zeta(u + 2\omega_1) = \zeta(u) + 2\eta_1$$

$u = -\omega_1$ ein, so wird $\zeta(\omega_1) - \zeta(-\omega_1) = 2\eta_1$. Also $\eta_1 = \zeta(\omega_1)$. Ebenso findet man $\eta_2 = \zeta(\omega_2)$.

Bilden wir nun das Periodenparallelogramm durch die p-Funktion auf eine zweiblättrige Fläche ab, so wird aus $\zeta(u)$ eine Funktion der Fläche, die in der Umgebung einer jeden Stelle von rationalem Charakter ist, an einer Stelle $(z = \infty)$ einen einfachen Pol besitzt, und die ebensowenig wie das Integral erster Gattung eine eindeutige Funktion der Fläche ist. Um sie durch z und w darzustellen, beachten wir, daß

18*

$$\frac{d\zeta}{dz} = \frac{d\zeta}{du} \cdot \frac{du}{dz} = -\,p(u) \cdot \frac{1}{p'(u)} = \frac{-z}{w}.$$

Also wird $\zeta = -\int^z \frac{z\,dz}{w}$. Die untere Grenze des Integrales bleibt dabei unbestimmt. Wir haben ja auch zu Beginn bei Erklärung der ζ-Funktion das Integral nicht durch Wahl der unteren Grenze, sondern in anderer Weise fixiert. Wir wollen uns hier nicht weiter mit der Bestimmung der Integrationskonstanten, d. h. der Lage der Nullstellen von $\zeta(u)$, befassen. Es genügt uns, in ζ ein Integral der Fläche, das sogenannte *Normalintegral zweiter Gattung*, erkannt zu haben. Dabei versteht man allgemein unter einem Integral zweiter Gattung ein mit Polen versehenes Integral, das aber durchweg von rationalem Charakter ist. Das hier vorgelegte besitzt nur einen einfachen Pol im Unendlichen.

§ 5. Darstellung der doppelperiodischen Funktionen durch $p(u)$ und $p'(u)$.

Wir beginnen mit der Betrachtung der Funktion

$$\varphi_1(u, v) = \frac{1}{2}\,\frac{p'(u) - p'(v)}{p(u) - p(v)}.$$

Diese Funktion ist in mehr als einer Beziehung von besonderer Wichtigkeit für die Theorie der elliptischen Funktionen. Sie besitzt als Funktion von u zwei einfache Pole, deren einer bei $u = 0$, deren anderer bei $u = -v$ liegt. Denn bei $u = 0$ hat man

$$\frac{1}{2}\,\frac{p'(u) - p'(v)}{p(u) - p(v)} = \frac{1}{2}\,\frac{\dfrac{-2}{u^3} - p'(v) + u\,\mathfrak{P}(u)}{\dfrac{1}{u^2} - p(v) + u^2\,\mathfrak{P}_1(u)} = \frac{-1}{u} + u\,\mathfrak{P}(u).$$

Bei $u = 0$ liegt also ein einfacher Pol mit dem Residuum -1. Pole können weiter an den Stellen liegen, wo der Nenner verschwindet. Das sind die Stellen $u = +v$ und $u = -v$. Bei $u = +v$ verschwindet aber auch der Zähler, so daß dort kein Pol der Funktion liegt. Bei $u = -v$ aber erhält man

$$\frac{1}{2}\,\frac{p'(u) - p'(v)}{p(u) - p(v)} = \frac{1}{2}\,\frac{p'(-v) - p'(v) + p''(-v)(u+v) + \cdots}{p(-v) - p(v) + p'(-v)(u+v) + \cdots}$$

$$= \frac{1}{2}\,\frac{2p'(-v) + p''(-v)(u+v) + \cdots}{p'(-v)(u+v) + \dfrac{p''(-v)}{2}(u+v)^2 + \cdots}.$$

Also bei $u = -v$ liegt ein einfacher Pol mit dem Residuum 1. Dies ist ersichtlich auch für den Fall richtig, wo $p'(-v)$ verschwinden sollte. Es hätte ja auch aus der allgemeinen Tatsache erschlossen werden können, daß die Summe der Residuen Null sein muß.

Die Kenntnis dieser Funktion φ_1 erlaubt es nun, doppelperiodische Funktionen zu konstruieren, welche an beliebig gegebenen Stellen Pole mit beliebig gegebenen Hauptteilen besitzen. Um das einzusehen, bemerken wir zunächst, daß $\{\varphi_1(u, v)\}^2$ bei $u = 0$ einen Pol mit dem Hauptteil $\frac{1}{u^2}$ besitzt. Bei $u = -v$ besitzt diese Funktion einen Pol mit dem Hauptteil $\frac{1}{(u+v)^2}$. Denselben Hauptteil besitzt aber bei $u = 0$ auch die Funktion $p(u)$. *Also besitzt die Funktion $\varphi_2(u, v) = \varphi_1^2 - p(u)$ einen einzigen Pol zweiter Ordnung bei $u = -v$. Derselbe hat den Hauptteil $\frac{1}{(u+v)^2}$.* Ebenso kann man eine Funktion $\varphi_3(u, v)$ konstruieren, deren einziger Pol bei $u = -v$ liegt und den Hauptteil $\frac{1}{(u+v)^3}$ besitzt. Zu dem Zweck bildet man erst

$$\{\varphi_1(u, v)\}^3.$$

Diese Funktion hat bei $u = -v$ einen Hauptteil von der Form

$$\left(\frac{1}{u+v}\right)^3 + a_1\left(\frac{1}{u+v}\right)^2 + a_2\left(\frac{1}{u+v}\right).$$

Bildet man daher: $\qquad \varphi_1^3 - a_1\varphi_2 - a_2\varphi_1,$

so hat diese Funktion bei $u = -v$ den gewünschten Hauptteil. Aber sie hat außerdem noch bei $u = 0$ einen Pol mit einem Hauptteil von der Form $\frac{1}{u^3} + b_1\frac{1}{u^2}$. (Das Residuum muß Null sein, weil das Residuum am anderen Pol schon Null ist und die Summe der Residuen nach S. 258 verschwindet.) Zieht man also noch $b_1 p(u) - p'(u)$ ab, so erhält man die gewünschte Funktion $\varphi_3(u, v)$. Ebenso konstruiert man aus

$$\{\varphi_1(u, v)\}^n$$

eine Funktion $\varphi_n(u, v)$, die nur bei $u = -v$ einen Pol vom Hauptteil $\frac{1}{(u+v)^n}$ hat. Bei Null hat man dazu geeignete Multipla der höheren Ableitungen von $p(u)$ in Abzug zu bringen. Die n-te Ableitung hat ja, wie eine leichte Rechnung zeigt, den Hauptteil

$$(-1)^n(n+1)!\,\frac{1}{u^{n+2}}.$$

Für $v = 0$ versagt unsere Erklärung der Funktionen $\varphi_n(u, v)$. Denn dann ist ja $p(v)$ nicht endlich. Das schadet aber nicht. Denn von $n = 2$ an stehen uns ja schon, wie eben bemerkt wurde, in $p(u)$ und seinen Ableitungen die gewünschten Funktionen zur Verfügung. Wir setzen daher $\varphi_n(u, 0) = (-1)^n\frac{1}{(n-1)!}p^{(n-2)}(u)$ für $n > 2$. Um nun auch noch $\varphi_1(u, 0)$ zu erklären, wollen wir verabreden, $\varphi_1(u, 0) = 0$ zu setzen. Es wird sich herausstellen, daß diese Verabredung zweckmäßig ist.

Wir können nun eine Funktion konstruieren, die an den Stellen $v_1, v_2, \cdots v_n$ Pole mit den beliebig gegebenen Hauptteilen

$$\frac{A_{\lambda_\varkappa}^{(\varkappa)}}{(u-v_\varkappa)^{\lambda_\varkappa}} + \frac{A_{\lambda_\varkappa-1}^{(\varkappa)}}{(u-v_\varkappa)^{\lambda_\varkappa-1}} + \cdots + \frac{A_1^{(\varkappa)}}{u-v_\varkappa}$$

besitzt. Eine solche Funktion ist nämlich

$$\sum_1^n {}_\varkappa \left\{ A_{\lambda_\varkappa}^{(\varkappa)} \varphi_{\lambda_\varkappa}(u, -v_\varkappa) + A_{\lambda_\varkappa-1}^{(\varkappa)} \varphi_{\lambda_\varkappa-1}(u, -v_\varkappa) + \cdots + A_1^{(\varkappa)} \varphi_1(u, -v_\varkappa) \right\}.$$

Diese Funktion hat bei $u = 0$ einen Pol mit dem Residuum $-\sum A_1^{(\varkappa)}$. Die Summe ist dabei über alle von $u = 0$ verschiedenen Pole zu erstrecken. Denn nur für diese hat $\varphi_1(u, -v_\varkappa)$ das Residuum -1, während $\varphi_1(u, 0)$ identisch Null ist, also das Residuum Null hat.

Falls nun unter den gegebenen Nullstellen $u = 0$ nicht vorkommt, so ist dies Residuum Null. Denn nach S. 258 ist die Summe aller Residuen Null. So mußten also die $A_1^{(\varkappa)}$ vorgegeben sein. Kommt aber Null unter den Polstellen vor, so ergänzt ihr Residuum gerade die Summe der übrigen

Residuen zu Null, ist also der negativen Summe $-\sum_1^n {}_\varkappa A_1^{(\varkappa)}$ derselben gleich,

und wieder zeigt also unser Ausdruck bei $u = 0$ das richtige Verhalten.

Der angeschriebene Ausdruck ist nach S. 260 bis auf eine additive Konstante die allgemeinste doppelperiodische Funktion.

Die so gefundene Darstellung ist das Analogon zur Partialbruchzerlegung in der Theorie der rationalen Funktionen. Man nennt sie auch hier *Partialbruchzerlegung der elliptischen Funktionen.*

Man bemerke nun noch, daß die Funktion $\varphi_n(u, -v)$ denselben Hauptteil hat wie die Funktion $\varphi_n(u + v, 0)$. Daher ist bis auf einen konstanten Faktor und bis auf eine additive Konstante die Funktion $\varphi_n(u, -v)$ der n-2-ten Ableitung von $p(u + v)$ gleich. Daher kann man auch alle doppelperiodischen Funktionen in die Form

$$f(u) = \sum_1^n {}_\varkappa \left\{ B_{\lambda_\varkappa}^{(\varkappa)} p^{(\lambda_\varkappa-2)}(u + v_\varkappa) + \cdots + B_2^{(\varkappa)} p(u + v_\varkappa) + A_1^{(\varkappa)} \varphi_1(u, -v_\varkappa) \right\} + C$$

setzen. Dabei sind die $A_1^{(\varkappa)}$ nach wie vor die Residuen an den einzelnen Polen von $f(u)$, weil ja die Residuen von $p(u)$ und seinen Ableitungen Null sind.

Ein Wort muß nun noch über die verwendeten Ableitungen $p^{(n)}(u)$ angefügt werden. Auch diese können wie die Funktion $\varphi_1(u, v)$ rational durch p und p' dargestellt werden. Das lehrt die zwischen p und p' bestehende Gleichung $p'^2 = 4p^3 - g_2 p - g_3$. Differenziert man sie nämlich, so erhält man $2p'p'' = 12p^2p' - g_2p'$, also ist p'' rational durch p und p' darstellbar. Von hier schließt man auf die dritte, dann auf die vierte Ableitung usw. Damit sind aber auch die Funktionen $\varphi_n(u, v)$ rational durch p und p' dargestellt. Und damit ist bewiesen:

Jede doppelperiodische Funktion kann rational durch p und p' dargestellt werden.

Man kann diesen Satz auf die Riemannsche Fläche übertragen. Jede auf der Fläche eindeutige Funktion, welche überall den Charakter einer rationalen Funktion besitzt, wird eine doppelperiodische Funktion von u. Daher kann man nun den folgenden Satz aussprechen:

Jede eindeutige Funktion der Fläche, welche überall vom Charakter einer rationalen Funktion ist, kann rational durch z und w dargestellt werden.

Dieser Satz entspricht dem Satz, den wir S. 236 für zweiblättrige Flächen mit *zwei* Verzweigungspunkten aussprachen. Nur konnte damals der Zusatz eindeutig wegbleiben, weil die Fläche umkehrbar eindeutig auf die volle schlichte Ebene abgebildet werden konnte, wo eine jede Funktion von durchweg rationalem Charakter nach dem Monodromiesatz von selbst eindeutig ist. Der gilt aber hier nicht, wie schon die Existenz der Integrale erster Gattung lehrt.

Als Anwendung unseres Satzes wollen wir nun im nächsten Paragraphen die Additionstheoreme der elliptischen Funktionen behandeln.

§ 6. Das Additionstheorem der elliptischen Funktionen.

Unter einem *Additionstheorem* versteht man die Darstellung der Funktion $f(u + v)$ durch $f(u)$ und $f(v)$. Ein *algebraisches Additionstheorem* besteht für eine Funktion $f(z)$, wenn zwischen den Ausdrücken $f(u + v)$, $f(u)$ und $f(v)$ eine algebraische Gleichung mit von u und v unabhängigen Koeffizienten besteht. Bekanntermaßen besitzt die Funktion e^z ein solches Additionstheorem. Denn es ist ja $e^{u+v} = e^u \cdot e^v$. Daraus ergeben sich die bekannten Additionstheoreme der trigonometrischen Funktionen, wie überhaupt aller rationalen Funktionen von e^z mit konstanten Koeffizienten. Denn wenn $f(z) = \Re(e^z)$ eine rationale Funktion von e^z mit konstanten Koeffizienten ist, so ergibt die Elimination von e^u und e^v zwischen den Gleichungen $\quad f(u + v) = \Re(e^u \cdot e^v), \ f(u) = \Re(e^u), \ f(v) = \Re(e^v)$ eine algebraische Gleichung mit konstanten Koeffizienten zwischen $f(u + v)$, $f(u)$ und $f(v)$.

Dieselbe Überlegung zeigt, daß auch alle rationalen Funktionen algebraische Additionstheoreme besitzen. Um sie zu gewinnen, hat man nur zwischen $f(u + v) = \Re(u + v)$, $f(u) = \Re(u)$ und $f(v) = \Re(v)$ die Variablen u und v zu eliminieren.

Solche Additionstheoreme bestehen nun auch für die elliptischen Funktionen. Um das einzusehen, hat man nur ihr Bestehen für $p(u)$ und $p'(u)$ nachzuweisen. Denn die übrigen drücken sich rational durch diese beiden aus, und zwischen p' und p besteht die algebraische Gleichung $p'^2 = 4p^3 - g_2 p - g_3$. Ist also das Additionstheorem für p' und p bewiesen, so hat man nur $p(u)$, $p(v)$ und $p'(u)$, $p'(v)$ zwischen den fünf Gleichungen

$$f(u+v) = \Re_1\big(p(u),p(v),p'(u),p'(v)\big)\, f(u) = \Re_2\big(p(u),p'(u)\big),\, f(v) = \Re_2\big(p(v),p'(v)\big)$$

$$p'^2(u) = 4\big(p(u)\big)^3 - g_2 p(u) - g_3$$

$$p'^2(v) = 4\big(p(v)\big)^3 - g_2 p(v) - g_3$$

zu eliminieren, um das Additionstheorem für f zu gewinnen. Weierstraß hat überdies gezeigt, daß die hier aufgezählten die einzigen eindeutigen Funktionen einer Variablen sind, welche ein algebraisches Additionstheorem besitzen. Doch werden wir uns damit begnügen, auch für die elliptischen Funktionen die Additionstheoreme zu beweisen.

Sie können fast unmittelbar den Betrachtungen des vorigen Paragraphen entnommen werden.

Wir haben dort die Funktion $\varphi_1(u, v)$ betrachtet. Wir erkannten in $\varphi_1{}^2 = \dfrac{1}{4}\left(\dfrac{p'(u) - p'(v)}{p(u) - p(v)}\right)^2$ eine doppelperiodische Funktion, welche bei $u = -v$ einen Pol vom Hauptteil $\dfrac{1}{(u+v)^2}$ und bei $u = 0$ einen Pol vom Hauptteil $\dfrac{1}{u^2}$ besitzt. Daher ist die Funktion

$$\varphi_1{}^2 - p(u + v) - p(u)$$

polfrei und daher von u unabhängig. Wir wollen sie mit $C(v)$ bezeichnen. Das folgt daraus, daß auch $p(u + v)$ bei $u = -v$ einen Pol vom Hauptteil $\dfrac{1}{(u+v)^2}$ besitzt. Vertauschen wir in der gewonnenen Gleichung u und v, so finden wir:

$$\varphi_1{}^2 - p(u + v) - p(v) = C(u).$$

Subtrahieren wir beide voneinander, so erhalten wir

$$C(u) - p(u) = C(v) - p(v).$$

Diese Differenz ist also vom Werte von u und vom Werte von v unabhängig, sie ist also eine Konstante C. Daher haben wir nun im ganzen

$$\varphi_1^2 = p(u + v) + p(u) + p(v) + C.$$

Nun bleibt diese Konstante noch zu bestimmen. Zu dem Zweck betrachten wir die Laurententwicklungen der rechten und der linken Seite bei $u = 0$. Wir finden

$$\varphi_1 = \frac{1}{2}\frac{p'(u)-p'(v)}{p(u)-p(v)} = \frac{1}{2}\frac{-\dfrac{2}{u^3}-p'(v)+\cdots}{\dfrac{1}{u^2}-p(v)+\cdots} = \frac{1}{2}\frac{1}{u}\frac{-2-p'(v)u^3+\cdots}{1-p(v)u^2+\cdots}$$

$$= \frac{1}{2}\frac{1}{u}\left(-2-p'(v)u^3+\cdots\right)\left(1+p(v)u^2+\cdots\right)$$

$$= \frac{1}{2}\frac{1}{u}\left(-2-2p(v)u^2+\cdots\right) = -\frac{1}{u}-p(v)\cdot u+\cdots.$$

Also wird $$\varphi_1^2 = \frac{1}{u^2}+2p(v)+\cdots.$$

Weiter aber ist $p(u+v)+p(u)+p(v)+C = \frac{1}{u^2}+(2p(v)+C)+\cdots.$ Daher ist $C=0$. So finden wir das *Additionstheorem der Funktion* $p(u)$:

$$p(u+v) = -p(u)-p(v)+\frac{1}{4}\left(\frac{p'(u)-p'(v)}{p(u)-p(v)}\right)^2.$$

Durch Differenzieren nach u gewinnt man daraus das *Additionstheorem der Funktion* $p'(u)$:

$$p'(u+v) = -p'(u)+\frac{1}{2}\left(\frac{p'(u)-p'(v)}{p(u)-p(v)}\right)\frac{\partial}{\partial u}\left(\frac{p'(u)-p'(v)}{p(u)-p(v)}\right).$$

Wenn man will, kann man hierin noch in der in § 5 allgemein angegebenen Art $p''(u)$ durch $p(u)$ rational darstellen. Es wird ja

$$p''(u) = 6(p(u))^2-\frac{g_2}{2}.$$

Auch die Funktion $\zeta(u)$ besitzt ein Additionstheorem. Es ist aber nicht algebraisch. Um es zu finden, betrachten wir die Differenz

$$\zeta(u+v)-\zeta(u).$$

Das ist eine doppelperiodische Funktion. Um das einzusehen, brauchen wir nur aufzuweisen, daß die Funktionen $\zeta(u+v)$ und $\zeta(u)$ dieselben Perioden haben, daß also der Zuwachs, den $\zeta(u+v)$ bei Periodenvermehrung von u erfährt, von v unabhängig ist. Sei nämlich z. B.

$$\zeta(u+v+2\omega_1) = \zeta(u+v)+2\pi_1,$$

so hat man nur $u+v=-\omega_1$ einzutragen, um $2\pi_1 = 2\zeta(\omega) = 2\eta_1$ zu finden.[1]) Diese doppelperiodische Funktion $\zeta(u+v)-\zeta(u)$ besitzt bei $u=-v$ einen einfachen Pol vom Residuum $+1$ und bei $u=0$ einen einfachen Pol vom Residuum -1. Daher ist sie bis auf eine additive Kon-

---

1) Es folgt auch einfach daraus, daß ja die Gleichung $\zeta(z+2w_1)=\zeta(z)+2\eta_1$ für *alle* z, also namentlich für $z=u$ und für $z=u+v$ gilt.

stante C unserer Funktion φ_1 gleich. Um diese Konstante zu bestimmen, beachten wir die Entwicklungen bei $u = 0$. Dort wird

$$\zeta(u + v) - \zeta(u) = -\frac{1}{u} + \zeta(v) + \cdots.$$

Vergleicht man dies mit der oben gegebenen Entwicklung von φ_1, so findet man, daß $C = \zeta(v)$ sein muß. So hat man

$$\zeta(u + v) = \zeta(u) + \zeta(v) + \frac{1}{2} \cdot \frac{p'(u) - p'(v)}{p(u) - p(v)}.$$

Diese Formel erlaubt auch eine noch andere Formulierung des Additionstheorems der Funktion $p(u)$. Durch Differenzieren nach u findet man nämlich

$$p(u + v) = p(u) + \frac{1}{2} \frac{\partial}{\partial u} \frac{p'(u) - p'(v)}{p(u) - p(v)}.$$

Weiter erlaubt es das Additionstheorem der Zetafunktion in der Darstellung der doppelperiodischen Funktionen durch $p(u)$ und seine Ableitungen für $\varphi_1(u, v)$ die Zetafunktion einzuführen. So findet man dann

$$f(u) = \sum_{1}^{n}{}_{\varkappa} \left(B_{\lambda_\varkappa}^{(\varkappa)} p^{(\lambda_\varkappa - 2)}(u + v_\varkappa) + \cdots + B_2^{(\varkappa)} p(u + v_\varkappa) + A_1^{(\varkappa)} \right) \zeta(u + v_\varkappa)$$

$$- \sum_{1}^{n}{}_{\varkappa} A_1^{(\varkappa)} \zeta(u) + C.$$

§ 7. Die elliptischen Integrale.

Unter einem elliptischen Integral versteht man das Integral über eine rationale Funktion von z und einer Quadratwurzel aus einem Polynom dritten oder vierten Grades. Mit anderen Worten ist also ein elliptisches Integral ein Integral über eine rationale Funktion unserer zweiblättrigen Riemannschen Fläche. Da wir nun in § 5 einen Überblick über alle rationalen Funktionen der Fläche gewonnen haben, sind wir nun in der Lage, die möglichen elliptischen Integrale zu übersehen. Wir knüpfen dazu an die zweite Form der dort gegebenen Partialbruchzerlegung an, studieren also, wie wir immer taten, die Funktionen der Fläche in der u-Ebene. So haben wir den Vorteil, daß wir nur eindeutige Funktionen und ihre Integrale zu betrachten haben. Denn es wird ja

$$\int R(z, w)\, dz = \int R\big(p(u), p'(u)\big) \cdot p'(u) \cdot du.$$

Die Integrale werden also in u wieder eindeutig bis auf etwa vorhandene logarithmische Glieder. Bei Periodenvermehrung des Argumentes oder bei Umläufen um die logarithmischen Singularitäten erfahren also die Integrale nur Vermehrungen um Konstanten.

Die S. 272 dargestellte Funktion $f(u)$ kann man ohne weiteres integrieren. Man findet

$$\int f(u)\,du = \sum_{1}^{u}{}_{\varkappa}\left\{\begin{aligned}&B^{(\varkappa)}_{\lambda_\varkappa}p^{(\lambda_\varkappa-1)}(u+v_\varkappa)+\cdots\\&+B^{(\varkappa)}_{3}p(u+v_\varkappa)+B^{(\varkappa)}_{2}\zeta(u+v_\varkappa)+\\&+A^{(\varkappa)}_{1}\frac{1}{2}\int\frac{p'(u)-p'(v_\varkappa)}{p(u)-p(v_\varkappa)}\,du\end{aligned}\right\}\begin{aligned}&+Cu\\[2ex]&+D.\end{aligned}$$

Betrachten wir nun die hier gefundenen Einzelfunktionen auf der Fläche, so erkennen wir natürlich in $p(u+v_\varkappa)$ und seinen Ableitungen rationale Funktionen; in $\zeta(u+v_\varkappa)$ ist uns auf Grund der Formel S. 276 bereits das Integral

zweiter Gattung $\zeta(u)+\zeta(v_\varkappa)+\dfrac{1}{2}\dfrac{p'(u)-p'(v_\varkappa)}{p(u)-p(v_\varkappa)}\bigg|_u=-\displaystyle\int^{z}\frac{z\,dz}{w}+\frac{1}{2}\frac{w-w_\varkappa}{z-z_\varkappa}+\zeta(v_\varkappa)$

bekannt. Die Funktion $\dfrac{1}{2}\displaystyle\int\frac{p'(u)-p'(v_\varkappa)}{p(u)-p(v_\varkappa)}\,du$ nennt man Normalintegral

dritter Gattung. Die Darstellung in z und w liefert

$$\frac{1}{2}\int^{z}\frac{w-w_\varkappa}{z-z_\varkappa}\frac{1}{w}\,dz.$$

Fassen wir das gefundene Ergebnis zusammen, so haben wir also gesehen, daß man ein jedes elliptische Integral als Summe einer rationalen Funktion, eines Vielfachen des Normalintegrales erster Gattung $\displaystyle\int\frac{dz}{w}$, des Normalintegrales zweiter Gattung $\left(\displaystyle\int\frac{z\,dz}{w}\right)$, und des Normalintegrales dritter Gattung $\left(\dfrac{1}{2}\displaystyle\int\frac{w-w_0}{z-z_0}\frac{dz}{w}\right)$ darstellen kann. Die rationale Funktion setzt sich aus $p(u+v_\varkappa)$ und seinen Ableitungen und aus dem beim Übergang von $\zeta(u+v_\varkappa)$ zu $\zeta(u)$ abgespaltenen $\zeta(v_\varkappa)+\dfrac{1}{2}\dfrac{w-w_\varkappa}{z-z_\varkappa}$ zusammen.

§ 8. Die σ-Funktion.

Im Integral der ζ-Funktion haben wir eine Funktion, die bei Umlaufung ihrer logarithmischen Singularitäten um $2\pi i$ zunimmt. Bildet man dann $e^{\int \zeta(u)\,du}$ so wird dies wieder eine eindeutige Funktion. Das ist die σ-Funktion. Für sie geben wir also folgende Definition, welche auch die noch bleibende Integrationskonstante festlegt:

$$\frac{d\log\sigma(u)}{du}=\zeta(u),\quad \sigma'(0)=1.$$

Man findet so aus der Darstellung

$$\zeta(u) = \frac{1}{u} + \sum_{\omega}{}' \left(\frac{1}{u - 2\,\omega} + \frac{1}{2\,\omega} + \frac{u}{4\,\omega^2} \right)$$

durch Integrieren

$$\log \sigma(u) = \log u + \int_0^u \sum{}' \cdot du = \log u + \sum_{\omega}{}' \left\{ \log\left(1 - \frac{u}{2\,\omega}\right) + \frac{u}{2\,\omega} + \frac{u^2}{8\,\omega^2} \right\}.$$

Denn die Integration von 0 bis u darf gliedweise ausgeführt werden und führt wieder auf eine gleichmäßig konvergente Reihe.

Geht man nun zur Exponentialfunktion über, so erhält man

$$\sigma(u) = u \prod{}' \left\{ \left(1 - \frac{u}{2\,\omega}\right) e^{\frac{u}{2\,\omega} + \frac{1}{8}\frac{u^2}{\omega^2}} \right\}.$$

Nun erkennt man, daß tatsächlich $\sigma'(0) = \lim\limits_{u \to 0} \frac{\sigma(u)}{u} = 1$ ist. Die σ-Funktion ist somit eine ganze Funktion. Sie hat im Periodenparallelogramm einen einzigen Nullpunkt bei $u = 0$ und verschwindet an allen mit ihm äquivalenten Punkten, also an den Punkten $u = 2\,\omega$, wo $2\,\omega$ eine beliebige Periode bedeutet.

Ihr Verhalten bei Periodenvermehrung des Argumentes u ergibt sich aus ihrer Definition: Da nämlich $\dfrac{d \log \sigma(u)}{d(u)} = \zeta(u)$ ist, so hat man z. B.

$$\frac{d \log \sigma(u + 2\,\omega_1)}{du} = \frac{d \log \sigma(u)}{du} + 2\,\eta_1.$$

Das bedeutet aber $\dfrac{d}{du} \log \dfrac{\sigma(u + 2\,\omega_1)}{\sigma(u)} = 2\,\eta_1$. Daher wird $\sigma(u + 2\,\omega_1) = \sigma(u) e^{2\,\eta_1 u + A}$.

Hier ist also A eine noch zu bestimmende Konstante.

Um sie zu bestimmen, beachten wir zunächst, daß $\sigma(u)$ eine *ungerade Funktion* ist. Denn wenn man wieder die beiden von den Perioden $\pm 2\,\omega$ herrührenden Faktoren zusammennimmt, so vertauschen sie bei einem Vorzeichenwechsel von u nur ihre Plätze, während der Faktor u selbst einen Vorzeichenwechsel der ganzen Funktion $\sigma(u)$ bedingt. Trägt man dann in die Gleichung $\sigma(u + 2\,\omega_1) = \sigma(u) e^{2\,\eta_1 u + A}$ für u den Wert $-\,\omega_1$ ein, so erhält man: $e^A = -\, e^{2\,\eta_1 \omega_1}$. Also wird $\sigma(u + 2\,\omega_1) = -\,\sigma(u) e^{2\,\eta_1 (u + \omega_1)}$. Ebenso findet man $\sigma(u + 2\,\omega_2) = -\,\sigma(u) e^{2\,\eta_2 (u + \omega_2)}$.

Wir wollen in diesem kurzen Abriß der Theorie der elliptischen Funktionen nicht mehr näher auf die Theorie der σ-Funktion eingehen, sondern nur noch kurz zeigen, wie man mit ihrer Hilfe eine jede durch die Lage ihrer Nullpunkte und Pole festgelegte doppelperiodische Funktion darstellen kann. Seien nämlich die **Nullstellen** bei $a_1, a_2, \cdots a_n$, die Pole bei

$b_1, b_2, \cdots b_n$ gelegen und dabei eine jede Stelle so oft aufgeschrieben, als es der Vielfachheit des Poles oder der Nullstelle entspricht, dann gilt die Gleichung $a_1 + a_2 + \cdots + a_n = b_1 + b_2 + \cdots + b_n + 2\omega$, wo 2ω eine passende Periode bedeutet. Da es aber vollkommen ausreicht, unter jeder Schar von Polen z. B., die sich in Perioden unterscheiden, einen auszuwählen,[1]) so dürfen wir annehmen, daß $\sum a_\varkappa = \sum b_\varkappa$ ist. Bilden wir dann den Ausdruck

$$f(u) = c \, \frac{\sigma(u-a_1) \cdot \sigma(u-a_2) \cdot \cdots \cdot \sigma(u-a_n)}{\sigma(u-b_1) \cdot \sigma(u-b_2) \cdot \cdots \cdot \sigma(u-b_n)},$$

so ist dies die gewünschte doppelperiodische Funktion. Denn bei Vermehrung von u um $2\omega_1$ erhält man z. B.: $\sigma(u-a_\varkappa + 2\omega_1) = -\sigma(u-a_\varkappa)e^{2\eta_1(u-a_\varkappa+\omega_1)}$. Also wird $f(u+2\omega_1) = f(u)e^{2\eta_1(b_1+b_2+\cdots+b_n-a_1-a_2-\cdots-a_n)}$. Dieser Faktor ist aber Eins.

Diese Darstellung entspricht dem allgemeinen S. 151 angegebenen Satz, wonach man jede Funktion von rationalem Charakter als Quotient zweier ganzen Funktionen darstellen kann. Sie ist das **Analogon** zur Zerlegung der rationalen Faktoren in lineare Faktoren.

Weiter beantwortet diese Darstellung eine S. 260 gestellte Frage. Die Herleitung zeigt nämlich, daß die Nullstellen und die Pole außer den damals angegebenen und eben benutzten Bedingungen keinen weiteren Einschränkungen mehr unterliegen.

Zwölfter Abschnitt.

Einfachperiodische Funktionen.

§ 1. Allgemeine Sätze.

Da durch die Ähnlichkeits-Transformation $u_1 = \dfrac{u}{p}$ der Periodenstreifen der Breite p in einen Periodenstreifen der Breite 1 übergeht und da durch diese Abbildung aus der Funktionalgleichung

$$f(u+p) = f(u)$$

die Funktionalgleichung $\qquad F(u_1+1) = F(u_1)$

wird, falls man $\qquad\qquad f(pu_1) = F(u_1)$

setzt, so genügt es, wenn wir weiter Funktionen betrachten, deren Perioden die gewöhnlichen ganzen Zahlen sind.

---

1) Wenn nämlich eine doppelperiodische Funktion an einer dieser Stellen verschwindet, so verschwindet sie auch an allen anderen.

Die Funktion $w = e^{2i\pi u}$ bildet den Periodenstreifen alsdann auf die schlichte w-Ebene ab. Daher geht bei der Abbildung jede eindeutige periodische Funktion in eine eindeutige Funktion von w über und umgekehrt entspricht jeder eindeutigen Funktion der w-Ebene eine eindeutige periodische Funktion von u. Man kann daher nicht erwarten, daß nach Analogie mit den doppelperiodischen Funktionen eine einfachperiodische Funktion einen jeden Wert gleichoft, und zwar endlichoft annehme, wenn sie von rationalem Charakter ist. Die Funktion $e^{e^{2i\pi u}} = e^w$ z. B. ist ja einfachperiodisch und nimmt jeden Wert außer Null und Unendlich unendlichoft an. Das wird durch den unter Umständen bei $w = 0$ oder ∞ vorhandenen wesentlich singulären Punkt ermöglicht. Wollen wir also hier eine analoge Theorie wie bei den doppelperiodischen gewinnen, so müssen wir diese Möglichkeit ausschließen. Die aus der periodischen Funktion $f(u)$ entstehende Funktion $\varphi(w) = f\left(\dfrac{\log w}{2i\pi}\right)$ muß dann in der Umgebung des Punktes $w = 0$ und des Punktes $w = \infty$ entweder selbst beschränkt sein, oder es muß doch ihr Reziprokes diese Eigenschaft besitzen. Anderenfalls liegt nämlich an diesen Stellen eine wesentliche Singularität. Die Funktion kommt dann jedem Wert in jeder Umgebung dieser Stelle beliebig nahe, wird also nach S. 149 sicher einzelne Werte unendlichoft annehmen. Die gestellte Forderung hat nach S. 151 zur Folge, daß unsere Funktion eine rationale Funktion von w wird. In der u-Ebene bedeutet unsere Forderung, daß für Imaginärteile von genügend großem absoluten Betrag entweder unsere Funktion $f(u)$ selbst oder ihr Reziprokes $\dfrac{1}{f(u)}$ *im Periodenstreifen* beschränkt ist, daß also die Funktion $f(u)$ bei Annäherung an die Streifenenden einen endlichen oder unendlichen Grenzwert besitzt. Bei der Abbildung durch die Exponentialfunktion werden ja aus den Parallelen zur reellen Achse die Kreise mit dem Koordinatenanfang als Mittelpunkt. Aus den oberhalb oder unterhalb einer solchen Geraden gelegenen Streifenenden werden also die Umgebungen von Null und Unendlich. Und in diesen Streifenenden unterscheidet sich die Funktion von den genannten Grenzwerten beliebig wenig, wenn man nur die Parallelen zur reellen Achse hinreichend hoch gewählt hat. Wir merken das Ergebnis noch besonders an:

Wenn eine eindeutige periodische Funktion bei Annäherung an die Streifenenden entweder selbst beschränkt ist, oder dies doch für ihre reziproke zutrifft, so besitzt sie bei Annäherung an die Streifenenden bestimmte endliche oder unendliche Grenzwerte und kann als rationale Funktion von $w = e^{2i\pi u}$ dargestellt werden. Sie nimmt also im Streifen einen jeden Wert gleichoft an. Die genannten Grenzwerte sind dabei ihrer durch die rationale Funktion bestimmten Vielfachheit nach zu zählen.

§ 2. Analytische Darstellung der periodischen Funktionen.

Das Prinzip, nach dem die Bildung analytischer Ausdrücke geschieht, welche einfachperiodische Funktionen darstellen, ist das gleiche wie das S. 260 für die doppelperiodischen Funktionen auseinandergesetzte. Hier wie dort benötigen wir zunächst eine Konvergenzbetrachtung. Sie stützt sich hier auf die bekannte Tatsache, daß die Reihe $\sum' \dfrac{1}{n^\varkappa}$ für $\varkappa \geq 2$ konvergiert. Daraus kann man schließen, daß die Reihe $\displaystyle\sum_{-\infty}^{+\infty} \dfrac{1}{(u-n)^\varkappa}$ absolut und gleichmäßig in jedem endlichen Bereich konvergiert, wenn man zuvor die endlichvielen Glieder, welche in dem Bereiche unendlich werden, aus der Reihe entfernt hat. Wir beweisen gleich die absolute und gleichmäßige Konvergenz für den ganzen Streifen der Fig. 77. Er hat die Breite $2\,m$. m bedeutet eine ganze Zahl. Lasse ich die Glieder weg, die in diesem Streifen Pole besitzen, so bleibt die Reihe $\displaystyle\sum_{|n|\geq m+1} \dfrac{1}{(u-n)^\varkappa}$ übrig.

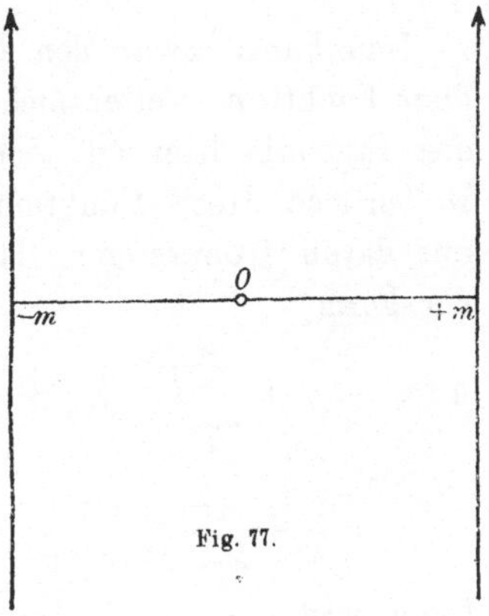

Fig. 77.

Hier ist nun aber

$$\left|\frac{1}{u-n}\right|^\varkappa = \left|\frac{1}{(u_1-n)^2+u_2^2}\right|^{\frac{\varkappa}{2}} < \frac{1}{|u_1-n|^\varkappa} \quad (u=u_1+iu_2).$$

Ferner ist

$$\left|\frac{u_1-n}{n}\right| = \left|1-\frac{u_1}{n}\right| \geq 1-\left|\frac{u_1}{n}\right| > 1-\frac{m}{m+1} = \frac{1}{m+1}.$$

Also wird

$$\left|\frac{u_1-n}{n}\right|^\varkappa > \frac{1}{(m+1)^\varkappa} = \frac{1}{M}.$$

Daraus folgt aber

$$\frac{1}{|u-n|^\varkappa} < \frac{1}{|u_1-n|^\varkappa} < \frac{M}{n^\varkappa}.$$

Und hieraus entnimmt man die absolute und gleichmäßige Konvergenz der Reihe. Nimmt man nun die weggelassenen endlichvielen Glieder wieder hinzu und wählt für $\varkappa$ eine ganze Zahl, so stellt die Reihe

$$\sum_{-\infty}^{+\infty} \frac{1}{(u-n)^\varkappa}$$

eine periodische Funktion der Periode Eins dar, welche bei $u=0$ und den äquivalenten Stellen Pole $\varkappa$-ter Ordnung besitzt.

Die einfachste dieser Funktionen, das Analogon zur p'-Funktion, ist die Funktion

$$f(u) = - \sum_{-\infty}^{+\infty} \left(\frac{1}{u-n} \right)^2.$$

Wir gehen gleich zu ihrem Integral über. Ich setze

$$\varphi(u) = \frac{1}{u} + \int_0^u \left\{ f(u) - \frac{1}{u} \right\} du = \frac{1}{u} + \sum_{-\infty}^{+\infty}{}' \left(\frac{1}{u-n} - \frac{1}{n} \right).$$

Dafür kann man auch schreiben

$$\varphi(u) = \frac{1}{u} + \sum_1^\infty \frac{2u}{u^2 - n^2}.$$

Man kann zwar den Darlegungen von S. 178 schon entnehmen, daß diese Funktion weiter nichts ist als $\pi \cot \pi u$. Doch ist es sehr instruktiv, dies Ergebnis hier auf einem ganz anderen Weg wieder zu gewinnen. Wir wollen also diese Funktion etwas näher untersuchen. Zunächst wollen wir uns davon überzeugen, daß sie periodisch ist. Dazu schreiben wir sie in der Form

$$\varphi(u) = \frac{1}{u} + \sum_1^\infty \left(\frac{1}{u+n} + \frac{1}{n} \right) + \sum_1^\infty \left(\frac{1}{u-n} - \frac{1}{n} \right)$$

$$= \frac{1}{u} + \sum_1^\infty \left(\frac{1}{u+n+1} + \frac{1}{n+1} \right) + \left(\frac{1}{u+1} + 1 \right) + \sum_2^\infty \left(\frac{1}{u+1-n} + \frac{1}{1-n} \right).$$

Dann wird

$$\varphi(u+1) = \frac{1}{u+1} + \sum_1^\infty \left(\frac{1}{u+1+n} + \frac{1}{n} \right) + \sum_1^\infty \left(\frac{1}{u+1-n} - \frac{1}{n} \right)$$

$$= \frac{1}{u+1} + \sum_1^\infty \left(\frac{1}{u+1+n} + \frac{1}{n} \right) + \sum_2^\infty \left(\frac{1}{u+1-n} - \frac{1}{n} \right) + \left(\frac{1}{u} - 1 \right).$$

In der Differenz $\varphi(u+1) - \varphi(u)$ nehmen wir nun immer die Glieder zusammen, welche dieselbe Polstelle besitzen. Dann wird

$$\varphi(u+1) - \varphi(u) = -1 + \sum_1^\infty \left(\frac{1}{n} - \frac{1}{n+1} \right) - 1 - \sum_2^\infty \left(\frac{1}{n} + \frac{1}{1-n} \right)$$

$$= -2 + 2 \sum_1^\infty \left(\frac{1}{n} - \frac{1}{n+1} \right).$$

Das ist aber offenbar Null. Denn die k-te Teilsumme von $\displaystyle\sum_1^\infty \left(\frac{1}{n} - \frac{1}{n+1} \right)$ ist

$$1 - \frac{1}{k+1}.$$

Weiter haben wir uns zu überzeugen, daß die allgemeinen Sätze des vorigen Paragraphen auf diese Funktion anwendbar sind. Wir müssen also die Funktion $\varphi(u)$ in den Streifenenden abschätzen. Das geht hier sehr leicht. Denn man hat ja im Streifen $0 \leq u_1 < 1$: $\left|\dfrac{2u}{u^2-n^2}\right| < \dfrac{2|u|}{(u_1-n)^2+u_2^2} < \dfrac{2(1+|u_2|)}{(n-1)^2+u_2^2}$.

Also ist $|\varphi(u)| < \dfrac{1}{u_2} 2 \sum\limits_{0}^{\infty} {}_n \dfrac{1+|u_2|}{n^2+u_2^2}$. Da aber sämtliche Reihenglieder mit $\dfrac{1}{|u_2|}$ zugleich abnehmen, so ist die Funktion $\varphi(u)$ tatsächlich in den Streifenenden beschränkt und besitzt also dort *endliche* Grenzwerte. Daher nimmt sie als rationale Funktion von $e^{2i\pi u}$ jeden Wert im Streifen gleichoft an. Da sie aber ersichtlich daselbst nur einen einfachen Pol bei $u = 0$ besitzt, so nimmt sie jeden Wert genau einmal an. Daher vermittelt sie eine schlichte Abbildung des Streifens auf eine volle Ebene. Sie ist also eine lineare Funktion von $w = e^{2i\pi u}$. In ihren Polen stimmt sie mit der Funktion $\cotg \pi u$ überein, die ja als lineare Funktion $i\dfrac{e^{2i\pi u}+1}{e^{2i\pi u}-1}$ von $w = e^{2i\pi u}$ im Streifen jeden Wert genau einmal annimmt. Die Pole der Funktion $\cotg \pi u$ besitzen aber das Residuum $\dfrac{1}{\pi}$. Denn es ist ja $\lim\limits_{u\to 0} \dfrac{\cos \pi u}{\sin \pi u} \cdot u = \dfrac{1}{\pi}$. Unsere Funktion stimmt daher mit $\pi \cotg \pi u$ in den Hauptteilen der Pole überein. Daher besitzt die Differenz $\pi \cotg \pi u - \varphi(u)$ gar keine Pole und ist daher als rationale Funktion von $w = e^{2i\pi u}$ eine Konstante. Um den Wert dieser Konstanten zu bestimmen, beachten wir, daß sowohl $\pi \cotg \pi u$ wie $\varphi(u)$ ungerade Funktionen sind. Ihre Laurententwicklungen in der Umgebung von $u = 0$ enthalten daher nur Glieder ungerader Ordnung. Namentlich also sind die Absolutglieder der Entwicklungen Null. Die Differenz $\pi \cotg \pi u - \varphi(u)$ wird also in der Umgebung von $u = 0$ durch eine mit den linearen Gliedern beginnende Potenzreihe von u dargestellt. Sie verschwindet daher bei $u = 0$. Daher ist die Differenz überall Null. Denn wir wissen schon, daß sie von u unabhängig ist. Daher haben wir nun die Partialbruchdarstellung des Cotangens:

$$\pi \cotg \pi u = \frac{1}{u} + \sum\limits_{1}^{\infty} {}_n \frac{2u}{u^2-n^2} = \frac{1}{u} + \sum\limits_{-\infty}^{+\infty}{}' \left\{\frac{1}{u-n} + \frac{1}{n}\right\}.$$

Durch gliedweises Differenzieren entnimmt man hieraus, daß

$$\frac{\pi^2}{\sin^2 \pi u} = \frac{1}{u^2} + \sum\limits_{-\infty}^{+\infty}{}' \frac{1}{(u-n)^2}.$$

Beachtet man aber, daß ferner $\pi \cotg \pi u = \dfrac{d}{du} \log\sin \pi u$, so erhält man durch gliedweises Integrieren (in der Σ' von 0 bis u)

$$\log \sin \pi u = \log u + \sum_{-\infty}^{+\infty}{}' \left\{ \log \left(1 - \frac{u}{n}\right) + \frac{u}{n} \right\} + C.$$

Dabei ist C eine noch zu bestimmende Integrationskonstante. Aus dem Ergebnis gewinnt man weiter die Faktorzerlegung des Sinus, nämlich

$$\sin \pi u = u \prod_{-\infty}^{+\infty}{}' \left(1 - \frac{u}{n}\right) e^{\frac{u}{n}}\, e^{C}.$$

Um nun die Konstante e^{C} zu bestimmen, müssen wir nur beachten, daß

$$\lim_{u \to 0} \frac{\sin \pi u}{u} = \pi$$

sein muß.   Daher wird nun:

$$\sin \pi u = \pi u \prod_{-\infty}^{+\infty}{}' \left(1 - \frac{u}{n}\right) e^{\frac{u}{n}} = \pi u \prod_{1}^{\infty} \left(1 - \frac{u^2}{n^2}\right).$$

Aufgabe: Man beweise direkt (ähnlich wie im Text bei $\operatorname{cotg} \pi u$), daß

$$\frac{\pi^2}{\sin^2 \pi u} = \sum \frac{1}{(u - n)^2}$$

ist und erschließe daraus die Partialbruchzerlegung von

$$\pi \operatorname{cotg} \pi u.$$

Dreizehnter Abschnitt.

Allgemeine Sätze über die Darstellung der analytischen Funktionen durch Reihen und Produkte.

§ 1. Die Partialbruchdarstellung der meromorphen Funktionen.

Sowohl bei den doppelperiodischen, wie bei den einfachperiodischen Funktionen sind uns Darstellungen gewisser meromorpher[1]) Funktionen durch Partialbruchreihen begegnet. Es ist nun an der Zeit, diese Beispiele einer allgemeinen Theorie einzuordnen.

Es möge also eine meromorphe Funktion $f(z)$ vorgelegt sein. Ihre Pole sollen bei den Stellen $a_{\varkappa}$ ($\varkappa = 0, 1, \cdots$) gelegen sein. An der Stelle $a_{\varkappa}$ sei der Hauptteil $f_{\varkappa}(z)$ durch die Darstellung

$$f_{\varkappa}(z) = \frac{A_{\lambda_{\varkappa}}^{(\varkappa)}}{(z - a_{\varkappa})^{\lambda_{\varkappa}}} + \cdots + \frac{A_{1}^{(\varkappa)}}{z - a_{\varkappa}}$$

---

1) Eine analytische Funktion nennt man meromorph, wenn sie an allen endlichen Stellen des Argumentes rationalen Charakter besitzt.

gegeben. Wir dürfen annehmen, daß die $a_\varkappa$ nach der Größe der absoluten Beträge geordnet sind, daß also $0 \le |a_1| \le |a_2| \le \cdots$. Dann ist $\lim\limits_{\varkappa \to \infty} |a_\varkappa| = \infty$. Wir wollen dann zeigen, daß man eine ganze Funktion $g(z)$ und gewisse ganze rationale Funktionen $g_\varkappa(z)$ so bestimmen kann, daß

$$f(z) = g(z) + \sum_{1}^{\infty} \left(f_\varkappa(z) - g_\varkappa(z) \right).$$

Dabei wird die Reihe in jedem endlichen Bereich gleichmäßig konvergieren, wenn man sie erst durch Weglassen der endlichvielen Glieder verkürzt, welche in dem Bereich Pole besitzen. Man nennt diesen Satz nach seinem Entdecker den *Weierstraßschen Satz.* Ebensowenig wie bei der Reihe für $\cot g\, z$ oder für $p(z)$ konvergiert also die über die Hauptteile erstreckte Reihe im allgemeinen selbst. Vielmehr kommt die Konvergenz erst durch die konvergenzerzeugenden Zusatzglieder $g_\varkappa(z)$ zustande. Sie sind uns ja auch schon bei den eben genannten Reihen begegnet.

Unsere Betrachtung wird gleichzeitig noch mehr erkennen lassen. Wir werden zum Beweis gar nicht nötig haben, daß bereits bekannt ist, daß die $f_\varkappa(z)$ die Hauptteile einer meromorphen Funktion sind. Vielmehr können die $f_\varkappa(z)$ ganz beliebig vorgegeben werden. Auch die $a_\varkappa$ können ganz beliebig gewählt werden, wenn nur $\lim\limits_{\varkappa \to \infty} a_\varkappa = \infty$ erfüllt bleibt.[1]) Stets kann man dann die $g_\varkappa(z)$ so wählen, daß die Reihe in dem angegebenen Sinne gleichmäßig konvergiert. Damit ist dann zugleich gezeigt, daß die Hauptteile meromorpher Funktionen keinerlei Beschränkungen unterliegen. Der Unterschied zweier meromorpher Funktionen mit den gleichen Hauptteilen ist natürlich eine ganze Funktion. Damit ist schon der auf die Funktion $g(z)$ sich beziehende Teil unserer Behauptung erledigt. Es bleibt uns also nur zu beweisen, daß die Reihe bei passender Wahl der $g_\varkappa(z)$ konvergiert.

Wir führen nun eine unendliche Folge von Kreisen K_n: $|z| \le \dfrac{|a_n|}{2}$ mit niemals abnehmenden Radien $\dfrac{|a_n|}{2}$ ein. Ferner wählen wir irgendwie eine unendliche Folge positiver mit $\dfrac{1}{\varkappa}$ stets abnehmender Zahlen $\varepsilon_\varkappa$ ($\varkappa = 1, 2 \cdots$) derart aus, daß ihre Summe $\sum\limits_{1}^{\infty} \varepsilon_\varkappa$ konvergiert.

Wenn nun $a_1 = 0$ sein sollte, so soll das Zusatzglied $g_1(z) = 0$ gesetzt werden. Für alle von Null verschiedenen $a_\varkappa$ aber soll die Bestimmung der Zusatzglieder $g_\varkappa(z)$ nach der folgenden Regel geschehen: Im Kreise $|z| < |a_n|$

---

1) Der analoge Satz für den Fall, daß die $a_\varkappa^g$ dieser Bedingung nicht genügen, wird uns erst später beschäftigen.

ist der Hauptteil $f_n(z)$ regulär. Er kann daher durch eine in diesem Kreise konvergente Potenzreihe $\mathfrak{P}_n(z - a_n)$ dargestellt werden. Da diese nun in dem kleineren Kreise $K_n\colon |z| \leq \dfrac{|a_n|}{2}$ gleichmäßig konvergiert, so kann eine Teilsumme $g_n(z)$ der Reihe so gewählt werden, daß $|f_n(z) - g_n(z)| < \varepsilon_n$ bleibt in dem ganzen Kreise K_n. Dies $g_n(z)$ soll als n-tes Zusatzglied ausgewählt werden. Nun nehme ich irgendeinen Kreis $K\colon |z| \leq R$ und lasse die Reihenglieder beiseite, deren Kreis K_n einen kleineren Radius hat als K. So werden im ganzen nur endlichviele Glieder beiseite gelassen. Die noch übrig bleibende Reihe hat nun die Eigenschaft, daß für alle ihre Glieder die eben angegebene Abschätzung gilt. Denn die diesen Gliedern zugehörigen Kreise K_n umfassen alle den Kreis K. Daher konvergiert die Reihe gleichmäßig. Denn die Zahlenreihe $\Sigma \varepsilon_n$ konvergiert und die Abschätzung hängt von der Stelle z nicht ab.

§ 2. Der Mittag-Lefflersche Satz.

Man kann die Betrachtungen des vorigen Paragraphen unschwer auf Funktionen mit beliebiger Polverteilung ausdehnen. Die endlichen oder unendlichen Häufungspunkte der Pole sind dann natürlich keine Pole. Sie können Singularitäten von anderem Charakter sein. Es kann sein, daß durch diese Häufungspunkte die Ebene in mehrere Teile zerlegt wird. Stets wird sich ergeben, daß die Reihe in jedem Bereich, der nur endlichviele Polstellen enthält, von den da unendlich werdenden Reihengliedern abgesehen, gleichmäßig konvergiert. Sie wird dann also in den verschiedenen Teilen der Ebene verschiedene analytische Funktionen darstellen, die sich über die Bereichgrenzen hinaus nicht fortsetzen lassen. Die Durchführung dieses Ansatzes ist außerordentlich einfach. Die konvergenzerzeugenden Glieder werden hier nach folgender Vorschrift gebildet. Man ordnet jedem endlichen Pol a_n den nächst gelegenen Häufungspunkt der Pole: c_n zu. Alsdann ist der Hauptteil $f_n(z)$ außerhalb des Kreises $|z - c_n| = |a_n - c_n|$ regulär. Der mit diesem konzentrische Kreis von doppeltem Radius werde mit K_n bezeichnet. Zunächst werde außerdem angenommen, daß der unendlichferne Punkt weder Pol noch Häufungspunkt von Polen sei. Dann kann man im Äußeren des Kreises $|z - c_n| = |a_n - c_n|$

$$f_n(z) = \mathfrak{P}_n\left(\frac{1}{z - c_n}\right)$$

setzen. Daher kann man wieder eine Teilsumme $g_n(z)$ dieser Reihe so wählen, daß im Äußeren von K_n selbst $|f_n(z) - g_n(z)| < \varepsilon_n$ gilt. Damit ist das Zusatzglied bestimmt. Die so erklärte Reihe konvergiert nun in jedem *abgeschlossenen* Bereiche B, der nur endlichviele Polstellen enthält, in dem angegebenen Sinne gleichmäßig. Denn es gibt nur endlichviele der Kreisperipherien K_n, welche in ein derartiges Gebiet eindringen. Denn ein solches Gebiet hat einen endlichen von Null verschiedenen Abstand d von den Häufungspunkten. Es gibt aber nur endlichviele Kreise K_n, deren Radius die Zahl $\frac{d}{2}$ übertrifft. Denn schlägt man um alle Häufungspunkte Kreise vom Radius $\frac{d}{2}$, so liegen außerhalb aller dieser Kreise nur noch endlichviele Pole. Nur diese können aber zu den Kreisen K_n von einem Radius größer oder gleich $\frac{d}{2}$ Anlaß geben. Nur ein Teil der Kreise K_n dieser endlichvielen Pole kann in das Gebiet B eindringen. Lassen wir die zugehörigen endlichvielen Reihenglieder beiseite, so konvergiert der Rest in B gleichmäßig, weil die Reihenglieder in B dann durchweg kleiner sind als die Zahlen ε_n. Denn das Gebiet B_n liegt dann außerhalb aller noch übrigen Kreise K_n.

Nun bleibt nur noch ein Wort zu sagen über den Fall, wo $z = \infty$ Pol oder Häufungspunkt von Polen ist. Dann gehen wir durch stereographische Projektion zu einer Kugeloberfläche über. Der Punkt $z = 0$ möge dabei in den tiefsten, der Punkt $z = \infty$ in den höchsten Kugelpunkt übergehen. Alle Maßangaben, die bei unseren Darlegungen gemacht wurden, mögen dann auf die Kugel bezogen werden. Wird dann der nächste Häufungspunkt ·der Punkt ∞, so tritt an Stelle einer Entwicklung $\mathfrak{P}\left(\frac{1}{z-c_n}\right)$ eine Entwicklung $\mathfrak{P}(z)$. Die nähere Durchführung dieser Andeutungen möge als nützliche Übung dem Leser überlassen bleiben.

Diese Betrachtungen beweisen einen allgemeinen Satz, den man nach seinem Entdecker den *Mittag-Lefflerschen Satz* nennt. Er lautet: Wenn in der komplexen Ebene Polstellen $a_\varkappa$ und zugehörige Hauptteile $f_\varkappa(z)$ beliebig vorgegeben sind, so gibt es stets Reihen

$$f(z) = \Sigma\{f_\varkappa(z) - g_\varkappa(z)\},$$

die in jedem keinen solchen Pol enthaltenden Bereich gleichmäßig konvergieren. Die $g_\varkappa(z)$ sind dabei passend gewählte rationale Funktionen.

§ 3. Die Produktdarstellung der ganzen transzendenten Funktionen.

Die logarithmische Ableitung $\frac{f'(z)}{f(z)}$ einer ganzen Funktion $f(z)$ ist eine meromorphe Funktion. Ihre Pole liegen an den Nullstellen von $f(z)$. Sie sind alle einfach und haben nach S. 184 ganzzahlige Residuen. Umgekehrt ist jede derartige meromorphe Funktion logarithmische Ableitung einer ganzen Funktion. Man erkennt dies ohne weiteres durch Integration und Übergang zur Exponentialfunktion. Darin liegt, daß die Nullstellen einer ganzen Funktion und ihre Vielfachheiten beliebig gewählt werden können. Nur die eine Einschränkung besteht, daß im Endlichen kein Häufungspunkt von Nullstellen liegen darf. Sonst wäre nach S. 138 die Funktion identisch Null.

Diese Darlegungen erlauben es, wie bei $\sin z$ und bei $\sigma(z)$ ausgehend von der analytischen Darstellung der meromorphen Funktionen durch Partialbruchreihen, zur Darstellung der ganzen Funktion durch unendliche Produkte überzugehen. Sie sind das Analogon zur bekannten Zerlegung ganzer rationaler Funktionen in Linearfaktoren.

Im vorliegenden Fall ist $f_\varkappa(z) = \dfrac{m_\varkappa}{z - a_\varkappa}$ und die Zusatzglieder $g_\varkappa(z)$ haben die folgende Gestalt:

$$g_\varkappa(z) = \left(-\frac{1}{a_\varkappa} - \frac{z}{a_\varkappa^2} - \frac{z^2}{a_\varkappa^3} - \cdots - \frac{z^{n_\varkappa - 1}}{a_\varkappa^{n_\varkappa}} \right) m_\varkappa.$$

Die meromorphe Funktion sei[1])

$$\frac{f'(z)}{f(z)} = g'(z) + \sum_{1}^{\infty}{}_\varkappa \left(\frac{1}{z - a_\varkappa} + \frac{1}{a_\varkappa} + \frac{z}{a_\varkappa^2} + \cdots + \frac{z^{n_\varkappa - 1}}{a_\varkappa^{n_\varkappa}} \right).$$

Dann wird $\qquad f(z) = e^{g(z)} \prod_{1}^{\infty}{}_\varkappa \left\{ \left(1 - \frac{z}{a_\varkappa} \right) e^{\frac{z}{a_\varkappa} + \frac{1}{2}\left(\frac{z}{a_\varkappa}\right)^2 + \cdots + \frac{1}{n_\varkappa}\left(\frac{z}{a_\varkappa}\right)^{n_\varkappa}} \right\}.$

Das ist die zuerst von *Weierstraß* angegebene Produktdarstellung der ganzen Funktionen. Hier gilt eine ähnliche Bemerkung wie bei den Partialbruchreihen. Das Produkt der Linearfaktoren selbst konvergiert im allgemeinen noch nicht. Die Konvergenz wird erst durch den Zusatz der konvergenzerzeugenden Exponentialfaktoren erzwungen.

Es ist von Interesse, die Beziehungen zwischen den Exponenten $n_\varkappa$ und den Nullstellen $a_\varkappa$ etwas näher zu betrachten. Natürlich besteht in der Wahl der $n_\varkappa$ eine große Willkür. Denn wir nahmen ja z. B. eine beliebige konvergente Reihe $\Sigma\varepsilon_\varkappa$ und benutzten die $\varepsilon_\varkappa$ als Gradmesser für die zu erstrebende Approximation der Hauptteile durch die Zusatzglieder. Indessen wird man es als möglichst günstig ansehen müssen, wenn man mit möglichst kleinen $n_\varkappa$ durchkommt. Es erhebt sich daher die Frage, wie man in dieser Richtung ein Urteil gewinnen kann.

Bei dieser Untersuchung erweist es sich als zweckmäßig, nicht bis zur Partialbruchreihe zurückzugehen, sondern schon bei dem Logarithmus der ganzen Funktion stehen zu bleiben. Man gewinnt so bessere Abschätzungen. Das unendliche Produkt ist nämlich dann und nur dann konvergent und an den von den $a_\varkappa$ verschiedenen Stellen von Null verschieden, wenn die Reihe

---

1) Wir nehmen uns die erlaubte Freiheit, den Term $\dfrac{1}{z - a_\varkappa}$ gerade $m_\varkappa$ mal zu schreiben.

der Logarithmen seiner Faktoren in jedem endlichen Gebiet in dem schon
mehrfach angegebenen Sinne gleichmäßig konvergiert. D. h. also diese
Reihe muß gleichmäßig konvergieren, wenn man aus ihr die endlichvielen
Glieder herausläßt, welche in dem betreffenden Gebiet unendlich werden.
Dies ist wieder der Fall, wenn wir wieder unsere Kreise $K_\varkappa$ und unsere
Zahlen $\varepsilon_\varkappa$ heranziehen, nun aber die Abschätzungen bei der Reihe der
Logarithmen durchführen. Für einen einzelnen Faktor finden wir

$$\varphi_\varkappa(z) = \log\left\{\left(1 - \frac{z}{a_\varkappa}\right)e^{\frac{z}{a_\varkappa} + \cdots + \frac{1}{n_\varkappa}\left(\frac{z}{a_\varkappa}\right)^{n_\varkappa}}\right\} = -\frac{1}{n_\varkappa + 1}\left(\frac{z}{a_\varkappa}\right)^{n_\varkappa + 1} - \frac{1}{n_\varkappa + 2}\left(\frac{z}{a_\varkappa}\right)^{n_\varkappa + 2}$$

Diese Entwicklung[1]) konvergiert im Kreise

$$|z| < |a_\varkappa|.$$

$K_\varkappa$ ist mit diesem konzentrisch und hat den halben Radius $\left|\frac{a_\varkappa}{2}\right|$. Daher ist
für ein in $K_\varkappa$ gelegenes z stets

$$|z| < \frac{a_\varkappa}{2} \quad \text{und} \quad |a_\varkappa - z| > \frac{a_\varkappa}{2}.$$

Schätzen wir nun das Reihenglied ab, so erhalten wir

$$\varphi_\varkappa(z) < \frac{1}{n_\varkappa + 1}\left|\frac{z}{a_\varkappa}\right|^{n_\varkappa + 1} \frac{1}{1 - \left|\frac{z}{a_\varkappa}\right|} < \frac{2}{n_\varkappa + 1}\left|\frac{z}{a_\varkappa}\right|^{n_\varkappa + 1}$$

Setzen wir nun[2]) $$\varepsilon_\varkappa = \frac{2}{n_\varkappa + 1}\left(\frac{z}{a_\varkappa}\right)^{n_\varkappa + 1}$$

so brauchen wir nur zu verlangen, daß

$$\sum \frac{1}{n_\varkappa + 1}\left|\frac{z}{a_\varkappa}\right|^{n_\varkappa + 1}$$

für *alle* z konvergiert. Sowie man also die $n_\varkappa$ dieser Bedingung entsprechend gewählt hat, hat man eine brauchbare Produktdarstellung der
ganzen Funktion gefunden. Wenn also z. B. $\left|\frac{1}{a_\varkappa}\right|$ konvergiert, dann kon-
vergiert also auch das Produkt $\prod\left(1 - \frac{z}{a_\varkappa}\right)$ selbst. Hier ist also die Analogie mit den rationalen Funktionen am weitesten getrieben. Im Sinus
hatten wir ein Beispiel, wo man alle $n_\varkappa = 1$ wählen darf. Die Nullstellen
hatten bei $\sin \pi z$ die Werte $a_\varkappa = \varkappa$, und tatsächlich konvergiert ja auch

---

1) Durch ihre Wahl möge zugleich der zu verwendende Zweig des $\log\left(1 - \frac{z}{a_\varkappa}\right)$
festgelegt sein.

2) Diese $\varepsilon_\varkappa$ sind nun zwar nicht von z unabhängig, aber die $\Sigma \varepsilon_\varkappa$ ist eine Potenzreihe, die also selbst gleichmäßig konvergiert. Das genügt für unsere Zwecke.

$\sum \frac{1}{\varkappa^2}$. Bei der Funktion $\sigma(u)$ war $n_\varkappa = 2$ und $a_\varkappa = 2\,\omega_\varkappa$. Tatsächlich konvergiert ja $\sum \dfrac{1}{\left|\,2\,\omega_\varkappa\,\right|^3}$. Natürlich kann man in allen diesen Fällen statt dieser möglichst kleinen $n_\varkappa$ auch größere Werte $n_\varkappa$ wählen. Dann ändert sich damit auch der Exponentialfaktor, der noch vor dem Produkt steht.

Besonderes Interesse haben die ganzen Funktionen von *endlichem Geschlecht* gefunden. Das sind diejenigen Funktionen, deren Zahlen $n_\varkappa$ beschränkt sind, und in welchen die Funktion $g(z)$ im vorstehenden Exponentialfaktor eine ganze rationale Funktion ist. Ihr Grad sei p_1, die Zahlen $n_\varkappa$ seien höchstens p_2. Ist dann p die größere der beiden Zahlen p_1 und p_2, so heißt p das *Geschlecht* der Funktion.

In Exponentialfunktion und Sinus kennen wir also ganze Funktionen vom Geschlecht Eins, in der σ-Funktion ist uns eine ganze Funktion vom Geschlecht Zwei begegnet. Als Beispiel einer Funktion vom Geschlecht Eins sei noch das Reziproke der wichtigen Γ-Funktion genannt. Sie ist durch

$$\frac{1}{\Gamma(z)} = e^{C\cdot z}\cdot z\cdot \prod_{n=1}^{\infty}\left\{\left(1+\frac{z}{n}\right)e^{-\frac{z}{n}}\right\}, \quad C = \lim_{n\to\infty}\left(1+\frac{1}{2}+\frac{1}{3}+\cdots+\frac{1}{n}-\log n\right)$$

erklärt. Näheres über sie s. S. 297 ff.

Mit der allgemeinen Theorie der ganzen Funktionen werden wir uns erst im zweiten Bande näher befassen.

§ 4. Einige Anwendungen.

Die Überlegungen der beiden vorhergehenden Paragraphen lassen viele nützliche Folgerungen zu. Einige derselben sollen hier hervorgehoben werden.

Wir beginnen mit dem Satz, *daß sich jede meromorphe Funktion als Quotient zweier ganzen Funktionen darstellen läßt.*

Um das einzusehen, hat man nur die Pole $a_1, a_2, \cdots$ der meromorphen Funktion und ihre Vielfachheit festzustellen. Alsdann bildet man nach dem in § 2 angegebenen Verfahren eine ganze Funktion, die an den Stellen $a_1, a_2, \cdots$ Nullstellen der betreffenden Vielfachheit hat. Multipliziert man nun die gegebene meromorphe Funktion mit dieser ganzen Funktion, so entsteht eine polfreie Funktion von rationalem Charakter. Das ist aber wieder eine ganze Funktion. Damit ist der Beweis schon erbracht.

Wir zeigen weiter, *daß es ganze Funktionen gibt, die an den gegebenen Stellen $a_1, a_2, \cdots$ mit $a_\varkappa \longrightarrow \infty$ gegebene Werte $A_1, A_2, \cdots$ annehmen.* Das ist offenbar eine Erweiterung der Aufgabe der *Interpolation*. Hier kann es sich aber tatsächlich nur darum handeln, die *Existenz* solcher ganzen

Funktion nachzuweisen. Daß sie eindeutig bestimmt seien, kann man nicht erwarten. Denn man hat ja nur nötig, irgendeine ganze Funktion zuzufügen, welche an den gegebenen Stellen verschwindet, um eine weitere Lösung des Interpolationsproblemes zu erhalten.

Um aber zu sehen, daß es ganze Funktionen gibt, die den angegebenen Bedingungen genügen, verfährt man ähnlich wie bei den ganzen rationalen Funktionen. Man bildet eine ganze Funktion $\varphi(z)$, die an den Stellen $a_\varkappa$ einfache Nullstellen hat. Alsdann bilde man nach § 1 eine meromorphe Funktion $\varPhi(z)$, welche an den Stellen $a_\varkappa$ einfache Pole mit dem Residuum $\dfrac{A_\varkappa}{\varphi'(a_\varkappa)}$ also dem Hauptteil $\dfrac{A_\varkappa}{\varphi'(a_\varkappa)}\dfrac{1}{z-a_\varkappa}$ besitzen. Das Produkt

$$f(z) = \varphi(z) \cdot \varPhi(z)$$

ist dann eine ganze Funktion der gewünschten Art.

Als letzte Anwendung wollen wir auf den allgemeineren Satz von Mittag-Leffler des § 1 zu sprechen kommen. Man kann mit ihm einen ähnlichen Prozeß vornehmen, wie der war, dem wir in § 2 den speziellen Satz unterwarfen. Man erhält so eine analytische eindeutige Funktion, welche an beliebig gegebenen Stellen verschwindet. Wenn diese Stellen die Ebene in mehrere Bereiche zerlegen, deren Grenze dann von den Häufungspunkten der Nullstellen gebildet wird, so erhält man in jedem Bereiche eine Funktion, die über seine Grenze hinaus nicht fortgesetzt werden kann, die also, wie man sagt, die Grenze des Bereiches *zur natürlichen Grenze* hat.[1]) Schon S. 214 sahen wir, daß der Kreis so als Existenzbereich einer Funktion möglich ist. *Kann aber so jeder beliebige Bereich Existenzbereich sein? Oder müssen da noch Bedingungen erfüllt sein? Um zu sehen, daß keinerlei weitere Bedingungen erfüllt sein müssen,* haben wir nur zu zeigen, daß man die Menge der Nullstellen im Bereiche so wählen kann, daß jeder Randpunkt des Bereiches Häufungspunkt derselben ist, und daß keine weiteren Häufungspunkte von Nullstellen existieren. Um das einzusehen, konstruieren wir ein Quadratnetz der Kantenlänge Eins und wählen in jedem der Quadrate, welches Randpunkte enthält (im Inneren oder am Rand), eine dem Bereich angehörige Stelle beliebig als Stelle $a_\varkappa$ aus. Alsdann wählen wir ein Quadratnetz der Kantenlänge $\dfrac{1}{10}$ und greifen wieder diejenigen Quadrate heraus, welche Randpunkte enthalten. In jedem wählen wir wieder einen neuen dem Bereiche angehörigen Punkt $a_\varkappa$. Dann

---

1) Daß die gefundene Funktion in keinem der Bereiche identisch verschwinden kann, lehrt schon die Art der Herleitung. Dabei war ja gerade die Regularität des Logarithmus der Funktion an den von den $a_\varkappa$ verschiedenen Stellen der Bereiche verwendet.

nehmen wir ein Quadratnetz der Kantenlänge $\frac{1}{10^2}$ und verfahren ebenso. So geht es in infinitum weiter. So erhalten wir eine Menge von Punkten $a_\varkappa$ derart, daß alle ihre Häufungspunkte Randpunkte des Bereiches sind, und derart, daß jeder Randpunkt ein Häufungspunkt der Menge der $a_\varkappa$ ist. Denn betrachten wir z. B. unser Quadratnetz der Kantenlänge $\frac{1}{10^n}$, so sind die einzigen Quadrate, die unendlichviele Punkte $a_\varkappa$ enthalten können, diejenigen, welche Randpunkte enthalten. Jeder Randpunkt aber gehört einem Quadrat eines jeden Netzes an. Daher wird in seiner Nähe mit jedem Netz ein neuer Punkt $a_\varkappa$ gewählt, so daß also in der Umgebung eines jeden Randpunktes unendlichviele Punkte $a_\varkappa$ liegen.

So haben wir den Satz: *Jeder beliebige schlichte Bereich kann Existenzbereich darin regulärer Funktionen sein.*

Die direkte Verwendung des Mittag-Lefflerschen Satzes ohne die im § 2 gegebene Umformung würde nur lehren, daß jeder Bereich Rationalitätsbereich sein kann, während wir jetzt sogar wissen, daß jeder Bereich als Regularitätsbereich auftreten kann.

§ 5. Der Satz von Runge.

Die seitherigen Überlegungen sind in einer bestimmten Richtung noch unbefriedigend: Wir haben die Folgerungen aus dem Mittag-Lefflerschen Satz nicht ganz so weit treiben können, wie die aus dem Weierstraßschen. Mit anderen Worten, wir haben gelernt, beliebige Funktionen, die in der vollen Ebene regulär oder meromorph sind, in Reihen rationaler Funktionen — Partialbruchreihen — zu entwickeln. Im allgemeinen Fall aber haben wir nur gelernt, daß es analytische Funktionen mit beliebig vorgegebenen Hauptteilen ihrer Pole gibt. Wir haben nicht gelernt, eine in einem gegebenen Bereiche bis auf Pole reguläre Funktion in eine Reihe rationaler Funktionen zu entwickeln. Wo liegt der Unterschied? Erinnern wir uns: Auch bei den meromorphen Funktionen stellten wir erst eine Funktion auf durch Ansatz einer konvergenten Reihe rationaler Funktionen, welche die gleichen Pole und die gleichen Hauptteile besitzt wie die gegebene. Alsdann mußte die Differenz eine in der ganzen Ebene reguläre, also ganze Funktion sein, die eben bekanntlich durch eine überall konvergente Potenzreihe darstellbar ist. Im allgemeinen Falle aber würde diese Differenz nur eine in dem gegebenen Bereiche durchweg reguläre Funktion sein, für die uns aber, wenn der Bereich nicht zufällig gerade ein Kreis ist, keine so unmittelbar zugängliche Reihendarstellung zur Verfügung steht. Hier also liegt die Schwierigkeit. Wir überwinden sie, indem wir zuerst den folgenden Satz beweisen:

Eine in einem gegebenen Bereiche reguläre Funktion läßt sich in eine Reihe rationaler Funktionen entwickeln, die in jedem inneren Teilbereich gleichmäßig konvergiert.

Der Bereich sei B. Nach Satz XII auf S. 89 kann er als Grenzbereich polygonaler Bereiche aufgefaßt werden. Die Folge dieser Polygone sei $\Pi_1, \Pi_2, \ldots$ Man kann sie natürlich so wählen, daß nicht zwei der Polygonkurven Punkte gemeinsam haben. Es sei z ein Punkt aus dem Inneren von Π_{n-1}. Dann ist nach der Cauchyschen Integralformel

$$f(z) = \frac{1}{2\pi i} \int\limits_{\pi_{n-1}} \frac{f(\mathfrak{z})}{\mathfrak{z}-z}\, d\mathfrak{z}.$$

Dabei wird also das Integral über das Polygon Π_n erstreckt, das von Π_{n-1} und seinen Innenpunkten einen von Null verschiedenen d übertreffenden Abstand haben möge. Nach den Überlegungen von S. 104 ff ist dies Integral Grenzwert einer Summe:

$$\sum_1^n \frac{1}{2\pi i} \frac{f(\mathfrak{z}_\varkappa)\,\varDelta\,\mathfrak{z}_\varkappa}{\mathfrak{z}_\varkappa - z}.$$

Dabei liegen also die $\mathfrak{z}_\varkappa$ Punkte auf der Polygonkurve Π_n. Somit ist die Funktion $f(z)$ als Grenzwert von rationalen Funktionen dargestellt. Faßt man diese als Teilsummen einer Reihe auf, so ist $f(z)$ in eine Reihe rationaler Funktionen entwickelt. Aber konvergiert diese auch in Π_{n-1} gleichmäßig? Auch hierauf finden wir leicht die Antwort, wenn wir uns an die Betrachtungen von S. 105 zurückerinnern. Dort haben wir gelernt, daß der Unterschied eines Integrales von einer Näherungssumme höchstens

$$2\varepsilon L$$

beträgt, wenn L die Länge der Integralkurve bedeutet und die Schwankung des Integranden in den Teilintervallen des Integrationsweges kleiner als ε ist. Es kommt also hier auf die Differenz

$$\frac{1}{2\pi i} \frac{f(\mathfrak{z}')}{\mathfrak{z}'_{-1}-z} - \frac{1}{2\pi i} \frac{f(\mathfrak{z}'')}{\mathfrak{z}''-z}$$

an. Nimmt man noch ausdrücklich an, daß das Polygon Π_{n-1} ganz im Endlichen liegt, so sei M eine obere Schranke für den absoluten Betrag von z. Da weiter nach Voraussetzung d der Abstand von Π_{n-1} und Π_n ist, so erkennen wir, daß diese Differenz kleiner ist

$$\frac{1}{2\pi}\, \frac{1}{d}\, \big|\, |f(\mathfrak{z}')| - |f(\mathfrak{z}'')|\, \big|,$$

und das kann offenbar durch genügend feine Wahl der Einteilung von Π_n unter ε heruntergedrückt werden. Diese Wahl der Einteilung ist für alle z aus Π_{n-1} die gleiche, und daher streben die rationalen Funktionen gleichmäßig gegen $f(z)$, solange z dem Inneren des Polygones Π_{n-1} angehört. Die Pole dieser rationalen Funktionen liegen auf dem Polygon Π_n. Will man nun endlich, wie es im ersten Satz von Runge behauptet ist, eine in jedem Teilbereich von B gleichmäßig konvergente Reihe für $f(z)$ haben, so wähle man wieder eine Folge positiver gegen Null abnehmender Zahlen $\varepsilon_\varkappa$. Man wähle dann eine rationale Funktion $R_\varkappa(z)$ aus, die in $\Pi_\varkappa$ um weniger als $\varepsilon_\varkappa$ von $f(z)$ verschieden ist. Dann gilt wieder

$$f(z) = \lim_{\varkappa \to \infty} R_\varkappa(z),$$

und das gilt gleichmäßig in jedem Polygon $\Pi_\varkappa$ und damit in jedem inneren Teilbereich von B, da ein jeder von einem solchen Polygon genügend hoher Nummer umschlossen wird.

Es ist nun noch ein Schönheitsfehler dieses Resultates, daß die benutzten rationalen Funktionen im Bereiche B Pole aufweisen. Man kann diesen Schönheitsfehler beseitigen und die eben gefundenen rationalen Funktionen durch andere ersetzen, die im Inneren von B keine Pole haben. Wenn B einfach zusammenhängend ist, so kann man sogar alle Pole ins Unendliche legen und somit $f(z)$ in eine in B gleichmäßig konvergente Reihe von Polynomen entwickeln.

Die Methode, die Runge ausgedacht hat, um dies noch zu beweisen, beruht auf einer Verschiebung der seither vorhandenen Pole. Durch dieselbe soll gezeigt werden, daß man eine rationale Funktion, deren Pole am Rande von Π_n liegen, durch eine andere rationale Funktion ersetzen kann, deren Pole an beliebigen[1]) im Äußeren von Π_n vorgegebenen Stellen liegen, und die sich im Inneren von Π_{n-1} von der gegebenen um weniger als eine gegebene Zahl ε unterscheidet. Der Partialbruchzerlegung von $R_n(z)$ entsprechend wird es genügen, diesen Nachweis für einen einzelnen Partialbruch $\sum \dfrac{A_\varkappa}{(z-a)^\varkappa}$ zu erbringen. Da der Rand von Π_n von Π_{n-1} um mehr als d absteht, so kann man von a ausgehend eine Kurve $\mathfrak{C}$ zu dem gewünschten neuen Pol b zeichnen, die überall um mehr als d von Π_{n-1} absteht. Man kann also um jeden ihrer Punkte einen Kreis vom Radius d zeichnen, in dessen Äußerem Π_{n-1} liegt. Ich wähle zunächst die neue Polstelle a_1 auf der Kurve so, daß dem um sie mit dem Radius d gezeichneten Kreis auch die alte Polstelle a angehört. Ich werde dann zunächst diese Stelle a_1 als neue Polstelle einführen. Ich werde dann mehrmals hintereinander diesen Prozeß ausführen, bis der gewünschte Endpunkt b der Linie $\mathfrak{C}$ der einzige neue Pol geworden ist. Wenn L die Länge von $\mathfrak{C}$ ist, so hat man offenbar höchstens $\left[\dfrac{L}{d}\right] + 1 = \mu$ mal den Prozeß auszuführen. Schaltet man

---

1) Die neuen Pole müssen aber mit den alten außerhalb Π_n verbindbar sein.

nämlich auf der Kurve Punkte $a_0 = a$, a_1, $\cdots$ $a_\mu = b$ ein derart, daß ein Kreis vom Radius d um a_n stets a_{n-1} enthält, so wird eine Funktion, welche ihren einzigen Pol bei a_{n-1} hat, stets im Äußeren dieses Kreises regulär sein, und diesem Äußeren wird stets Π_{n-1} angehören. Kann man sie also mit jeder gewünschten Genauigkeit in Π_{n-1} durch eine Funktion $R(z)$ approximieren, welche nur bei a_n Pole besitzt, so ist das gewünschte Ergebnis erreicht. Führen wir das im einzelnen durch: Die Funktion

$$R_0(z) = \sum \frac{A_\varkappa}{(z-a)^\varkappa}$$

besitzt nur bei $z = a$ Pole. Der Punkt a_1 liege in einem Abstand kleiner als d von a im Äußeren von Π_n. Im Kreise $|z - a_1| > d$ ist die Funktion $R_0(z)$ regulär. Dem Äußeren eines noch etwas größeren Kreises gehört Π_{n-1} an. Ich entwickle $R_0(z)$ nach Potenzen von $\dfrac{1}{z-a_1}$, also in eine inkonvergente Reihe $\mathfrak{P}\left(\dfrac{1}{z-a_1}\right)$.

Diese konvergiert in Π_{n-1} gleichmäßig. Ich kann daher eine Partialsumme $R_1(z)$ derselben so bestimmen, daß für alle z aus Π_{n-1}

$$|R_0(z) - R_1(z)| < \frac{\varepsilon}{\mu}$$

bleibt. Nun gehe ich zum Punkt a_2 über, der in einem Abstand kleiner als d auf $\mathfrak{C}$ im Äußeren von Π_n gewählt ist. Auf Grund der gleichen Überlegung kann man nun eine rationale Funktion $R_2(z)$ bestimmen, deren einzige Pole bei a_2 liegen, und für die in ganz Π_{n-1}

$$|R_1(z) - R_2(z)| < \frac{\varepsilon}{\mu}$$

gilt. Daher ist nun

$$|R_0(z) - R_2(z)| < \frac{2\varepsilon}{\mu}$$

in ganz Π_{n-1}. So weiterfahrend erhält man nach μ Schritten eine rationale Funktion, deren sämtliche Pole bei b liegen, und die sich in Π_{n-1} von der gegebenen um weniger als ε unterscheidet.

Wenden wir nun dies Ergebnis auf unsere Reihenentwicklung an. Im allgemeinsten Fall wird der Bereich B, in dem wir entwickeln wollten, mehrfach zusammenhängend sein. Dementsprechend umschließen die einzelnen Polygonränder Randpunkte von B. Unsere Überlegung lehrt, daß wir die auf einem solchen Polygonrand gelegenen Pole der Reihenglieder in Randpunkte von B oder in Punkte der Komplementärmenge von B verschieben können, welche von demjenigen Polygonrand umschlossen sind, dem die Pole angehören. Die $f(z)$ approximierende rationale Funktion wird dabei durch die neue mit den verschobenen Polen in Π_{n-1} bis auf einen beliebig zu wählenden Fehler ε_{n-1} approximiert. Wir wählen diese Fehler so, daß

$\varepsilon_{n-1} \to 0$ strebt für $n \to \infty$. Dann konvergieren auch die neuen rationalen Funktionen mit den verschobenen Polen in jedem inneren Teilbereich von B gleichmäßig gegen $f(z)$. Wir haben also den Satz:

Jede in einem gegebenen Bereich B reguläre Funktion kann in eine Reihe von rationalen Funktionen entwickelt werden, die in jedem inneren Teilbereich von B gleichmäßig konvergiert. Die rationalen Funktionen können dabei so gewählt werden, daß ihre sämtlichen Pole B nicht angehören.

Wir haben darüber hinaus sogar gelernt, daß man die Pole in gewisser Weise willkürlich wählen kann. Wir wollen daraus für einen speziellen Fall noch eine weitergehende Folgerung ziehen. Der Bereich B möge einfach zusammenhängend sein. Wenn es dann gelänge, die sämtlichen Pole ins Unendliche zu verlegen, so hätten wir erkannt, daß man eine jede in B reguläre Funktion in eine in B konvergente Reihe von Polynomen entwickeln kann. Zunächst lehren ja unsere Überlegungen leicht folgendes: Wenn B einfach zusammenhängend ist und im Endlichen liegt, so kann man alle Pole in einen beliebigen endlichen Punkt der Komplementärmenge verlegen. Die Verlegung ins Unendliche kann man so nicht erschließen, weil sie ja nicht durch endlich viele kleine Verschiebungen in der beschriebenen Weise zu bewerkstelligen ist. Aber man kann dann so schließen: Es ist ja nur zu zeigen, daß eine jede rationale Funktion, deren Pole auf Π_n liegen, durch ein Polynom für alle z in Π_{n-1} beliebig genau angenähert werden kann. Ich verbinde die Pole mit ∞ durch Wege außerhalb Π_n. Dann wähle ich einen Punkt α außerhalb dieser Wege und außerhalb Π_n und mache die Hilfsabbildung $\dfrac{1}{z-\alpha} = w$. Aus $z = \infty$ wird ein endlicher Punkt $w = 0$. Die Wege liegen ganz im Endlichen, aus dem Π_n werden endliche Bereiche, die zu untersuchende rationale Funktion geht in eine andere über, deren Pole eben am Rande des Bildes von Π_n liegen. Ich verschiebe sie alle nach 0 als dem Bild von Unendlich und erhalte eine neue rationale Funktion, die im Bild von Π_{n-1} das Bild von $R(z)$ mit der gegebenen Genauigkeit annähert.

Nun mache ich die Hilfsabbildung wieder rückgängig. Dabei geht die rationale Funktion, deren sämtliche Pole in 0 liegen, in ein Polynom über, das $R(z)$ in Π_{n-1} mit der gewünschten Genauigkeit annähert. So finden wir als letzten Satz:

Eine jede in einem einfach zusammenhängenden Bereiche reguläre Funktion kann in eine Reihe von Polynomen entwickelt werden, die in jedem inneren Teilbereich von B gleichmäßig konvergiert.

Methoden freilich, solche Entwicklungen zu finden, enthalten diese Darlegungen nur in sehr unvollkommener Form. Wir werden aber im zweiten Bande auf anderen Wegen solche Darstellungen finden. Immerhin aber besitzen die eben bewiesenen Sätze einen großen prinzipiellen Wert.

Vierzehnter Abschnitt.

Die Gammafunktion.

§ 1. Die Eulersche Summenformel.

$f(x)$ sei für positive reelle x samt den weiter etwa zu benutzenden Ableitungen eindeutig und stetig erklärt. Es soll

$$f(0) + f(1) + \cdots + f(n) + \cdots$$

in einer Form dargestellt werden, die es erlaubt, die Summe dieser Reihe abzuschätzen, es eventuell erlaubt, ihren Wert mit einiger Genauigkeit zu berechnen. Man hat zunächst

$$f(n) - f(\varkappa) = \int_\varkappa^n f'(x)\,dx.$$

Insbesondere also hat man

$$f(n) - f(0) = \int_0^n f'(x)\,dx$$

$$f(n) - f(1) = \int_1^n f'(x)\,dx$$

$$f(n) - f(n) = \int_n^n f'(x)\,dx.$$

Die Addition dieser Formeln ergibt

$$(n+1)f(n) - \sum_0^n {}_\varkappa f(\varkappa) = \sum_{\varkappa=1,2\cdots n} \int_\varkappa^n f'(x)\,dx.$$

Zerlegt man jedes Integral auf der rechten Seite in eine Summe von Integralen zwischen je zwei aufeinanderfolgenden ganzen Zahlen, so kommt dabei das Integral

$$\int_\varkappa^{\varkappa+1} f'(x)\,dx$$

im ganzen $\varkappa + 1$-mal vor. Daher kann man

$$(n+1)f(n) - \sum_0^n {}_\varkappa f(\varkappa) = \int_0^n \{\,[x] + 1\,\} f'(x)\,dx$$

schreiben. Setzt man dann

$$(1) \qquad\qquad P_1(x) = [x] - x + {}^1$$

so wird

$$(n+1)f(n) - \sum_{0}^{n}{}' f(x) = \int_{0}^{n} P_1(x)f'(x)\,dx + \int_{0}^{n} xf'(x)\,dx + \frac{1}{2}\int_{0}^{n} f'(x)\,dx$$

$$= \int_{0}^{n} P_1(x)f'(x)\,dx + nf(n) - \int_{0}^{n} f(x)\,dx + \frac{1}{2}f(n) - \frac{1}{2}f(0).$$

Also hat man

$$(2) \qquad \sum_{0}^{n}{}' f(x) = \int_{0}^{n} f(x)\,dx + \frac{1}{2}\,(f(n) + f(0)) - \int_{0}^{n} P_1(x)f'(x)\,dx.$$

Schon in dieser einfachsten Gestalt leistet die Eulersche Summenformel, die wir hier im Anschluß an Wirtinger abgeleitet haben, oft nützliche Dienste. Beispiele dafür werden wir öfters kennen lernen. Hier sei nur erst ein ganz einfaches gegeben:

Ich wähle $$f(x) = \frac{1}{1+x}.$$

Dann liefert die Formel (2)

$$1 + \frac{1}{2} + \cdots + \frac{1}{n+1} = \log(n+1) + \frac{1}{2}\left(\frac{1}{1+n} + 1\right) + \int_{0}^{n} P_1(x)\frac{1}{(1+x)^2}\,dx.$$

Da nun aber $$|\,P_1(x)\,| < 1$$

gilt, so konvergiert $$\int_{0}^{\infty} P_1(x)\frac{1}{(1+x)^2}\,dx.$$
Daher findet man

$$\lim_{n \to \infty}\left(1 + \frac{1}{2} \cdots + \frac{1}{n+1} - \log(n+1)\right) = 1 + \int_{0}^{\infty} P_1(x)\frac{1}{(1+x)^2}\,dx.$$

Man hat also den *Satz*.

Der Grenzwert $$\lim_{n \to \infty}\left(1 + \frac{1}{2} + \cdots + \frac{1}{n+1} - \log(n+1)\right)$$

existiert. Man nennt seinen Wert die *Eulersche Konstante* und bezeichnet sie mit C.

Wir werden bald sehen, daß eine Ausgestaltung der Formel (2) die Mittel bietet, C mit jeder gewünschten Genauigkeit auszurechnen.

Man gewinnt diese Ausgestaltung, indem man auf das Restintegral der Formel (2) Produktintegration anwendet. Bevor wir das tun, wollen wir uns erst die Funktion (1), also

$$P_1(x) = [x] - x + \frac{1}{2}, \quad \text{etwas näher ansehen.}$$

Die Reihe $$\log(1 - z) = - z - \frac{z^2}{2} - \cdots$$

konvergiert noch auf dem Einheitskreis, wofern $z \neq 1$ ist. Denn trägt man $z = e^{-i\varphi}$ ein, so erhält man:

$$\log(1 - e^{-i\varphi}) = - e^{-i\varphi} - \frac{e^{-2i\varphi}}{2} - \cdots.$$

Setzt man

$$s_n = e^{-i\varphi} + e^{-2i\varphi} + \cdots + e^{-ni\varphi} = e^{-i\varphi}\,\frac{1 - e^{-ni\varphi}}{1 - e^{-i\varphi}},$$

so wird

$$e^{-i\varphi} + \frac{e^{-2i\varphi}}{2} + \cdots + \frac{e^{-ni\varphi}}{n} = s_1 + \frac{s_2 - s_1}{2} + \cdots + \frac{s_n - s_{n-1}}{n}$$

$$= s_1\left(1 - \frac{1}{2}\right) + s_2\left(\frac{1}{2} - \frac{1}{3}\right) + \cdots + s_{n-1}\left(\frac{1}{n-1} - \frac{1}{n}\right) + \frac{s_n}{n}.$$

Da nun aber für jedes $0 < \varphi < 2\pi$

$$(3) \qquad\qquad \lim_{n \to \infty} \frac{s_n}{n} = 0$$

gilt, so konvergieren die beiden Reihen

$$\sum \frac{e^{-i\varkappa\varphi}}{\varkappa} \quad\text{und}\quad \sum s_\varkappa\left(\frac{1}{\varkappa} - \frac{1}{\varkappa+1}\right)$$

gleichzeitig und haben die gleiche Summe. Dazu bemerkt man noch, daß für jedes $\delta > 0$ in $\delta < \varphi < 2\pi - \delta$ der Grenzwert (3) gleichmäßig gilt. Die Reihe

$$\sum s_\varkappa\left(\frac{1}{\varkappa} - \frac{1}{\varkappa+1}\right)$$

konvergiert aber gleichmäßig und absolut. Denn es ist ja

$$|s_\varkappa| < \frac{2}{1 - e^{-i\varphi}} = \frac{1}{\left|\sin\frac{\varphi}{2}\right|} < \frac{1}{\sin\frac{\delta}{2}}$$

und

$$\sum \left(\frac{1}{\varkappa} - \frac{1}{\varkappa+1}\right)$$

konvergiert natürlich. Daher gilt auf jedem $z = 1$ nicht enthaltenden Bogen des Einheitskreises gleichmäßig

$$\log(1 - z) = - z - \frac{z^2}{2} - \cdots.$$

Nun ist aber weiter für den hierdurch dargestellten Zweig des Logarithmus

$$\Im\left\{\log(1 - e^{-2i\pi x})\right\} = \pi\left(\frac{1}{2} - x\right).$$

Denn man hat

$$\Im\left\{\log(1 - e^{-2i\pi x})\right\} = \Im\left[\log(1 - \cos 2\pi x + i \sin 2\pi x)\right]$$

$$= \Im\left[\log(2\sin^2 \pi x + i\, 2\sin \pi x \cos \pi x)\right]$$

$$= \Im\left[\log\left\{2\sin \pi x\, e^{i\left(\frac{\pi}{2} - \pi x\right)}\right\}\right]$$

$$= \frac{\pi}{2} - \pi x.$$

Daher gilt nun allgemein $P_1(x) = \sum_1^\infty \dfrac{\sin 2n\pi x}{n\pi}$.

Die Reihe konvergiert gleichmäßig auf jeder abgeschlossenen Strecke, die keinen ganzzahligen Punkt enthält. Setzt man daher

$$P_2(x) = \sum_1^\infty \frac{\cos 2n\pi x}{2\,n^2\pi^2},$$

so ist $\qquad\qquad P_2'(x) = -\,P_1(x).$

Ferner ist $\qquad\qquad P_2(0) = \dfrac{B_1}{2} = \dfrac{1}{12}$

(vgl. S. 182).[1]) Weiter setze ich

$$P_3(x) = \sum_1^\infty \frac{\sin 2n\pi x}{4\,n^3\pi^3}.$$

Dann ist $\qquad\qquad P_3'(x) = P_2(x),\ \ P_3(0) = 0.$

Allgemein sei

$$(4)\qquad P_{2\varkappa}(x) = \sum_1^\infty \frac{\cos 2n\pi x}{2^{2\varkappa-1}n^{2\varkappa}\cdot\pi^{2\varkappa}},\qquad P_{2\varkappa+1}(x) = \sum_1^\infty \frac{\sin 2n\pi x}{2^{2\varkappa}\cdot n^{2\varkappa+1}\cdot\pi^{2\varkappa+1}}.$$

Dann gilt $\qquad P_{2\varkappa}'(x) = -\,P_{2\varkappa-1}(x),\quad P_{2\varkappa+1}'(x) = P_{2\varkappa}(x),$

und es ist nach S. 182 $\ P_{2\varkappa}(0) = \dfrac{B_\varkappa}{(2\varkappa)!},\ \ P_{2\varkappa+1}(0) = 0.$

Diese Darlegungen zeigen auch, daß man für $0 < x < 1$ hat:

$$P_1(x) = -\,x + \frac{1}{2}$$

$$P_2(x) = \frac{x^2}{2} - \frac{x}{2} + \frac{1}{12}$$

$$P_3(x) = \frac{x^3}{6} - \frac{x^2}{4} + \frac{x}{12}\qquad\qquad \text{usw.}$$

Diese mit den Bernoullischen nahe verwandten Polynome werden nun bei der Umformung des Restgliedes von (2) durch Produktintegration auftreten. Man hat nämlich

---

1) Man kann auch so schließen: Man sieht an der Fourierschen Reihe für $P_2(x)$ sofort, daß $\int_0^1 P_2(x)\,dx = 0$ ist. Daher ist $P_2(x)$ bestimmt durch die Bedingung $P_2' = -P_1$, $\int_0^1 P_2\,dx = 0$. Sucht man ihr ausgehend von $P_1 = \frac{1}{2} - x$ zu genügen, so hat man $P_2 = \frac{x^2}{2} - \frac{x}{2} + c$, wo c aus der Bedingung $\int_0^1 P_2\,dx = 0$ sich zu $\frac{1}{12}$ ergibt. Daher ist $P_2 = \frac{x^2}{2} - \frac{x}{2} + \frac{1}{12}$ $(0 \le x \le 1)$.

$$\int\limits_0^n f'(x)\,P_1(x)\,dx = -f'(x)\,P_2(x)\Big|_0^n + \int\limits_0^n f''(x)\,P_2(x)\,dx$$

$$= -P_2(0)\,(f'(n) - f'(0)) + \int\limits_0^n f''(x)\,P_2(x)\,dx.$$

So findet man die Formel

$$\sum_0^n f(x) = \int\limits_0^n f(x)\,dx + \frac{1}{2}\,(f(n) + f(0)) + \frac{B_1}{2}\,(f'(n) - f'(0)) - \int\limits_0^n f''(x)\,P_2(x)\,dx.$$

Nun aber ist

$$\int\limits_0^n f''(x)\,P_2(x)\,dx = f''(x)\,P_3(x)\Big|_0^n - \int\limits_0^n f'''(x)\,P_3(x)\,dx.$$

Hier verschwindet aber der ausintegrierte Bestandteil, weil $P_3(0) = P_3(n) = 0$ ist. Daher gilt auch die Formel

$$\sum_0^n f(x) = \int\limits_0^n f(x)\,dx + \frac{1}{2}\,(f(n) + f(0)) + \frac{B_1}{2}\,(f'(n) - f'(0)) + \int\limits_0^n f'''(x)\,P_3(x)\,dx.$$

Wendet man auf das vorkommende Restglied mehrmals den eben erläuterten Prozeß an, so findet man die folgende allgemeine Eulersche Summenformel:

$$\begin{aligned}
(5)\qquad \sum_0^n f(x) = {}& \int\limits_0^n f(x)\,dx + \frac{1}{2}\,(f(n) + f(0)) + \frac{B_1}{2}\,(f'(n) - f'(0)) \\
& - \frac{B_2}{4!}\,(f'''(n) - f'''(0)) \\
& + \frac{B_3}{6!}\,(f^{(5)}(n) - f^{(5)}(0)) \\
& \ \vdots \\
& + (-1)^{\varkappa}\,\frac{B_{\varkappa+1}}{(2\varkappa+2)!}\,(f^{(2\varkappa+1)}(n) - f^{(2\varkappa+1)}(0)) \\
& + (-1)^{\varkappa}\int\limits_0^n P_{2\varkappa+3}(x)\,f^{(2\varkappa+3)}(x)\,dx.
\end{aligned}$$

Man darf nun nicht etwa erwarten, daß in dieser allgemeinen Eulerschen Summenformel mit wachsendem k das Restintegral gegen Null strebe und daß dann eine besonders gut konvergente Reihe entstehe. Das ist nicht der Fall, denn die Bernoullischen Zahlen wachsen sehr stark an mit wachsender Nummer. Auf S. 182 gaben wir nämlich die Formel

$$S_{2n} = \frac{2^{2n-1}\,\pi^{2n}}{(2n)!}\,B_n$$

an. Dabei war S_{2n} die Summe der Reihe

$$1 + \frac{1}{2^{2n}} + \frac{1}{3^{2n}} + \cdots,$$

also eine sicher die Eins übertreffende Zahl. Man findet daher

$$\frac{B_n}{2n} > \frac{1}{\pi} \cdot \frac{1}{2\pi} \cdot \frac{2}{2\pi} \cdots \frac{7}{2\pi} \cdot \frac{8}{2\pi} \cdots \frac{2n-1}{2\pi} > \frac{7!}{\pi^8 \cdot 2^7} \cdot \left(\frac{8}{2\pi}\right)^{2n-8},$$

so daß also $\dfrac{B_n}{2n} \longrightarrow \infty$ für $n \longrightarrow \infty$. Da aber auch die

$$\frac{f^{(2n-1)}(x)}{(2n-1)}$$

als Koeffizienten der Taylorentwicklung von $f(x)$ im allgemeinen nicht nach Null streben, so würde eine Reihe herauskommen, deren Glieder nicht einmal den Grenzwert Null hätten.

Die Brauchbarkeit der Summenformel zur numerischen Rechnung muß also auf anderen Umständen beruhen. Welche das sind, wird durch die Behandlung eines Beispieles am klarsten werden.

Ich will die Eulersche Konstante berechnen. Ich setze also wieder wie vorhin

$$f(x) = \frac{1}{1+x}.$$

Dann liefert (5)

$$1 + \frac{1}{2} + \cdots + \frac{1}{n+1} - \log(n+1) = \frac{1}{2}\frac{1}{n+1} + \frac{1}{2} - \frac{B_1}{2}\left(\frac{1}{(1+n)^2} - 1\right)$$

$$+ \frac{B_2}{4}\left(\frac{1}{(1+n)^4} - 1\right) \qquad\qquad (6)$$

$$\vdots$$

$$- (-1)^{\varkappa} \frac{B_{\varkappa+1}}{(2\varkappa+2)}\left(\frac{1}{(1+n)^{2\varkappa+2}} - 1\right)$$

$$- (-1)^{\varkappa} \cdot \int_0^n P_{2\varkappa+3}(x)\frac{(2\varkappa+3)!}{(1+x)^{2\varkappa+4}}\, dx.$$

Daher findet man für $n \longrightarrow \infty$

$$(7) \quad C = \frac{1}{2} + \frac{B_1}{2} - \frac{B_2}{4} + \cdots + (-1)^{\varkappa}\frac{B_{\varkappa+1}}{2\varkappa+2} - (-1)^{\varkappa}\int_0^{\infty} P_{2\varkappa+3}(x)\frac{(2\varkappa+3)!}{(1+x)^{2\varkappa+4}}\, dx.$$

Hier mag nun zunächst das Restintegral untersucht werden. Man findet z. B. für $\varkappa = 2$ (nach (4))

$$|P_7(x)| < \frac{1}{2^6 \cdot \pi^7}\left(1 + \frac{1}{2^7} + \frac{1}{3^7} + \cdots\right) < \frac{1}{2^6}\frac{1}{\pi^7}\left(1 + \int_1^{\infty}\frac{dx}{x^7}\right) = \frac{1}{2^6}\frac{1}{\pi^7} \cdot \frac{7}{6}$$

Also wird $\left| 7! \int_3^{\infty} P_7(x)\frac{1}{(1+x)^8}\, dx \right| < 7!\,\frac{1}{2^6}\frac{1}{\pi^7} \cdot \frac{7}{6} \cdot \frac{1}{7} \cdot \frac{1}{4^7} < \frac{1}{3}\frac{1}{10^6}.$

Die Berechnung von $\int_0^\infty$ kann also auf die von $\int_0^3$ zurückgeführt werden, wenn man sich mit einer Genauigkeit von $\frac{1}{4}\frac{1}{10^6}$ begnügen will. Für

$$\int_0^3 P_7(x)\frac{7!}{(1+x)^8}\,dx$$

aber hat man nach (6) für $n=3$ die Darstellung

$$-1-\frac{1}{2}-\frac{1}{3}-\frac{1}{4}+\log 4+\frac{1}{8}+\frac{1}{2}-\frac{B_1}{2}\left(\frac{1}{16}-1\right)+\frac{B_2}{4}\left(\frac{1}{16^2}-1\right)-\frac{B_3}{6}\left(\frac{1}{16^3}-1\right).$$

Man findet also

$$\int_0^3 P_7(x)\frac{7!}{(1+x)^8}\,dx=0,018374\cdots.$$

Also $\qquad \int_0^\infty P_7(x)\frac{7!}{(1+x)^8}\,dx=0,018374\cdots\pm\frac{1}{3}\frac{1}{10^6}=0,0183700\cdots.$

Trägt man dies in (7) ein, wo $\varkappa=2$ zu nehmen ist, so erhält man

$$C=0,5772\cdots.$$

Will man eine erhöhte Genauigkeit haben, so muß man das Restintegral genauer bestimmen. Dazu muß man in dem Näherungsintegral

$$\int_0^n P_7(x)\frac{7!}{(1+x)^8}\,dx$$

$n>3$ wählen. Zu seiner Berechnung hat man aber dann mehr Glieder nötig. Man wird aber den Wunsch haben, mit möglichst wenig Gliedern der Reihe $\sum\frac{1}{n}$ auszukommen. Man hat dazu noch die Wahl von $\varkappa$ frei. Man wird zusehen, $\varkappa$ so zu wählen, daß die Rechenarbeit möglichst klein wird.

§ 2. Definition der Gammafunktion.

Die Einführung der Gammafunktion entsprang dem Wunsch, den Begriff der Fakultät $x!$ auf nicht ganzzahlige x auszudehnen. Durch diese Forderung allein ist natürlich noch keine Funktion bestimmt. Denn es gibt viele, auch analytische Funktionen, welche für ganzzahlige Argumente übereinstimmen. Ihre Mannigfaltigkeit wird schon etwas mehr eingeschränkt, wenn man verlangt, daß $\Gamma(z)$ eine meromorphe Funktion sein soll, welche der Differenzengleichung

$$\Gamma(z+1)=z\,\Gamma(z)$$

und der Bedingung $\Gamma(1) = 1$ genügt.[1]) Der Quotient zweier Funktionen, die dieser Differenzengleichung genügen, besitzt die Periode Eins. Denn aus

$$f_1(z+1) = z f_1(z)$$

und

$$f_2(z+1) = z f_2(z)$$

folgt

$$\frac{f_1(z+1)}{f_2(z+1)} = \frac{f_1(z)}{f_2(z)}.$$

Unter allen diesen Funktionen ist die einfachste die durch den Gaußschen Ausdruck

$$\Gamma(z) = \lim_{n \to \infty} \frac{n!\, n^z}{z(z+1)\cdots(z+n)}$$

erklärte.[2]) Es wird ja $\dfrac{\Gamma(z+1)}{\Gamma(z)} = \lim\limits_{n \to \infty} \dfrac{nz}{z+n+1} = z$.

Stellt aber dieser Ausdruck wirklich eine analytische Funktion dar? Das sieht man am besten, wenn man durch eine geringe Umformung des Ausdruckes Anschluß an die Weierstraßsche Produktdarstellung der ganzen Funktionen sucht. Es wird nämlich

$$\frac{z(z+1)\cdots(z+n)}{n!\, n^z} = e^{(1+\frac{1}{2}+\cdots+\frac{1}{n}-\log n)z} \cdot z \cdot \left\{(1+z)\,e^{-z}\right\}\cdots\left\{\left(1+\frac{z}{n}\right)e^{-\frac{z}{n}}\right\}.$$

Da nun aber

$$1 + \frac{1}{2} \cdots + \frac{1}{n} - \log n \longrightarrow C$$

strebt für $n \longrightarrow \infty$ (vgl. S. 298) und da das Produkt

$$\prod \left\{\left(1+\frac{z}{n}\right)e^{-\frac{z}{n}}\right\}$$

nach S. 290 eine ganze Funktion darstellt, so wird

$$\frac{1}{\Gamma(z)} = e^{C\cdot z} \cdot z \cdot \prod_{1}^{\infty} \left\{\left(1+\frac{z}{n}\right)e^{-\frac{z}{n}}\right\}$$

eine ganze Funktion.

Damit ist zugleich auch die gleichmäßige Konvergenz des Gaußschen Ausdruckes erkannt. $\Gamma(z)$ ist also eine meromorphe Funktion, welche nirgends verschwindet — sonst wäre die Reziproke nicht ganz — und welche an den negativen ganzzahligen Stellen $z = -n$ einfache Pole besitzt. Wir bestimmen noch die Residuen dieser Pole. Zu dem Zweck haben wir $\lim\limits_{z \to -n}(z+n)\,\Gamma(z)$ zu betrachten. Nun ist aber

---

1) Dann wird also $\Gamma(z+1) = z!$ bei ganzzahligem z.

2) Der Wert von n^z ist aus $n^z = e^{z\log n}$ eindeutig bestimmt, wenn wir festsetzen, daß $\log n$ reell gewählt sei.

$$\Gamma(z) = \frac{\Gamma(z+1)}{z} = \frac{\Gamma(z+2)}{z(z+1)} = \cdots = \frac{\Gamma(z+n+1)}{z(z+1)\cdots(z+n)}.$$

Also wird

$$(z+n)\,\Gamma(z) = \frac{\Gamma(z+n+1)}{z(z+1)\cdots(z+n-1)}.$$

Daher ist

$$\lim_{z \to -n} (z+n)\,\Gamma(z) = \frac{\Gamma(1)}{(-n)(-n+1)\cdots(-1)} = \frac{\Gamma(1)}{(-1)^n\,n!}.$$

Nun entnimmt man noch dem Gaußschen Ausdruck sofort, daß $\Gamma(1)=1$ ist. Also besitzt die Funktion $\Gamma(z)$ an der Stelle $z=-n$ einen einfachen Pol vom Residuum $\dfrac{(-1)^n}{n!}$.

§ 3. Haupteigenschaften der Funktion $\Gamma(z)$.

$\Gamma(z)$ hat eine Reihe von Polen, nämlich $z=0,\,-1,\,-2,\cdots$ mit der Funktion $\dfrac{\pi}{\sin \pi z}$ gemeinsam. Ebenso hat $\Gamma(1-z)$ die Pole $z=1,\,2\cdots$ mit $\dfrac{\pi}{\sin \pi z}$ gemeinsam. Daher hat $\Gamma(z)\cdot\Gamma(1-z)$ dieselben Pole wie $\dfrac{\pi}{\sin \pi z}$. Daher ist $\sin \pi z\cdot\Gamma(z)\cdot\Gamma(1-z)$ eine polfreie, also eine ganze Funktion. Man kann sie bestimmen und sehen, daß sie konstant ist. Es wird nämlich

$$\frac{1}{\Gamma(z)} = \lim_{n \to \infty} \frac{z(z+1)\cdots(z+n)}{n!\,n^z} = \lim_{n \to \infty} \frac{z(z+1)\left(\frac{z}{2}+1\right)\cdots\left(\frac{z}{n}+1\right)}{n^z}$$

und

$$\frac{1}{\Gamma(1-z)} = \lim_{n \to \infty} \frac{(1-z)(2-z)\cdots(n+1-z)}{n!\,n^{1-z}} = \lim_{n \to \infty} \frac{(1-z)\left(1-\frac{z}{2}\right)\cdots\left(1-\frac{z}{n}\right)(n+1-z)}{n^{-z}\quad n}.$$

Daher wird

$$\frac{1}{\Gamma(z)}\cdot\frac{1}{\Gamma(1-z)} = \lim_{n \to \infty} z\,(1-z^2)\left(1-\left(\frac{z}{2}\right)^2\right)\cdots\left(1-\left(\frac{z}{n}\right)^2\right) = \frac{\sin \pi z}{\pi}.$$

Also ist

$$\Gamma(z)\,\Gamma(1-z) = \frac{\pi}{\sin \pi z}.$$

Trägt man hier $z=\dfrac{1}{2}$ ein, so findet man $\left\{\Gamma\left(\frac{1}{2}\right)\right\}^2 = \pi$. Da man aber nun weiter dem Gaußschen Ausdruck ansieht, daß $\Gamma\left(\frac{1}{2}\right)$ positiv ist, so ergibt sich $\Gamma\left(\frac{1}{2}\right) = +\sqrt{\pi}$.

Ich füge noch die *Potenzreihenentwicklung* von $\log \Gamma(1+z)$ in der Umgebung von $z=0$ an. Sie ergibt sich leicht aus der Weierstraßschen Produktdarstellung der Gammafunktion. Diese liefert nämlich

$$\frac{d\log \Gamma(z)}{dz} = -C + \left(1-\frac{1}{z}\right) + \left(\frac{1}{2}-\frac{1}{z+1}\right) + \cdots + \left(\frac{1}{n}-\frac{1}{z+n-1}\right) + \cdots$$

und daraus

$$\frac{d\log \Gamma(1+z)}{dz} = -C + \left(1-\frac{1}{z+1}\right) + \left(\frac{1}{2}-\frac{1}{z+2}\right) + \cdots + \left(\frac{1}{n}-\frac{1}{z+n}\right) + \cdots.$$

Daraus findet man durch Differenzieren

$$\frac{1}{n!}\,\frac{d^n \log \Gamma(1+z)}{dz^n} = \frac{(-1)^n}{n}\left(\frac{1}{(z+1)^n} + \frac{1}{(z+2)^n}\right) + \cdots .$$

Bildet man dies an der Stelle $z = 0$, so hat man $\dfrac{1}{n!}\dfrac{d^n \log \Gamma(1+z)}{dz^n}\bigg/_{z\,=\,0} = \dfrac{(-1)^n}{n}\,S_n.$

Daher wird $\log \Gamma(1+z) = -Cz + \dfrac{z^2}{2}\,S_2 - \dfrac{z^3}{3}\,S_3 + \cdots .$

§ 4. Die Stirlingsche Formel.

In die Formel (2) auf S. 298 trage man

$$f(x) = \log(z+x)$$

ein. Dann erhält man

$$\sum_0^n \log(z+\varkappa) = \int_0^n \log(z+x)\,dx + \frac{1}{2}\Big(\log(z+n) + \log z\Big) - \int_0^n \frac{P_1(x)}{z+x}\,dx.$$

$$= \Big(z+n+\frac{1}{2}\Big)\log\Big(z+n\Big) - \Big(z-\frac{1}{2}\Big)\log z - n - \int_0^n \frac{P_1(x)}{z+x}\,dx.$$

Hier trage man $z = 1$ ein, ziehe die so erhaltene Formel von der vorigen ab und bringe außerdem auf beiden Seiten $(z-1)\log n$ in Abzug. So erhält man:

$$\sum_0^n \log\frac{z+n}{1+n} - (z-1)\log n = (z-1)\log\Big(1+\frac{z}{n}\Big) + \Big(1+n+\frac{1}{2}\Big)\log\Big(1+\frac{z-1}{1+n}\Big)$$

$$- \Big(z-\frac{1}{2}\Big)\,\log z - \int_0^n \frac{P_1(x)}{z+x}\,dx + \int_0^n \frac{P_1(x)}{1+x}\,dx.$$

Daher wird weiter

$$\lim_{n\to\infty} \log\frac{z(z+1)\cdots(z+n)}{1\cdot 2\ \ \ (n+1)}\cdot n^{-z+1} = (z-1) + \Big(\frac{1}{2}-z\Big)\log z - \int_0^\infty \frac{P_1(x)}{z+x}\,dx$$

$$+ \int_0^\infty \frac{P_1(x)}{1+x}\,dx.$$

Läßt man links noch den Faktor $\dfrac{n}{n+1}$ weg, so hat man schließlich

$$(1)\qquad \log \Gamma(z) = \Big(z-\frac{1}{2}\Big)\log z - z + 1 - \int_0^\infty \frac{P_1(x)}{1+x}\,dx + \int_0^\infty \frac{P_1(x)}{z+x}\,dx.$$

Diese Formel gilt für alle nichtnegativen Werte von z, d. h. in der ganzen z-Ebene mit Ausschluß der negativen reellen Achse. Man hat übrigens in der so aufgeschlitzten Ebene immer diejenigen Zweige der Logarithmen zu nehmen, welche auf der positiven reellen Achse reell sind. Zur Auswertung des Integrales

$$\int\limits_0^\infty \frac{P_1(x)}{1+x}\,dx$$

schreitend, bemerken wir zunächst, daß für rein imaginäre z

$$\lim_{z\to\infty} \int\limits_0^\infty \frac{P_1(x)}{z+x}\,dx = 0$$

gilt. Man hat nämlich

$$\int\limits_0^\infty \frac{P_1(x)}{z+x}\,dx = -P_2(0)\frac{1}{z} + \int\limits_0^\infty \frac{P_2(x)}{(z+x)^2}\,dx,$$

und hier ist

$$\left|\frac{P_2(x)}{(z+x)^2}\right| < \frac{Max\,|\,P_2(x)\,|}{|\,z+x\,|^2}.$$

Daher hat man

$$\left|\int\limits_0^\infty \frac{P_2(x)\,dx}{(z+x)^2}\right| < Max\,|\,P_2(x)\,|\int\limits_0^\infty \frac{dx}{|\,z+x\,|^2}.$$

Ich mache die Substitution $z = re^{i\varphi}$, $x = rx_1$ und finde

$$\int\limits_0^\infty \frac{dx}{|\,z+x\,|^2} = \frac{1}{r}\int\limits_0^\infty \frac{dx_1}{|\,e^{i\varphi}+x_1\,|^2}.$$

Für alle $\varphi \neq \pi$ hat dies zweite Integral einen endlichen Wert und hängt stetig von φ ab. Daher gilt für $z \longrightarrow \infty$

$$\int\limits_0^\infty \frac{P_2(x)}{(z+x)^2}\,dx \longrightarrow 0,$$

und dies gilt gleichmäßig für solche z-Werte, die in einem Winkelraum $|\arg z| \leqq \pi - \delta$ $(\delta > 0)$ gegen Unendlich streben.

Aus

$$\Gamma(z)\cdot\Gamma(1-z) = \frac{\pi}{\sin\pi z}$$

schließt man weiter, wegen $\Gamma(1-z) = -z\,\Gamma(-z)$

$$\Gamma(z)\cdot\Gamma(-z) = \frac{-\pi}{z\cdot\sin\pi z}.$$

Also wird (y reell)

$$|\,\Gamma(iy)\,| = \sqrt{\frac{2\pi}{y\,(e^{\pi y}-e^{-\pi y})}}.$$

Daher hat man aus (1), da $1 - \int\limits_0^\infty \frac{P_1(x)}{1+x}\,dx$ reell ist,

$$1 - \int\limits_0^\infty \frac{P_1(x)}{1+x}\,dx = \Re\left\{ \log \Gamma(iy) - \left(iy - \frac{1}{2}\right)\log(iy) - iy - \int\limits_0^\infty \frac{P_1(x)}{iy+x}\,dx \right\}$$

$$= \lim_{y\to\infty}\left\{ \log\left|\Gamma(iy)\right| + \frac{1}{2}\log y + \frac{\pi y}{2}\right\} = \lim_{y\to\infty}\log\sqrt{\frac{2\pi\cdot y\cdot e^{\pi y}}{y(e^{\pi y} - e^{-\pi y})}} = \frac{\log(2\pi)}{2}.$$

So findet man endlich die *Stirlingsche Formel*

$$\log \Gamma(z) = \left(z - \frac{1}{2}\right)\log z - z + \frac{1}{2}\log(2\pi) + \int\limits_0^\infty \frac{P_1(x)}{z+x}\,dx,$$

in welcher das Restintegral für $z \longrightarrow \infty$ gegen Null strebt.

Aus ihr wieder entnimmt man

$$\lim_{z\to\infty} \frac{\Gamma(z)}{z^{z-\frac{1}{2}}\,e^{-z}\,\sqrt{2\pi}} = 1.$$

Dafür schreibt man auch kurz

$$\Gamma(z) \sim \sqrt{2\pi}\,e^{-z}\,z^{z-\frac{1}{2}}$$

für alle z, für die $-\pi + \delta \leq \arg z \leq \pi - \delta$ ist; wobei δ irgendeine wesentlich positive Zahl unter π bedeutet. Man liest das Zeichen $\sim$: „asymptotisch gleich"

§ 5. Darstellung der Γ-Funktion durch ein bestimmtes Integral.

Für alle Werte von z, deren Realteil wesentlich positiv ist, gilt die Darstellung

$$\Gamma(z) = \int\limits_0^\infty e^{-t}\,t^{z-1}\,dt.$$

Das Integral ist dabei über die positive reelle Achse zu erstrecken.

Diese Formel kann man ihrerseits zum Ausgangspunkt, also als Definition der Gammafunktion, wählen und so einen anderen Aufbau der Theorie geben. Doch wollen wir dies nicht näher ausführen.

Wohl aber wollen wir noch kurz die angegebene Behauptung beweisen. Betrachten wir dazu die Funktion

$$G(z) = \int\limits_0^\infty e^{-t}\,t^{z-1}\,dt.$$

S. 170 wurde gezeigt, daß das Integral für alle $\Re(z) > 0$ konvergiert und eine in dieser Halbebene analytische Funktion darstellt.

Man erkennt leicht durch partielle Integration, daß die Funktion

$$G(z) = \int\limits_0^\infty e^{-t}\,t^{z-1}\,dt$$

der Differenzengleichung $\quad G(z+1) = z\,G(z)$

genügt. Der Quotient $\quad\quad q(z) = \dfrac{G(z)}{\Gamma(z)}$

ist daher nach S. 304 eine periodische Funktion der Periode Eins. Es ist zu zeigen, daß diese Funktion den konstanten Wert Eins hat. Nach den S. 280 gegebenen Darlegungen über periodische Funktionen ist dazu vor allem eine Abschätzung des Quotienten in einem Periodenstreifen nötig. Ich wähle dazu den Streifen $1 \leq x \leq 2$ $(z = x + iy)$.

Der Cauchysche Integralsatz läßt leicht erkennen, daß man die Integration in $G(z)$ statt über die reelle Achse ebensogut über irgendeine andere der rechten Halbebene $\Re(z) > 0$ angehörige geradlinige Verbindung von Null und Unendlich erstrecken darf. Ich wähle diejenige Gerade, die z enthält, und trage daher im Integral $t = z\varrho$ (ϱ positiv) ein. Dann habe ich

$$G(z) = z^z \int_0^\infty e^{-z\varrho}\varrho^{z-1}\,d\varrho.$$

Für $1 \leq x \leq 2$ wird

$$|\,G(z)\,| \leq |\,z^z\,| \left\{ \int_0^1 d\varrho + \int_1^\infty e^{-\varrho}\varrho\,d\varrho \right\} \leq 2\,|\,z^z\,|.$$

$$\left(\text{Denn es ist ja} \int_1^\infty e^{-\varrho}\varrho\,d\varrho < \int_0^\infty e^{-\varrho}\varrho\,d\varrho = 1 \right).$$

Die Stirlingsche Formel lehrt ferner, daß

$$|\,\Gamma(z)\,| > |\,z^{z-1}\,|,$$

falls $1 \leq x \leq 2$ ist und $|y|$ hinreichend groß gewählt wird. Daher ist für große $|y|$ des Streifens $1 \leq x \leq 2$

$$|\,q(z)\,| < 2\,|\,z\,|.$$

Daraus folgt aber, daß $q(z)$ konstant sein muß. Denn führt man $w = e^{2\pi i z}$ ein, so wird $q(z) = Q(w)$ eine rationale Funktion von w. Singularitäten derselben können höchstens bei $w = 0$ und bei $w = \infty$ liegen. Nun hat man aber durchweg

$$|\,Q(w)\,| < \frac{|\log w\,|}{\pi}.$$

Daher wird $\quad\quad \lim_{w \to 0} w \cdot Q(w) = 0$ und $\lim_{w \to \infty} \dfrac{Q(w)}{w} = 0.$

Somit können weder bei $w = 0$ noch bei $w = \infty$ Pole liegen. Daher ist $Q(w) = q(z)$ konstant. Da aber $G(1) = \Gamma(1) = 1$ ist, so ist

$$G(z) \equiv \Gamma(z), \quad\quad \text{was zu beweisen war.}$$

§ 6. Integraldarstellung der Funktion $\dfrac{1}{\Gamma(z)}$.

Wir gehen von der mehrdeutigen Funktion $f(s) = e^s s^{-z}$ aus. Sie besitzt bei $s = 0$ einen Verzweigungspunkt unendlicher Ordnung. Betrachten wir also die Funktion in der längs der negativen reellen Achse aufgeschnittenen Ebene, so zerfällt sie in diesem Bereiche in unendlichviele eindeutige Zweige. Wir wollen auf folgende Weise einen bestimmten derselben herausgreifen und weiterhin festhalten. Wir führen Polarkoordinaten ein, indem wir $s = \varrho\, e^{-i\vartheta}$ setzen. Dann ist unser Bereich durch die Ungleichungen $-\pi < \vartheta < +\pi$ festgelegt. Wir setzen

$$(1) \qquad\qquad f(s) = e^s \varrho^{-z} e^{i\vartheta z}.$$

Unter ϱ^{-z} sei dabei die Funktion $e^{-\log\varrho \cdot z}$ verstanden, und für $\log\varrho$ sei der reelle Wert genommen. Auf den Begrenzungsgeraden $\vartheta = -\pi$ und $\vartheta = \pi$ wird dann $f(s) = e^s \varrho^{-z} e^{-i\pi z}$ und $f(s) = e^s \varrho^{-z} e^{i\pi z}$. Wir benötigen noch eine gewisse Abschätzung der Funktion in der Halbebene $\Re(s) < 0$. Es wird für $s = \sigma + i\tau$, $z = x + iy$

$$(A) \qquad\qquad |f(s)| = e^\sigma \cdot (\sigma^2 + \tau^2)^{-\frac{x}{2}} \cdot e^{-\vartheta y}.$$

Betrachtet man also das Integral

$$\int\limits_{\alpha+i\gamma}^{\alpha+i\beta} f(s)\, ds$$

über den aus Fig. 78 ersichtlichen geradlinigen Integrationsweg $(x < 0)$, so hat man:

$$\left| \int\limits_{\alpha+i\gamma}^{\alpha+i\beta} f(s)\, ds \right| < e^\alpha \int\limits_\gamma^\beta (\alpha^2 + \tau^2)^{-\frac{x}{2}} e^{-\vartheta y}\, d\tau.$$

Daher wird offenbar

$$(B) \qquad\qquad \lim_{\alpha \to \infty} \int\limits_{\alpha+i\gamma}^{\alpha+i\beta} f(s)\, ds = 0.$$

Nunmehr führen wir den in Fig. 79 angedeuteten Integrationsweg $\mathfrak{L}_\varepsilon$ neu ein und betrachten

$$\varphi(z) = \frac{1}{2\pi i} \int\limits_{L_\varepsilon} f(s)\, ds.$$

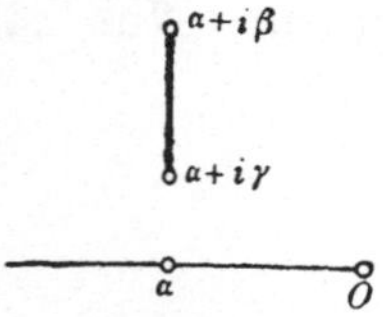

z soll dabei auf derjenigen Seite des Weges liegen, der $s = 0$ nicht angehört. Zunächst ist ersichtlich,

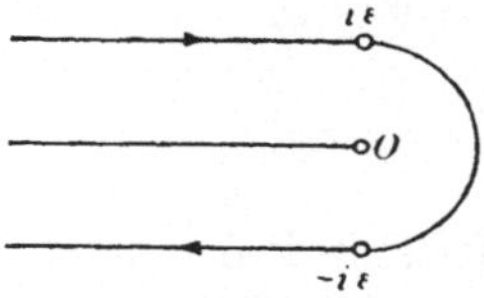

Fig. 78.   Fig. 79.

daß das Integral eine analytische Funktion von z darstellt[1]), deren Werte von der speziellen Wahl des Integrationsweges, d. h. von ε, unabhängig

---

1) Der Leser beweise das an Hand der S. 170 dargelegten Methode unter Verwendung der Abschätzung (A).

sind. Denn erstreckt man unser Integral über den in Fig. 80 angegebenen Weg, so kommt nach dem Hauptsatz der Funktionentheorie stets Null heraus. Geht man nun zur Grenze $\alpha \longrightarrow \infty$ über, so werden ja nach (B)
die Integrale über die vertikalen Stücke des Weges Null, und es stellt sich so tatsächlich die Unabhängigkeit vom Weg heraus. Auch erkennt man, daß das Integral eine analytische Funktion von z darstellt, die an allen nicht auf der negativen reellen Achse gelegenen Stellen regulär ist. Denn für jede

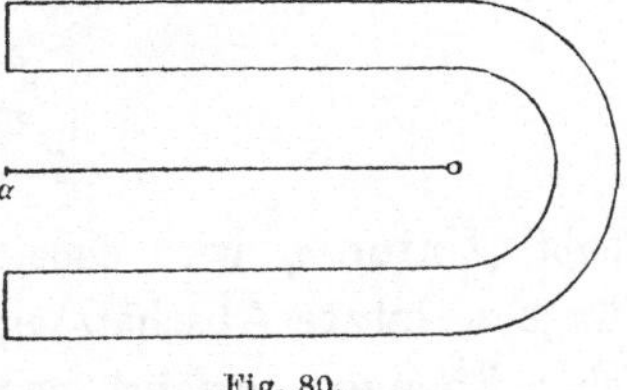
Fig. 80.

solche Stelle kann der Integrationsweg vorschriftsmäßig gewählt werden.

Wir wollen nun unser Integral ausrechnen. Zu dem Zwecke zerlegen wir L_ε in drei Teile, nämlich die beiden horizontalen Strecken und den Halbkreis K_ε. Dann gehen wir zur Grenze $\varepsilon \longrightarrow 0$ über; wir wissen ja schon, daß durch Änderung von ε der Wert unseres Integrales nicht beeinflußt wird. Um nun schließen zu können, daß bei diesem Grenzübergang das Integral über K_ε verschwindet, muß man $\Re(z) < 1$ annehmen. Dann wird nämlich

$$\left| \frac{1}{2\pi i} \int_{K_\varepsilon} e^s s^{-z} ds \right| < \frac{e^\varepsilon \cdot \varepsilon^{-x} e^\varepsilon \cdot \frac{\pi}{2} \cdot \varepsilon}{2} = \frac{e^\varepsilon \varepsilon^{1-x} e^{\frac{\pi}{2}}}{2} \longrightarrow 0.$$

Auch bei dem an den geradlinigen Integralen auszuführenden Grenzübergang erweist sich die Annahme $\Re(z) < 1$ als unentbehrlich. Betrachten wir nämlich z. B. nach (1)

$$\int_{-\infty+i\varepsilon}^{i\varepsilon} e^s s^{-z} ds = -\int_0^{-\infty} e^{i\varepsilon+\sigma} \left| \sigma + i\varepsilon \right|^{-z} e^{i\vartheta z} d\sigma = \int_0^\infty e^{-\sigma} \left| i\varepsilon - \sigma \right|^{-z} e^{iz} e^{i\vartheta z} d\sigma,$$

so wird man versuchen, zu beweisen, daß für $\varepsilon \longrightarrow 0$ daraus

$$e^{i\pi z} \int_0^\infty e^{-\sigma} \sigma^{-z} d\sigma$$

wird. Schon für die Konvergenz dieses letzteren Integrales ist aber $\Re(z) < 1$ zu fordern. Sind nun die Grenzen des Integrales nicht Null und Unendlich, sondern zwei feste positive Zahlen δ und n, so ist leicht zu sehen, daß

$$\int_\delta^n e^{-\sigma} (i\varepsilon - \sigma)^{-z} e^{i\varepsilon} d\sigma \longrightarrow e^{i\pi z} \int_0^n e^{-\sigma} \sigma^{-z} d\sigma.$$

Denn der Unterschied der Integranden strebt im Intervall $\delta \leq \sigma \leq n$ für $\varepsilon \longrightarrow 0$ gleichmäßig gegen Null. Nun aber kann man die Zahl n so wählen, daß für alle in Betracht kommenden ε stets

$$\left| \int_{\pi}^{\infty} e^{-\sigma}(i\varepsilon - \sigma)^{-z} e^{i\pi} d\sigma \right| < \frac{\eta}{2}$$

bleibt, und man kann δ so wählen, daß für alle diese ε

$$\left| \int_{0}^{\delta} e^{-\sigma}(i\varepsilon - \sigma)^{-z} e^{i\pi} d\sigma \right| < \frac{\eta}{2}$$

bleibt. Unter η wird dabei eine beliebig gegebene positive Zahl verstanden. Für diese letzte Abschätzung ist wieder die Voraussetzung $\Re(z) < 1$ wesentlich. Ebenso verfährt man mit dem anderen geradlinigen Integral. So findet man

$$\varphi(z) = \frac{e^{\pi i z} \int_{0}^{\infty} e^{-\sigma} \sigma^{-z} d\sigma - e^{-\pi i z} \int_{0}^{\infty} e^{-\sigma} \sigma^{-z} d\sigma}{2\pi i}$$

$$= \frac{1}{\pi} \sin \pi z\, \Gamma(1 - z) = \frac{1}{\Gamma(z)}.$$

Also wird

$$\frac{1}{\Gamma(z)} = \frac{1}{2\pi i} \int_{L_\varepsilon} e^{s} s^{-z} ds.$$

Ihrer Herleitung nach[1]) gilt die Darstellung für alle nicht der negativen reellen Achse angehörigen Werte von z. Für die negativen Werte von z hat das Integral zwar einen Sinn. Es stellt aber im allgemeinen nicht die Funktion $\frac{1}{\Gamma(z)}$ dar, schon deshalb nicht, weil es im allgemeinen einen imaginären Wert besitzt. Nur für die negativen ganzzahligen Werte von z verschwindet das Integral gleich der Funktion $\frac{1}{\Gamma(z)}$.

---

1) Allerdings wurde ja eben $\Re(z) < 1$ benutzt, die Gültigkeit der Darstellung also zunächst nur in diesem Bereiche erwiesen. Da aber das Integral in der vollen, längs der negativen reellen Achse aufgeschnittenen Ebene eine analytische Funktion darstellt, so muß es nach bekannten Sätzen über analytische Fortsetzung in diesem ganzen Bereich mit $\frac{1}{\Gamma(z)}$ übereinstimmen.

Register.

Abbildung des Einheitskreises auf sich 1.
Abelscher Grenzwertsatz 27.
absoluter Betrag 10, 23.
Additionstheorem der elliptischen Funktionen 273.
— der Exponentialfunktion 73.
— der trigonometrischen Funktionen 75.
algebraische Funktion 222.
analytische Fortsetzung 199.
— Funktion 36, 201.
analytisches Gebilde 215.
Argument einer komplexen Zahl 10, 23.
automorphe Funktion 242.

Bereich 21, 68.
Bernoullische Zahlen 162, 182.
bestimmtes Integral 120.

Cauchysche Integralformel 123.
Cauchyscher Integralsatz 115.
Cauchyscher Koeffizientensatz 142.
Cauchy - Riemannsche Differentialgleichungen 35.

Dehnung 45.
Differentiationsregeln 32.
Differenzierbarkeit 32.
— von Potenzreihen 37.
doppelperiodische Funktion 244.
Doppelreihensatz von Vitali 165.
— von Weierstraß 153.
Drehstreckung 46.
Drehung 45.
Durchmesser 21.

Einfach geschlossene Kurve 88.
einfach periodische Funktion 244, 279.
einfach zusammenhängender Bereich 85.
Einheitskreis 11, 61.
Einschnitt 87.
elliptische Funktion 256.
elliptisches Integral 238.
Eulersche Gleichung 1, 74.

Eulersche Konstante 298.
Eulersche Summenformel 297.
Eulersche Zahlen 183.
Existenzbereich 214.
Exponentialfunktion 73.

Fundamentalsatz der Algebra 152, 184
Funktionsbegriff 22.
Funktionselement 201.

Gammafunktion 297.
Gebiet 21.
Gebietstreue 47, 63, 187.
gleichmäßige Konvergenz 25.
— von Potenzreihen 26.
Gruppe 57, 242.

Häufungspunkt 14.
Hauptsatz der Funktionentheorie 115.

imaginäre Achse 9.
implizite Funktion 192.
Intervallschachtelung 13.
Inversion 47.

Jordanscher Kurvensatz 88.
— für Polygone 79.

Kette von Funktionselementen 201.
komplexe Zahl 5.
konforme Abbildung 40.
Kontinuum 82.
konvergente Zahlenfolge 15.
Konvergenzprinzip 15.
Konvergenzradius 18.
Kreisverwandtschaft 50.
Kurvenintegral 104.

Lagrangesche Reihe 197.
Länge 101.
Laurentsche Reihe 139.
Legendresche Polynome 165.
lineare Funktion 45, 53.

Liouvillescher Satz 150.
logarithmisches Residuum 183.
Logarithmus 77.

Majorantenmethode 191.
mehrblättriger Bereich 67.
meromorph 284.
Mittag-Lefflerscher Satz 286.
Mittelwertsatz 113.
Monodromiesatz 217.
Morerascher Satz 133.

natürliche Grenze 214.

Parallelverschiebung 45.
Partialbruchreihe 177.
Perioden 241.
Periodenparallelogramm 245.
Periodenstreifen 243.
periodische Funktion 74, 244.
Permanenz der Funktionalgleichungen 204.
Picardscher Satz 149.
Pol 49, 148.
Polygon 79.
Potenzen 83.
Potenzreihen 17, 26, 135, 156.
Produktdarstellung der ganzen Funktionen 287.
— des Sinus 181.

Querschnitt 85.

Randpunkt 21.
rationale Funktion 151.
Rationalitätsradius 202, 239.
reelle Achse 9.
reelle Zahl 7.
reguläre Stelle 67.
Regularitätsradius 202.
— rein imaginär 7.
Reihe von Lagrange 197.
rektifizierbare Kurven 101.
Residuum 171.

reziproke Radien 47.
Riemannsche Felder 207.
Riemannsche Flächen 66, 215.
Rouchés Satz 185.
Runges Satz 292.

schlichter Bereich 65.
σ-Funktion 277.
singuläre Stelle 67, 145, 209.
Spiegelung 51, 59.
Spiegelungsprinzip 219.
stereographische Projektion 49, 51.
Stetigkeit 23.
Stirlingsche Formel 306.
streckentreue Abbildung 41.
Streckung 45.
Substitutionsmethode 108.

Transformation durch reziproke Radien 47.
trigonometrische Funktionen 74, 91, 98.

Umkehrproblem 263.
Umkehrungsfunktion 24, 190.
Umlaufssinn 80.
Umlaufszahl 79.
unbestimmte Integrale 100.
unendlich ferner Punkt 48.
uniformisierender Parameter 216.
Uniformisierung 251.

Verzweigungspunkte 215.
Vitalis Doppelreihensatz 165.
Vorbereitungssatz 194.

Weierstraßscher Doppelreihensatz 153.
— Vorbereitungssatz 194.
wesentlich singuläre Stelle 149.
Windungspunkt 65.
winkeltreue Abbildung 41.
Wurzeln 63.

zusammenhängende Menge 82.
zweifach zusammenhän

Berichtigungen.

Auf S. 298 Z. 12 v. u. lies $\dfrac{1}{2} + \displaystyle\int_0^\infty P_1(x) \dfrac{1}{(1+x)^2}\, dx$ statt $1 + \displaystyle\int_0^\infty P_1(x)\dfrac{1}{(1+x)^2}\, dx$.

Auf S. 301 Z. 5 v. u. lies $\varkappa$ (Kappa) statt k (Ka).

Auf S. 161 Formel (11) lies $\zeta_0 = \dfrac{a_0}{b_0}, \quad \zeta_n = \cdots \quad (n > 0)$

Vorlesung. üb. bestimmte Integrale u. die Fourierschen Reihen.
Von Geh.-Rat Dr. *J. Thomae,* weil. Prof. a. d. Univ. Jena. Mit 10 Fig. [VI u. 182 S.] gr. 8. 1908. Geb. M. 7.80.

In den Vorlesungen werden folgende Gebiete behandelt: Hilfssätze aus der Funktionentheorie. Das Integral als Umkehrung des Differentialquotienten. Das Integral als Grenzwert einer Summe. Integrale mit unendlichen Grenzen. Integration über unendlich werdende Integranten. Die Fouriersche Reihe. Schwingende Saiten. Doppelintegrale. Das Fouriersche Doppelintegral. Eulersche Integrale. Integration zweigliedriger Differentiale.

Einführung in die elementare und analytische Theorie der algebraischen Zahlen und der Ideale.
Von Dr. *E. Landau,* Prof. a. d. Univ. Göttingen. Mit 14 Textfig. [VII u. 143 S.] gr. 8. 1918. Geh. M. 6.—

Der e r s t e Teil gibt für einen Leser, der nur die Elemente der Algebra und aus der Zahlentheorie den Satz von der eindeutigen Zerlegbarkeit der Zahlen in Primfaktoren zu kennen braucht, eine Einführung in die von D e d e k i n d begründete Theorie der algebraischen Zahlen. Vor allem wird auf möglichst einfachem Wege der Hauptsatz von der eindeutigen Zerlegung der Ideale eines Körpers in Primideale bewiesen. — Der z w e i t e Teil, der die Elemente der Funktionentheorie voraussetzt, entwickelt die moderne analytische Theorie der Ideale und Primideale bis zur neuesten Errungenschaft von H e c k e (Funktionalgleichung der zu einem beliebigen algebraischen Körper gehörigen Zetafunktion) und darüber hinaus.

Lehrbuch der Differential- und Integralrechnung und ihrer Anwendungen.
Von Geh. Hofrat Dr. *R. Fricke,* Prof. an der Techn. Hochsch. Braunschweig. gr. 8. I. Bd.: Differentialrechnung. 2. u. 3. Aufl. Mit 129 in d. Text gedr. Fig., 1 Samml. v. 253 Aufg. u. 1 Formeltab. [XII u. 388 S.] 1921. Geh. M. 20.— geb. M. 24.—. II. Bd.: Integralrechnung. 2. u. 3. Aufl. Mit 100 in d. Text gedr. Fig., 1 Samml. v. 242 Aufg. u. 1 Formeltab. [IV u. 406 S.] 1921. Geh. M. 20.—, geb. M. 24.—

Das Problem des Unterrichts in den Grundlagen der höheren Mathematik an den Technischen Hochschulen ist seit mehr als zwei Jahrzehnten nicht nur wiederholt besprochen und in Monographien behandelt, sondern hat auch die Gestaltung der neueren Lehrbuchliteratur wesentlich beeinflußt. Auch das vorliegende Lehrbuch ist aus dieser Bewegung hervorgewachsen.

Höhere Mathematik für Ingenieure.
Von Prof. Dr. *J. Perry.* Autor. dtsch. Bearb. v. Geh. Hofrat Dr. *R. Fricke,* Prof. a. d. Techn. Hochschule in Braunschweig, und *F. Süchting,* Prof. an d. Bergakademie in Clausthal. 3. Aufl. Mit 106 in d. Text gedr. Fig. [XVI u. 450 S.] gr. 8. 1919. Geh. M. 20.—, geb. M. 22.—

„Hier ist ein Lehrmittel entstanden, das bei der Reichhaltigkeit der in die mathematischen Aufgaben hineingearbeiteten Sammlung von Anwendungsbeispielen weit mehr bietet als ein gewöhnliches Lehrbuch der Integral- und Differentialrechnung." (Zentralbl. d. Bauverwaltg.)

Einführung in die Vektoranalysis.
Mit Anwendungen auf die mathemat. Physik. V. Prof. Dr. *R. Gans,* Dir. d. physik. Instituts d. Univers. La Plata. 4. Aufl. Mit 39 Fig. [VI u. 118 S.] gr. 8. 1921. Geh. M. 9.40, geb. M. 11.20

Das Büchlein verfolgt den Zweck, ganz kurz in die Rechenmethoden der Vektoranalysis einzuführen. Um ihre Anwendbarkeit zu zeigen, sind viele Beispiele aus der theoretischen Physik gegeben; dabei sind die physikalischen Grundlagen der Theorien auf einfache Weise abgeleitet.

Grundlagen der Differentialgeometrie.
Von Dr. *J. Knoblauch,* Prof. a. d. Univ. Berlin. [X u. 634 S.] gr. 8. 1913. Geh. M. 18.—

„Die Darstellungsweise ist außerordentlich klar, die neuen Zeichen und Operationen werden so ausführlich erklärt, daß der Benützer des Buches, der mit einer allgemeinen Kenntnis der Analysis und der analytischen Geometrie ausgerüstet ist, keine Schwierigkeiten beim Studium desselben finden wird." (Allg. Literaturblatt.)

Vorlesungen über algebraische Geometrie.
Geometrie auf einer Kurve. Riemannsche Flächen. Abelsche Integrale. Von Dr. *F. Severi,* Prof. a. d. Univ. Padua. Berechtigte deutsche Übersetzung von Dr. *E. Löffler,* Oberreg.-Rat i. d. Ministerabt. f. d. höh. Schulen in Stuttgart. Mit einem Einführungswort v. A. Brill. Mit 20 Fig. [XVI u. 408 S.] gr. 8. 1921. Geh. M. 35.—, geb. M. 38.—

Die in möglichst einfacher Darstellung wiedergegebenen Vorlesungen behandeln die „Geometrie auf einer algebraischen Kurve" nach zwei sich ergänzenden Gesichtspunkten: einmal nach der von Brill und Noether begründeten algebraisch-geometrischen Methode und dann von dem durch Abel und Riemann begründeten transzendenten Standpunkt aus. Dadurch werden sehr wertvolle Vergleiche und Vereinfachungen erzielt.

Auf sämtl. Preise Teuerungszuschläge d. Verlags 120% (Abänd. vorbeh.) u. teilw. d. Buchh.

Verlag von B. G. Teubner in Leipzig und Berlin